군사학 총서 제 5 권

5

THEORY OF MILITARY STRATEGY FOR MILITARY STUDIES

군사 전략론

이 책은 '군사전략(Military Strategy)'이란 무엇인지? '국가전략 또는 대전략', '작전과 전술'의 차이점과 상관성은? 각종 위기사태가 발생하기 이전이나, 진행 중일 때, 종결된 이후는 어떻게 구사(驅使)해야 하는지? 등에 관한 원칙과 논리를 제시하고 있다.

김 성 진

백산서당

THEORY OF MILITARY STRATEGY FOR MILITARY STUDIES

Kim Sung Jin

BAIKSAN Publishing House

프롤로그

『군사전략론』은 군사 교육기관, 일반대학교의 군사학과와 부사관학과, 군장학생, 각 군 사관학교 생도, 그리고 초급 연구자 등을 대상으로 하는 군사학 총서(叢書) 제5권이다.

현대사회에서 '전략(Strategy)'이라는 용어는 1965년 美 하버드 대학교의 H. 이고르 앤소프(H. Igor Ansoff) 교수가 쓴 『기업전략-Corporate Strategy』에서 처음 나왔다. 이후 '전략이란 현대 경영학에서 심장과 같다.'라는 말로 대표할 수 있는 정치·경제·사회 분야 등에서 다양하게 활용하고 있다. '전략(Strategy)'은 19세기 이전(以前)만 하더라도 프로이센(현재 독일)의 카를 폰 클라우제비츠가 '병력을 절약하며 결전을 추구'하는 군사 분야 중심의 사상으로 주창(主唱)하였으나, 점차 정치·경제·문화·사회·심리적 분야 등으로 확장하였다. 국제사회의 상호의존도가 심화(深化)되고 있으나, 개념적 정의는 아직 명확하지 않다. 다만, '국가전략(National Strategy)'과 '대전략(Grand Strategy=Higher Strategy)', '군사전략(Military Strategy)'으로 구분하고 있으며, '목적(Why=이유·명분)', '방법(What=개념적 원리)', '수단(How=실천적 행동 원리)'의 세 가지로 구성되어 있다.

예를 들어 보자. 축구 경기에서 상대 팀을 이기려면, 유능한 '감독(director)'과 '코치(coach)', '선수(player)'가 있어야 한다. '감독'은 경기를 진행하기 이전부터 이기는 방법을 고민하는데 이것이 '전략'이다. 3:4:3 또는 4:4:2와 같은 전법(戰法) 등을 떠올리면 될 듯싶다. '코치'는 감독의 지침(위임)을 받아 선수들에게 기술적인 영역(역할)의 팀플레이나 개인훈련 등의 숙달을 지도한다. 아울러 경기장으로 이동하는 과정까지를 '작전(operation) 또는 작전술(operation art)'로 이해하면 된다. '선수'는 경기장(戰場)에서 상대 팀(enemy)과 직접 접촉하며 경기(전투)를 하는 게 바로 '전술(tactics)'이다. 즉, '감독=전략', '코치=작전(술)', '선수=전술'이라고 이해하면 어떨까 싶다.

삼(三) 형제가 산 너머 있는 계곡으로 놀러 가려고 하자 어른들은 "비가 올 테니 잘 채비(prepare)하라"라고 당부하셨다. 그래서 첫째는 우산을, 둘째는 비옷과 장화를, 막내는 아무것도 챙기지 않은 채 길을 나섰고, 잠시 후 강한 소나기가 들이쳤다. 늦은 오후 집에 도착한 이들의 모습은 각기 달랐다. 첫째는 홀딱 젖어 있었고, 둘째는 흙탕물을 뒤집어쓴 상태였지만, 아무것도 준비하지 않은 막내의 옷은 깨끗했다. 이유인즉 첫째는 우산이, 둘째는 비옷과 장화가 있었기에 아랑곳하지 않고 길을 재촉하다가 흙탕물 범벅이 되었다. 막내는 늦게 출발한 덕분에 비를 맞지 않았다. 여기서 어른(지휘관)의 당부(Why)와 비에 젖지 않기 위해 무엇을(What), 어떻게(How) 한다는 일체를 전략의 3요소로 이해하면 될 듯싶다.

'전략(Strategy)'은 '목표를 달성하기 위하여 한정된 자원(resources)을 효율적으로 할당하고 최소의 비용(노력)으로 최대 성과를 달성하기 위한 술(術-art)과 과학(科學-science)'을 뜻한다. 이때 동양과 서양의 전략 개념은 차이가 존재한다는 점에 주목해야 한다. 서양은 이민족(異民族-different ethnic group) 간의 전쟁이었기에 물리적인 힘의 역학(力學)과 국가의 의지를 강압적으로 밀어붙이는 '섬멸전략(Strategy of Annihilation)'이 핵심이었다. 반면에 동양은 같은 생활권이나, 문화가 비슷한 민족(종족)의 세력다툼이었기에 쌍방의 힘과 심리를 교묘히 조정·통제하여 '정치·경제력의 우위(優位-superiority)를 차지하려는 전략'으로 이해하면 된다. 현실적으로 정부(정치가)가 인용하는 '전략적 모호성(Strategic Ambiguity)'과 'NCND'[1])도 본질을 정확히 이해하고 활용할 때 성과를 높일 수 있음을 깨우칠 필요가 있다.

이 책은 여섯 가지의 특징을 갖고 있다. 먼저, 관련 자료 대다수가 전문용어와 현학(玄學)적인 내용 위주로 나열(arrange)되어 있고, 추상적인 해석으로 이해가 쉽지 않다는 점에 주목하여 전략사상의 개념적 본질(本質)과 형성과정 등을 논리적으로 정리하였다.

둘째, 고대에서 현대에 이르는 전략사상가들의 계보를 도표로 작성하여 시대·이론적 변천 과정을 한눈에 볼 수 있도록 제시하였다. 또한, 서양과 동양의 동질성과 차이점에 대한 이해가 필요하다고 판단하여 특징적인 주장을 요약한 다음 비교하였다. 아울러 전략사상가들의 이름이 유사하여 헷갈리기에 성(姓)과 이름을 같이 사용하였다.

셋째, 서양과 동양의 전략사상 중심에다 한국의 역대 군사전략도 추가하였다. 한반도라는 지정학적 특성상 전략사상이나, 전쟁의 규모와 양상 측면에서 모호할 수 있지만, 다양한 군사전략을 같이 이해할 수 있어야 균형된 변화(발전)를 꾀할 수 있기 때문이다. 각 장(章)·절(節)의 마지막 문단은 전체를 조망(view)할 수 있게 소결론 형식으로 정리하였고, 각주(脚註)는 구체적인 해석이나, 명확한 출처가 필요할 때만 적시(摘示)하였다.

넷째, 주요 전쟁(戰爭) 사례와 관련 전략의 수립과 진행 과정을 간략히 탐구하되, 마지막 문단에 전체를 조망할 수 있도록 이들의 특징을 비교함으로써 이해도를 높였다.

다섯째, 군사전략기획 절차는 중·장기-단기를 구분 및 기본 원리를 이해할 수 있도록

---
1) 'NCND'는 'Neither Confirm Nor Deny'의 약자로 '긍정도 부정도 하지 않는 모호한 상태'를 뜻하며, '전략적 모호성'의 대표적인 사례다.

핵심 내용을 중심으로 꾸몄다. 지정학(地政學-Geopolitics) 이론은 활용도가 떨어지고 있지만, 최근까지도 강대국들에 직・간접적인 영향을 끼치고 있고, 국가・군사전략의 일정한 흐름을 느낄 수 있기에 기본 원리와 본질을 중심으로 포함하였다.

    마지막으로 메라비언(55:38:7) 법칙과 story-telling 형식을 병행하여 전략 개념의 본질적 의미와 형성 배경, 위기를 대하는 안목(판단 능력) 등이 자연스레 배양되도록 문단(paragraph)을 꾸몄다.

    이 책은 안보 전문가가 되려는 군사학도와 초급 연구자들에게 '군사전략(Military Strategy)'이란 무엇인지? '국가전략', '대전략'의 차이점과 상관성은?, '작전' 및 '전술'과의 관계는?, 어떠한 방법과 수단을 채택하여야 성과를 낼 수 있는지?, 각종 위기사태(전쟁 또는 분쟁)가 발생하기 이전(以前) 또는 발생했을 때, 종결된 이후에는 어떠한 전략을 구사(驅使)해야 하는지? 등을 정립(正立)하고자 노력하였다. 지금까지 다양한 식견(識見)으로 초점집단인터뷰(FGI)와 자문(諮問)에 응해주신 전문가들께 감사드린다. 항상 곁에 있는 평생의 벗에 고맙고, 아들 내외의 멋진 파이팅을 응원하며, 사돈 내외분께 감사드린다. 성원해 주시는 사) 글로벌전략협력연구원, 사) 한국유권자총연맹, 한국외대 안보협력연구센터, 재) 한국군사문제연구원, 사) 대한민국ROTC통일정신문화원, 교재 출간에 노력해주신 백산서당에 감사드린다.

고봉산 자락에서

학습 진행개요

기대 역량
1. 군사전략의 학문적 기본 개념 및 목적에 대한 이해를 제고시켜 객관적 사실에 대한 이해도를 증가시켜 관련 능력을 배양한다.
2. 국가 및 군의 리더로서 갖추어야 할 군사전략 전반에 대한 안목을 증대하도록 관련 지식과 기초적인 소양을 배양한다.

탐구 개요
1. 전략 역사의 탐구를 통해 기본 개념과 관련 지식을 습득한다.
2. 군사전략의 기본 개념, 주요 전략사상과 유형별 체계를 이해시켜 군사전문가로서 기본적인 기획 수립 절차와 기반을 확립한다.

진행과 평가방법
1. 진행방법: 강의 60%, 토의/토론 20% 개인/팀별 발표 20%
2. 평가방법: 출·결석 10%, 과제발표 20%, 태도 및 참여도 10%, 중간·기말고사 각 30%

교과 목표
1. 군사전략의 일반적인 역사와 개념, 전략의 이론적 기초 및 토대를 확립하는 데 있다.
2. 주요 국가들의 군사전략 수립과 수행 능력 전반(全般)을 비롯하여 군사전략의 상·하위 개념의 기본을 이해함으로써 관련 지식의 배양과 학습 성과를 높이는 데 있다.
3. 주요 전쟁의 군사전략에 따른 각종 사고력(思考力)의 배양과 전문지식을 습득할 수 있는 기초 소양(素養)을 함양하는 데 있다.

강의 운영

1. 군사전략의 이론적 배경과 관련한 기초 지식의 습득이 가능하도록 하기 위해 핵심 위주로 진행하되, 과제는 자유롭게 토의할 수 있는 여건을 조성한다. 학습 성과를 위해 관련 동영상 자료를 적절하게 활용하여 기본 인식과 군사적 측면의 사고력이 배양될 수 있게끔 코이의 법칙(koi's law)을 활용하여 진행한다.
2. 군사전략의 본질과 특징을 집중적으로 탐구하되, 부여한 과제는 事前에 준비하도록 한다. 희망자가 우선 발표하고 L&T 기법을 준용하여 양(兩)방향 토의를 하되, 시사(時事) 분야를 포함한다.

학습 진행

구 분	주요 과제	구 분	주요 과제
1과제	전략의 개관(槪觀)	5과제	한국의 역대 군사전략 이해Ⅰ·Ⅱ
2과제	주요 전략이론가와 군사전략 사상Ⅰ·Ⅱ	6과제	주요 전쟁과 군사전략의 상관성Ⅰ·Ⅱ
3과제	군사전략 체계의 유형(類型)과 차원(次元)Ⅰ	7과제	군사전략기획 수립에 대한 이해Ⅰ·Ⅱ
4과제	군사전략 체계의 (類型)과 차원(次元)Ⅱ	8과제	지정학(地政學)과 군사전략에 대한 이해Ⅰ·Ⅱ

참고할 사항

1. 전장(戰場)과 사회적 측면에서 전략에 대한 기본 개념과 소양을 갖추지 않고는 성과를 기대하기 어렵다. 따라서 전략과 군사전략에 관한 기본 개념을 정립하고, 변천사를 탐구한 다음 조(組)별로 연구 과제를 부여하여 양방향 토의를 진행한다.
2. 학습의 실효성을 담보하기 위해서는 자유 토론과 논쟁(論爭)에 적극적으로 동참하는 의지와 태도가 바람직하다.

차 례

▷ 프롤로그 · 3
▷ 학습 진행개요 · 6

√ 사전에 이해 및 탐구해야 할 과제는?

제1장 전략의 개관(槪觀)

제1절 개 요 ·· 23
　1. 전략이란 무엇인가? · 23
　2. 전략의 어원(語源) · 25
　3. 전략 개념의 변천(變遷) · 30
　4. 전략과 국가·군사전략의 정의 및 개념 · 33
　5. '군사전략'의 구성요소 · 46
　6. '국가전략'과 '군사전략'의 관계 · 48

제2절 군사전략에 관한 일반적 이해 ·· 50
　1. 군사전략의 3대 구비요건 · 50
　2. 군사전략의 범위 · 52
　3. 유사(類似) 용어에 대한 이해 · 54

제3절 논의 및 시사점 ·· 63

√ 사전에 이해 및 탐구해야 할 과제는?

제2장 주요 전략이론가와 군사전략 사상

제1절 개 요 ·· 69

제2절 주요 전략사상에 대한 이해 ·· 72
　1. 손자(孫子, 中) · 72
　2. 카를 폰 클라우제비츠(Carl Phillip Gottlieb von Clausewitz, 프로이센-현재의 독일) · 82
　3. 앙투안 앙리 조미니(Antoine Henri baron de Jomini, 프) · 3

4. 존 프레드릭 C. 풀러(John Frederick C. Fuller, 英)·99
  5. 바실 헨리 리델하트(Basil Henry Liddell Hart, 英)·108
  6. 앙드레 보프르(André Beaufre, 프랑스)·118
  7. 알프레드 세이어 마한(Alfred Thayer Mahan, 美)·132
  8. 줄리오 두헤(Giulio Douhet, 이탈리아)·146
  9. 마오쩌둥(Mao Tsetung, 中)·158
 제3절 논의 및 시사점 ·· 175

> √ 사전에 이해 및 탐구해야 할 과제는?

제3장 전략체계의 유형(類型)과 차원(次元)

 제1절 개 요 ·· 181
 제2절 '국가전략'의 개념과 일반적 체계 ·· 183
  1. '국가전략(National Strategy)의 체계'와 상관성(interrelationship)·183
 제3절 전략의 분류 기준과 유형 ·· 189
  1. 개 요·189
  2. 전략의 일반적인 분류 기준과 유형·190
 제4절 전략의 차원(次元)에 대한 일반적 이해 ·· 203
  1. 개 요·203
  2. 마이클 E. 하워드의 4대 원칙과 분류·205
 제5절 논의 및 시사점 ·· 211

> √ 사전에 이해 및 탐구해야 할 과제는?

제4장 한국의 역대 군사전략 이해

 제1절 개 요 ·· 217
 제2절 고조선 시대의 군사전략 ·· 219
  1. 개 요·219
  2. 군사력 운용과 군사전략·221
 제3절 삼국시대의 군사전략 ·· 222
  1. 개 요·222
  2. 고구려 시대(BC 37~668)의 군사전략·224

3. 백제 시대(BC 18~660)의 군사전략 · 229

4. 신라-통일신라 시대(BC 57~935)의 군사전략 · 233

5. 군사전략의 특징 · 239

제4절 고려 시대(918~1392)의 군사전략 ···241

1. 개 요 · 241

2. 군사력 운용과 군사전략 · 244

3. 전·후기 군사전략의 특징 · 254

제5절 조선 시대(1392~1897)의 군사전략 ···256

1. 개요 · 256

2. 군사력 운용과 군사전략 · 258

제6절 논의 및 시사점 ···272

√ 사전에 이해 및 탐구해야 할 과제는?

제5장 주요 전쟁과 군사전략의 상관성

제1절 개 요 ··277

제2절 제2차 세계대전과 독·프 군사전략 ··279

1. 개 요 · 279

2. 독일의 군사전략 · 283

3. 프랑스의 군사전략 · 289

4. 제2차 세계대전에 관한 군사전략의 특징 · 293

제3절 6·25전쟁과 관련 국가의 군사전략 ··295

1. 개 요 · 295

2. 소련과 중국, 북한의 군사전략 · 296

3. 미국의 군사전략 · 302

4. 6·25전쟁에 관한 군사전략의 특징 · 304

제4절 美-이라크 전쟁과 관련 국가의 군사전략 ···············305

1. 개 요 · 305

2. 미국의 군사전략 · 307

3. 이라크의 군사전략 · 309

4. 美-이라크 전쟁에 관한 군사전략의 특징 · 311

제5절 논의 및 시사점 ···314

> ✓ 사전에 이해 및 탐구해야 할 과제는?

제6장 군사전략기획 수립에 대한 이해

제1절 개 요 ··319

제2절 기획과 계획의 특성과 차이점 ··320
   1. 기획과 계획의 정의 및 관계 · 320
   2. 기획의 유형(類型) · 323

제3절 기획체계의 일반적 개념과 분류 ··325

제4절 군사전략기획의 전반(全般)에 관한 이해 ··327
   1. 군사전략기획 절차와 7단계 · 327
   2. 군사전략의 구비조건과 타당성 · 330
   3. 중·장기 군사전략기획 수립 절차 · 331
   4. 단기 군사전략기획 수립 절차에 관한 이해 · 343

제5절 논의 및 시사점 ··350

> ✓ 사전에 이해 및 탐구해야 할 과제는?

제7장 지정학(地政學)과 군사전략에 대한 이해

제1절 개 요 ··357

제2절 대륙-해양-항공 중심의 지정학 이론 ··359
   1. 지정학 이론 연구의 선구자 · 359
   2. 대륙 중심의 지정학 이론 · 363
   3. 해양 중심의 지정학 이론 · 371
   4. 항공 중심의 지정학 이론 · 374

제3절 논의 및 시사점 ··377

  ▷ 에필로그 · 379
  ▷ 약어정리 · 381
  ▷ 참고문헌 · 387
  ▷ 찾아보기 · 390

〈그림 차례〉

<그림 1-1> 중국의 연대표(年代表)	27
<그림 1-2> 전쟁 양상이 변화함에 따른 전략 개념의 변천	30
<그림 1-3> 국가전략을 구성하는 네 가지의 대표적인 전략	35
<그림 1-4> 국가전략의 3대 구성요소	37
<그림 1-5> 제1차 세계대전 이전까지 군사전략에 대한 인식	38
<그림 1-6> 제2차 세계대전 이후 전략의 방향성(directivity)과 유형	40
<그림 1-7> 군사전략의 3대 구성요소	46
<그림 1-8> 국가전략과 군사전략의 관계	48
<그림 1-9> 군사전략의 수립 단계와 3대 구비요건	50
<그림 1-10> 국가전략·군사전략·작전(전술)의 범위	52
<그림 1-11> 국가의 제1·2차 기능	56
<그림 1-12> 전략-작전술-전술의 관계	60
<그림 1-13> 전쟁사에서 전략의 원칙 습득이 왜! 중요한가?	64
<그림 2-1> 고대~현대까지의 군사전략 사상의 발전사(發展史)	70
<그림 2-2> 『손자병법』의 구성 및 형태	74
<그림 2-3-1> '오사칠계(五事七計)'	78
<그림 2-3-2> '14가지 궤도(詭道)'	78
<그림 2-4> 손자의 전략사상 체계	79
<그림 2-5> 카를 폰 클라우제비츠의 생애	83
<그림 2-6> 손자(孫子)와 카를 폰 클라우제비츠의 전략사상 비교	88
<그림 2-7> 앙투안 앙리 조미니의 생애	93
<그림 2-8> '외선작전(外線作戰)'과 '내선작전(內線作戰)'	96
<그림 2-9> 존 프레드릭 C. 풀러의 생애	100
<그림 2-10> 『마비전』의 수행단계 및 핵심 내용	103
<그림 2-11> 바실 헨리 리델하트의 생애	109
<그림 2-12> 바실 헨리 리델하트의 간접접근전략 사상 체계도	112
<그림 2-13> 존 프레드릭 C. 풀러와 바실 헨리 리델하트의 군사전략 사상 비교	114
<그림 2-14> 앙드레 보프르의 생애	119
<그림 2-15> '간접전략사상'의 체계	121
<그림 2-16> 바실 헨리 리델하트와 앙드레 보프르의 군사전략 사상 비교	130
<그림 2-17> 알프레드 세이어 마한의 생애	133
<그림 2-18> 국가의 존립(存立)과 번영(繁榮)을 위한 해군의 역할	135
<그림 2-19> '해양력'이 구성하여야 할 요소	140
<그림 2-20> 알프레드 세이어 마한과 줄리언 S. 콜벳의 '해양전략 사상' 비교	144
<그림 2-21> 줄리오 두헤의 생애	148

<그림 2-22>	줄리오 두헤와 윌리엄 렌드럼 미첼의 '항공전략 사상' 비교	155
<그림 2-23>	마오쩌둥의 생애	159
<그림 2-24>	마오쩌둥의 중요 사건과 전략사상이 형성된 과정	159
<그림 2-25>	마오쩌둥의 '지구전 전략 사상'과 진행단계	165
<그림 2-26>	'지구전 전략사상'에 입각한 3단계 차원의 유격전과 지구전 전략의 전쟁	167
<그림 2-27>	기존의 '공산주의 전술'과 마오쩌둥의 '전략 사상' 비교	170
<그림 3-1>	'정책(Policy)'과 '전략(Strategy)'의 체계 및 상호 관계(interaction)	183
<그림 3-2>	군사(국방)정책과 군사전략의 관계	186
<그림 3-3>	전략의 일반적인 분류 기준과 관련 유형	190
<그림 3-4>	전쟁의 형태에 따라 분류하는 방법	190
<그림 3-5-1>	상대에 대한 요구에 따라 분류하는 방법	192
<그림 3-5-2>	'억제전략'과 '강압전략'이 가능한 시기 및 범위	192
<그림 3-5-3>	'억제전략'과 '강압전략'의 차이점 비교	194
<그림 3-6>	상대에 대한 요구에 따라 분류하는 방법	194
<그림 3-7>	작전 개념에 따라 분류하는 방법	196
<그림 3-8>	전장(戰場)에 따라 분류하는 방법	198
<그림 3-9>	전쟁을 수행하는 기간에 따라 분류하는 방법	200
<그림 3-10>	직접성 여부에 따라 분류하는 방법	201
<그림 3-11>	마이클 하워드의 네 가지 차원으로 분류하는 방법	205
<그림 4-1>	역대 고구려 왕실의 계보	225
<그림 4-2>	역대 백제 왕실의 계보	230
<그림 4-3>	역대 신라 왕실의 계보	234
<그림 4-4>	고려 전기(前期)에 확립된 중앙·지방군의 편성체계	244
<그림 4-5>	고려 전기(前期)의 왕실 계보	246
<그림 4-6>	고려 성종 대에 확립된 2성 6부 제도	251
<그림 4-7>	고려 후기(後期)의 왕실 계보	252
<그림 4-8>	조선 전기(前期)의 왕실 계보	259
<그림 4-9>	조선 전기(前期)의 오위제(五衛制)와 후기(後期)의 오군영제(五軍營制) 조직도	260
<그림 4-10>	조선 시대의 여진족 정벌 4단계	262
<그림 4-11>	조선 후기(後期)의 왕실 계보	264
<그림 4-12>	구한 말(末)의 국내·외 주요 정세와 사건	270
<그림 5-1>	1930년대~최근까지 주요 전쟁이 발생한 연대표	278
<그림 5-2>	베르사유 조약(1919.6.28.)에 의해 축소된 독일영토	280
<그림 5-3>	아돌프 히틀러의 잠식(蠶食) 전술(Peace Meal Tactics)	281
<그림 5-4>	제2차 세계대전 당시 연합국과 추축국(樞軸國)의 상황	282
<그림 5-5>	프란츠 할더 참모총장의 황색 작전계획	286
<그림 5-6>	에리히 폰 만슈타인의 '낫질 작전(Sickle Stroke)' 계획	287
<그림 5-7>	하인츠 구데리안 장군의 기동작전 요도	288
<그림 5-8>	노르망디 상륙작전 요도	291
<그림 5-9>	UN 연합군 최고사령관이 선포한 일반명령 제1호	295
<그림 5-10>	이라크군의 전력(戰力) 배치와 전투력 수준	310
<그림 6-1>	기획(Planning)의 일반적인 Feed-back 과정	320
<그림 6-2>	기획(企劃-Planning)의 본질적 단계와 특성	321

<그림 6-3> 기획(企劃-Planning)의 일곱 가지 유형	323
<그림 6-4> 기획체계의 분류	325
<그림 6-4-1> 국가기획체계 도표	325
<그림 6-4-2> 국방기획체계 도표	326
<그림 6-4-3> 합동 기획체계 도표	326
<그림 6-5> 군사전략기획을 두 가지로 구분하는 방법	327
<그림 6-6> 군사전략기획을 진행하는 7대 절차	328
<그림 6-7> 중·장기 군사전략기획의 7단계 수립 절차	331
<그림 6-7-1> 상위지침(목표)을 인식하는 데 필요한 항목	332
<그림 6-7-2> 전략환경 평가를 진행하는 데 필요한 항목	333
<그림 6-8> 군사력 건설 소요의 종류	342
<그림 6-9> 단기 군사전략기획의 7단계 수립 절차	343
<그림 6-10> 중·장기 군사전략기획과 단기 군사전략 기획 절차의 차이점과 특징 비교	350
<그림 7-1> 프리드리히 라첼의 2대 중심 개념	359
<그림 7-2> 할포드 J. 매킨더의 세계구분 개념 발전 및 변화 경과	365
<그림 7-3> 하트 랜드(Heart Land)의 변화된 영역(1904~1943)	366
<그림 7-4> 니콜라스 N. J. 스파이크먼이 지구 공간을 분류한 세 가지 형태	372
<그림 7-5> 알렉산더 P. 드 세버스키의 결정지역(Area Decision)	375

<표 차례>

<표 1-1> 제2차 세계대전 이후 전략 개념이 확대되는 형태	32
<표 1-2> 억제전략의 대표적인 유형	41
<표 1-3> 선제공격과 예방전쟁 비교	43
<표 1-4> 국가정책에서 보편적으로 나타나는 여덟 가지 목표	55
<표 1-5> 군사력의 유용한 다섯 가지 역할	59
<표 1-6> 군사전략·전술의 일반적인 상관관계	61
<표 1-7> 군사전략·작전술·전술(작전)의 일반적인 상관관계	63
<표 2-1> 『손자병법』 제1~3편까지의 핵심 내용	74
<표 2-2> 『손자병법』 제4~12편까지의 핵심 내용	75
<표 2-3> 『손자병법』 제13편의 핵심 내용	75
<표 2-4> 카를 폰 클라우제비츠 『전쟁론』의 주요 구성 및 핵심 내용	86
<표 2-5> 『전쟁론』의 가치	86
<표 2-6> 앙투안 앙리 조미니의 전략에 대한 네 가지 기본원칙	97
<표 2-7> 존 프레드릭 C. 풀러가 마비전 개념을 도출한 세 가지 계기	101
<표 2-8> 항공대의 주(主) 임무와 역할	104
<표 2-9> '동력화 게릴라'의 주(主) 임무와 역할	105
<표 2-10> '소모전'과 '마비전'의 특징 비교	106
<표 2-11> 제1차 세계대전의 결과로 나타난 세 가지의 양상	110
<표 2-12> 바실 헨리 리델하트 『전략론: 간접접근전략』의 주요 구성 및 핵심 내용	111
<표 2-13> 바실 헨리 리델하트의 영국 정책에 관한 제언(1937)	116
<표 2-14> 앙드레 보프르의 '간접전략사상'을 형성하는 네 가지 요소	120
<표 2-15> 외부 책략을 수행하는 데 필요한 두 가지 요건	122
<표 2-16> 내부책략이 성공하는 데 필요한 두 가지 형태	123
<표 2-17> '단편적 방법'이 성공하기 위한 세 가지 요건	124
<표 2-18> '심리적 활동'을 하는 데 필요한 두 가지 요소	126
<표 2-19> 앙드레 보프르의 '외부 책략'에 관한 네 가지 대응책	127
<표 2-20> 앙드레 보프르의 '침식방법'에 관한 세 가지 대응책	129
<표 2-21> 알프레드 세이어 마한의 해양력(Sea Power)과 해군전(Naval Warfare), 해군전략(Naval Strategy)에 관한 여섯 가지의 핵심 요소	135
<표 2-22> 특정 위치가 중요한 위치(positions)나, 거점(points)으로 가치를 보장받을 수 있는 세 가지 조건	138
<표 2-23> 영국이 전성기를 구가(謳歌)하였던 여섯 가지의 결정적 요인	139
<표 2-24> 줄리언 S. 콜벳의 『해양전략의 원칙』 구성 및 핵심 내용	142
<표 2-25> 해군전을 수행하는 과정에서 유념해야 할 세 가지 특징	143
<표 2-26> 줄리오 두헤가 전제(前提)한 네 가지의 가정(假定)	151
<표 2-27> 줄리오 두헤의 항공력을 운용하기 위한 다섯 가지 요소	152

표 번호	제목	쪽
<표 2-28>	줄리오 두헤의 '제공권'을 장악하기 위한 여섯 가지 분야	156
<표 2-29>	줄리오 두헤가 오판(誤判)한 미래의 전쟁 양상	157
<표 2-30>	마오쩌둥이 강조하는 『지구전략론』의 특징	164
<표 2-31-1>	마오쩌둥의 제1~2(전략적 방어) 단계에서 수행하는 유격전 전략의 6대 원칙	168
<표 2-31-2>	마오쩌둥의 여섯 가지 행동원칙	169
<표 2-32>	마오쩌둥의 군사전략 사상이 현대 군사전략 사상 발전에 기여한 네 가지 측면	172
<표 2-33>	대표적인 전략사상가들의 특징과 상관관계 비교	175
<표 3-1>	군사전략 사상과 이론체계가 변화한 두 가지 측면	181
<표 3-2>	<국방백서: 2016~2020>에 명기된 국방목표의 변화	184
<표 3-3>	韓・美 국가전략의 단계별 수준 및 존재 비교	185
<표 3-4>	국가이익을 구분하는 네 가지 측면	186
<표 4-1>	고구려의 통치방식과 군사조직의 변화단계	226
<표 4-2>	백제의 통치방식과 군사조직의 변화단계	230
<표 4-3>	신라의 통치방식과 군사 조직의 변화단계	235
<표 4-4>	신라의 진흥왕이 한강 유역을 중요시한 세 가지 이유	236
<표 4-5>	문무왕이 당나라군을 축출하기 위한 세 가지의 전략적 판단	237
<표 4-6>	삼국시대 군사전략의 여섯 가지 특징	239
<표 4-7>	고려 태조가 북진정책을 추진할 수밖에 없는 두 가지 배경	245
<표 4-8>	고려 전기(前期)의 통치방식과 군사조직의 변화단계	247
<표 4-9>	전쟁 이전 단계에서 고려의 외교・군사전략	248
<표 4-10>	고려가 대(對) 거란전쟁에서 승리한 요인	249
<표 4-11>	고려가 대(對)몽골 전쟁에서 수행한 수세전략 3단계	249
<표 4-12>	조선 태종의 대마도 정벌(1419) 전략지침과 군사전략 개념	261
<표 4-13>	임진왜란이 발발하기 직전 국방태세의 네 가지 문제점	265
<표 4-14>	임진왜란이 발발한 이후 군사전략의 세 가지 문제점	266
<표 4-15>	임진왜란을 통해 느낄 수 있는 세 가지의 교훈	267
<표 4-16>	정묘・병자호란 때 국가・군사전략 측면을 평가한 결과	269
<표 4-17>	한반도의 시대별 군사전략과 특징	272
<표 5-1>	아돌프 히틀러가 연합국을 시험한 대상 국가와 주요 사건	284
<표 5-2>	에리히 폰 만슈타인 계획의 네 가지 이점(利點)	288
<표 5-3>	프랑스의 잘못된 가정(假定)과 착각	289
<표 5-4>	프랑스 방어전략의 다섯 차례 변경 과정	290
<표 5-5>	초기 독일군의 승리와 연합군의 패배요인	292
<표 5-6>	소련이 극동(極東) 적화를 위한 다섯 가지의 조치	297
<표 5-7>	북한이 분석한 한반도 관련 정세(1945~1950년대 초)	299
<표 5-8>	북한의 남침 전략 4단계	301
<표 5-9>	미국이 주한미군 철수를 결정한 네 가지 이유	302
<표 5-10>	6・25전쟁의 결과 피해 현황	304
<표 5-11>	미국이 주도한 이라크 전쟁의 세 가지 특징	306
<표 5-12>	미국의 두 가지 전략 목표	307
<표 5-13>	이라크의 세 가지 전략 개념	309
<표 5-14>	미국이 진행한 대(對)이라크 전략의 세 가지 성과	311
<표 5-15>	안정화 작전 간 발생한 미군-이라크군의 인명 손실 현황	312

표 번호	제목	페이지
<표 5-16>	주요 전쟁 시 채택한 군사전략과 특징	314
<표 6-1>	'기획'과 '계획' 업무를 진행할 때의 특징	321
<표 6-2>	계획 기간을 선정할 때 고려해야 할 네 가지 요소	323
<표 6-3>	군사전략의 네 가지 구비조건과 타당성	330
<표 6-4>	'안보정세를 분석 및 평가'할 때 필요한 예문	334
<표 6-5>	'위협 분석 및 평가'할 때 필요한 예문	335
<표 6-6>	'장차전 양상을 추정'할 때 필요한 예문	335
<표 6-7>	'전략적 요구사항을 도출'할 때 필요한 예문	336
<표 6-8>	'가정(假定)을 설정'할 때 필요한 예문	337
<표 6-9>	'군사전략 목표를 설정'할 때 필요한 예문	337
<표 6-10>	'군사전략 목표를 기술'할 때 필요한 예문	339
<표 6-11>	'군사전략 개념을 기술(記述)'할 때 필요한 예문	340
<표 6-12>	'군사자원을 판단'할 때 필요한 예문	341
<표 6-13>	'군사력 건설 소요를 작성'할 때 필요한 예문	342
<표 6-14>	'안보정세 분석 및 평가를 작성'할 때 필요한 예문	344
<표 6-15>	'위협 분석 및 평가를 작성'할 때 필요한 예문	345
<표 6-16>	'도발 양상을 추정하여 작성'할 때 필요한 예문	345
<표 6-17>	'전략적 요구사항을 도출'할 때 필요한 예문	346
<표 6-18>	'가정(假定)을 설정'할 때 필요한 예문	347
<표 6-19>	'군사전략 목표를 설정'할 때 필요한 예문	347
<표 6-20>	'군사전략 개념을 수립'할 때 필요한 예문	348
<표 6-21>	'과업 부여 및 군사자원을 할당'할 때 필요한 예문	348
<표 6-22>	중·장기와 단기군사전략기획 절차의 차이점을 비교	351
<표 7-1>	프리드리히 라첼의 지리적 요소가 정치를 결정하는 네 가지 특징	360
<표 7-2>	루돌프 헬렌의 강대국이 되기 위한 세 가지 요건	361
<표 7-3>	할포드 J. 매킨더의 세 가지 가정(假定)	364
<표 7-4>	할포드 J. 매킨더의 핵심 주장 세 가지	364
<표 7-5>	카를 E. 하우스호퍼의 다섯 가지 핵심 주장	368
<표 7-6>	카를 E. 하우스호퍼의 개념에 의한 세계 4대 블록	369
<표 7-7>	림 랜드(Rimland)의 세 가지 특징	373
<표 7-8>	알렉산더 P. 드 세버스키의 주장에 대한 세 가지 논란	376
<표 7-9>	지정학이 강대국들의 군사전략에 직·간접으로 끼친 영향	377
<표 7-10>	지정학이 추구하는 기본 개념과 변화 과정	378

도 입 전략과 군사전략은 어떤 개념이며,
무엇을 의미하는 것인지 이해합시다.

학습하기 이전(以前)에 요구되는 사항

1. 전략(Strategy)의 어원(語源)과 개념을 이해하시오.
   * 전략을 구성하는 3대 요소는?
   * 동양의 전략과 서양 전략의 특징과 차이점은?
2. 군사전략의 정의와 개념, 변천(變遷) 과정을 이해하시오.
   * 군사전략을 구성하는 3대 요소는?
   * 제1차 세계대전 前·後-제2차 세계대전-냉전기
3. 국가전략과 군사전략의 구성요소를 이해하시오.
   * 국가전략의 정의와 개념은?
   * 국가전략과 군사전략 3대 요소의 차이점과 수준은?
4. 국가전략과 군사전략체계의 연관성을 이해하시오.
5. 군사전략의 한계와 범위, 상호 영역을 이해하시오.
   * 국가전략-군사전략-작전술-전술의 관계는?
6. 주요 국가의 군사전략 개념을 이해하시오.
   * 미군-일본군-러시아군 전략의 특성 및 차이점은?
   * 군사전략-작전술-전술(작전)의 구분과 관계는?
7. 전략과 유사하게 사용하는 용어들을 이해하시오.
   * 전략지침, 병법, 작전술(Operation Art), 전술(Tactics) 등
8. 영화 《공군 대전략-Battle Of Britain(1969)》, 《킹덤 오브 헤븐-Kingdom Of Heaven(2005)》, 《센츄리온-Centurion(2010)》, 《덩케르크-Dunkirk(2017)》, 《1917(2020)》을 시청하시오.

제1장

제1장 전략의 개관(概觀)

제1절 개요

제2절 군사전략에 관한 일반적 이해

제3절 논의 및 시사점

제 1 절

개 요

1. 전략이란 무엇인가?

전략(戰略-Strategy)은 말 그대로 풀이하면, 싸움(fight)한다는 의미의 '전(戰)'과 꾀(wise counsel)라는 의미의 '략(略)'을 합친 말로써 어떻게 싸워 이길 것인지에 관한 문제를 다룰 때 사용하는 용어다. 이는 군사적 측면에서뿐만 아니라 경제적 측면을 비롯하여 다양한 분야에 사용되고 있다. 군사적 측면에서만 보면, '군사(軍事) 분야 전반(全般) 또는 전쟁(War)이라는 불확실성에 대비'하는 의미이다. 그러나 경제적 측면에서 정리하면, '주어진 목적을 달성하기 위하여 경제 주체가 상대방의 반응을 고려하면서 선택하는 일련의 행동 및 계획'이라고 할 수 있다.

국제사회의 양상이 융·복합적인 관계로 덧대어지는 과정에서 작은 알력이나 의견의 충돌이 갈등과 위기로 고조되면서 전쟁으로 치달음에 따라 본래의 군사적 의미보다 더 넓은 의미로 사용되고 있다. 국가가 전쟁을 수행하는 과정에서는 군사적인 요소 이외에도 정치·경제적 측면과 과학기술 및 심리적 요소를 개입시키지 않을 수 없게 되었기 때문이다. 19세기부터는 순수한 군사적 의미의 '군사전략(Military Strategy)'과 넓은 의미의 '국가전략(National Strategy)'으로 구분하여 사용하고 있다. 그러나 20세기에 들어서면서 국가 간의 관계가 더욱 상호의존적으로 변하고 전쟁과 평화의 한계가 불분명해졌기 때문에 '대전략(Grand Strategy 또는 Higher Strategy)'이라는 용어가 등장하였다. 여기서 '대전략'은 '전쟁(또는 평화)의 목표를 달성하기 위하여 국가 또는 동맹국의 모든 자원을 사용하는 술(術)'을 뜻하고 있다.

일반적 측면에서 전쟁은 국가 존망의 문제일 뿐만 아니라 국민의 생사를 결정짓는 중대한 문제로서 패자(敗者)는 굴복할 수밖에 없음이 역사적 진실이다. 문제는 전쟁이 서로 간의 약속이나 계약, 조건에 따라 발발하는 게 아니라는 데 있다. 전쟁을 의도하는 집단(또는 개인)의 의지에 따라 나타나기 때문이다. 개인 간에 갈등(분쟁)은 이를 조정(통제)할 수 있는 공적 기구가 있기에 해결할 수 있지만, 단위가 커질수록 공적 기구가 존재하더라도 조정하거나 통제할 수 없다는 게 문제다. 인정하기 어렵지만, 이전(以前)에도 그랬던 것처럼 인간의 천성(天性)이 변하지 않는 한 '전쟁(War)'은 인류의 생존 및 발전과 함께 살아가야 하는 불가피한 기본 요소다.

Diogenes Laertios

BC 3세기경에 활약한 고대 그리스 철학자 디오게네스(Diogenes Laertios)는 "완력이나 권력이 센 사람이 그보다 약한 사람을 지배한다는 것은 모든 인류에 공통으로 적용되는 자연의 법칙이다. 이것은 시간으로 없앨 수 없고, 파괴할 수도 없는 진리다."라고 주장하였다. 이 내용은 듣는 사람의 성향에 따라 폭력(violence)[1]을 미화하는 듯한 뉘앙스를 느낄 수 있어 별로 유쾌하지 않을 수 있지만, 그간의 인류 역사는 이 주장이 사실임을 보여주고 있다. 즉, 한 국가가 외부의 침략에 충실한 대비(對備 또는 방비-防備)도 하지 않은 상태로 경제적 부유(富裕)만을 즐기게 된다면, 이웃 국가의 침략 야욕을 자극하고 평화를 유지할 수 없게 만드는 유인(誘因-motive)이 되었음이 역사적 사실이다. 따라서 기초적인 전략 개념과 기본 지식을 습득할 때 비로소 가족과 사회, 나아가 국가의 존립과 국민의 안정된 삶을 유지할 수 있는 기반과 토대가 마련되지 않을까 싶다

여기서 짚고 넘어갈 사항은 평화주의자들이나 지식인들이 대화로만 평화를 논의하는 행위가 가치가 없다는 주장을 고집하려는 것이 아님을 밝혀두고 싶다.[2] 일상생활을 하는 과정에서 병에 걸렸을 때 점(占)이나 술법 등의 주술(呪術) 방식을 채택하거나 기도만으로 병이 나을 수 없다는 점을 인식하면 되지 않을까 싶다. 어떠한 문제에 봉착하였을 때 고민(걱정)만 한다고 문제를 해결할 수는 없기 때문이다. 병에 걸리면, 의사(약국)의 처방을 받아야 하고, 문제에 직면하면, 생각(고민)만 해서는 문제를 해결할 수 없기에 행동과 실천(능력과 역량)이 뒤따라야 해결된다는 점을 깊이 인식하고 탐구할 필요가 있다.[3]

---

1) '폭력(暴力-violence)'은 '신체적 손상을 가져오고 정신·심리적 압박을 가하는 모든 물리적인 강제력'을 뜻하며, 다르게는 '남을 거칠고 사납게 제압할 때 사용하는 주먹이나 발을 포함하는 모든 수단 및 힘의 전반(全般)'을 의미하는 넓은 의미의 개념이다. 군사적 측면에서의 관련 내용은 김성진의 『한국 육군의 장교단 충원제도와 직업 안정성』 (서울: 백산서당, 2016), pp. 52~53, 85.를 참고하기 바란다.
2) 김성진의 "아직 끝나지 않은 전쟁(휴전협상)'의 소회(one's impression)," 『경제포커스』 안보칼럼(2020.7.1.)을 참고하기 바란다.
3) 김성진의 "한반도 주변 5대 변수와 한국군의 방향성(Army's Directivity)," 『경제포커스』 안보칼럼(2020.7.5.); "비전통적 안보위협과 한국군의 자아 정체성(self-identity)," 『경제포커스』 안보칼럼(2020.8.3.)을 참고하기 바란다.

2. 전략의 어원(語源)

전략은 시대나 장소 또는 연구하는 사람의 성향에 따라 의미에 대한 해석과 개념적 정의를 달리하고 있다. 따라서 누구나 동의할 수 있는 전략에 대한 정의는 존재하고 있지 않다고 이해함이 타당하다.[4] 따라서 다양한 전략사상가들의 주장을 살펴보아야 전반적인 흐름과 궤(軌)를 같이할 수 있지 않을까 싶어 서양과 동양을 구분하여 살펴보고자 한다.

2.1. 서양의 어원(語源)

'전략(strategy)'이라는 용어는 그리스어인 'stratos(army)'와 'agein(to lead)'의 두 단어에서 유래하였다. 이때 'stratos'는 '군대 또는 민중 집단'을, 'agein'은 '이끌다, 움직이게 하다'라는 의미로 군사작전에서 사용하고 있는 '전술'과 '지휘 통제'를 의미한다고 해석할 수 있

다. BC 5세기경 고대 아테네인들은 '군대의 장군(장수)'을 'strategos'라고 호칭하였다. 이 단어의 의미는 '영리한 전략가'라고도 지칭할 수 있지만, '군대의 구성원들을 격려하고 열광하게 만듦으로써 목표에 전진할 수 있도록 이끄는 사람'이라는 의미가 있다. 일부에서는 '사령관(장군)'이 아니라 '사령관실'이라고도 한다. 알렉산더나 로마의 집정관(군사령관)이 전쟁에서 부대를 지휘하는 기술 또는 전장(battle-field)에서 지휘하는 술(術)이라고도 해석하고 있다. 이에 따라 '장군의 용병술(用兵術) 또는 책략(策略)'과 같은 의미인 'the art of generalship' 또는 'the art of the general'로 사용하고 있다.

'Strategy(전략)'이라는 용어는 중세를 지나 근세에 이르기까지 거의 사용하지 않았다. 일반적으로 '전술'을 의미하는 'tactics'와 '전쟁술(용병술과 같음)'이라는 의미의 'art of

---

4) 김성진의 "'창끝 전투력'의 핵심, 軍 장학생 양성의 허(虛)와 실(實)," 『경제포커스』 안보칼럼(2020.9.1.)을 참고하기 바란다.

war'로 사용하였다. 그 배경을 살펴보면, 중세시대의 전쟁은 주로 용병(傭兵)들이 수행하였기에 전투의 양상(aspect)과 패턴(pattern)이 단순하였다. 한쪽 진영에서 우세한 대형을 만들고 세(勢)를 과시하며 상대편의 기세(氣勢)를 위축시키면, 다른 한편이 그냥 물러나는 패턴이었기에 별다른 피해 없이 전쟁을 마무리하고 보수(報酬-pay)만 챙기는 움직임이 대세였다. 전쟁을 진행하더라도 대규모 충돌이 아니라 소규모 단위의 기동과 군대가 전투하고자 대형을 갖춘 형태나 모양, 축성(築城)이나, 요새(fortress) 점령을 주요 목표로 하는 제한적인 규모의 공격과 방어에 관심을 두었기 때문이다.

본격적인 군사 용어로 등장한 시기는 산업혁명이 시작된 18세기 말엽부터였다.5) 당시는 주로 '전쟁에서 적을 기만하기 위하여 전역(campaign)을 계획하고 부대(forces)를 이동하여 배치하는 책략(stratagem)'이란 의미로 사용되었다. 이후 국가전략(National Strategy)과 군사전략(Military Strategy)으로 구분하다가 다시 대전략이라는 용어를 추가하여 사용하고 있다. 그러나 수준과 한계를 구분하기가 모호한 상태로 사용되고 있다. 용어를 사용하면서도 실제로 용어가 의미하는 영역은 명확하게 구분하기가 모호하기 때문이다. 물론, 국제사회의 성장과 과학기술이 함께 발전하면서 전략의 의미와 개념은 계속 확대되고 있기에 개념적 정의를 명확히 하기는 결코, 쉽지가 않다. 그러나 군사적 의미로만 한정하는 데서 벗어나 군사·정치 분야로까지 확대하자는 포괄적 개념은 대다수 학자가 공감하고 있다. 카를 폰 클라우제비츠(Carl Phillip Gottlieb von Clausewitz, 1780~1831)도 "정책 결정권자와 군사령관이 같도록 운영하는 것이 이상적인 지휘방식이다."라고 주장하였다.

유념할 사항은 서양의 경우 주로 이민족 또는 다른 국가 간의 전쟁이었기에 상대국가를 포용하거나 용서할 필요를 느끼지 못한 측면이 있다.6) 따라서 이들의 전략은 상대를 유화책으로 끌어안기 보다는 물리적인 힘의 역학이나 강대국의 의지를 강압적으로 밀어붙여 타파(打破)하려는 '섬멸전략(Strategy of Annihilation)' 중심으로 이해함이 타당하다.

---

5) 대표적으로 1799년 하인리히 뷜로(Adam Heinrich Dietrich von Bülow, 1757~1808)의 저서 『새로운 전쟁체계의 정신-Geist des neueren Kriegssystems』에서 시작되었다고 볼 수 있다. 그는 프로이센(현재의 독일)군이 프랑스군이 채택하고 있는 종대(縱隊, 세로 대형) 편성과 척후병(point man 또는 scouts)을 이용하는 전술을 채택하여야 한다고 주장하였다. 그러나 당시 뷜로(일명 뷜로우)의 주장은 거의 영향력을 갖지 못했고, 프로이센 정부도 정신병자라는 혐의로 수감(收監)되었다가 러시아 정부로 넘겨지며 감옥에서 삶을 마감하였다.

6) 육군 군사연구실, 『東洋古代戰略思想』(서울: 육군본부, 1987), pp. 89~114.

2.2. 동양의 어원(語源)

고대 중국에서 '전략'이라는 용어는 주나라 시대의 무경칠서(武經七書)인 <손자병법-孫子兵法>, <육도삼략-六韜三略>과 <위료자-尉繚子> 등의 병서(兵書)에서 유래되었다.[7] '전략(戰略)'은 '싸울 전(戰)'과 '꾀 략(略)'으로 '싸울 때 발휘하는 꾀(책략)'를 뜻하며, 전시의 군사력 운용 개념을 의미한다. 두 가지 핵심 요소는 첫째, 전쟁에 대한 준비는 어떻게 할 것인가? 둘째, 전쟁 시 병력과 장비를 어떻게 효율적으로 운용할 것인가? 이다. <그림 1-1>은 중국의 연대표(年代表)다.

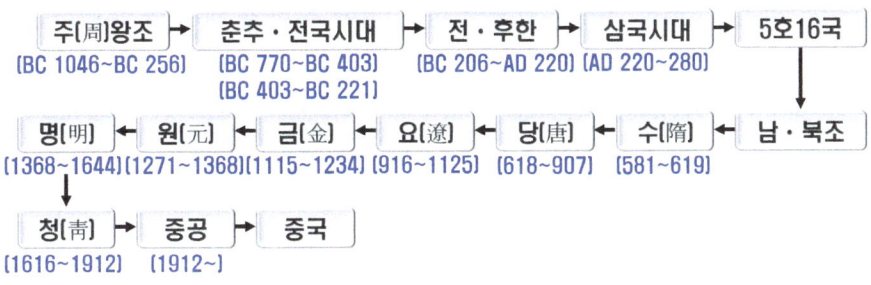

<그림 1-1> 중국의 연대표(年代表)

'주(周) 왕조 이전'에는 무인(武人)들의 순수한 군사전략으로 한정하였다.[8] '춘추전국시대'부터 무력과 권모술수 즉, 패권(霸權)을 구가하는 정치수단으로 변화하면서 군사적 측면에 정치·경제·사회·심리적 측면까지 추가한 복합 개념으로 발전하였다.[9]

중국의 병법서는 전략과 전술이라고 명확하게 표현한 문장이 존재하지 않는다. 다만,

---

7) '무경칠서(武經七書)'는 다른 말로 '무학칠서(武學七書) 또는 칠서(七書)'로 불린다. ① 춘추시대 오나라 손자의 『손자병법(孫子兵法)』, ② 전국시대 오자의 『오자병법(吳子兵法)』, ③ 제나라 사마양저 장군의 『사마법(司馬法)』, ④ 주나라 위료자의 『위료자』, ⑤ 주나라 문왕 때 여상(태공망)의 『육도(六韜)』, ⑥ 한나라 황석공의 『삼략(三略)』, ⑦ 당나라 이정 장군의 『이위공문대(李衛公問對)』 이다.

8) 중국의 주(周) 왕조는 BC 1026년부터 790년간 존재한 국가다. 주나라 초기 무왕(武王)이 은나라를 정벌했던 40년 정도는 강성하였으나, 이후부터는 왕실의 내분(內紛)으로 혼란스러웠으며, 주변 국가에 대한 지배 능력을 상실하였다. 이들의 역사를 이전과 이후로 구분하는 것은 역사를 공식 기록으로 남긴 최초의 왕조였기 때문이다.

9) '춘추전국시대'는 두 개의 시대를 묶은 이름으로 '춘추시대'는 BC 770-403년까지를 작성한 연대기의 이름인 '춘추'에서 따왔다. '전국 시대'는 BC 403년~221년까지를 기록한 <전국책(戰國策)>의 서문에서 유래되었다. 당시 복합 개념의 대표적인 사례는 '합종연횡(合從連橫)'으로 '무력과 권모를 사용하여 정치적 패권(hegemony)을 획득하는 수단으로 활용한 책략'이다. '합종책'은 소진(蘇秦)이, '연횡책'은 장의(張儀)의 외교선택(책략)이나. 춘추전국이라는 혼란의 시기에 각국이 생존을 위해 치열하게 싸우고 연합하는 과정을 보여주고 있다.

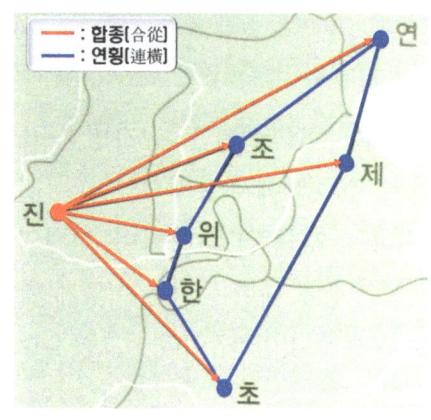

이러한 의미를 포함하고 있는 문장들이 많이 있다. 손자는 모공(謀攻) 편에서 '전략'과 '전술'을 구분하여 표현하고 있다. '전략'은 '부전이굴인지병-不戰而屈人之兵), 선지선자야-善之善者也)'라는 문장이다. '전쟁을 수행하지 않고 적을 굴복시키는 병법이 최선의 선(善-이상)'이라는 내용이 '전쟁에서 승리하기 위한 상위의 꾀'를 의미하는 것이기에 서양의 전략 사상과 같다. '전술'은 '백전백승-百戰百勝, 비선지선자야-非善之善者也'라는 문장에서 나오는데, '백번 싸워 백번 승리한다고 하여 최상의 선으로 볼 수는 없다.'라는 문장이 '전쟁에서 승리하기 위한 하위의 재주'를 의미하는 것이기에 서양의 작전 또는 전술 사상과 같다고 해석하면 된다.

'위료자(尉繚子)'는 진왕(秦王)에게 등용되어 춘추시대를 마감케 한 전략가로서 <위료자-尉繚子>를 통해 대의명분과 민생(民生)의 중요성 등에 대한 규범적 가치를 주장하고 있다.

여상(태공망)의 <육도-六韜>는 군주가 지켜야 할 여섯 가지 덕목을 설파하면서 치세(治世)와 조직론, 정치와 전쟁을 수행하는 상관성, 인륜(人倫)에 대한 도리를 포함하고 있으며 두 가지로 구분할 수 있다. 첫째, 정치에 관한 전략론이라고 할 수 있는 ① 문도(文韜-덕) ② 무도(武韜-적국을 평정) ③ 용도(龍韜-지략)와 실제 전쟁에 필요한 전략론이라고 할 수 있는 ④ 호도(虎韜-용맹스러운 기세) ⑤ 표도(豹韜-임기응변) ⑥ 견도(犬韜-지혜)로 정리할 수 있다.

유념할 사항은 동양은 서양과 다르게 주로 같은 생활권에 있는 민족 또는 국가 간의 전쟁이었기에 포용(관용)과 용서로 상대를 끌어안으려는 측면이 많았다. 따라서 유사한 민족 내부의 세력다툼 현상으로 쌍방의 힘과 상대의 심리를 교묘하게 조정하거나 주도함으로써 섬멸하기보다 정치·경제적 우위를 점하여 자기편으로 만드는 과정이다.

소결론적으로 동·서양을 막론하고 초기 전략은 순수한 군사적 측면에서만 사용하였다. 전쟁에서 "어떻게 적과 싸워 승리를 쟁취할 것인가?"라는 과제(Agenda)에 중점을 두었다고 보면 될 듯싶다. 점차 현대 국가로 발전하면서 전략의 개념은 전쟁에서 승리하는 것도 중요하지만, '어떻게 해야 평화를 유지하고 전쟁을 예방 및 억제할 것인가?'에 중점을 두고 있다고 보는 것이 전체를 아우를 수 있는 관점이다.

따라서 오늘날의 전략 개념이 정치·외교·경제 분야 등을 포괄하는 개념으로 변화 및 발전하였다는 점을 염두에 두어야 한다. 즉, 군사적 요인에 정치·경제, 과학기술과 심리적 요소 등을 추가로 고려하되, 한 국가의 자원뿐만 아니라 여러 국가의 자원을 고려하여 포함한다는 개념이다. 서양은 물리적인 힘이나, 강대국이 약소국을 강압적으로 몰아붙이는 '섬멸전(Annihilation War)' 중심의 전략을 진행하고 있다. 반면에 동양은 쌍방의 힘을 조절하거나, 인간의 심리를 파악하여 조정·주도하는 등을 통해 정치·경제적 우위를 장악한 다음 상대의 항복을 얻어내기 위한 전략으로 문화·민족적 특성을 고려하고 있음을 이해할 필요가 있다.

3. 전략 개념의 변천(變遷)

<그림 1-2>는 시대별 전쟁 양상의 변화와 전략 개념의 변천사를 정리하였다.

구 분	전쟁 양상	전략 개념	비 고
고대 ~ 국민전쟁시대	· 전투대형(Phalanx) 충돌 · 공성(攻城)전, 용병(傭兵)전 · 단기속결전, 대규모 섬멸전	· 목적: 전장 승리 · 방법/수단: 군사력 · 운용범위: 전시	군사위주
제1·2차 세계대전	· 국가총력전 · 전략폭격, 기동전 · 물량전(대량소모전)	· 목적: 전쟁 승리 · 방법/수단: 군사 및 비군사 · 운용범위: 전시	군사위주 → 국가차원
제2차 세계대전 이후	· 핵전 회피, 제한(制限)전 · 정보·과학전 · 脫 대량살상 및 파괴	· 목적: 전쟁 승리 + 국가이익 동시 추구 · 방법/수단: 국력의 諸 수단 · 운용범위: 전시 및 평시	국가차원

<그림 1-2> 전쟁 양상이 변화함에 따른 전략 개념의 변천

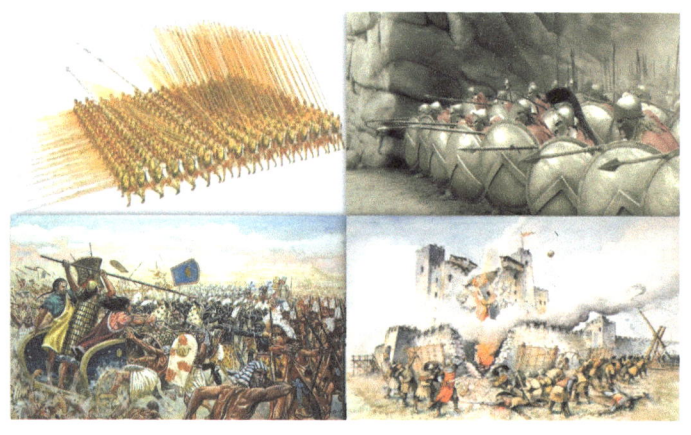

전쟁사에서 전쟁의 양상과 전략 개념은 크게 세 가지로 구분하여 이해하면 될 듯싶다. '고대'는 BC 6세기에서 AD 4세기까지, '중세'는 AD 5세기에서 16세기까지, '왕조 및 국민 전쟁 시대'는 17세기에서 19세기까지로 계몽주의 시대와 같다고 생각하면 된다. 이때까지의 전쟁 방식은 주로 지상(地上)에서 전투대형과 전투대형이 충돌하는 형태였다. 전투대형 간의 충돌을 통해 힘의 우열을 결정하는 전쟁 방식은 일반적으로 생각하는 작전행위와 같다는 인식을 불러왔다. 따라서 장군의 전투지휘가 전쟁의 승패를 결정하였기에 전략은

군사력을 운용하는 위주의 개념인 '장군의 용병술=전략'으로 인식하였다. 기병(騎兵) 전술이 발달하게 되자 점차 공성전(攻城戰)의 형태로 전환하면서 준비된 군사력을 어떻게 운용할 것인가? 에 중점을 두었다. 그러나 화약이 개발되면서 근접전투 간 대량 피해가 발생하자 용병(傭兵)을 고용하여 대리전쟁을 하는 '용병 전쟁 시대'가 도래하였다. 결과적으로 군대가 죽음은 최대한 회피하고 보수(급료)에만 욕심을 내는 현상으로 인하여 이념(ideology)과 소명의식(calling)은 찾을 수 없는 현실에 직면하였다.

기병(騎兵)전술

구태의연한 전쟁의 양상을 변화시킨 인물이 바로 나폴레옹 보나파르트의 '나폴레옹 전쟁(1803~1815)'이다. 그는 적을 격멸하기 위하여 유리한 지형을 점령한 다음 각개격파하거나, 협상하는 방식을 주로 채택하여 밀어붙였다. 이 시기를 관통(貫通-pierce)하는 전략 개념은 목표와 방법 및 수단의 변화가 없이 전장(battle-field)에서 적을 패배시켜 '전장(戰場)에서 승리하기 위하여 단순히 군사력을 변화시켜 운용'하는 데 두었다.

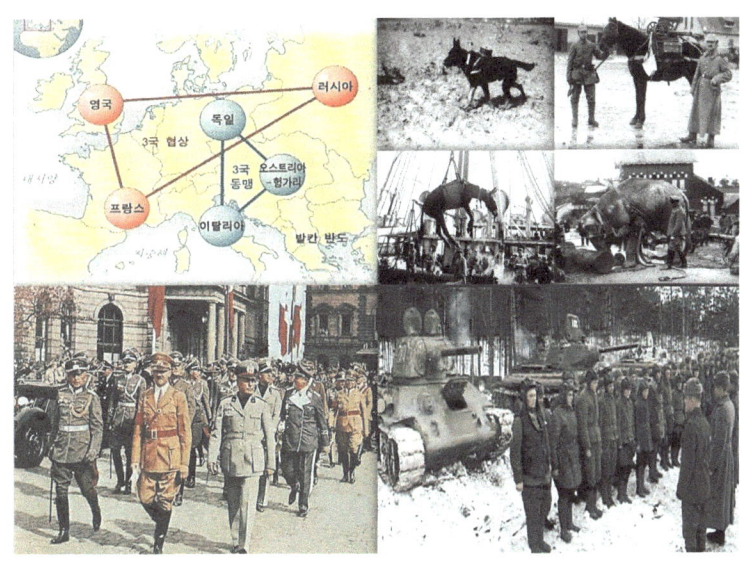

제1차 세계대전에서 제2차 세계대전 시기는 '국가 총력전' 시대로, 대량의 소모전 양상을 보였고, 전략 개념도 '전쟁(War)에서의 승리를 위해 군사·비군사적 수단을 확대'하였다. 특히 이전까지의 전략 개념이 군사력 중심이었다면, 이때부터는 국가 차원으로 확대하기 시작하였다. 그러나 이론·개념적 차원이었을 뿐 실제 행동으로 옮겨지지는 않은 상태였다.

제2차 세계대전 이후는 총력전 시대의 연장선이었으나, 핵전쟁을 회피하려는 제한전쟁, 정보·첨단무기 체계에 의한 대량살상 및 파괴에서 벗어나기 위하여 점차 복합정밀타격 체계(C4ISR+PGMs)[10]으로 전환 및 발전을 도모하였다. 즉, 정보·과학전 양상으로 전환하

였다. 이는 대량살상 및 파괴로 전(全) 인류의 멸망은 피하고 보자는 현상으로 읽혔다. 이에 따라 전략 개념도 '전쟁의 승리와 국가이익을 동시에 추구'하는 데 두었다. '국력의 제(諸) 수단을 동원'하는 측면으로 확대되었고, 운용 범위는 전시 위주에서 평시까지 확대되었다. 이로써 국가 차원의 전략 개념이 자리매김하는 계기가 되었다.

<표 1-1>은 제2차 세계대전 이후 제한전쟁 양상으로 전환되면서 전략 개념이 확대되는 형태를 정리하였다.

<표 1-1> 제2차 세계대전 이후 전략 개념이 확대되는 형태

목적(End-state)	범위 및 방법(What)	수단(How)
전쟁 승리→국가이익 추구	전시→전·평시	군사적→국가총력

1990년대 초기 냉전기가 끝나면서부터 적극적인 '안정화 전략(Stabilization Strategy)' 즉, '집단안보체제(Collective Security System)'로 전환하였다. 이전까지는 명확하게 식별된 적(대상)과 위협이 존재했다면, 이후부터는 불확실하고 불특정한 위협에 직면하면서 국가 차원에서 변화가 가속화될 수밖에 없었다. 아울러 전·평시를 불문하고 국가목표를 달성하기 위하여 군사·비군사적 수단을 지속하여 운용하는 방향으로 발전을 꾀하였다.

---

10) '복합정밀타격체계(C4ISR+PGMs)'는 'Command, Control, Communications, Computers, Intelligence, Surveillance & Reconnaissance+Precision Guided Munitions'의 약자다. 지휘·통제·통신·컴퓨터, 정보, 감시, 정찰 및 정밀유도무기 센서(Sensor)에서 발사자(Shooter)까지 연결하는 자동화 체계다. 즉, 감시·정찰·정보체계와 정밀타격체계, 지휘 통제 체계를 실시간에 디지털로 연동된 무기체계와 이와 관련된 하부 체계를 뜻하고 있다. 관련 내용은 김성진의 『전쟁사와 무기체계론』 (서울: 백산서당, 2020), pp. 252~273.을 참고하기 바란다.

4. 전략과 국가·군사전략의 정의 및 개념

4.1. '전략'[11]의 정의와 개념

전쟁사에서 속전속결로 승리한 사례는 다수 발견할 수 있지만, 시간을 끄는 지구전(持久戰)으로 승리하였다는 사례는 거의 찾아보기 힘들다. 전쟁을 오래 끌어서는 국가 재정뿐만 아니라 국민 안정에 도움이 되지 않기에 국가의 이익을 가져온 사례가 없다고 하여도 지나친 말이 아니다. 다시 말해 국가이익과 국민의 안녕을 위해서는 전쟁이 없으면 좋겠지만, 이는 이론적으로나 가능한 문장이기에 어떤 유형의 전쟁일지라도 발발(勃發)할 경우 최대한 빨리

종결하는 것이 가장 좋은 전략임을 누구도 부정하기 어렵다. 전략가들은 이를 위해 가장 최상의 전략을 수립하는 등을 통하여 조기에 승리를 확정하기 위해 노력하고 있다.[12]

프로이센(현재의 독일)의 카를 폰 클라우제비츠(Karl von Clausewitz)는 "전략이란 전쟁의 목표를 달성하기 위하여 전투를 사용하는 데 있다."라고 강조하면서 전시(戰時)에 무력을 사용하는 전투(battle)를 중심으로 정의하고 있다.

프랑스의 앙투안 앙리 조미니(Antoine Henri baron de Jomini)는 "전략은 도상(圖上-지도)에서 전쟁을 계획하는 술(術)로서 전체 작전구역을 다룬다."라고 주장하며 "전략은 전투를

---

[11] 현대사회의 경제·사업적 측면에서 '전략(Strategy)'과 '전략(strategy)'은 다른 의미로 해석되고 있기에 구분할 필요가 있다. 첫째, '전략(Strategy)'은 '비즈니스의 잠재적 가치를 만들어 낼 수 있는 요소들을 찾는 업무'이다. 둘째, '전략(strategy)'은 '시장에서 지속적인 힘(Power)을 유지할 수 있도록 하는 방법을 찾는 업무'라는 의미가 있기에 학습 목적을 위해 두 가지를 모두 이해할 필요가 있다. 이 책은 군사적인 측면을 중심으로 진행하고 있지만, 현대사회로 진입하면서 다양한 의미로 사용되고 있고, 군사전략일지라도 이전(以前)과 다르게 정치·경제·사회·문화·심리적 측면 등 융·복합적 차원을 고려해야 하기에 참고할 필요가 있다; 합동군사대학교 합동전투발전부, 『합동·연합작전 군사용어사전』(서울: 합동참모본부, 2014), p. 404.는 '어떤 목표를 효과적으로 달성하기 위하여 가용자원을 준비하고 활용하는 술(術)과 과학'으로 정의하고 있다.

[12] 관련 내용은 김성진의 "당신은 전쟁에 관심이 없을지 모르지만, 전쟁은 당신에 관심이 있다." 『경제포커스』 안보칼럼(2021.9.1.)을 참고하기 바란다.

수행하는 장소를 결정하는 데 있다."라고 정의하였다. 즉, 전략은 전구(戰區)를 설정하고 결정적 지점(decisive point), 작전기지(base of operation), 작전지대(zone of operation), 작전선(line of operation) 등을 포함하여야 한다고 강조하였다.

프로이센軍의 헬뮤트 폰 몰트케(Helmuth Karl Bernhard von Moltke, 이하 大 몰트케)는 "전략이란 기대되는 목표를 달성하기 위하여 군사지휘관이 부여된 권한 내에서 제반 수단을 실제로 적용하는 것이다."라고 강조하였다. 여기서 전략은 목표를 달성하기 위하여 위임받은 군사지휘관의 책임으로 규정하는 한정적인 의미로 이해하면 될 듯싶다. 20세기에 들어와서도 전략의 개념은 명확하게 정립(定立)되지 않았지만, 한층 다양하게 확장하면서 발전적인 추세에 있음은 확실하다.

美 해군의 헨리 E. 이클레(Henry E. Ikle) 제독은 "전략은 목표를 달성하기 위하여 상황과 지역을 통제할 목적으로 시행하는 모든 요소(Power)에 관한 포괄적인 지침이다."라고 하면서 각종 전투 행동에 대한 통제 기술 분야에 초점을 맞추고 있다.

한국의 합동참모본부는 "전략이란 승리에 대한 가능성과 유리한 결과를 증대시키고 패배의 위험을 감소시키기 위하여 제반 수단과 잠재역량을 발전 및 운용하는 술(術)이자 과학"이라고 정의하며 '국가전략'과 '군사전략'으로 구분하고 있다. 여기서 '국가전략'이란 '국가목표를 달성하기 위하여 국력의 제반(諸般) 수단을 발전시키고 운영 및 조정하는 술과 과학'이며, '군사전략'은 '국가목표 또는 국방목표를 달성하기 위하여 군사력을 건설하고 운용하는 술과 과학'이다.[13]

육군본부는 목표를 달성 및 도달하기 위한 최적의 방법이나 책략으로 군사·비군사 영역까지 확대하고 '어떤 목표를 효과적으로 달성하기 위하여 가용자원을 준비하고 활용하는 술(術, art)과 과학'이라고 정의하면서 '전략'을 '군사전략'으로 한정하여 해석하고 있음을 이해할 필요가 있다.[14]

소결론적으로 군사적 수준으로만 인식하던 초기의 협의(狹義)적 개념은 점차 포괄적 개념으로 확장되고 있음을 느낄 수 있다. '전략'은 일반적으로 세 가지 측면으로 정리할 수 있다.

첫째, '국가 안보(National security)'[15])의 개념은 확대되면서 전쟁의 목표를 달성하는 데

---

13) 합동군사대학교 합동전투발전부, 앞의 사전(2014), pp. 60, 76.
14) 육군본부, 『연합·합동연습 실무편람』(계룡: 육군본부, 2018), p. 89.
15) '국가 안보(National security)'는 '국가 안전보장'의 줄임말로 '국가가 어려움이 없도록 걱정과 근심, 불안함이 없이 안전하게 보호하는 상태'를 뜻하며, '핵심적인 국가이익을 국내·외의 위협으로부터 보호하거나 증진하는 행위의 전반(全般)'이라고 정리할 수 있다. 국방대학교와 육군본부의 정의(定義)는 너무 길어 이해하기 어려워 줄이

그치는 단순한 수준이 아니라 전반적인 국가목표를 달성하는 수준으로 확장되었다.

둘째, 초기에 추구하던 군사적 차원에 머무는 것이 아니라 점차 정치·경제·사회·문화·심리적 차원을 포함하는 등으로 방법(What)과 수단(How)을 확대하고 있다.

셋째, 범위(範圍-range)가 전·평시로 확대되고 있다. 따라서 전략은 순수한 군사적 차원의 '군사전략', 국가의 안전보장이라는 목표를 달성하기 위해 포괄적으로 고려해야 하는 '대전략 또는 국가전략'으로 구분할 수 있는 차원으로 발전하였다.

4.2. '국가전략(National Strategy)'의 정의와 개념, 구성요소

국가전략의 구성요소를 탐구하기 이전에 국가전략의 본질과 의미를 짚고 넘어갈 필요가 있다. '국가전략'은 '국가목표[16]를 구현하기 위해 국력의 제반 수단을 발전시키고 운용 및 조종하는 술(術-art)과 과학'을 의미하고 있다. 즉, '전·평시를 불문하고 적용하며, 국가목표를 달성하기 위하여 국가정책에 바탕을 두고 정치·외교·경제·심리 분야와 군사력을 포함하는 모든 자원을 이용하여 국력을 운용하는 술이자 과학'이다. <그림 1-3>은 국가전략을 구성하는 대표적인 네 가지 전략을 정리하였다.

<그림 1-3> 국가전략을 구성하는 네 가지의 대표적인 전략

면 이렇다. '군사·비군사 분야에 걸쳐 국내·외의 다양한 위협으로부터 국가목표를 달성하기 위해 제(諸) 가치를 보전·향상하고, 정치·외교·사회·문화·경제·과학기술 분야의 제반 정책체계를 운용하여 현실 위협을 배제하고 예상되는 위협은 사전에 방지하며, 불시 사태에 적절히 대처하는 것'이다. 국가안보에 대한 학자(연구자)들의 다양한 정의도 이 범주(category)를 벗어나지 않는다. 각자의 주장에 필요한 문장을 첨삭하여 조작적으로 정의하는 덕분이다. 관련 내용은 국방대학교의 『안보관계 용어집』 (서울: 국방대학교, 1991), p. 50.; 조남진의 『국가안보의 이해』 (서울: 노드 미디어, 2010), pp. 34-35.를 참고하기 바란다. 실제 이 용어는 제1차 세계대전 직후 독일의 보복을 두려워하는 프랑스가 대외적 위협에 어떠한 방법을 사용하여야 자국을 포함하여 유럽의 평화를 지킬 수 있을 것인가? 에 대한 위기 인식에서 시작되었다고 봄이 타당하다.

16) '국가목적'에서 '국가목표'가 나온다. '국가목적'은 국민의 영속적인 염원(念願-aspirations)을 뜻하는 용어로 '한 국가가 행하는 모든 행동을 지배하는 기초적인 지침'을 의미하고 있다. '국가전략'을 수행하는 궁극적인 배경도 '국가목적'을 구현하기 위해서다. '국가목적'은 '국가이익'을 통해 나타나는데, 국가이익의 구체적인 표현이 바로 '국가목표'다. '국가목표'를 달성하기 위한 구체적인 실천방안이 '국가정책'이고, 국가정책을 실현하기 위한 노력이 바로 '국가전략'이기에 국가의 목적에 따라 한 국가의 모든 정책·전략적 활동이 좌우된다고 이해하면 된다. 여기서 국가정책과 국가전략은 체계상으로는 상위(上位)와 하위(下位) 개념으로 되어있지만, 실제로는 상호보완적인 관계임을 이해할 필요가 있다. 형식을 무시할 수 없지만, 본질에 집중해야 하기 때문이다.

① '정치전략'은 '국가목표를 달성하기 위한 정치·외교정책 등에 바탕을 두고 계획한 전반적인 정치 방책'이다. 행정·입법·외교 활동 등을 통해 구체적으로 표출된다. 수단으로는 외교적 행위를 비롯한 동맹 및 조약 체결, 외국 정부에 대한 승인 또는 불승인 등이 있다.

② '경제전략'은 '국가목표를 달성하기 위하여 경제정책에 바탕을 두고 계획한 전반적인 경제 방책'이다. 수단으로는 관세, 수출·입 금지나 통제, 원조(援助-assistance) 및 차관(借款-loan), 무역협정, 전략물자와 일반재화의 예방구매, 무기 대여 등을 들 수 있다.

③ '심리전략'은 '국가목표를 달성하기 위하여 심리정책에 바탕을 두고 계획한 전반적인 심리방책'이. 수단으로는 백·흑·회색선전(propaganda) 및 기만(欺瞞-deception)[17] 등을 들 수 있다.

④ '군사전략'은 '국가목표를 달성하기 위해 이용하는 국가정책(또는 군사정책)에 기반을 둔 방책의 전반(全般)'이다. 수단으로는 한 국가의 전체적인 군사 능력 즉, 군사력에 추가하여 공업·산업·기술적 능력을 같이 포함하고 있다.

광의적으로 국가전략은 전·평시에 적용한다. 국력의 요소인 정치·경제·심리·군사력을 총체적으로 운용하면서 지정학적 위치나 국민의 정체성(identity)과 같은 기타 자원을 증진(增進)시키고 개발하는 데 있다. 물론 우발적 사태에 대해서는 융통·적응성이 없을

수 있지만, 궁극적으로는 목적을 지향하는 과정이 안정적이어야 하기에 가변성이 없음을 이해할 필요가 있다. 일부 국가나 정치집단에서 국가전략이라고 주장하면서 내놓고 일희일비(一喜一悲)하는 정책적 판단의 오류(誤謬-error) 현상은 국가전략에 대한 본질적인 의미와 절차를 잘못 이해한 결과로 이해하면 될 듯싶다. <그림 1-4>는 국가전략의 3대 구성요소를 정리하였다.[18]

---

[17] '기만(欺瞞, deception)'은 '상대가 상황을 인식하는 과정에 영향을 줌으로써 상대에게 유리한 어떤 행동을 하거나, 하지 못하도록 유도하는 것'이다. 즉, 조작(造作-manipulation), 왜곡(歪曲-distortion), 징후의 변조(變造-alteration)를 통하여 상대가 해로운 방향으로 반응하도록 유도하여 정상적인 판단을 하지 못하게끔 고안된 수단이다.

[18] 관련 내용은 김성진의 "ROTC의 인재(人才) 확보 현실과 '전략적 집중(Strategic Concentration)'의 딜레마," 『대한민국 ROTC 중앙회보』 제283호 (서울: 대한민국ROTC중앙회) (2021.10.25.)를 참고하기 바란다.

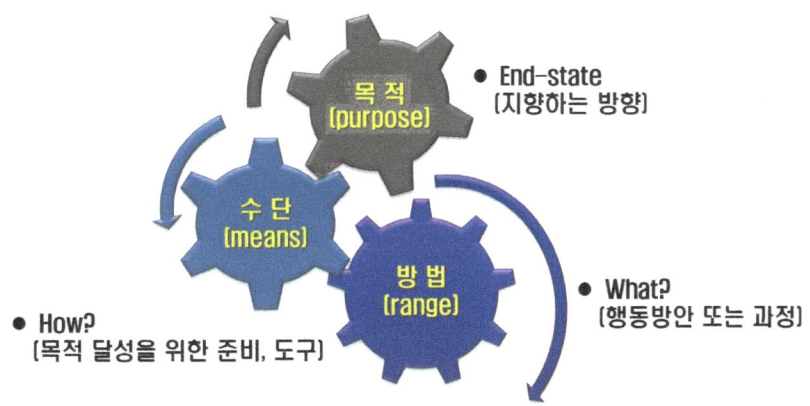

<그림 1-4> 국가전략의 3대 구성요소

'목적(purpose=Why)'은 개괄적으로 '지향하는 방향'을 의미하며 국가적 수준과 군사적 수준으로 구분하여 설정하고 있다. 다르게 표현하면, '최종상태(End-state)'라고도 설명할 수 있다.

'방법(range=What)'은 '어떠한 전략 개념을 수립할 것인가?'를 구상하는 차원이다. '범위'라고도 함은 '평시 또는 전시 중 어느 시기에 할 것인지?'도 예시(例示)해 볼 수 있다. 다르게 표현하면, '행동방안 또는 과정'으로 설명할 수 있다.

'수단(means=How)'은 '군사력을 포함한 정치·외교·경제·과학기술·사회·문화 등의 분야 중에서 어느 것을 선택하여야 할 것인가?'를 준비하는 차원이다. 다르게 표현하면, '목표를 달성하는 데 필요한 도구'로 설명할 수 있다. 국가전략은 최소한 한 개 이상의 군사전략을 갖고 있어야 함을 깊이 이해하고 접근하여야 한다.

4.3. '군사전략'의 정의와 개념

'군사전략'[19]은 군대의 사용과 관련되는 국가전략 중의 일부로 국가의 정책 목표를 지키기 위해 국가전략에서 군사적 부분만을 잘라냈기에 '국가 군사전략(National Military Strategy)'으로도 부르고 있다.

고대 그리스에서는 '장군의 용병술'로 지칭하던 군사전략이 전시의 군사력 운용을 비롯하여 평시의 군사력 건설과 유지를 통하여 어떻게 전쟁을 억제(예방)할 것인지?, 어떻게

---

19) '군사전략(軍事戰略-Military Strategy)'은 '어떠한 군사적 목표를 추구할 목적으로 군사조직이 마련해 놓은 개념들의 총합'이다(Gartner, Scott Sigmund, *Strategic Assessment in War*, Yale University Press, 1999.).

해야 전시에 최종적으로 승리할 수 있는지? 에 관하여 사고(思考)하는 방법으로 이해하면 될 듯싶다. 현대에 들어오면서 정치 도구의 강력한 수단이자 중요한 역할을 담당하고 있다.

고대에서 국민 전쟁 시기에 이르기까지 프로이센의 카를 폰 클라우제비츠는 "전략은 전쟁을 끝내기 위한 전투적 이용(the employment of battles to gain the end of war)"이라고, 영국의 바실 헨리 리델 하트는 "정책을 종결하기 위하여 군사적인 수단을 구분하고 적용하는 기술(the art of distributing and applying military means to fulfill the ends of policy)"[20]이라고, 프랑스의 앙드레 보프르는 "정책에 의해 결정된 목적을 달성하기 위한 사고(思考)하는 방법의 술(術)"로 강조하였다.

제1차 세계대전 이전까지 카를 폰 클라우제비츠의 '전쟁의 목표를 달성하기 위하여 전투를 운용하는 기술'이 강세를 이루었으나, 프로이센 軍의 헬무트 폰 몰트케가 '군사지휘관이 부여된 권한 내에서 군사 목적을 달성하기 위하여 군사적 제반 수단을 배비(配備)·적용하는 기술'이라고 주장하면서 "전시에 군사적 측면의 제 수단을 운용하는 기술"이라고 강조하였다. 이때 까지만 하더라도 '군사전략은 전·평시 군사적 승리뿐만 아니라 전쟁억제정책을 계획하고 대응하는 데 기여할 수 있는 기술과 과학'으로 인식하였다. <그림 1-5>는 제1차 세계대전 이전까지 군사전략에 대한 인식을 정리하였다.

<그림 1-5> 제1차 세계대전 이전까지 군사전략에 대한 인식

제1·2차 세계대전에서는 총력전(Total War) 양상을 보이기 시작하였다. 당시 구소련(이하 러시아)은 군사전략과 전술의 중간적 수준인 '작전술(作戰術)' 개념을 정립하였다.[21] 일본은 '전쟁의 발생을 억제, 저지하기 위하여 노력하지만, 전쟁이 개시될 경우 목적을 달성하기 위해 국가의 군사력과 기타 제반 역량을 준비-계획-운용하는 방책'으로 정의하고 있다.

알프레드 세이어 마한은 전략을 '전·평시를 구분하지 않고 군대를 건설 및 유지하면서

---

20) Liddell Hart, B. H., *Strategy*, London: Faber, 1967 (2nd rev ed.). p. 321.
21) 러시아는 '군사전략'을 '군사술(軍事術)'을 구성하는 한 부분이자 최고 분야로서 국가나 군대가 전쟁을 준비하는 단계에서 실제 이론과 전략적 측면에 관한 작전계획 및 수행에 관한 것'으로 정의하고 있다.

전쟁을 준비하고 군대를 사용하는 기술'로 주장했던 반면, 바실 헨리 리델하트는 '제반 군사적 수단을 분배 및 적용하는 기술'이라고 주장하였다.

에리히 프리드리히 빌헬름 루덴도르프(Erich Friedrich Wilhelm Ludendorff, 1865~1937)[22]는 모든 국민과 기구를 동원하는 총력전 개념으로서 "전쟁은 생존 의지의 최고 표현으로 정치는 전쟁지도에 봉사해야 한다."라고 주장하였다. 이러한 인식은 핵무기가 출현하여 모든 국가에서 '억지 이론(Deterrence theory)'[23]을 채택하도록 촉발하는 계기가 되었다. 바실 헨리 리델하트는 "전략은 전쟁의 정치적 목적을 달성하기 위해 국가의 모든 자원을 조정 및 관리해야 한다."라고 하면서 '간접접근전략(Indirect Approach Strategy)'을, 앙드레 보프르는 "전장 이외에서의 다양한 수단을 활용해야 한다."라고 하면서 '간접전략(Indirect Strategy)'을 주장하였다.[24]

양차(兩次) 세계대전을 겪으면서 피해의식이 확산하자 전시에 군사력을 운용하여 승리하는 것만이 중요한 게 아니라 평시부터 전쟁을 억제하는 노력이 필요하다는 공감대가 확산하였다. 다시 말해 '군사 중심의 전략'에서 '군사적 측면뿐 아니라 국가 차원에서도 적극적으로 개입'하여야 한다는 필요성을 절감한 시기였다.

제2차 세계대전이 끝난 이후부터는 핵무기의 가공할만한 파괴력을 경험하게 되면서 인류의 종말이 올 수 있다는 공포심에 사로잡혔다. 바실 헨리 리델하트는 "기존의 전략 개념과 정의는 핵무기로 인하여 무의미해졌다. 전쟁에서 목표를 내걸고 승리를 기도한다는 것은 정신착란 상태라는 이외에 아무것도 아니다."라고 주장하면서 이제 전·후방, 전투·비전투 요원을 구분한다는 자체가 무의미해졌다고 경고하였다. 대량 피해 현장을 직접 겪었기에 전쟁을 억제할 필요성과 중요성을 깨닫고 이를 발전시킨 계기로 이해할 수 있다. 모든 전쟁 또는 분쟁(갈등)을 조장하거나 끝내는 데 있어서 군사력 위주로 결정할 수밖에 없었던 환경과 구조였기에 전시(戰時)만을 중요하다고 인식했기 때문이다. 그러나 국제관

---

22) '에리히 루덴도르프'는 제1차 세계대전 초기 리에주(Liège) 요새 공방전(攻防戰)의 주역이었고, 파울 폰 힌덴부르크와 함께 탄넨베르크 전투에서 승리를 거둔 육군 장교로 슐리펜 백작의 수제자로 알려져 있다.
23) '억지 이론(抑止理論-Deterrence theory)'은 '상호확증파괴(MAD-mutual assured destruction) 전략'으로 사용하고 있다. 美·蘇가 주도하던 냉전 당시에 핵무기에 대응하기 위해 만들어진 전술로서 '상대적으로 핵전력이 열세인 국가가 더 강한 적국에 예기치 않게 공격을 당할 때 자국을 보호하기 위한 이론'으로 이해하면 될 듯싶다.
24) 바실 헨리 리델하트가 주장하는 '간접접근전략(Indirect Approach Strategy)'은 앙드레 보프르가 주장하는 '간접전략(Indirect Strategy)'과는 차이가 있으며, 제2장(주요 전략이론가와 군사전략 사상)을 참고하기 바란다.

계가 변화하고 뷰카(VUCA)[25] 시대가 도래됨에 따라 전·평시에 국가·군사적 차원의 정치 도구로 제한해야 한다는 움직임도 점차 확산하였다.

합참은 '군사전략'을 '국가목표 또는 국방목표를 달성하기 위하여 군사력을 건설하고 운용하는 술(術-art)과 과학'으로 정의하고 있다.[26]

소결론적으로 전시의 군사력 운용과 평시에 군사력을 건설하고 유지하기 위해 사고하는 방법을 배양하기 위한 움직임은 크게 두 가지로 정리할 수 있다.

첫째, 평시에 어떻게 군사력을 건설하고 유지하여야 전쟁을 억제할 수 있는지?

둘째, 불가피하게 전쟁을 진행할 수밖에 없다면, 어떻게 승리할 것인지?

이러한 복합적인 상황과 여건을 고려하여 '전·평시 국방 및 군사적 목표를 달성하기 위하여 군사력을 건설하고 운용하는 술(術, art)과 과학(science)'이라는 개념으로 정리하였다. <그림 1-6>은 제2차 세계대전 이후 설정된 전략의 방향성(directivity)과 유형을 세 가지로 정리하였다.

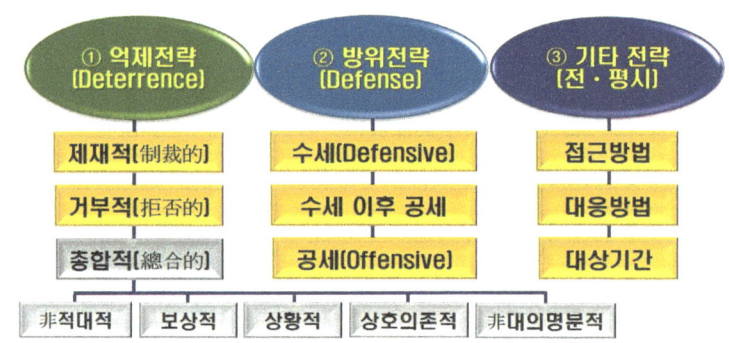

<그림 1-6> 제2차 세계대전 이후 전략의 방향성(directivity)과 유형

① '억제전략'[27]은 '엄청난 공포심과 두려움을 주어 상대가 원하는 대로 행동하지 못하

---

[25] '뷰카(VUCA)'는 '변동성(Volatility), 불확실성(Uncertainty), 복잡성(Complexity), 모호성(Ambiguity)'의 앞글자를 따서 조합된 용어로 '현재의 불확실한 상황과 리스크(risk)를 묘사할 때 사용'하는 말이다. 관련 내용은 김성진의 "뷰카(VUCA)시대, '대화'와 '소통'의 패착(敗着)," 『경제포커스』 안보칼럼(2021.8.2.)을 참고하기 바란다.
[26] 합동군사대학교 합동전투발전부, 앞의 사전(2014), p. 76.
[27] '억제(deterrence)'라는 용어는 접두어 'de'는 '~을 강조하다'라는 뜻이며, 뒤에 있는 라틴어 'terrere'는 '공포심 또는 두려움'이라는 의미다. 이 용어가 국제관계 또는 국가안보전략 분야에서 본격적으로 사용된 시기는 제2차 세계대전 이후부터였다.

게 심리적으로 제지하는 전략'이다. <표 1-2>는 억제전략의 대표적인 유형을 세 가지로 정리하였다.

<표 1-2> 억제전략의 대표적인 유형

> 첫째, 잠재적 침략국이 침략을 개시한다면, 보복전력으로 견딜 수 없을 정도의 제재를 가할 것이라고 위협하여 공포심에 포기하도록 하는 전략이다.
> 둘째, 충분한 보복력을 보유하는 정도가 핵심이다. 침략의 이익보다 준비 비용과 위험이 훨씬 큼을 인식케 하여 침략을 포기하게 하는 전략이다.
> 셋째, 국가에서 군사·비군사적으로 이용이 가능한 모든 수단을 동원하여 침략 행동을 단념하게 만드는 전략이다.

첫째, '제재적 억제전략'이 성립하기 위해서는 충분한 보복 능력과 군사력을 갖추어야 하며, 보복하겠다는 의지가 해당 국가를 대변(代辨)하고 있음을 믿게 하여 위협이 된다는 분명한 신뢰성을 갖게 해야 한다.

둘째, '거부적 억제전략'이 성립하기 위해서는 거부능력이 충분해야 하나 통상적으로 적국보다 약한 국가가 사용한다. 그러나 침략국이 추구하는 전략 목적의 달성을 거부할 수 있는 충분한 방어능력을 보유하여야 한다. 군사적 용어인 '방위 충분성(Defense Sufficiency)'[28]과 같은 의미로서 장기간 지속할 수 있는 능력을 보유하여야 한다. 그리고 국민적 결사항전(決死抗戰)의 정신을 가져야 하며, '다양성'과 '적합성'[29]도 보유하여야 한다.

셋째, '총합적 억제전략'은 비군사적 수단에 의한 억제 효율성이 높아지자 비군사적 수단까지를 억제의 수단으로 활용하기 위한 전략으로 총 다섯 가지의 방법을 구사할 수 있다.[30]

---

28) '방위 충분성(防衛 充分性)'이란 '불특정하고 불확실한 안보 상황에서 급격한 변화에 대비할 수 있도록 국방에 필요한 최소의 군사 능력, 다시 말해 충분한 수준의 군사 능력'을 갖춰야 함을 의미한다. 이를 위해 '전략적 억제전력'을 우선 확보하여야 한다. 적이 도발 시에는 치명적인 응징보복을 가할 수 있는 억제전력을 확보한다면, 적의 침략 의지도 사전에 무력화(無力化)시킬 수 있을 것이다.

29) '다양성'은 '간접침략 등 다양한 형태의 침략에 적절하게 대응할 수 있는 능력을 보유해야 한다.'라는 의미고, '적합성'은 '국력에 적합한 거부능력을 유지해야 한다.'라는 의미로 이해하면 된다.

30) ① '비적대적 억제'는 적대관계를 비(非) 적대관계로 개선함으로써 침략할 근본 요인을 소멸케 한다. ② '보상적 억제'는 정치적 요구를 강요하는 적대 국가에 어떠한 대가를 지급함으로써 군사력을 행사하지 않더라도 정치적 이익을 얻었다는 만족감을 느끼게 만들어 침략을 방지한다. ③ '상황적 억제'는 국가 차원에서 국제적인 상황을 조성하여 침략할 수 있는 여건 자체를 없애는 것으로 한국에 침략 위협을 가하는 북한을 견제하기 위하여 북한과 대립 관계에 있는 주변 국가가 위협에 가세하여 침략하려는 의도 자체를 불가능하게 한다. ④ '상호의존적

전략은 고대 로마의 사상가 베제티우스(Vegetius)의 "진정 평화를 원한다면, 전쟁에 대비하라(Si vis pacem, para bellum)."에서 시작하였으나, 제2차 세계대전 이후 핵무기의 파괴력이 세계 인류가 멸망할 수 있다는 공포심에서 본격적으로 사용하였다. 이는 북한의 김일성 부자와 김정은이 사용하고 있는 전략과도 같다. 탄도 미사일 시험 발사, 핵무기 개발이라는 군사적 수단으로 상대를 강압적으로 몰아붙여 협상에서 유리한 고지를 확보하고 있기 때문이다.

문제1) '억제(deterrence)'와 강압(coercion)의 차이점이 무엇인지 이해하는 시간을 가져보자.

문제1) '억제(deterrence)'와 '강압(coercion)'의 사례를 찾아보시오.
① ○○○ 행동을 하지 마라. 그러한 행동을 한다면, 너를 몽둥이로 때리겠다.
② 나는 지금 몽둥이로 너를 때리고 있다. 내가 원하는 것을 할 때까지 계속 때릴 것이다.

* key-word
 -억제: 위협으로 상대 의도에 영향력을 행사하여 '~을 못 하도록 하는 행위'
 -강압: 위협으로 상대 의도에 영향력을 행사하여 '~을 하도록 하는 행위'

문제2) '군사전략'은 왜! 다층적으로 준비해야 하는가에 관하여 이해하는 시간을 가져보자.

문제2) 국가가 억제전략을 고수하다가 실제 전쟁으로 발전하였을 경우 채택하여야 하는 군사전략은 무엇인가요?
① 축차적인 공격을 시도 → 피해가 점증적으로 발생하는 문제를 고민
② 대량 핵 공격을 시도 → 제(諸) 분야에서 의지 결집 여부가 성공의 척도
③ 정치적 거래(deal) 시도 → 무조건(조건부) 항복의 처지에 몰릴 수 있다.

* key-word
 -군사전략의 특징은 즉각 또는 신속하게 빈번한 변경이 가능하여야 한다.
 -군사전략은 목표의 즉각적인 변경이 가능하도록 준비되어야 한다.

억제'는 경제협력 등을 강화하여 침략으로 관계가 무너질 경우, 국가이익에 막대한 손실을 초래하게 하여 억제한다. ⑤ '비(非) 대의 명분적 억제'는 정치적 수단을 이용하여 침략의 대의명분을 없앰으로써 평화 이미지를 높여 적대국이 침략할 명분 자체를 없애는 것이다.

② '방위전략'은 '억제에 실패했을 경우 외부의 침략으로부터 국가를 보호하기 위한 전략'이다. 일곱 가지 유형31)으로 분류할 수 있으나, 여기서는 대표적으로 전략태세에 의한 세 가지 유형을 살펴보자.

②-1 '수세(Defensive) 전략'은 '적의 공세를 기다렸다가 가용한 모든 수단과 방법을 동원하여 적의 공격을 저지·격멸하는 방어 위주의 수동적인 태세'로 이해하면 된다. 방어를 준비하는 과정에서 지형의 이점 등을 활용할 수 있다는 장점이 있으나, 시기와 장소, 수단 측면에서 적에게 주도권을 빼앗기기 쉽고, 적의 방책에 일일이 대응해야 하기에 불리하다.32)

②-2 '수세 후 공세 전략'은 기본적인 공세 전략이다. '적이 선제공격을 함과 동시에 즉각 반격하는 전략'으로 성공 여부는 조기(早期) 경보 능력과 얼마나 공세적인 즉응태세를 유지하는가에 달려있다.

②-3 '공세(Offensive) 전략'은 '군사력을 건설하고 운용하는 데 있어서 공격을 위주로 하는 전략'이다. 자주·능동적으로 행동의 자유를 보장하기에 주도권을 장악하여 유리한 입장에서 결전(決戰)을 시도할 수 있다. 이 전략은 다시 '선제공격전략'과 '예방전쟁 전략'으로 구분할 수 있다.33) <표 1-3>은 선제공격과 예방전쟁을 비교하여 정리하였다.

<표 1-3> 선제공격과 예방전쟁 비교

구 분	선제공격	예방전쟁
기 간	단기간(일촉즉발의 상황)	선제공격에 비교할 때 상대적으로 장기간 소요
목 적	'긴박한 위협'에 대응	적이 전쟁 수행 능력을 갖추지 못하게 제거
기선 제압	적대국	우리 측(또는 우군)
합법성	전쟁의 명분 획득이 가능 (국제사회가 인정)	전쟁의 명분 획득이 불가능 (국제사회에서 불인정)
사례	제3차 중동전쟁(6일 전쟁)	제4차 중동전쟁(욤키푸르 전쟁)

---

31) 방위전략의 유형은 첫째, 전략태세, 둘째, 방위선, 셋째, 전쟁의 기간, 넷째, 작전을 수행하는 방식, 다섯째, 접근 방법, 여섯째, 대응하는 방법, 일곱째, 대상과 기간에 따라 구분하고 있다.
32) 대표적으로 스위스가 독일, 오스트리아, 이탈리아 등의 국가들 사이에서 알프스의 험난한 지형과 기상을 이용하여 적의 공격을 격퇴하고 국토를 방위하는 강한 수세 전략을 구사하고 있다.
33) 제3차 중동전쟁은 1967년 6월 5일 이스라엘의 '선제공격 전략'에 따라 이집트가 기습을 당하면서 공군이 거의 궤멸당함과 동시에 시나이반도를 빼앗겼다. 이는 1973년 제4차 중동전쟁(욤키푸르 전쟁-Yom Kippur War)에서 아랍 연합군이 승리하는 결정적인 계기가 되었다. 관련 내용은 김성진의 『군사협상론』 (서울: 백산서당, 2020), pp. 164~166.을 참고하기 바란다.

특히 '방위선(防衛線-defense perimeter)'에 따른 전략 사례는 1950년 1월 12일에 획정한

'애치슨 라인(Acheson Line)'이나, 중국의 제1·2 도련선(列島線) 등을 대표적인 사례로 들 수 있다. 방위선 전략은 잠재적 위협에 대비하는 차원에서 군사적 수단과 능력의 확보, 군사력 운용에 대한 지침을 제공하여 거부적 방위를 구현할 수 있도록 전장 공간을 감시권, 방위권, 결전권, 사이버·우주권의 5대 권역으로 구획하고 있음을 이해할 필요가 있다.34)

③ '기타 전략'은 전·평시를 불문하고 ①·②번 이외에 시도하는 방식으로 '접근하는 방법', '대응하는 방법', '대응하는 기간'으로 구분하여 정리할 수 있다.

'접근하는 방법'은 '직접전략'과 '간접전략'으로 구분할 수 있다. 여기서 '간접전략'은 프랑스의 앙드레 보프르 장군이 최초로 사용하였다. 차이점은 군사력이 주수단이면, '직접전략'이 되고, 군사력이 보조수단으로 활용된다면, '간접전략'이다.

'대응하는 방법'은 '대칭 전략'과 '비대칭 전략'으로 구분할 수 있다. '대칭 전략'은 적과 직접 맞대응하기 위함이고, '비대칭 전략'은 상대와 직접 맞대응하지 않고 전략 환경과 군사과학기술 또는 전쟁을 수행하는 방법 등에서 비대칭적인 목표와 방법 및 수단으로 목적을 달성하는 전략이다.

---

34) '감시권(監視圈)'은 '서울을 기점을 2,000km이며, 잠재적 위협국가의 중심을 감시·정찰하여 도발 징후를 조기에 포착 및 경고할 수 있는 지역'으로 전략환경의 변화에 따라 확장할 수 있다. '방위권(防衛圈-azimuth circle)'은 '韓·中 국경선까지로 통일 이전(以前)까지는 군사분계선(MDL-Military Demarcation Line) 및 배타적 경제수역(EEZ-Exclusive Economic Zone)인 영해 넘어 200해리, 한국방공식별구역((KADIZ-Korea Air Defense Identification Zone)까지의 권역으로 신속 대응전력을 이용하여 분쟁을 제한 및 확전을 방지하고 적의 침공을 차단 및 격퇴하기 위한 지역'이다. '결전권(決戰權)'은 '한반도의 부속 도서와 영해, 영공을 포함하는 지역으로 어떠한 경우라도 국가 주권 및 생존을 위해 승리해야 하는 최후의 결전 공간'이다. '사이버권(Cyber圈)'은 '정보 기반구조를 대상으로 하는 각종 해커, 바이러스 등에 의한 공격이 이루어지는 공간으로 우군의 정보 및 정보체계는 보호하고 적의 정보 및 정보체계는 파괴하거나, 마비시킬 수 있는 권리'이다. '우주권(宇宙圈)'은 '우주력 간의 공방이 벌어지는 공간으로 우리의 우주력 운용을 보장하여 우주력으로 합동 전장(戰場)에 대한 운영을 지원하기 위한 지역'이다.

'대응하는 기간'은 '장기전략'과 '단기전략'으로 구분할 수 있다. '장기전략'은 장기적으로 추구할 전략 목표를 설정한 다음 개념을 수립하고, 이에 필요한 수단을 산정하는 '양병(養兵)을 중심으로 하는 전략'이다. '단기전략'은 다음연도에 전쟁이 발발(勃發)하리라고 가정하여 가용전력을 제시하고 전략 목표를 설정한 다음 전시에 필요한 군사전략지침과 각 군(軍)의 과업을 제시하는 등 '용병(傭兵)을 중심으로 하는 전략'이다.

소결론적으로 제2차 세계대전이 끝난 이후 전략이 어느 방향으로 전개되고 있는지에 대하여 이해하면 될 듯싶다.[35]

---

[35] 이 문단(paragraph)은 『군사학 개론』에 나오는 군사학의 정의(定義-definition) 세 가지를 포함하고 있다. 군사학의 정의는 첫째, '전쟁의 본질과 성격을 연구'하고, 둘째, '전·평시 전쟁에 대비한 군사력의 건설과 후방지원 방법에 관하여 연구'하고, 셋째, 불가피하게 전쟁을 수행하여야 할 때 '무력전(武力戰-armed hostility)의 형태와 방법, 전쟁을 억제하는 데 필요한 통일된 지식체계를 연구'하기 때문이다. 이 정의는 군사학을 탐구하는 과정에서 잊지 않아야 할 기본 요소이므로 이해하면서 탐구에 임하면, 도움이 되지 않을까 싶다.

5. '군사전략'의 구성요소

현대적 의미에서 '군사전략'은 '국가(국방)목표를 달성하기 위하여 군사력을 건설하고 운용하는 술(術-art)이며 과학'이다. 군사전략은 '국가안보전략(National Security Strategy)'[36] 지침을 통해 평시는 전쟁에 대비(억제)하는 역할을 하며, 유사시 승리할 수 있도록 군사력을 효율적으로 운영하는 역할이다. 작전술과 전술 등의 하위 용병술과 관련한 지침을 하달하고 군사적 입장에서 필요한 건의를 진행하게 된다. <그림 1-7>은 군사전략의 3대 구성요소를 정리하였다.

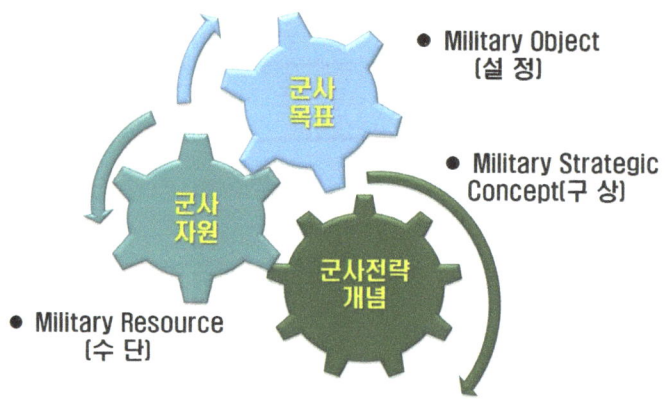

<그림 1-7> 군사전략의 3대 구성요소

군사전략의 3대 구성요소는 1981년 맥스웰 D. 테일러(Maxwell D. Taylor, 1955~1959년까지 재임) 육군참모총장이 전쟁대학에서 '군사전략'의 3가지 구성요소를 특징화하여 설명한 이후부터 공식적인 교리로 채택하였다.[37]

---

36) '국가안보전략(國家安保戰略)'은 '국가안보목표를 달성하기 위하여 국가안보의 제반 수단을 효과적으로 준비하고 활용하는 술(術-art)과 과학'이다. 여기서 '국가안보목표'는 '국가가 모든 역량을 동원하여 달성해야 할 목표'를 뜻하는 것으로 국가이익의 핵심 요인인 '국가 안전보장'을 위해 설정하게 된다. 예를 들면, 한국의 '국가안보목표'는 '한반도의 평화와 안정, 남북한과 동북아의 공동번영, 국민 생활의 안전 확보'이다(합동군사대학교 합동전투발전부, 앞의 사전(2014), p. 59.).

37) 맥스웰 D. 테일러 대장은 美 육군사관학교(이하 웨스트포인트) 교장(1945~1949)으로 재직하면서 '3대 신조'와 '5대 도덕률'을 처음 만들었다. 한국은 해방 이후 이승만 대통령이 창설한 육군사관학교에서 강영훈 중장(군사영어반 1기)이 제15대 교장(1961~1962까지 재직)으로 있으면서 웨스트포인트의 '3대 신조'와 '5대 도덕률'을 그대로 가져

　'군사목표(Military Objective)'는 국가목적을 달성하기 위하여 행동하는 방안으로서 '구체적으로 지향해야 할 목표'를 의미한다. 비군사적 수단으로 국가목적을 달성할 수 없을 때 최후의 수단(군사력)으로 국가목적을 달성하기 위해 설정하는 방법으로 이해하면 된다.

　'군사전략개념(Military Strategy Concept)'은 '행동방안을 모색하기 위하여 구상하는 개념이자 절차'를 의미하고 있다.

　'군사자원(Military Resource)'은 '군대를 사용하는 데 필요한 여러 가지의 수단'이다. 소결론적으로 전략은 목적과 방법, 수단으로 구성되기에 '군사전략=군사목표+군사전략개념+군사자원'으로 이해하면 되지 않을까 싶다.

와 사용하고 있다. '3대 신조'는 ① 국가와 민족을 위하여 생명을 바친다. ② 언제나 명예와 신의(faith) 속에 산다. ③ 안일한 불의의 길보다 험난한 정의의 길을 택한다. '5대 도덕률'은 ① 사관생도는 진실(truth)만을 말한다. ② 사관생도의 행동은 언제나 공명정대하다. ③ 사관생도의 언행은 언제나 일치한다. ④ 사관생도의 언행은 언제나 부당한 이득을 취하지 않는다. ⑤ 사관생도는 자신의 언행에 대하여 책임을 진다. 관련 내용은 김성진의 『한국 육군 장교단의 충원제도와 직업 안정성』(서울: 백산서당, 2016), pp. 173~180.을 참고하기 바란다.

6. '국가전략'과 '군사전략'의 관계

<그림 1-8>은 국가전략과 군사전략 간의 관계를 도표로 정리하였다.

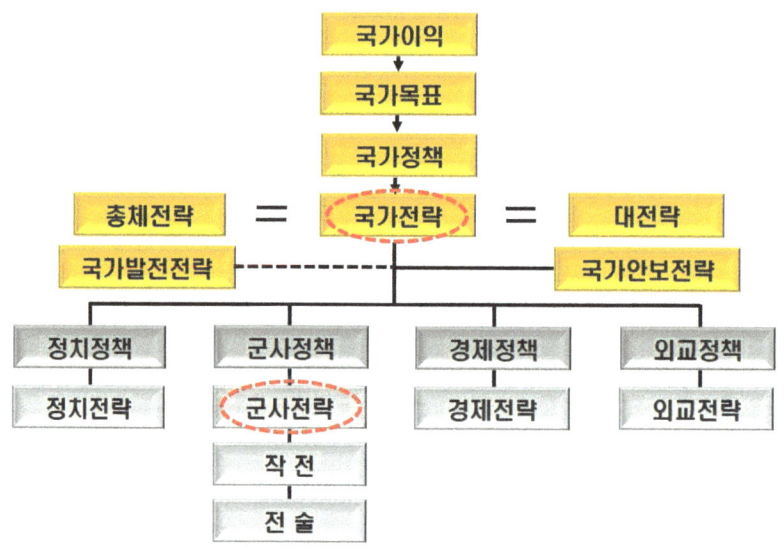

<그림 1-8> 국가전략과 군사전략의 관계

'국가이익(National Interest)'은 '국가가 국가목표를 추구하고 달성하기 위하여 국가 의지를 결정할 때, 그 기준이 되는 것'을 말한다. 이는 국가의 독립과 발전, 안전보장·복지 등 국가의 존립과 발전에 필수 불가결하며 사활적으로 고려되어야 하는 민족적 열망까지 포함하고 있다. 민족적 열망은 지리·전략적 위치, 역사, 전통 및 생활 양식 등 특정한 국민의 가치체계를 총합하였기에 주변 여건과 국민이 가진 욕망에 따라 국가이익의 구체적인 의미와 내용이 달라진다. 일반적인 의미에서 국가이익의 3대 요소는 ① 국가 안전보장, ② 국가번영, ③ 국위(國威)로 정리할 수 있다.

'국가목표(National Objective)'는 '국가이익의 구체적인 표현'이다. '국가목표'를 달성하기 위해 국가의 지속적이고 총체적인 행동원칙과 행동방침을 구체적으로 수립하는 방안이 '국가정책(National Policy)'이며, '국가정책'을 실현하는 방안이 '국가전략(National Strategy)'이다. 따라서 국가의 목적에 따라 국가가 수행하는 모든 정책과 전략이 결정된다고 이해하면 된다.

잠깐! '국가목표'에 대한 이해는 영화 <이상한 나라의 앨리스–Alice's Adventures in Wonderland(2018)>에서 엘리스가 갈림길에 도착하여 체셔 고양이에게 "어떤 길로 가야 하나요?"라고 묻는다. 체셔 고양이 曰 "그건 네가 가고 싶은 곳이 어디인가에 따라 다르지!"라는 대화 과정을 통해 이해할 수 있다.

이상한 나라의 앨리스(2018)

> '국가목표' 자체가 전략이나 계획 또는 프로그램, 작전을 어느 수준에서 출발하여 최종상태(End-state)로 어느 정도까지 구상해야 하는지 '출발점(국가이익)'에 따라 다르기 때문이다.
> 예: 영토 수호, 평화유지, 안정유지, 경제발전 추구, 강한 군사력 보유 등

'군사전략(Military Strategy)'은 국가안보전략(National Security Strategy)[38]의 지침에 따라 평시(平時)는 전쟁에 대비하고 억제하며, 유사시(有事時) 전쟁에서 승리할 수 있도록 전체 군사력을 효과적으로 운용하는 데 필요한 방안을 수립한다. 이를 통해 작전술(Operational Art)과 작전(Operation), 전술(Tactics) 등 하위 용병술에 필요한 지침을 하달하고, 국가안보전략에 대하여 군사적 입장에서 필요한 건의를 하고 있다.

---

[38] '국가안보전략(National Security Strategy)'은 '국내·외의 각종 군사·비군사 위협으로부터 국가를 보위(保衛)하기 위한 사활적 이익(안전보장)과 관련된 전략'을 뜻한다. 전쟁에서의 승리를 포함하여 국가의 생존 유지와 군사력을 핵심 수단으로 국가이익을 증진하기 위해 국가 안보목표를 설정 및 목표를 달성하는 데 필요한 제반 노력을 통합 및 조정하고 있다. 한국 합참은 '대·내외 안보정세 속에서 국가 안보목표를 달성하기 위하여 국가의 가용 자원과 수단을 동원하는 종합적이고 체계적인 구상'으로 정의하고 있기에 안보전략 수단이 군사력에만 국한되지 않음을 이해할 필요가 있다.

제 2 절

군사전략에 관한 일반적 이해

1. 군사전략의 3대 구비요건

군사전략을 수립하기 위해서는 먼저, 설정 및 구상단계를 거쳐 개념을 정립하는 단계, 그리고 최종 결론을 내는 단계로 이어진다. 이때 필요한 게 3대 구비요건이다. 이 구비요건은 맥스웰 D. 테일러 육군참모총장이 정립한 전략의 세 가지 요소에 기초하고 있다. 전략이란 달성하고자 하는 목적과 가지고 있는 수단을 조화시키고 양쪽을 연결하는 가교(架橋-다리를 놓는)의 역할을 하는 데 있기 때문이다. 여기서 '목적'은 '군사목표'를, '방법'은 '군대를 사용하는 다양한 방안'으로, '수단'은 '군사자원(부대와 병력, 물자 및 예산)'으로 표현할 수 있다. <그림 1-9>는 군사전략을 수립하는 단계와 3대 구비요건을 정리하였다.

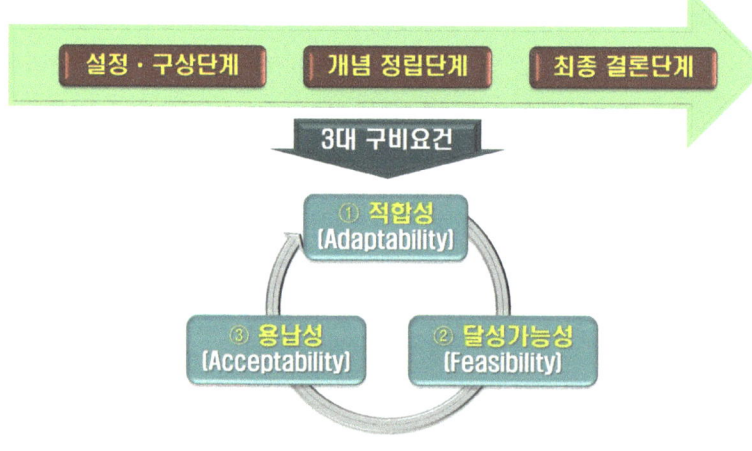

<그림 1-9> 군사전략의 수립 단계와 3대 구비요건

① '적합성(Adaptability)'은 군사전략이 국가목표를 달성하는 데 적합한지?, 국가전략과 국가정책에 부합하는지? 에 대한 두 가지 문제로 이해하면 된다. 여기서 군사전략은 국가목표를 달성하는데 필요한 수단임을 명심하여야 한다. 군사 활동을 하는 자체가 최종 목적

이 될 수 없고, 수단은 항상 상위(上位)목적인 국가전략에 부합되어야 한다. 즉, 공격적인 무력행사가 순수한 군사적 관점에서는 좋을지 모르지만, 그것이 국가목표를 달성하는 데 이바지하지 못하거나, 저해(沮害)될 경우 전략적 가치는 상실됨을 이해하여야 한다.

② '달성 가능성(Feasibility 또는 타당성)'은 적합성 측면에서 충족되었다면, 군사전략 개념을 시행하는 차원에서 목표 달성이 가능한지?, 군사전략 개념이 가용자원 및 정신·물리적 능력으로 구체적인 이행이 가능한지? 에 대한 답을 찾을 필요가 있다. 이는 단순히 가용자원을 충족시키는 차원이 아니라 구성원들이 수단을 운용하는 능력까지 분석하여야 함을 뜻한다.39) 가용자원과 능력이 뒷받침되지 않는 전략은 환상(幻想-fantasy)에 불과하며, 패배를 자초할 수밖에 없다. 즉, '보복 능력이 없는 억제전략'이나, '기동전 수행 능력이 없는 공세 전략'에 불과하다고 생각하면 될 듯싶다.

③ '용납성(Acceptability)'은 '적합성'과 '달성 가능성'을 충족한다고 하더라도 최소 투자 비용 대 최대 효과를 산출해야 한다는 측면에서 용납될 수 있는지? 에 관한 문제다. 여기서 '투자 비용'은 국가의 생존(또는 존립)과 직결되기에 수세적인 입장에서 고려하기는 어렵다. 전쟁의 목표를 달성하는 경우나, 반격하여야 할 때 고려해야 할 문제다. 따라서 군사전략의 방법과 수단에 관한 도덕성(morality)도 같이 검토해야 하지 않나 싶다.

전쟁(무력투쟁)이 죽음을 전제로 하지만, 국제적 지지(支持)와 대의적 명분의 정도가 군사전략의 성공을 좌우하는 현대전쟁의 특성을 고려한다면, 지지와 명분에 더하여 방법과 수단에 대한 인륜적 시각도 충족되어야 함을 이해할 필요가 있다. 즉, '무차별 학살'이나, '초토화 작전' 등은 정당하다는 의미 자체를 저해(沮害)시킬 것이다.

소결론적으로 3대 구비요건은 지속적인 확인과 적용을 통해 오류(誤謬-error)를 최소화하기 위함으로 이에 관하여 어떻게 인식하고 추진할 것인지? 에 대한 노력의 정도에 성공 여부가 달려있음을 명심하여야 하며, 세 가지 요소에 부합하기 위한 적극적인 노력이 기본적 관건(關鍵)이다.

---

39) 제4차 중동전쟁(Yom Kippur War 또는 10월 전쟁, 1973.10.6.~25.)시 아랍 측에서 초기 기습에 성공하고서도 확대 전략을 선택하지 못한 이유가 전략을 결정할 데 오류가 발생했거나, 자원이 부족하여 그런 게 아니다. 이집트군의 기동전(機動戰-Maneuver warfare)을 수행하는 능력이 이스라엘군보다 취약하였기 때문이다.

2. 군사전략의 범위

'전략'은 개념 수준으로 어느 정도 위험을 수반할 수밖에 없는 계획적인 행동을 통해 목적을 달성하고자 함이다. 본질이 어떠한 환경과 여건에도 불구하고 '힘의 요소' 또는 '힘에 의한 위협'임은 당연하다. 따라서 전략은 작전 또는 전술과 같은 특정한 계획과 행동을 수반하지 않지만, 양자의 관계나 경계가 뚜렷하지 않다. 이들은 서로 중복성을 띠고 있으며, 정치·군사 지도자의 관점에 따라 달라지기에 뚜렷한 한계성은 없다고 보는 게 타당하다. <그림 1-10>은 국가전략-군사전략-작전(전술)의 범위를 도표로 정리하였다.

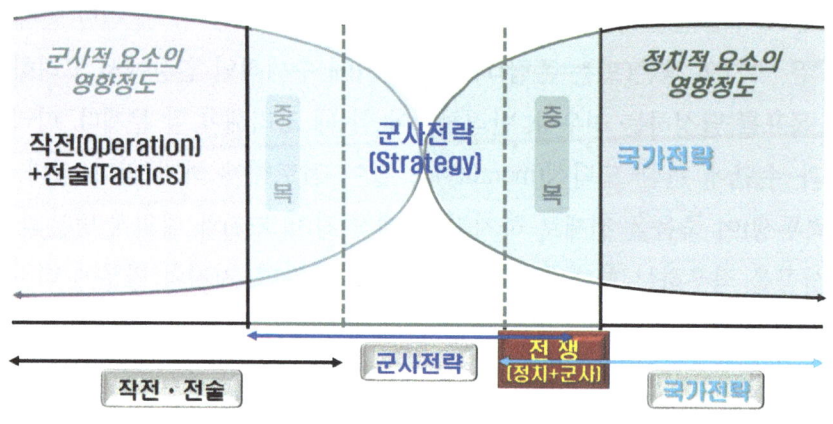

<그림 1-10> 국가전략-군사전략-작전(전술)의 범위

두 곡선이 비대칭적으로 영(zero)에 접근하고 있다는 점을 주시할 필요가 있다. 정리하면, 정치지도자와 군사 지도자들은 불가분의 동반자 관계로서 보완적으로 존재 및 의존할 때 국가(군사)목적도 달성할 수 있다. 군사전략의 범위는 단독으로 계획하고 실천할 수 있는 단계가 아니라 국가전략이라고 하는 광범위한 차원에서 협력·융합적으로 움직일 때 성과를 증대시킬 수 있다.

군사전략을 이해하려면, 먼저 국가전략을 이해하여야 한다. 왜냐하면, 한 국가의 존립과 국민의 안전을 도모하기 위해서는 끊임없이 주변 국가와 국제정세를 파악하고 이에 대한 국가 차원의 극복 및 대응책을 마련해야 한다. 이는 해당 국가의 정치적 요소와 수준이 국가안보와 존립, 번영과 발전을 추구하는 데 필수적이기 때문이다.

전술과 군사전략, 군사전략과 국가전략 사이에 존재하는 중복성은 정치·군사 지도자들의 관심 분야에 명확한 한계점(또는 경계선)이 없음을 나타내고 있다. 군사전략이 군사 지도자의 책략(策略)이라면, 국가전략은 정치지도자의 책략으로 이해하면 될 듯싶다. 전술도 마찬가지이지만, 군사전략과 국가전략은 상호보완적인 관계이다. 정치지도자가 국가전략에 관여하는 대부분은 평화 시에 민주주의의 범주 내로 한정해야 하며, 군사 분야는 전술(Tactics)에 관하여 관심을 보이지만, 하나의 명분에 불과하다.

군사 지도자는 반대하는 관점으로 바라보게 된다. 군사적 요소는 전술 측면에서 상당히 중요하게 취급되지만, 국가전략의 발전적 측면으로 본다면, 중요한 요소가 아니기 때문이다. 즉, 군사전략과 국가전략의 측면에서 볼 때 두 개의 전략 어느 지점에 교차점(交叉點-intersecting point)이 존재한다고 이해하면 될 듯싶다.

소결론적으로 군사전략의 범위는 구체적인 수치(數値)나 현황으로 나올 수 없는 것으로 개략적인 서술에 불과할 뿐 명확한 측정단위가 없다는 점, 학자들에 따라 다양한 개념들이 정제되지 않은 상태로 혼란스럽게 많이 존재한다는 점이다.

3. 유사(類似) 용어에 대한 이해

3.1. 정책(政策) 또는 정략(政略), 그리고 전략(戰略-Strategy)

'정책(Policy)'은 '정부, 정치 단체, 개인 등이 정치적 목적을 실현하거나, 사회적인 문제를 해결하기 위하여 취하는 방침 및 수단'을 의미한다. 일반적으로 '외교정책', '경제정책', '군사정책' 등으로 표현하고 있다.

'정략(Political 또는 Political Tactics)'은 '개인 및 당파(黨派) 이익을 실현하기 위한 정치상의 책략이나 흥정, 또는 무력(武力)으로 공격하거나, 공격하기 위해 세우는 계략'으로 정치인들이 주로 활용하고 있다.

'전략(Strategy)'은 일반적인 의미로 '군사적 측면이나 사회적 활동을 하는 데 있어서 우세를 점하려는 방법 또는 책략(策略)'으로 해석할 수 있다. '전쟁에 승리하기 위하여 전투를 어떻게 수행할 것인지?에 대한 군사상의 방법'이라고도 할 수 있다. 18세기에서 19세기 초만 하더라도 전투를 계획하고 지휘하는 기술, 또는 병력을 이동하고 배치하는 기술로 단순하게 인식하여왔다.

영국의 군사전략이론가인 바실 헨리 리델하트(Basil Henry Liddell Hart)는 프로이센의 카를 폰 클라우제비츠(Carl von Clausewitz)가 '전략은 전쟁의 목적을 달성하기 위하여 전투를 운용하는 기술'이라고 규정한 내용을 '전쟁의 목적이 군사적인 영역에서만의 문제가 아니기에 이를 달성하기 위한 수단이 꼭 전장에서의 전투일 필요가 없다.'는 점을 지적하고 있다. 물론 그의 주장도 대(大) 몰트케(Helmuth Karl Bernhard von Moltke)가 '전략은 제시된 목표를 달성하도록 장군에게 주어진 수단을 실천적으로 운용하는 것'이라고 군사적 측면에 힘을 실어주는 한정적인 의미라는 점을 짚고 넘어갈 필요가 있다.[40]

---

40) 프리드리히 대왕(Friedrich der Groß, 1712~1786), 알렉산더 대왕(Alexandros the Great, BC 356~BC 323), 나폴레옹 황제(Napoléon I, 1769~1821)와 같이 군(軍)·정(政)을 동시에 장악하고 있다면, 정치와 전략의 구분이 명확하지 않기에 클라우제비츠의 주장에 타당성이 있다. 반면에 정부가 정책 목표를 설정한 다음 군(軍)이 합당한 전략을 수립하고 군사력을 운용해야 하는 경우 군사 지도자(군사지휘관)는 정부가 설정한 목표를 달성해야 하기에 서로의 입장에 따라 차이가 나타나고 있음을 이해할 필요가 있다. 6·25전쟁과 제2차 세계대전에서 정략적 차이점은 존재하지 않는다. 왜냐하면, 두 전쟁의 배후에는 냉전(Cold War)과 평화공세, 심리전 등이 복잡하게 얽히고설켜 다양한 형태로 진행되고 있기 때문이다. 따라서 어느 한쪽 측면이 타당하다고 주장하지 말고 상황과 여건에 따라 구분할 필요가 있지만, 쉽지 않음을 이해하고 접근할 필요가 있다. 관련 내용은 김성진의 『군사협상론』

전략은 '국가전략 또는 대전략'과 '군사전략'으로 구분하지만, 서로 중복되는 부분이 있고, 보완적인 관계로 움직인다는 점에 유념할 필요가 있다.[41] 따라서 정략(政略)과 전략(戰略)을 구분하기는 쉽지 않다. 군사적 개념과 의미는 이미 18세기부터 널리 활용되는 과정에서 전쟁의 한계를 초월했다고 봄이 타당하지 않을까 싶다. 전쟁과 평화의 시기를 포함하여 각종 도구와 방법, 수단 등을 결합하거나, 사용법을 규제하는 등으로 널리 통용되고 있기 때문이다.

3.2. 국가정책, 국방정책과 군사정책

'국가정책'은 '국가목표를 달성하기 위하여 국가가 수행하는 행동원칙과 행동방침'을 뜻한다. <표 1-4>는 각 국가의 국가정책에서 나타나는 보편적인 목표는 크게 여덟 가지로 정리하였다.

<표 1-4> 국가정책에서 보편적으로 나타나는 여덟 가지 목표

① 국가보존	② 안전보장(Security)	③ 경제적 복지	④ 권력(Power)
⑤ 문화적 번영	⑥ 평화(Peace)	⑦ 국위(國威)	⑧ 이데올로기(Ideology)

'국방정책(National Defense Policy)'은 '국가 안전보장 정책의 일부로서 외부의 위협이나 침략으로부터 국가를 생존 및 보호하기 위하여 군사·비군사 분야를 비롯한 각종 수단을 유지·조성·운용하는 정책'을 의미하고 있다.

'군사정책(military policy)'은 '국방정책의 한 분야로서 평화와 독립을 지키기 위하여 군사력을 유지, 조정 및 운용하는 군사 분야에 관한 각종 정책이며, 군사적 영역에서 국가목표를 달성하고자 하는 행동방침'이다. 즉, 군사력을 어떻게 운용할 것인지? 를 종합적으로 구상하며, 국가 존립과 국민 복지를 유지하기 위하여 비군사적 정책과의 조화가 필요함을 유념하여야 한다.

(2020), pp. 383~434.를 참고하기 바란다.

41) '대전략'과 '국가전략'은 도표에는 대전략이 커 보이지만, 실제로는 같은 의미로 사용하는 경우가 많기에 어느 한쪽만을 상위(上位) 또는 하위(下位)의 개념으로 확정하거나, 구분하기는 어렵다.

따라서 군사와 비군사를 포함하는 '국방정책'은 군사 분야에 관한 행동방침인 군사정책과 비교할 때 넓은 뜻을 가진 개념이다.42)

3.3. 국가전략(國家戰略)

'국가전략(National Strategy)'은 '국가발전전략'과 '국가안보전략'으로 구분할 수 있다. 국가는 어떠한 형태인지를 불문하고 제1·2차 기능으로 되어있다는 데서 출발하여야 이해하기가 쉽다. '국가(Nation)'란 '법령 제정과 사회질서의 유지, 조세(租稅)라는 일정한 형태의 부담을 부과 및 지출하는 활동 등을 통해 해당 국가(사회)를 유지하고 재생산하는 기능을 유지하는 기구'이기 때문이다. <그림 1-11>은 국가의 제1·2차 기능을 정리하였다.

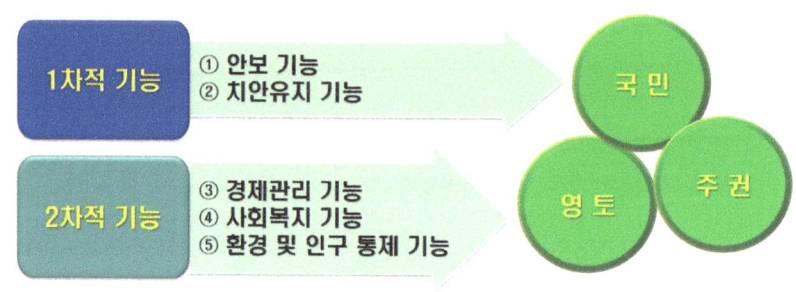

<그림 1-11> 국가의 제1·2차 기능

여기서 '1차적 기능'은 '물리력(또는 무력-武力)'을 동반하고 있다.
①은 '대외적 기능'으로서 국민의 자유와 안전보장을 위하여 외부 적의 침략으로부터 국민과 주권, 영토를 보호하는 임무를 수행하고 있다. 주체는 군대를 의미하고 있다.
②는 '대내적 기능'으로서 국민의 생명과 재산을 보호하고 사회질서를 유지하는 임무를 수행하고 있다. 주체는 검·경찰 등의 국가행정기관을 의미하고 있다.
'2차적 기능'은 '삶의 질'을 향상하기 위한 기능이다. ③·④·⑤는 제 분야에서 공동복지사업을 증진함으로써 성과 달성이 가능하기에 대통령의 국정과제로 많이 등장하며, 이를 통해 리더십의 방향을 제시하고 나라를 이끌어 갈 수 있는 동력(動力)으로 삼고 있다.

---

42) 한국의 '국방목표(National Defense Objective)'는 군사 활동의 기본지침을 제공하기 위한 것으로 1994년 3월 10일 국방정책을 심의하는 국방부 최고 심의 회의인 군무(軍務) 회의에서 세 가지로 의결하였다. ① 외부의 군사적 위협과 침략으로부터 국가를 보위하고, ② 평화통일을 뒷받침하며, ③ 지역의 안정과 세계평화에 기여한다.

따라서 '국가안보전략'은 1차적 기능을 중심으로 하는 전략으로, '국가발전전략'은 2차 기능을 중심으로 하는 전략으로 이해하면 될 듯싶다.

3.4. 전략지침(戰略指針)

'전략지침(Strategic Guidance)'은 '정치지도자들이 설정한 정치적 목표를 구현하기 위하여 군사력의 운용에 관한 일반적 지침'이다. 다시 말해 '전략 목표와 가용한 군사자원의 사용 및 제한 사항과 고려해야 할 적 위협요소를 포함하는 전략지시, 이전(以前)에 적용하던 기준이나 방향을 제시하는 기본방침'이라고 이해하면 될 듯싶다.

3.5. 전쟁기술(戰爭技術)

'전쟁기술(Art of War 또는 Operation & Tactics)'은 '무력을 이용하는 싸움에서 어떠한 일이나 대상을 다루는 방법 또는 능력'이다. 현대전쟁의 양상이 총력전과 제한전쟁의 형태로 진행되고 있기에 이전(以前)과 비교할 때 군사력 위주의 전략 및 전술에서 확장되어 상당히 복잡한 구조와 성격을 갖추고 있다. 따라서 '대규모 전투에서 단기간 내에 적군을 섬멸하기 위하여 정치·외교·경제·심리·군사 분야 등을 통합하여 승패를 결정짓는 방법과 능력'을 의미하고 있다.

3.6. 병법(兵法)

'병법(Art of Wars)'은 광의(廣義)의 의미로는 '모든 인·물적 조건을 포함하여 전개되는 전쟁 수행의 한 방법'으로서 전술, 전법, 병술, 병도(兵韜), 군술(軍術) 등과 같은 의미로 사용되고 있다. 협의(狹義)의 의미로는 '고대 중국에서 발달한 용병(用兵)에 관한 학문'을 뜻하며, 대표적으로는 손자병법과 오자병법 등을 포함하는 무경칠서(武經七書)를 들 수 있지 않나 싶다.

3.7. 군사력(軍事力)

'군사력(Military Power)'은 '국가안보를 위한 직접적이고 실질적인 국력의 한 요소로서 군사작전을 수행할 수 있는 군사적인 능력(能力-ability)과 역량(力量-capability)[43]'을 의미한다. 군사력은 ① 현존전력, ② 동원전력, ③ 연합전력으로 구분할 수 있다. 이는 세 가지 요소를 이용하여 다른 수단으로 달성할 수 없는 국가이익을 보호하고 있으며, 국가목표를 추구하거나 국가정책을 지원하는 최후의 보루이자 수단이다. 아울러 적국과의 관계를 형성하는 과정에서 한 국가가 갖는 실질적인 힘의 총합이다. 여기에는 잠재적인 군사력, 즉, 외교능력과 산업 능력, 인구, 국민의 사기 등도 포함되어 있음을 이해할 필요가 있다.

따라서 해당 국가의 군사력과 적국(敵國)·가상적국의 군사력을 평가할 때는 현재 보유하고 있는 군사적 수단의 규모, 예비대와 동원 능력, 피해복구와 관련한 산업 능력, 무기체계의 질과 양, 부대와 장비 및 물자의 전개, 군수 기능과 체계, 군사교리(軍事敎理-Military Doctrine), 군사전략의 수준과 적합성, 정치·군사적 지도역량과 정치지도자와 군사 지도자(지휘관)들의 수준과 질적 요소, 국민과 군대의 사기, 동맹국 부대의 능력과 질적 요인 그리고 방위공약과 관련된 가치 등을 변수(變數-variable)로 포함하여야 한다.

군사력은 크게 대외·대내적 기능으로 구분할 수 있다. '대외적 기능'은 여러 형태의 전쟁을 억제하고, 외부의 침공으로부터 국가를 방위하며, 관련 협상[44]을 뒷받침하는 강압적 수단으로 사용된다. 외교·정치·경제를 비롯한 다른 정책적 수단이 잘 작동할 수 있도록 외부에서 방호(防護)를 제공하는 등을 포함하고 있다.

'대내적 기능'은 비교적 안정된 사회 발전과 평화롭고 정상적인 사회생활이 영위될 수 있도록 보호하는 임무를 수행한다. 사회개혁 등과 같은 심각한 도전으로 위협이 도래하게

---

[43] '능력(ability)'은 일반적 의미의 재주 또는 기술(skill)과 다르게 '타고난 재능에 가까운 무엇인가를 해내는 힘'으로 정의할 수 있으며, 내부적인 노력을 통해 길러진다. '역량(capability)'은 '어떠한 어려움이 있더라도 그것을 완성해 내는 힘'이라고 정의할 수 있다. 즉, '능력'은 '어떤 일을 감당해낼 수 있는 기술의 한계치'이고, '역량'은 '능력을 발휘하여 성과를 창출하는 힘'이라고 하여도 과언은 아니지 않나 싶다. 예를 들면, 일반기업에서 타고난 재능(능력)이 아무리 뛰어나도 그것으로 성과를 내는 힘이 없다면, 역량이 부족하다고 평가할 수 있다.

[44] 관련 내용은 김성진의 『군사협상론』(2020), pp. 27~33.을 참고하기 바란다.

될 경우, 지배 집단의 정상적인 통치행위를 지원하고 있다. 군사력은 가장 먼저 전쟁을 억제하고, 억제가 실패하여 불가피하게 전쟁이 발발했을 경우 전쟁에서 승리하여 평화를 확립하는 데 유리한 조건으로 상황을 종결할 수 있도록 기여하는 데 있다. <표 1-5>는 군사력이 작용할 수 있는 유용한 역할 다섯 가지를 정리하였다.

<표 1-5> 군사력의 유용한 다섯 가지 역할

① 억제력(Deterrent Power)	② 방위력(Defense Power)
③ 위기관리(Crisis Management) 수단	④ 국위 선양의 수단
⑤ 폭력의 강제성을 보유	

①은 해당 국가가 직접적이고 충분한 억제력을 보유하는 것이다.

②는 '방위(Defense)'는 '침략국으로부터 자신과 동맹국을 보호할 수 있어야 하며, 적으로부터 부대와 군사시설을 보호하고 영토에 대한 적의 공격으로부터 피해와 손실을 최소화하기 위하여 계획하는 활동'이다.

③은 '위기관리(Crisis Management)'는 일반(시사)적 측면과 군사적 측면의 두 가지로 구분하여 이해할 필요가 있다.[45] 먼저, 일반(시사)적 측면에서의 '위기관리'는 '조직의 위기에 대처함으로써 조직에 바람직하지 못한 결과가 나타나는 현상을 최소화하기 위하여 일련의 조치를 신속하게 취하는 행위'를 의미하며, 위험 요소의 확인–측정–통제 등 최소 비용을 투자하여 불이익을 극소화하는 활동으로 이해하면 좋을 듯싶다.

군사적 측면에서는 '국내·국제적 위기의 발생을 예방함과 동시에 위기가 발생했을 때 상황을 계속 통제하며 야기(惹起)될 수 있는 각종 피해 범위를 최소화하고, 전쟁으로 확대됨을 방지하면서 평화적으로 문제를 해결하기 위해 구축해 놓은 제도적 장치 및 절차'를 의미한다.

---

[45] 관련 내용은 김성진의 『국가위기관리론』 (서울: 백산서당, 2021), pp. 37~38, 48~57, 62~65, 97~98.; 김성진, "한국군 軍事위기관리체계의 효율성 제고 방안 고찰: 통합방위체계를 주축(主軸)으로 하는 군사위기대응기구를 중심으로," 『군사논단』 제101호 (서울: 한국군사학회, 2020), pp.140~166; 김성진, "한국 국가위기관리체계의 효율성 제고 방안 고찰: 통합방위체계와의 연계를 중심으로," 『군사논단』 제99호 (서울: 한국군사학회, 2019), pp. 192~195; 김성진, "한반도 주변 5대 변수와 한국군의 방향성(Army's Directivity)," 『경제포커스』 안보칼럼 (2020.7.6.); 김성진, "위기의 극복은 투명성(Transparancy)만이 답이다!," 『경제포커스』 안보칼럼 (2019.11.18.)을 참고하기 바란다.

3.8. 작전술(作戰術)

'작전술(Operational Art)'은 '전략지침에 제시된 군사전략 목표를 달성하기 위하여 유리한 상황을 조성하는 방향으로 일련의 작전을 계획 및 실시하는 단계'를 의미한다. 실무 차원으로 접근하면, '군사전략 목표를 달성하기 위해 대부대가 가용한 부대를 배비(配備-배치하여 대비) 하거나, 실질적으로 기동하는 데 적용하는 부대 운영의 기술(skill)'이다.

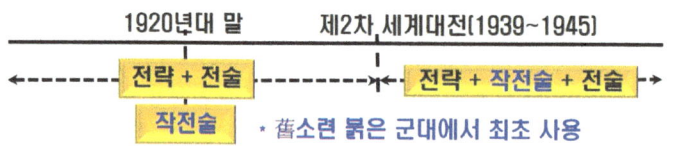

이는 구소련 초기에 군사 이론가인 알렉산드르 A. 스베친(Aleksandr A. Svechin)이 군사대학에서 군사사·전략학부 주임교수로 재직하던 1924년 작전술(Оперативное искусство)이라는 용어를 처음으로 사용하였다. 작전술은 "정지함 없이 연속하여 실시하는 전쟁의 행위로서 명확히 구분되는 중간목표들과 군사작전 지역들을 지배하는 것으로 볼 수 있다. 이 작전술은 매우 다양한 행위들의 집합체다. 작전술은 전략과 전술의 연결고리이고, 전략 목표를 달성하기 위하여 전역(戰役)과 대규모 작전을 계획 및 편성하며 주입하고 수행하는 창의적인 군사력 운용방안이다."라고 강조하였다.46) <그림 1-12>는 전략-작전술-전술의 관계를 도표로 정리하였다.

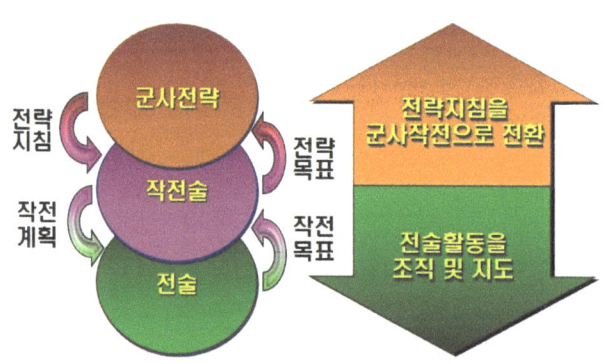

<그림 1-12> 전략-작전술-전술의 관계

---

46) 이종학 외, 『현대전략론』 (대전: 충남대학교출판문화원, 2013), pp. 248~275.

'군사전략'은 전쟁에서 승리하기 위한 목표의 의미로 군사적 차원에서 전쟁계획을 수립하여 전략 목표를 설정하고 가용한 자원을 할당하며, 군사력을 사용하는 조건 등을 제기하는 수준으로 이해할 수 있다.

'작전술'은 군사전략의 승리 즉, 전역(War)과 대규모 작전에서의 승리를 위해 작전계획을 수립하고 군사작전을 수행하는 과정에서 전략과 전술을 연결하여 주는 역할을 이행하는 수준으로 이해하면 된다. 따라서 작전술의 역할은 ① 어떠한 군사 활동을 수행하는지?, ② 실제 수행하는 임무는 무엇인지? 에 대한 답이라고 정리하면 될 듯싶다.

3.9. 전술(戰術)

'전술(Tactics)'은 적 병력을 격멸함으로써 전략 목적을 달성하는 데 이바지하려는 목적을

갖는다.[47] 이러한 작전적 목적을 수행하기 위한 '부대와 개인을 가장 효율적으로 운용하는 방법 즉, 배치와 기동, 운용하는 방법 및 기술의 전반(全般)'이다. 이는 전략이나 작전술의 수준에 비교하면, 국지·단기적인 특성을 갖는다. 즉, 전장(battle-field)에서 적과의 직접 교전(交戰)을 통해 승리하기 위하여 실제적인 전투력을 사용하는 수준이다. 지휘관이 전투 현장에서 직접 전투에 임하는 행위 전반(全般)을 전술로 이해하면 되지 않을까 싶다. '작전술'은 '전략(Strategy)'과 '전술(Tactics)'의 중간지대이자 중간 영역으로 이해하면 된다. <표 1-6>은 전략과 전술의 차이점을 간략하게 비교하였다.

<표 1-6> 군사전략-전술의 일반적인 상관관계

구 분	전략(Strategy)	전술(Tactics)
적	방향이나 지침(指針)을 결정	상대하는 적이 현실적으로 존재
시 간	장기적으로 목표를 달성	단기적으로 목표를 달성
충돌 규모	전면전(全面戰 또는 總力戰)	국지전(局地戰)
행위자	국가 또는 軍의 지도자	각 제대(梯隊)의 현장지휘관

---

47) '전술(戰術-Tactics)'은 '가용한 전투력을 통합하고 적을 격멸하기 위하여 전투(交戰)할 때 적용하는 제반 조치 또는 활동'을 의미하고 있다; 합동군사대학교 합동전투발전부, 앞의 사전(2014), p. 412.

여기서 유념해야 할 사항은 전략과 전술이 근본적으로 다르지만, 서로 유기적으로 결합할 수 있어야 한다는 사실이다. 전략이 아무리 훌륭하더라도 이를 행동으로 뒷받침할 전술이 없다면, 목표를 달성하기가 어렵다. 반대로 전술적으로는 승리를 거두더라도 전략적 그림을 잘못 그리면, 이 또한 계획한 목표를 달성하기 어렵다.[48]

---

[48] 미국은 베트남전쟁에서 여러 가지의 제약이 있었지만, 이를 극복 및 해결하려는 노력과 의지보다는 전략적인 큰 그림은 추진하지 않고 전술적 승리에만 집착하다가 결국, 1973년 1월 27일 호치민의 공세적인 선전선동전략(Propaganda & Agitation)에 패배를 인정하고 종국(終局)에는 철수할 수밖에 없었다.

제 3 절

논의 및 시사점

군사전략과 작전술, 그리고 전술의 상관관계를 간략하게나마 정리하여야 구체적으로 탐구하기가 수월하지 않을까 싶어 비교 도표를 제시하였다. <표 1-7>은 군사전략-작전술-전술(작전)과의 일반적인 상관관계를 구분하여 정리한 도표다.

<표 1-7> 군사전략-작전술-전술(작전)의 일반적인 상관관계

구 분	군사전략	작전술	전술(작전)
목 적	국가목표 달성	군사전략목표 달성	작전술 목표 달성
목 표	무혈(無血) 승리(勝利) (가능한 전투 배제)	적 전투의지 파괴 (전투의 최소화)	적 전투력 격멸
수 단	경계, 기동, 배비(配備), 전투	기동, 배비, 전투	전투(사격과 기동)
시·공간	작전기동 이전의 군사행동 (全 國土., 戰區-War)	전장(戰場)까지의 기동 (戰役-campaign)	접적 이후의 군사행동 (戰場-battle-field)
기 능	전술 및 작전술의 실패 만회가 가능	전략·전술 실패 만회가 가능	전략·작전술 실패 만회가 불가능
책 임	국방부, 합참	합참, 야전군(野戰軍)	군단 이하 제대(諸隊)
과 업	전쟁지도 방법(책략)	전투지도 방법	전투 실행 방법

우리는 알게 모르게 타인(개인, 집단 또는 국가)을 상대하는 과정에서 원하는 분야를 포기하거나, 굴복(항복)하게 되고, 다른 한편으로는 타협 또는 절충, 협력과 조정, 긍정·부정적 측면에서의 조율 및 양보 등을 하게 된다.[49] 이러한 각종 방책(책략 또는 행위)의 근원을 '전략(Strategy)'이라고 할 수 있지만, 아무도 이를 전략으로 생각하지 않는다. 전략

---

49) 관련 내용은 김성진의 『군사협상론』(2020), pp. 27~31.을 참고하기 바란다.

이라는 용어 자체에 대한 의미 해석 또는 정의를 명확하게 이해하지 않았기 때문이다. 일상생활에서 사용하는 전략은 정치·경제·사회·문화·심리 등의 제 분야에서 다양하게 사용되고 있다. 따라서 자신도 모르는 사이에 활용하는 용어의 어원(語源)과 본질이 무엇인지?, 기초적인 정의와 개념, 원칙이 무엇인지? 이해함은 상당히 중요하지 않나 싶다. <그림 1-13>은 전략의 원칙을 이해하는 게 왜! 중요한지를 크게 세 가지로 정리하였다.

<그림 1-13> 전쟁사에서 전략의 원칙 습득이 왜! 중요한가?

평상시 국가의 자유와 평화를 유지하는 문제는 국제관계와 정치·군사 지도자의 능력(역량)에 따라 달라진다. 군사전략은 무력(武力)을 위주로 다루기에 어떠한 일이나 대상을 다루는 방법이나 능력이 대단히 중요할 수밖에 없다. 따라서 각종 분쟁의 극복, 불가피하게 결정해야 하는 전쟁의 승패(勝敗)가 국가의 명운이 달린 현실을 깊이 이해할 필요가 있다.

전략의 전반을 이해할 때 군사교리의 발전과 적용 방법 및 수단의 효율성이 마련될 수 있음을 인식하여야 한다. 또한, 지휘권행사를 조절하여 군사작전의 성공을 보장할 수 있기에 국가목표와 국가이익을 창출하기 위한 토대라고 봐도 무방하지 않을까 싶다.

소결론적으로 주요 전쟁사를 통해 전략의 변화상(變化狀)을 고찰함으로써 해당 전쟁이 발발하게 된 원인과 주변 정세, 당시의 분위기까지 이해할 수 있다. 이는 자연스럽게 승리한 원인이 무엇인지? 에 대한 분석과 패배는 무엇 때문인지? 가름할 수 있는 능력이 배양될 수 있음을 인식할 필요가 있다. 이를 통해 왜! 어원과 개념, 의미와 변천상에 대한 이해가 선행되어야 하는지 느낄 수 있을 것이다.[50]

"당신은 전쟁에 관심이 없을 수 있지만, 전쟁은 당신에게 관심이 있다."

---

50) 주요 국가의 '전략(전쟁)의 일반적인 원칙'에 관한 내용은 김성진의 『세계전쟁사』 (서울: 백산서당, 2021), pp. 32~38.을 참고하기 바란다.

강의_1 주요 전략이론가와 군사전략 사상(思想)의 본질(本質)을 이해합시다.

학습하기 이전(以前)에 요구되는 사항

1. 손자(孫子)의 전략사상에 대한 개념과 특징을 이해하시오.
   * 손자병법을 관통하고 있는 흐름은?
2. 카를 폰 클라우제비츠의 전략사상에 대한 개념과 특징을 이해하시오.
3. 헨리 조미니의 전략사상에 대한 개념과 특징을 이해하시오.
   * 카를 폰 클라우제비츠의 사상과 차이점은?
4. 존 프레드릭 C. 풀러의 '마비전' 사상에 대한 개념과 특징을 이해하시오.
5. 바실 헨리 리델하트의 '간접접근전략' 사상에 대한 개념과 특징을 이해하시오.
   * 풀러와 리델하트의 공통점과 차이점은?
6. 앙드레 보프르의 '간접전략' 사상에 대한 개념과 특징을 이해하시오.
   * 풀러와 리델하트의 전략사상과 차이점은?
7. 알프레드 세이어 마한의 '제해권(制海權)' 개념과 특징을 이해하시오.
8. 줄리오 두헤의 '제공권(制空權)'에 대한 개념과 특징을 이해하시오.
9. 마오쩌둥의 군사전략 사상에 대한 개념, 특징을 이해하시오.
10. 영화 〈덩케르크, 2017〉, 〈라이언 일병 구하기, 1998〉, 〈밴드 오브 브라더스, 2001〉을 시청하시오.

제2장

주요 전략이론가와 군사전략 사상

제1절 개요

제2절 주요 전략사상에 대한 이해

제3절 논의 및 시사점

제 1 절

개 요

  전략사상의 발전은 고대-중세-근대(근세)-현대로 구분할 수 있으며[1], 주요한 전쟁사로는 나폴레옹 전쟁과 보·불 전쟁, 제1·2차 세계대전, 중국의 국공내전과 한반도의 6·25전쟁, 베트남전쟁 등으로 구분할 경우 세계의 전략사상가들을 어느 정도 구분하여 분류할 수 있다.

  고대시대는 인간과 동물의 힘(馬力)을 이용하는 물리적 에너지의 시대였기에 무기의 영향력이 미칠 수 있는 영역이 한정적일 수밖에 없다. 따라서 전쟁의 형태나 양상이 시야(視野)에 들어오는 범위로만 제한되었다.

  중세시대는 봉건제도에 따라 왕(군주)이 영주에게 봉토(封土-영주에게 준 땅)를 충성하는 대가로 주었고, 영주는 이를 다시 기사들에게 일부를 나눠주고 충성을 요구하는 방식으로 진행하였다. 당시의 기독교는 종교적인 믿음을 바탕으로 잔학한 행위는 금지하는 등 제한전쟁의 성격을 띠었다. 이탈리아의 니콜로 마키아벨리(Niccolò Machiavelli, 1469~1527)가 '징병제'와 '속전속결'을 처음으로 주장하였다. '십자군 원정'[2]으로 인하여 봉건영주의 경제력이 붕괴하면서 상공업이 발달하여 시민계급이 대두되는 시기와도 겹쳐져 있다. 이 시기는 기사도(騎士道-chivalry) 정신과 규율 등으로 인하여 역사적 측면에서나, 전략의 발전 측면에서도 암흑기라고 봄이 타당하다.

근대(또는 근세-近世)시대는 시민계급이 기사(騎士-chevalier)를 대신하였고, 용병을 중심으로 하는 군대가 현대적 의미의 직업군대를 대신하여 발전함으로써 목적 자체가 적을 섬멸하는 데 두지 않고 약탈과 폭력 행사를 위주로 하는 상업적인 목적의 전쟁으로 전락

---

1) 관련 내용은 김성진의 『세계전쟁사』(2021), pp. 66~76.을 참고하기 바란다.
2) '십자군 원정(The Crusades)'은 1095년에 시작되어 1291년까지 200여 년에 걸쳐 예루살렘을 중심으로 레반트(레바논, 시리아, 요르단, 이집트 시나이반도) 지역에 대한 지배권을 차지하기 위해 벌인 전쟁으로 서방(西方)의 일방적인 종교·경제적 욕망에 따라 동방(東方)을 정복하기 위해 벌인 계획된 전쟁으로 십자군이라는 종교적인 언어로 포장하였지만, 물질적 욕망(경제력)을 구현하려는 욕심에서 비롯되었다.

(轉落-굴러떨어진)한 시기였다. 중세시대의 획을 긋는 일대 사건이 바로 나폴레옹 전쟁이다. 즉, 나폴레옹 전쟁 시대, 즉, 산업혁명과 프랑스 혁명을 거치면서 전략사상은 획기적으로 변화 및 발전하였고, 이를 프로이센의 카를 폰 클라우제비츠(Carl Phillip Gottlieb von Clausewitz)와 프랑스의 앙투안 앙리 조미니(Antoine-Henri Jomini)는 각기 다른 관점에서 전략사상을 발전시키는 쾌거를 이루었다.3) <그림 2-1>은 고대에서부터 현대에 이르기까지 발전되어 온 전략사상을 정리하였다.

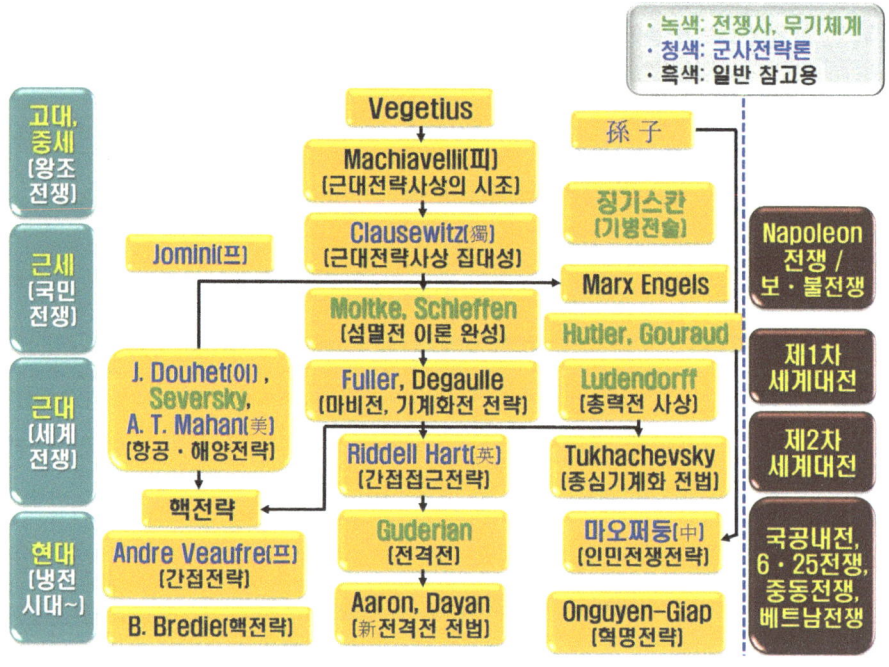

<그림 2-1> 고대~현대까지의 군사전략 사상의 발전사(發展史)

'녹색'은 『세계전쟁사』와 『전쟁사와 무기체계론』에서 탐구할 수 있는 인물들과 전략사상이다. '흑색'은 안보와 관련한 업무 담당자 또는 군사연구자가 알아야 할 내용이기에 포함하였다. '청색'은 이번 탐구를 통해 이해할 수 있는 부분이다.

---

3) 실제 나폴레옹 전쟁은 프랑스가 주권이 국민에 있는 국민국가가 됨을 두려워한 주변국들이 대불(對佛) 동맹을 결성하고 프랑스를 공격하는 과정에서 나폴레옹 보나파르트를 영웅으로 등장시켰다. 이 과정에서 프랑스 시민들의 혁명적 열정과 애국심을 들끓게 만들면서 편성된 국민군대(시민군대)가 정예로 인정받고 있던 프로이센 군대를 격퇴하였다. 이전까지는 왕왕 간의 대결, 즉, 군주 간에 벌어진 이해다툼에 불과했던 전쟁이 자연스레 자신의 가족과 마을을 지키기 위한 적개심으로 폭발하면서 국민과 국민 간의 충돌로 이어졌다. 이때 승리하려면 적의 생명과 저항을 철저하게 분쇄해야 하기에 완전한 섬멸이 필요하다는 '섬멸전' 개념이 나타났다. 관련 내용은 김성진의 『세계전쟁사』 (2021), pp. 85~87, 247~248, 300~302, 389~391, 415~417.을 참고하기 바란다.

4세기 로마의 귀족이자 사학자(史學者)로 가장 영향력을 발휘한 베게티우스(Flavius Vegetius Renatus)는 고대의 대표적인 군사사상가로 "진정 평화를 원하거든, 전쟁에 대비하라-Si Vis Pacem, Para Bellum."라는 말로 그를 대신할 수 있으며, 14세기까지 유럽지역에서 바이블(Bible)로 평가받았다. 그는 유럽국가의 군사 전술에 상당한 영향을 끼쳤던 논문 <로마의 군제- Rei militaris instituta>를 통해 보병 중심의 전통적인 군단 체계로 돌아가야 한다며 기병과 외인부대의 징집에 대한 반대 의견을 강하게 피력하였으며, 로마 군제(軍制)와 조직 및 충원, 보병 및 기병(騎兵) 전술, 요새지 공방법(攻防法) 등을 주창하였으나, 아쉽게도 로마 제국 말기에 쇠퇴하는 군사력을 재건하기는 어려웠다.

피렌체의 니콜로 마키아벨리(Niccolò Machiavelli)는 "전쟁의 목적은 적국의 완전한 파괴에 있기에 피를 흘리게 하고 영토는 초토화되어야 한다."라고, 프로이센(현재의 독일)의 카를 폰 클라우제비츠(Carl Phillip Gottlieb von Clausewitz)는 왕 또는 장군(元帥) 등이 활용하도록 <전쟁론>을 저술하였으나, 완성하지 못한 상태에서 사망하는 아픔이 있었으나, 철학적 관점에서 정리됨으로써 상당히 이해 및 해석하기가 어려운 게 사실이다.

이 장(Chapter)에서는 손자-카를 폰 클라우제비츠-앙투안 앙리 조미니-존 프레드릭 C. 풀러-바실 헨리 리델하트-앙드레 보프르-알프레드 세이어 마한(줄리언 S. 콜벳)-줄리오 두헤(윌리엄 렌드럼 미첼)-마오쩌둥 순으로 탐구하고자 한다.

제 2 절

주요 전략사상에 대한 이해

1. 손자(孫子, 中)

1.1. 개요

손자는 춘추전국시대인 BC 544년에 제(齊)나라 장군가의 후손으로 태어났다. 상당히 부유하고 권력층의 집안이었다. 그러나 모든 기득권을 포기한 채 지방 도시인 오(吳)나라에서 자신의 인생을 설계하였다. 동향(同鄕)인 오자서 장군의 추천으로 병서 13편을 오왕(합려)에게 진상(進上)하고 궁녀들을 단시간에 병사로 훈련하는 시범에 성공하면서 진가(眞價)를 발휘하였다.4) 오왕 합려와 부차(BC 514~473) 시대에 활약하였으며, 동양에서 최초로 전쟁의 법칙을 구체화한『손자병법』은 전쟁이론의 정수(精髓)로 인정받으며 '병가(兵家)의 시조'로 추앙받고 있다.5)

한국도 고구려-백제-신라-조선을 포함한 모든 시대에 활용한 병서(兵書)다. 1772년 중국에서 활동하던 프랑스의 진 조셉 M. 아미오(Jean Joseph Marie Amiot) 신부가 본국으로 돌아가 책을 출판한 이후 19세기 무렵부터 러시아와 미국, 독일, 영국 등지로 전파되었다. 현대에 널리 주목받게 된 계기는 영국의 바실 헨리 리델하트(Basil Henry Liddell Hart)가『전략론』에 소개하면서였다. 미국이 1973년 베트남전쟁에서 처음으로 패배를 인정하고 완전히 철수한 다음 패전 요인을 분석하는 과정에서 전쟁의 승패가 무장력에 의해서만 결정됨이 아니라고 판단한 근거도『손자병법』이었음을 이해하고 넘어갈 필요가 있다.

그가 생각하는 전쟁(전략)에 대한 의미와 본질은 제1 시계(始計) 편의 '병자(兵者) 국지대사(國之大事) 사생지지(死生之地) 존망지도(存亡之道) 불가불찰야(不可不察也)'6)와 제3 모공

---

4) 이때 나오는 사례가 '삼령오신(三令五申-세 번 명령하고 다섯 번 되풀이하다)'으로 여러 차례에 걸쳐 되풀이하면서 자세하게 명령함을 의미하고 있다.

5) 유념해야 할 사항은『손자병법』어디에도 '전략'이라고 하는 용어는 찾아볼 수 없다. 그가 주장하는 의미와 본질이 전략을 포함하고 있다고 현대 학자들이 해석하고 있음을 이해하여야 한다.

(謀攻) 편의 '백전백승(百戰百勝)이면 비선지선자야(非善之善者也), 부전이굴인지병(不戰而屈人之兵)이면 선지선자야(善之善者也)'을 통해 전략에 관한 본질과 의미를 알 수 있다.[7]

 잠깐! 여기서 군주(정치지도자)-장수(군사 지도자) 간의 관계가 전쟁의 승패(勝敗)에 미치는 영향에 대하여 이해하자.

전쟁에서 승리하기 위해서는 군주(君主)가 전쟁에 출전한 장수에게
악영향을 미치는 행동을 하지 않아야 한다.
'夫將者 國之輔也, 輔周則國必强, 輔隙則國必弱'
(맡겼으면 믿어라! 믿지 못하겠으면 처음부터 쓰지 마라!)
* 무지몽매(無知蒙昧)한 군주가 다스리는 부대는 전쟁에서 패배할 수밖에
  없다. 전장(戰場)의 장수가 휘둘리면, 후방(後方)에도 위기가 초래된다.

* key-word
  - 군주(君主)가 장수에 미치는 악영향은 세 가지로 정리할 수 있다.

첫째, 군주가 전장(戰場)에 군대를 보내놓고 후방에 앉아서 공격 또는
      방어를 결정한다. (명령과 권한을 미위임)
둘째, 군주가 전장의 상황을 알지 못하면서 전장에서 필요한 행정 분야를
      일일이 간섭한다. (불필요한 간섭).
셋째, 군주가 전장의 상황을 제대로 파악하지 못하면서 인사에 간섭한다.
      (인사권-人事權 남용)

조직의 문화와 시스템(Power)이 강해지고 약해짐은 군주(君主)[8]에 달려있다. 어떠한 조직이든 무능한 구성원(군대)은 없고, 무능한 지도자가 있기 때문이다. 조직은 오직 세(勢)에 의해 좌우되며, 그 세는 바로 지도자가 만든다. 지도자가 어떻게 조직(군대) 문화와

---

6) '병(兵)'을 어떻게 해석하는가에 따라 병법의 깊이와 수준이 결정된다고 보면 된다. 따라서 병사라는 개인을 의미하는 게 아니다. 넓은 의미에서 전쟁이나 용병(傭兵-mercenary), 무기(arms), 부대(병력), 다치고 죽는다는 의미 등의 다양한 함의(含意)가 있음을 이해하여야 한다. 따라서 '군대(전쟁)를 움직임은 나라의 큰일이며, 죽음과 삶의 문제이고 존립(存立)과 패망(敗亡)의 길이기에 깊이 살피지 아니할 수 없다.'라고 해석할 수 있다.
7) '백번 싸워 백번 다 이기는 것은 최선 중(中)에서 최선이 아니다. 싸우지 않고 적병을 굴복시키는 것이 최선 중의 최선이다.'라고 해석할 수 있다.
8) 여기서 '군주(君主)'는 '정치지도자'를 의미하지만, 학습 목적상 '정치지도자 또는 군사 지도자'를 뜻하고 있음을 조작적으로 정의하고자 한다.

시스템을 만들어내는가에 따라 조직(부대 또는 집단)의 사기(士氣)가 결정된다고 보면 되지 않을까 싶다. 일반기업에서도 CEO의 행동과 처신에 따라 내부의 근무 분위기와 성과가 증대되는 정도, 구성(팀)원들의 능력이 바뀔 수 있음을 명심할 필요가 있다.

1.2. 『손자병법』에 관한 이해

현대 『손자병법』의 주해서(注解書)는 많이 존재하고 있으나, 위무제(魏武帝-조조)가 주해한 『위무주손자-魏武註孫子』가 가장 많이 신뢰받고 있다. 『손자병법』은 총 13편 6,109자(字)로 구성되어 있다. <그림 2-2>는 『손자병법』을 구성하고 있는 형태를 정리하였다.

총 계	① 제1편	① 제2편	① 제3편	② 제4편	② 제5편	② 제6편
6,109字	341	349	433	312	343	608
② 제7편	② 제8편	② 제9편	② 제10편	② 제11편	② 제12편	③ 제13편
481	247	617	545	1,072	290	471

<그림 2-2> 『손자병법』의 구성 및 형태

①은 전쟁의 기본원칙에 대하여 논술하고 있으며, 전략적 시각에서 전쟁 문제를 대처 및 분석하고 있다. <표 2-1>은 제1~3편까지의 핵심적인 내용을 정리하였다.

<표 2-1> 『손자병법』 제1~3편까지의 핵심 내용

- 제1편: 시계(始計, 국가안보정책) → 전쟁 이전에 반드시 계획을 세우고,
  전쟁의 승패를 결정짓는 전략 요소와 기준, 기만(欺瞞)이 필요하다.
- 제2편: 작전(作戰, 동원계획과 경제 분야) → 경제적 관점에서 전쟁을
  바라보고 있기에 속전속결을 근본으로 해야 한다.
- 제3편: 모공(謀攻, 모략 또는 책략) → 싸우지 않고 적을 굴복시키는 것이
  최선이다. 즉, 부전승(不戰勝) 사상과 지피지기의 원리를 제시한다.

②는 전쟁을 수행하는 과정에서 지휘의 기본원리와 행동하는 방법, 적(敵)을 상대하는 전술과 환경을 이용할 때 활용할 수 있는 원칙과 방법 등을 상세하게 다루고 있다. <표 2-2>는 제4~12편까지의 핵심적인 내용을 정리하였다.

<표 2-2> 『손자병법』 제4~12편까지의 핵심 내용

- 제4편: 군형(軍形, 군사전략) → 싸우기 이전에 먼저 불패(不敗)의 태세를 갖추어야 한다. 즉, 먼저 승리할 수 있는 태세를 갖춰라.
- 제5편: 병세(兵勢, 전쟁원칙) → 유리한 태세(사기-士氣와 기세-氣勢)를 먼저 갖추어야 한다. 공격과 방어에서 세(勢)를 활용하라.
- 제6편: 허실(虛實, 기동작전) → 나의 강점은 무엇이고, 상대(적)의 약(허)점은 무엇인가? 즉, 주도권 확립과 집중이 필요하다.
- 제7편: 군쟁(軍爭, 작전목표) → 승리를 쟁취하는 방법은 무엇인가? 실제 전투하는 방법에서 유리한 위치의 선점과 우회 기동이 중요하다.
- 제8편: 구변(九變, 지휘통솔) → 종합적인 판단과 임기응변의 책략을 구사할 줄 알아야 한다. 특히 장수는 경계해야 할 위험과 대비태세를 갖추어야 한다.
- 제9편: 행군(行軍, 상황분석 및 판단) → 군사작전의 운용과 행군에 필요한 원칙을 세워야 한다. 정보 수집을 위한 각종 상황을 갖추어야 한다.
- 제10편: 지형(地形, 지형학) → 지형과 전쟁과의 관계를 제시하고 진정한 전쟁은 백성을 위함임을 명심하여야 한다. 장수의 책임은 무엇인가?
- 제11편: 구지(九地, 지정학) → 땅의 변화와 상황에 따라 전투 방식도 변화가 필요하다. 특히 지형의 이용과 적의 취약점을 조성하고 신속한 기동이 가능해야 한다.
- 제12편: 화공(火攻, 화공작전) → 불을 이용하여 승리하는 방법을 마련하되, 전쟁(전투)은 신중하게 접근하여야 한다.

③은 정보와 관련하여 전반적인 내용을 다루고 있다. <표 2-3>은 제13편의 핵심적인 내용을 정리하였다.

<표 2-3> 『손자병법』 제13편의 핵심 내용

- 제13편: 용간(用間, 정보론) → 세작(細作, 간첩 또는 spy)의 중요성과 이를 이용하는 방법을 수립하여야 한다.

손자의 전략사상은 '부전승(不戰勝) 사상'[9], '주도권(主導權) 사상'[10], '만전주의(萬全主義) 사상'[11]과 '정보 중시 사상'[12]이다. 여기서 손자의 가장 중심이 되는 전략사상이 '부전이굴인지병(不戰而屈人之兵) 선지선자야(善之善者也)'로 대표되는 '부전승(不戰勝) 사상'이다. 특히 고대부터 중국의 영토가 광대하였기에 내전(內戰)의 양상이라 할지라도 원정(遠征, expedition)의 형태로 전쟁을 수행해야 할 정도로 많이 원거리였다.[13]

그는 이러한 전략사상을 통하여 첫째, 적의 전쟁 의지(책략-策略 또는 계획)를 좌절시키고, 둘째, 적국(敵國)을 외교적으로 고립시키며, 셋째, 불가피할 경우 적의 군사력을 격파해야 한다고 주창한다. 이때도 속전속결[14]을 통하여 전쟁에서 승리하기 위해 완벽하게 준비

---

9) '부전승(不戰勝) 사상'은 '전쟁의 폐해를 회피하고 최소의 손실로 승리하는 방법을 추구할 것을 일관성 있게 강조하고 있다. 그는 사전에 승패를 예측하여 무모한 전쟁을 삼가고 승산이 있을 때만 전쟁을 하여야 한다고 강조하고 있으며, 가능한 한 무력을 사용하지 않고 목적을 달성하는 방법을 권장하고 있다. 이는 완벽한 전쟁 준비와 전투태세가 전제되었을 때 가능하다.

10) '주도권(主導權) 사상'은 전쟁의 주도권을 잡기 위해서는 모든 국력을 동원하여 전쟁 전반에 유리한 전략적 상황을 조성하여야 한다. 따라서 전쟁을 진행하기 이전(以前)을 포함하여 전쟁을 시작함과 동시에 적의 의지(will)를 약화함으로써 주도권을 장악하게 되는 '전략적 주도권', 실제 전쟁에 돌입하여 우세한 전투력으로 결전의 시간, 장소 및 방법을 선택하고 적에게 따르도록 강요하여 주도권을 장악하는 '작전적 주도권'으로 구분하고 있다.

11) '만전주의(萬全主義) 사상'은 제1 시계(始計) 편의 '오사칠계(五事七計)'에서 비롯되고 있다. 피아(彼我, 적과 아군)의 상황을 정확하게 분석 평가하고 준비한 다음에 결행되어야 하는 것으로 인식하였다. 제4 군형(軍形) 편에서도 '용병(備兵)을 잘하는 장수는 먼저 적이 승리하지 못하도록 만전(萬全)의 태세를 갖춘 다음 아군이 승리할 수 있도록 기회를 기다린다.'라고 강조하였다. 제8 구변(九變) 편에서도 '용병의 원칙은 적이 오지 않을 거로 믿지 말고 언제라도 대적할 수 있는 아군의 대비태세를 믿어야 하며, 적이 공격하지 않는다고 믿지 말고 적이 공격해 오지 못하도록 하는 자신의 방어태세를 믿어야 한다.'라고 하였다. 이러한 전략사상은 항상 전쟁(전투)에 대비하고 있는 군대의 좌우명으로 삼을 필요가 있다.

12) '정보 중시 사상'은 앞에 언급하고 있는 사상의 기저(基底)에 흐르는 정보판단을 바탕으로 하고 있다. 즉, 전쟁에서 승리하기 위해서는 지피지기(知彼知己)를 포함하여 사상 전체에 깔려 있다. 현대전쟁이 '조기(早期) 경보전', '전자전(EW-Electronic Warfare)', '복합 정밀 타격무기체계(C4ISR+PGMs-Command, Control, Communications, Computers, Intelligence, Surveillance & Reconnaissance + Precision Guided Munitions)' 등으로 표현되는 과학기술의 시대이기에 정보는 그야말로 승리의 핵심 요체로 평가할 수 있다. 관련 내용은 김성진의 『전쟁사와 무기체계론』(2020), pp. 350~373.을 참고하기 바란다.

13) 주요 국가의 영토 면적은 ① 러시아: 170,908,242㎢, ② 캐나다: 99,804,670㎢, ③ 미국: 98,306,674㎢, ④ 중국: 95,906,961㎢, ⑤ 브라질: 8,514,877㎢이다. 이외에 일본은 377,944㎢, 한국은 100,210㎢, 북한은 123,138㎢이다. 여기서 중국의 전쟁을 내전(內戰-Civil War)으로 볼 수 있다는 의미는 유사한 민족과 문화권이었음을 강조하기 위함이다.

14) 전쟁을 경제적 측면에서 관찰하고 있다는 점을 여실히 드러내고 있다. 제2 작전(作戰) 편에서 '전쟁은 승리할 때 가치가 있는 것이지 지구전(持久戰-Endurance War)을 한다고 가치가 있는 것은 아니다.'라고 하였다. 이는 전쟁을 준비하고 수행하는 데 막대한 자원이 동원되어야 하기에 장기전으로 가면, 국력이 피폐해진다는 점을 강조하고 있다. 그의 주장은 고대 전쟁의 폐해를 관찰한 결과이지만, 현대전쟁이 고도의 과학전쟁이자 대규모 소모전이라는 점에도 부합하는 탁견(卓見)이다. 이러한 사상의 전반이 '전격전(電擊戰)', '간접접근 전략' 등을 비롯한 현대 전략사상의 모체가 되었다고 해도 지나친 말이 아닐 것이다.

한 이후에 총력(總力)을 집중함으로써 완전한 승리를 달성하여야 한다고 설파하고 있다. 전쟁의 승리는 군사력만으로는 불충분하며 병력이 많다고 하여 무조건 승리할 수 있는 게 아니기에 현존전력을 정예화하고 모든 잠재역량을 한 곳으로 결집해야 한다. 특히 장수는 기본적으로 리더십(Leader-ship)을 갖춰야 할 필요성과 중요성을 전체 문장에서 강조하고 있음을 유념할 필요가 있다.15)

전쟁을 진행해야 할 때는 비군사적 요소인 정치・외교・경제・모략(謀略-strategy), 정보의 수집 및 활용 등 잠재역량을 총동원하여도 해결할 수 없을 때 비로소 군사력을 사용하도록 권장하고 있다. 이때 적 규모의 10배 정도면 포위(包圍-encirclement)16)하여 적을 굴복시키고, 5배 정도의 규모면 공격하라고 강조하였다. 즉, '이길만하면 싸우고 열세하면 전투를 회피하는 등을 통해 무리하게 승리를 쟁취할 필요는 없다.'라는 논리가 손자의 전략사상 전체를 관통(貫通)하고 있는 핵심 논리다.17)

아울러 용병(用兵-manipulation of troops)하는 데 기본적인 내용이 제1 시계(始計) 편의 '오사칠계(五事七計)'에 녹아있다. 이는 전쟁 준비의 척도(尺度, 평가 및 판단하는 기준)를 나타내는 것으로서 장수가 전쟁(전투)을 계획하고 지휘・통솔하는 데 있어서 판단 및 평

---

15) 손자(孫子)가 주창하는 장수(將帥-Leader)의 덕목은 현대 군대에서도 꼭 필요한 덕목이다. 『손자병법』 제1 시계(시계) 편의 '장자(將者-무릇 장수가 된 자는) 지신인용엄야(智信仁勇嚴也-지혜와 믿음, 인격이 있어야 하며, 용맹하고 엄정해야 한다)'라는 문장에서 뿜어져 나오는 기운을 느껴야 한다. 현대 군대에서도 직업군인 간부의 진정한 용기는 자연스럽게 그것이 가지고 있는 가치와 권위를 보장하고 있으며, 직업군인이면 누구나 기본적으로 갖추기 위해 노력할 필요가 있다. 진정한 용기(勇氣)는 대표적으로 네 가지를 들 수 있다. ① 상급자에게 건전한 건의를 할 수 있는 용기, ② 자신의 잘못을 솔직하게 인정하는 용기, ③ 업무가 잘못되었을 때 당당하게 책임지는 용기, ④ 부하의 업무가 비록 잘못되어 자신의 책임으로 돌아올지라도 받아들일 수 있는 용기다.
16) '포위(envelopment)'는 주공이 적의 강력한 방어진지를 회피하여 적의 약한 측익(側翼-옆구리) 또는 공중으로 기동하여 적의 후방에 있는 목표를 확보한 이후 조공(助攻-보조공격)과 협력하여 적을 격멸하는 공격기동의 형태를 의미한다. '일익(一翼) 포위, 양익(兩翼) 포위, 전면(全面) 포위, 수직(垂直)포위가 있다(합동군사대학교 합동전투발전부, 앞의 사전(2014), pp. 566~577.).
17) 일본 에도시대 초기에 활동하던 미야모토 무사시(宮本武蔵, 1584~1645)를 떠올려 보자. 그가 무명검객인 시절에 25명의 뛰어난 검객들이 그를 습격하기 위해 뭉쳤다. 이를 알게 된 미야모토 무사시는 도망가려 했으나, 이미 도주로는 모두 막혀있었다. 그는 문득 "내가 25명을 상대하기는 어렵지만, 개인이 나에게 이기기는 어려우니 떼로 덤비는 것은 아닐까? 한 놈씩 잡으면 승산이 있다."라고 생각하였다. 결국, 미야모토 무사시가 이 결투에서 승리하였다. 물론 전제(前提)가 필요하다. ① 압도적인 실력, ② 튼튼한 체력과 철저한 준비성, ③ 상황에 부합하는 적절한 상황판단과 완급조절 능력의 구비, ④ 목숨까지 걸 수 있는 대담함과 과감한 결단력이 갖추어야 함을 잊지 않아야 한다.

가하여야 할 제반 요소를 그려내고 있다. <그림 2-3-1>은 '오사칠계(五事七計)'를 간략하게 정리하였다.

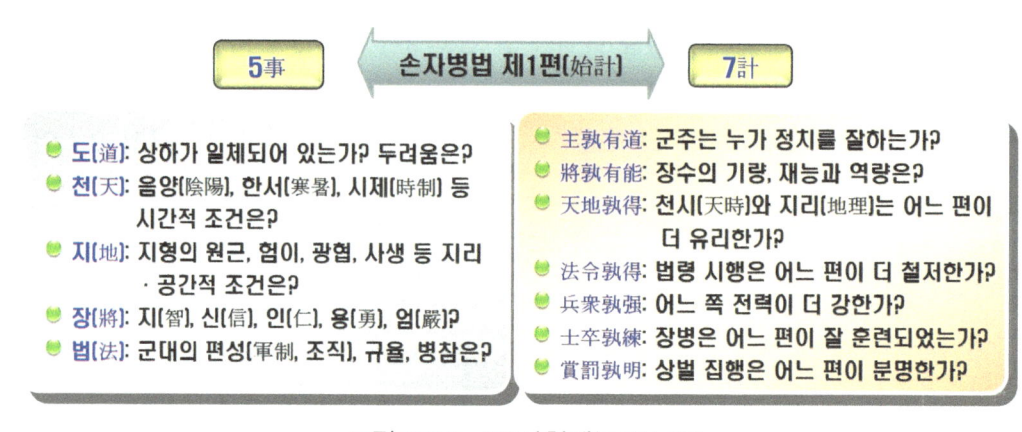

<그림 2-3-1> '오사칠계(五事七計)'

'오사(五事)'는 아군의 군기와 사기 등을 포함한 내부 상태를 확인하는 과정이며, '칠계(七計)'는 적국(敵國)의 상태와 분위기를 파악하여 아군에 유리한지, 불리한지를 판단한 다음 아군이 계획을 수립할 때 정립할 방향성(directivity)과 부족하거나 취약한 분야를 보완하기 위한 전제(前提) 조건을 확인하는 데 있다. <그림 2-3-2>는 '14가지 궤도(詭道)'를 간략하게 정리하였다.

① 故能而示之不能: 능력이 있지만, 없는 것처럼 보이게 하고
② 用而示之不用: 사용하면서도 사용하지 않는 것처럼 보이게 하고
③ 近而示之遠: 가까이 있으면서도 멀리 있는 것처럼 보이게 하고
④ 遠而示之近: 멀리 있으면서도 가까이 있는 것처럼 보이게 한다.
⑤ 利而誘之: 상대를 이익으로 유인하고
⑥ 亂而取之: 혼란할 때 공격하여 취득한다.
⑦ 實而備之: 상대가 튼튼하면, 수비만 하고
⑧ 强而避之: 상대가 강할 때는 싸움을 회피한다.
⑨ 怒而撓之: 상대를 흥분시켜 어지럽게 만들고
⑩ 卑而驕之: 나를 얕보이게 하여 교만하게 만든다.
⑪ 佚而勞之: 상대가 편안하면, 힘들게 만들고
⑫ 親而離之: 상대가 결속되어 있으면, 이간시켜 결속을 와해시킨다.
⑬ 攻其無備: 준비가 없는 곳을 공격하고
⑭ 出其不意: 생각하지 못한 곳으로 출격한다.

<그림 2-3-2> '14가지 궤도(詭道)'

'14가지 궤도'는 14가지의 각종 속임수를 사용하여 아군에 유리한 상황을 조성하기 위함이다.

①~④은 적을 어떻게 기만(欺瞞-deception)할 것인지를 제시하고 있고, ⑤~⑫까지는 적을 어떻게 대적할 것인지, ⑬·⑭은 적을 어떻게 공격할 것인지에 관하여 제시하고 있다. 이러한 임기응변의 술(術, Art)은 군사전략가가 승리를 거두기 위한 요결(要訣)로서 계획을 시행하기 이전에 계획이 누설되어서는 안 된다고 강조하고 있다(차병가지승-此兵家之勝, 불가선전야-不可先傳也)[18]. 이때 '오사(五事)'와 '칠계(七計)'는 평상시의 '상법(常法)'이고, '궤도(詭道)'는 전시의 '변법(變法)'임을 이해할 필요가 있다.

1.3. 손자의 전략사상 체계

<그림 2-4>는 손자의 전략사상 체계를 정리하였다.

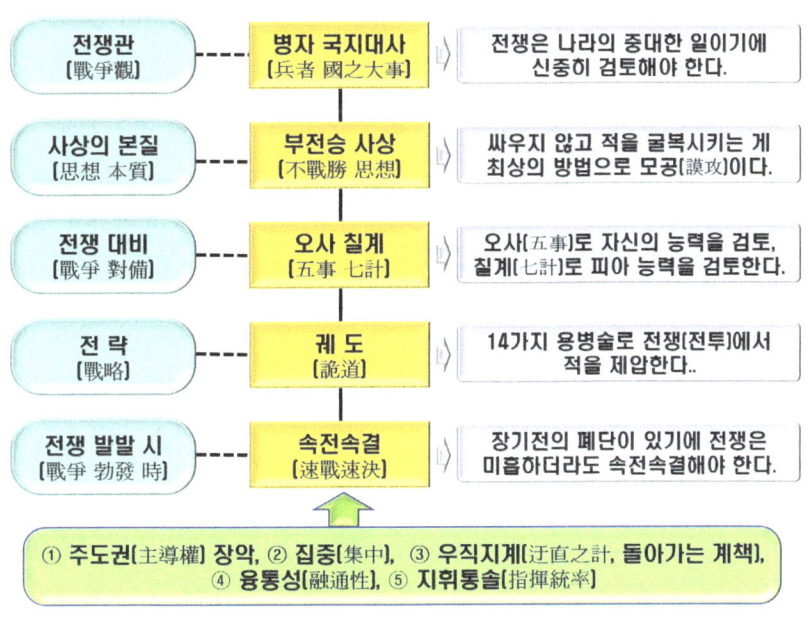

<그림 2-4> 손자의 전략사상 체계

---

18) '차병가지승(此兵家之勝), 불가선전야(不可先傳也)'는 '이러한 계책이 병가(兵家-병법가 또는 전략가)가 전쟁에 승리하는 비결이니 절대 적에게 먼저 알려져서는 안 된다.'라는 의미다' 이 14 궤도는 중국 마오쩌둥이 유격 전술과 지구전 전략인 '16자(字) 전법(戰法)'을 응용하여 만들었다. 구체적인 내용은 뒤에 있는 9. 마오쩌둥 편에서 탐구하기로 한다.

그의 군사전략 사상은 두 가지 측면으로 정리할 수 있다. 첫째, 춘추전국 시대의 사회개혁과 사상의 해방이라는 흐름으로 표현하고 있다. 격렬한 변혁과 해방의 환경 속에서 군사제도와 전쟁 방식도 크게 변화하였다는 점을 나타내고 있다. 특히 '전차' 중심에서 '보병 또는 전차·기병'의 협동작전 중심으로 전환하는 시기였다는 점에서 군사전략 사상의 변혁이 이루어질 수밖에 없던 시기이기도 하다. 둘째, 개인적으로는 군사대국인 제나라의 사회·문화적 전통과 병학(兵學)의 전통을 계승하기 위한 노력의 산물로 볼 수 있다.

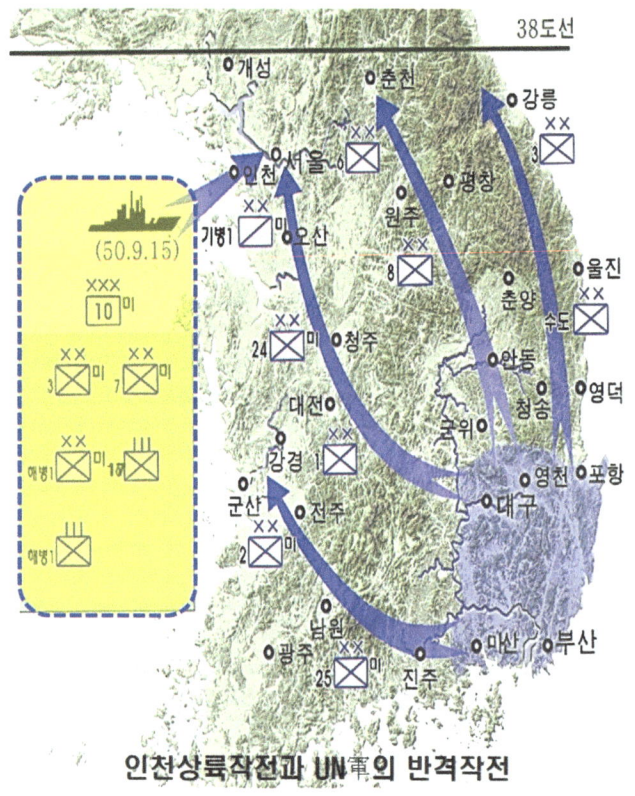

인천상륙작전과 UN軍의 반격작전

특히 ③은 "가까운 길을 곧바로 가는 게 아니라 돌아갈 줄도 알아야 한다."라는 의미가 있음을 기억해야 한다. 이는 제7 군쟁(軍爭) 편에서 '군대가 전투를 할 때 어려운 까닭은 멀리 있는 길로 돌아가면서도 곧바로 직행하는 길인 듯이 만들어야 하고 불리한 국면을 유리한 국면으로 조성'하여야 하기 때문이다. 그 길은 돌아가기도 하고, 미끼를 던져 적을 유인하기도 하고, 상대보다 늦게 출발했지만, 먼저 도달하기도 해야 한다.

이런 사람이 우직지계(迂直之計)를 아는 사람이다(군쟁지난자-軍爭之難者 이우위직-以迂爲直 이환위리-以患爲利 고우기도-故迂其途 이유지이리-而誘之以利 후인발-後人發 선인지-先人至 차지우직지계자야-此知迂直之計者也).라는 문장을 통해서도 느낄 수 있다. 탐구할 바실 헨리 리델하트의 '간접접근전략'과도 같은 맥락임을 이해할 필요가 있다.[19]

---

19) 6·25전쟁 당시 낙동강 방어선 전투와 인천상륙작전을 떠올릴 필요가 있다. 관련 내용은 일본 육군전사연구보급회 편저(編著), 육군본부 군사연구실 역저(譯著), 『한국전쟁』 ④ 인천상륙작전 (서울: 명성출판사, 1986)을 참고하기 바란다.

1.4. 손자의 전략사상이 현대에 미친 영향

『손자병법』은 손자 이전에 병법서(兵法書)가 없고, 손자 이후에도 병법서는 없다고 할 정도로 평가받고 있는 세계 최고의 병법서다. 병법에 관한 논리가 시대를 초월하고 있으며, 동·서양을 막론하고 전쟁의 양상과 무기체계의 변화에 구애받지 않는 보편적인 진리를 포함하고 있다. 다만, 춘추 말기의 '전차전(戰車戰)'과 '보병전(步兵戰)'이 전환되는 단계에 측면공격과 우회, 포위·기습 등의 군사전략 사상을 확립하였다는 점이다. 이는 야전에서 보병의 기동이 중요함을 깊이 체득하였기에 가능하지 않았나 싶다. 이후 전국 시대를 거치면서 등장한 많은 병서(兵書)도 이러한 인식을 계승하고 있음은 일반적인 사실이다.

『손자병법』은 마오쩌둥의 '인민 전쟁 전략'에도 상당한 영향을 주었다고 평가받고 있다. 1936년 마오쩌둥이 '중국 혁명전쟁의 전략문제'를 발표하면서 관련 요체(要諦)를 직접 인용한 데서도 알 수 있다. 그의 '16자 전법'도 손자의 '궤도(詭道) 사상'에서 요약하여 정리한 것임을 알 수 있다. 이 병서는 8세기경 일본에 전해졌으며, 17세기 초 막번체제(幕藩體制)가 확립된 에도시대에도 병법가들이 많이 탐독하였다. 메이지 유신 시대는 서양의 전략사상이 들어왔음에도 군부(軍部)와 학자, 경영자(CEO)들 사이에서 여전히 활용되었다는 점에서 그 가치를 온전히 엿볼 수 있다.

한국도 조선 시대에 역과초시(譯科初試)[20]의 교재로 사용하였으며, 서양에서는 바실 헨리 리델하트(Basil Henry Liddell Hart, 1895~1970)가 『전략론: 간접접근전략』를 발표하는 과정에서 손자병법의 요체 13가지를 인용함으로써 그도 상당한 영향을 받았음을 느낄 수 있다.

---

20) '역과초시(譯科初試)'는 '조선 시대 초기(初期)에서부터 시행한 통역관(通譯官)을 선발하는 잡과(雜科) 시험'을 의미하고 있다.

2. 카를 폰 클라우제비츠(Carl Phillip Gottlieb von Clausewitz, 프로이센[21]-현재의 독일)

2.1. 개요

카를 폰 클라우제비츠(1780~1831)는 프로이센 왕국의 부르크 바이마그데부르크(Burg bei Magdeburg)라는 소도시에서 태어났다. 12세에 소년병으로 입대하였다가 나폴레옹 보나파르트와 같은 나이인 16세에 1803년 사관학교를 수석으로 졸업한 군사사상가다. 명성을 얻은 계기는 1905년 사관학교장이던 샤론 호르스트(Gerhard Johann David von Scharnhorst, 1755~1813) 장군[22]의 추천으로 군사

간행물 편집장을 맡으면서부터다. 당시 나폴레옹 전쟁의 해설가인 게르하르트 폰 블뤼허(Gebhard Leberecht von Blücher, 1742~1819)[23]는 나폴레옹의 전쟁을 수학적 공식에 대입하는 방식으로 해석하면서 상당한 명성을 얻었다. 그러나 카를 폰 클라우제비츠가 편집장으로서 이에 대한 반론(反論)을 공개적으로 제기하였으며, 크게 세 가지로 요약할 수 있다.

---

21) '프러시아(Prussia)'는 라틴어로서 영어권에서 발음하는 명칭이고, '프로이센(Preußen)'은 독일어 발음이다. 현재는 원어인 독일어를 기준으로 하여 '프로이센'으로 부르고 있기에 프로이센으로 호칭을 통일하였다.

22) '샤론 호르스트'는 프로이센의 장군으로 카를 폰 클라우제비츠가 생도 시절 사관학교장을 지냈다. 군대개혁을 주도하면서 군사제도의 개혁자로 평가받고 있다. 나폴레옹 전쟁에 참모장으로 참전하여 전공(戰功)을 세웠고, 1814년 국민개병제를 통해 국민군대를 창설함으로써 일반 병역 의무제도가 시행되도록 한 주인공이다.

23) '게르하르트 레베레히트 폰 블뤼허(블루허 또는 뷜로우)'는 프로이센 총사령관으로서 성격이 거칠고 막무가내로 밀어붙이는 멧돼지 형의 스타일로 인하여 교양이 없는 인물이었다고 정평이 났지만, 아버지와 같은 도량도 품고 있었다. 작전계획을 수립할 때는 우수한 참모들을 전폭적으로 신뢰하고, 그들에게 맡겼으며 중간에 그들의 의견을 청취하고서는 소홀히 하지 않는 등의 역량을 발휘한 인물이다. 관련 내용은 김성진의 『세계전쟁사』(2021), pp. 125~128.을 참고하기 바란다.

첫째, 수학 공식으로만 해석할 수 없는 문제로 전략과 전술을 구분하여야 한다.

둘째, 적의 행동에 따라 전투에서의 나타나는 물리·정신적 영향이 중요한데 이는 수학 공식만으로는 풀 수 없다.

셋째, 전투에서는 병사의 사기와 지휘관의 심리라는 비계량적 요소가 심대한 영향을 미친다.

이를 통해 카를 폰 클라우제비츠는 지금까지 수학적 공식을 대입하여 명성을 얻은 게르하르트 폰 블뤼허 보다 상대적으로 높은 명성을 얻는 계기가 되었다. <그림 2-5>는 카를 폰 클라우제비츠의 생애를 정리하였다.

- 1780, 프로이센의 부르크(Burg) 生
- 1793, 對佛전쟁 참전
- 1793~1794, 라인란트 전쟁 참전
- 1795, 소위 임관(16세) → 수석 졸업(1804)
- 1805, 군사간행물 편집장
- 1806, 對프랑스전쟁 참전, 포로
- 1811~, 프로이센-나폴레옹 군사협력
- 1812, 나폴레옹의 러시아 원정에 참가
- 1818~1830, 군사학교 교장, 전쟁론 저술
- 1831, 콜레라로 사망(51세)
- 1832, <전쟁론> 출간

<그림 2-5> 카를 폰 클라우제비츠의 생애

1806년 제4차 對 프랑스(대불-對佛) 동맹이 결성된 다음 프로이센-러시아 동맹군에 편성되어 아우구스트 황태자(대대장)의 전속부관으로 對 프랑스 전쟁에 참전했다가 예나-아우어슈테트 전투(Battle of Jena-Auerstedt, 또는 예나 전투)에서 프랑스군의 포로가 되어 1년여에 걸친 포로 생활을 하였다.[24]

1818년 9월 베를린 군사학교 교장으로 취임하여 1830년까지 12년간 재직하면서 『전쟁론(on War)』을 저술하였다. 이에 대하여 앙투안 앙리 조미니(Antoine-Henri Jomini, 1779~1869)는 "문장이 지나치게 거만하게 작성되어 있다."라고 하였고, 알프레드 그래프 폰 슐리펜(Alfred Graf von Schlieffen, 1833~1913) 백작[25]은 "진정한 의미에서 전쟁이란 관념에

---

[24] 관련 내용은 김성진의 『세계전쟁사』 (2021), pp. 115~119.를 참고하기 바란다.
[25] '알프레드 그라프 폰 슐리펜' 백작은 프로이센에서 태어나 1854년 육군에 입대하였으며, 1891년 참모본부장(현

서 변화 없이 존속(存續)하고 있다."라고 평가하였다. 다만, 1831년 콜레라로 갑작스럽게 사망하는 바람에 아내(妻)인 마리 폰 브륄(Marie von Brühl) 여(女) 백작이 정리하여 출간하였다. 물론 카를 폰 클라우제비츠 스스로가 자신의 사회적 영향력을 평가받는 게 싫어서라고 알려져 있긴 하다. 소결론적으로 그가 생전에 봉투에 넣어둔 『전쟁론』을 아내가 편집하여 1832년 10권의 전집(全集) 형태로 출간한 산물이다.

2.2. 『전쟁론』에 관한 이해

『전쟁론』은 읽기가 상당히 어려운 책으로 정평(定評)이 나 있다. 왜냐하면, 이를 읽기 위해서는 유럽의 역사에 대한 배경 지식이 필요하기 때문이다. 더욱이 문학과 철학, 예술, 과학, 교육 전반을 심도(深度) 있게 연구한 인물이었기에 문장을 변증법적(dialectical) 형식으로 전개함으로써 연구자를 더욱 모호하고 난해하게 만드는 측면을 무시하기 어렵다. 그러함에도 전장을 지배하는 요소가 위험과 육체적 노력, 정보, 마찰(摩擦-friction)임을 적시하였다. 마찰은 정부와 군대, 국민(전투원)으로 구성되는 '삼위일체(三位一體)'라고 명칭을 부여하였다. 그는 전쟁이 '폭력적 행위'라고 주창하면서 전쟁이 인간의 다른 행위들과 구별되는 유일한 차별성이 바로 '폭력(violence)'이라는 속성에 있다고 강조한다.

1789년의 프랑스 혁명은 절대군주와 특권계급의 압제(壓制)에 시달리던 중산계층이 구제도(ancien regime)를 타파하는 시민혁명이었다. 이로 인해 절대왕정이 무너지고 자유주의와 민주주의를 바탕으로 하는 공화국을 최초로 설립하였다. 주변의 전제군주들은 프랑스 혁명의 분위기가 자신들이 통치하는 나라에 파급될 것을 우려하여 대(對) 프랑스 동맹(1792)을 체결하였다. 개인 나폴레옹 보나파르트를 영웅으로 만든 나폴레옹 전쟁의 시발점이기도 하다.[26]

조금 더 들어가 보자. 과거에 용병(傭兵)이 중심이던 군대는 치중(輜重)의 부담으로 인하여 기동력이 둔하였다. 특히 절대군주 시대는 군대의 규모도 3~5만 명에 불과하였다. 그러

재의 참모총장)이 되었다. 그는 전임자인 대(大) 몰트케 원수와는 다른 방식의 작전계획을 수립하였으며, 정면공격보다 측면공격을 결정하였다. 이는 동부전선에 소규모 부대를, 서부전선에 대다수 부대를 배치하는 계획으로 발전하였다. 이는 김성진의 『세계전쟁사』(2021), pp. 257~268.을 통해 탐구할 수 있는 <슐리펜계획>으로 이해하면 될 듯싶다. 계획을 마무리한 그는 바로 퇴역(退役)했다.

26) 관련 내용은 김성진의 『전쟁사와 무기체계론』(2020), pp. 152~170.; 『세계전쟁사』(2021), pp. 81~130.을 참고하기 바란다.

나 프랑스 혁명기의 국민군대는 30만 명에서 100만여 명으로 팽창하였고, 전장(戰場-battle-field)도 유럽지역 전체로 확장되었다. 따라서 사령관이 모든 부대를 직접 지휘 통솔하기가 불가능하였다. 이로 인해 독립작전을 수행할 수 있는 군단(軍團) 또는 군(軍)으로 편제를 확대하였으며, 나폴레옹 보나파르트의 전성기 때는 원수(元帥) 계급이 26명이다. 그러나 군사훈련을 진행할 시간적인 여유를 갖기는 어려웠다. 점차 고정된 진형(陣形)이 중심인 횡대(橫隊) 전술이 사라지고 자유로운 행동을 보장하는 산병 전술(散兵戰術-흩어져 싸우는 전술)이 등장하였다. 아울러 100만여 명으로까지 확대된 군대는 처음부터 보급품을 제대로 갖출 수 없었기에 적지인 현지에서 조달하도록 개혁함으로써 군수품의 휴대 부담을 줄였다. 이러한 영향은 당연히 행군의 속도를 증가시켜 기동성을 높이는 효과를 가져왔고, 병력의 집중(集中)이 가능하게 함으로써 우세한 병력으로 적을 압도할 수 있게 되었다.

소결론적으로 18세기 제한전쟁 시대의 군사전략 사상은 '소모전략(Strategy of Attrition) 사상'으로 적의 병참선이나 기지(Base)를 공격함으로써 적이 군사력을 소모하게 만들어 군사적 목표를 달성하기 위함이었다. 그러나 나폴레옹 전쟁 간 전쟁의 목표는 이전과 달리 적의 주력을 전장(戰場)에서 격파하여 적의 의지를 굴복시키는 개념으로 변했다. 이때는 '섬멸전략(Strategy of Annihilation) 사상'이었다.

여기서 『전쟁론』에 '전면전쟁(全面戰爭)'이나, '섬멸전략'이라는 용어는 나오지 않는다. 전체적인 흐름이 그렇다는 의미로 해석하면 된다. 이는 『손자병법』도 마찬가지다. 내용 중에 '전략'이라는 용어는 없지만, 현대적 의미로 그렇게 해석하고 있다. 카를 폰 클라우제비츠의 말을 빌리면, 프랑스 혁명전쟁과 나폴레옹 전쟁 시대는 "전쟁 그 자체가 바로 강의하는 시대"였다. 여기에서 그는 전쟁 자체가 주는 교훈에서 잊지 못할 인상을 받았기에 전쟁의 신으로 불렸던 나폴레옹 보나파르트가 전쟁에서 패배당한 교훈을 후세(後世)가 잊지 않기를 바랐다고 생각한다. 이러한 인식이 『전쟁론』에서 나폴레옹 전쟁의 전례(前例)를 사용하게 된 배경이 아닌가 싶다.

2.3. 『전쟁론』의 구성과 전략사상 체계

『전쟁론』은 카를 폰 클라우제비츠의 군사적 경험과 전략 사상이 결합한 산물로 총 3부 8편 128장(章)·절(節)로 구성되어 있으며, 서양 최초로 군사전략 사상을 연구한 자료라고 할 수 있다. <표 2-4>는 『전쟁론』의 구성과 핵심 내용을 이해하기 쉽게 정리하였다.

<표 2-4> 카를 폰 클라우제비츠 『전쟁론』의 주요 구성 및 핵심 내용

구 분	주제(Agenda)		요지(要旨-the point)
I	전쟁의 본질		절대전쟁과 현실전쟁의 현상과 차이점을 규정
II	전쟁이론의 가능성과 한계		전쟁이론과 관련한 방법론적 차원을 분석
III	전쟁의 일반론		병력・시간・공간 및 정신적 요인 등
IV	교전(交戰)과 승패		전투의 의의(意義)와 승패 요인
V	군사력	전투	병력의 규모와 편제, 전투력 유지, 땅과 지형
VI		방어	방어와 공격의 상관성, 방어의 우월성 등
VII		공격	공격과 승리의 극한점(極限點-culmination point)에 관한 논의
VIII	전쟁계획(정치・전략)		전쟁의 정치적 특성과 정치-전략의 상호관계

『전쟁론』에서 전술(Tactics) 분야는 시대가 지나면서 가치가 줄어들고 일부는 없어지기도 하였으나, 고전(古典)으로서 가치를 유지하는 이유는 전쟁에 대한 본질을 다룬 최초의 연구서로서 전쟁사(戰爭史)에 바탕을 두고 있기 때문이다. 이를 통해 실전(實戰)에 적용할 수 있는 전략사상 체계가 잘 구성되어 있다. <표 2-5>는 『전쟁론』이 가진 가치를 크게 세 가지로 정리하였다.

<표 2-5> 『전쟁론』의 가치

> ① 과학적인 연구의 산물이다.
> ② 정신적 요소를 강조하였다.
> ③ 전쟁의 이중성을 고찰하였다는 것이다.

① 나폴레옹 전쟁에 23년간 참전한 경험과 당시 독일의 철학 및 뉴턴의 물리학 개념 등을 프리드리히 대왕, 나폴레옹 전쟁 등과 비교하며 과학적인 이론으로 구성하였다. 당시의 철학과 참전경험 그리고 조사와 관찰을 통해서 그만의 고유한 전략사상 체계를 형성한 것이다.

② 당시 전략사상가들이 지리적 요충지(要衝地-strategic point), 전략지점, 작전하는 군대와 작전기지 사이의 문제 등 물리・물질적 요소를 많이 다룬 데 비하여, 정신적 요소를

많이 강조했다. 이는 물질·정신력은 처음부터 분리하는 자체가 불가능함을 간파(看破)한 것이며, 나폴레옹 전쟁을 통해 터득하였다. '물질은 목재(木材)로 만든 칼집에 지나지 않지만, 정신력은 연마된 금속으로 만든 시퍼런 칼날이다.'라고 한 주장을 통해 정신적 요소[27]를 얼마나 중요시하고 있는지를 느낄 수 있다.

③ '전쟁은 정치에 종속된다.'라고 하면서 정치와 전쟁과의 관계를 연계하고 있다. 전쟁이 목표와 방법을 가진 독립된 과학이라는 '절대전쟁'과 외부적 요인에 의하여 주어진 종속적인 과학이라는 '현실전쟁'의 이중성을 고찰함으로써 전쟁에 관한 의의를 명확하게 정립하였다.[28]

2.4. 손자(孫子)와 카를 폰 클라우제비츠의 전략사상 비교

<그림 2-6>은 손자(孫子)와 카를 폰 클라우제비츠의 전략사상을 비교하였다.

구 분	손 자	카를 폰 클라우제비츠
전략사상	부전승(不戰勝) 사상	결전추구(殲滅戰) 사상
분석 초점	정치적·전략적 수준	작전적·전략적 수준
중심 순위	1. 전쟁 以前 적의 전략 또는 계획을 공격 2. 적의 동맹 와해 3. 적 군대를 공격	1. 적 군대 파괴 및 수도 함락 2. 적 동맹국을 군사적으로 타격 3. 적 지도자 또는 적국 여론
전략 이행의 우선적 수단	· 비군사적 수단 　· 외교·경제·정치적 술책 · 병력 보존(保存)을 선호 　→ 불가피시 최소 병력을 운용	· 군사적 수단 · 기타 수단을 일부 언급 　→ 구체적 고려 소홀

<그림 2-6> 손자(孫子)와 카를 폰 클라우제비츠의 전략사상 비교

---

27) '정신적 요소(moral elements)'란 '지휘관의 재능, 군대의 덕목(military virtues), 그리고 군대의 민족정신'을 뜻한다. 이들 가운데 어느 요소가 더 많은 가치(value)를 지니고 있는지는 일반적 수준에서 결정할 수 없는 문제다. 정신력의 잠재력과 비중을 서로 비교한다는 자체가 불가능하기 때문이다.

28) '절대전쟁(Absolute War)'은 '추상적인 세계에 있는 순수한 개념상의 전쟁(a pure concept of war)으로서 적을 완전히 타도하기 위해 극렬하게 벌이는 전쟁'을 뜻하고 있다. 절대전쟁은 적국(敵國)을 정치적으로 말살시키든지, 강제로 항복시키든지 하는 것으로 전쟁의 수단이 적의 전투력을 파괴하기 위한 전투 그 자체가 되는 것이다. 그렇기에 순수한 개념에서 출발한 전쟁은 끊임없이 상호 작용하는 과정을 통하여 무제한의 힘을 발휘하게 된다고 보고 있다. '현실전쟁(Real War)'은 '적의 영토 일부를 탈취하기 위한 전쟁으로서 정치적으로 유리하게 강화(講和)하기 위한 목적'이다. 적이 정치적으로 강화에 응하도록 하기 위해서는 적의 주도적인 승리가 불가능함을 인식시키거나, 적이 승리하더라도 목적을 달성하기 위해서는 상대적으로 지급하는 대가가 크다는 특성을 인식시킬 필요가 있다는 점을 적시(摘示)하고 있다.

『손자병법』의 제1(始計)편은 프로이센의 카를 폰 클라우제비츠의『전쟁론(1832)』제1(전쟁의 본질)편에 해당한다고 볼 수 있다. 여기에서 차이점은 손자는 '부전(不戰)'을 상책(上策)으로 보는 데 반해 카를 폰 클라우제비츠는 '전쟁(War)'을 상책으로 보고 있다는 점이다. 손자는 '부전승(不戰勝) 사상'을 추구하였으나, 카를 폰 클라우제비츠는 '결전추구 사상'을 강조하면서 '절대전쟁'과 '완전한 전쟁'의 개념을 창출하였다.29) 특히 적의 완전한 무장해제 또는 격멸을 목적으로 하기에 적에게 정치적 목적을 달성하기 위한 의지를 강요하고 있다. 따라서 그는 전쟁을 '극한까지 추구하는 폭력행위'로 정의하고 있다. 그러나 유념해야 할 사실은 전쟁이 폭력을 무제한으로 사용하는 게 아니라 여러 가지의 요인으로 인해 폭력은 제한되고 조절될 수밖에 없다고 느끼고 있다는 점이다. 그는 '마찰(摩擦-friction)'을 통해 '추상의 세계로부터 현실의 세계로 나온다면, 모든 것이 다른 모습으로 형성된다.'라고 강조하고 있음을 공식화하고 있다.30)

 **잠깐! 여기서 손자와 카를 폰 클라우제비츠가 주창(主唱)하는 전략사상의 차이점이 어디에 있는지 이해하자.**

> 대다수 전략가가 주창하는 사상은 당시의 정세(情勢)와 출발하는 시점(時點)에서 차이가 발생하고 있다.

2.5. 카를 폰 클라우제비츠의『전쟁론』이 현대에 미친 영향

2.5.1. 독일·프랑스 군부(軍部)

독일(이전의 프로이센) 군부(軍部)는 물질적 수단보다 정신력이 우월함을 받아들였지만, 전쟁이라는 수단이 정치적 목적에 종속(從屬)되어야 한다는 '전쟁-정치 간의 관계에서 정치가 우위(優位)'이고, '공격에 대한 방어(防禦)가 우위라는 사상'은 시대착오적인 사고(思考)로 인식하였다. 그러함에도 관심을 둔 이유는 세 가지 요소 때문으로 보인다. ① 군사적 천재31), ② 전쟁을 진행하는 데 있어서의 마찰(摩擦), ③ 정신력의 중요성이 바로 그것이다.

---

29) '절대전쟁(Absolute War)'과 '총력전(Total War)'의 개념은 같지 않음을 이해하여야 한다. 관련 내용은 김성진의 『세계전쟁사』(2021), pp. 66~73.을 참고하기 바란다.
30) 허남성,『전쟁과 문명』(서울: 플래닛미디어, 2015), pp. 138~142.

그러나 이들은 '전투(combat)'가 카를 폰 클라우제비츠 전략사상의 중심이고, '적 전투력의 격멸'이 전략의 목표인 것으로 잘못 인식하고 있다. 이러한 인식과 더불어 그의 사상 속에 흐르고 있는 절대전쟁이라는 인식이 카를 폰 클라우제비츠를 섬멸전략 또는 절대전쟁의 주창자로 오해를 받게 하고 있다고 볼 수 있다. '총력전쟁(Total War)'의 주창자인 에리히 루덴도르프(Erich Friedrich Wilhelm Ludendorff, 1865~1937)는 그의 저서에서 '클라우제비츠가 전장에서 적의 섬멸이라는 사상에 관해서 논술한 점은 깊은 의의가 있으나, 세계역사의 진행 과정에 속하는 것이어서 오늘날에는 시대에 뒤떨어지고 말았다.'라고 평가하고 있다. 전쟁은 정치의 연속이 아니라, 정치야말로 전쟁에 종속되어야 한다는 에리히 루덴도르프의 발상은 군국주의자들의 대표적인 전쟁관(戰爭觀)으로 평가할 수 있다.

1985년의 프랑스군의 '야전 복무규율'은 '전투는 공세적일 수도 있고 방어적일 수 있지만, 목적은 항상 적군의 의지를 분쇄하고 아군의 의지를 적에게 강요하는 데 있다. 공세만이 결정적인 결과를 획득할 수 있기에 소극적인 방어는 결국 패배로 이끈다. 따라서 소극적인 방어는 거부되어야 한다.'라고 기술(記述)하고 있다. 여러 가지의 정황을 고려할 때 당시 클라우제비츠의 사상은 교리(敎理)라기보다 군사 분야가 추구해야 할 하나의 방향성(directivity)으로 평가할 수 있지 않나 싶다.

2.5.2. 공산주의 국가(러시아, 중국)

카를 폰 클라우제비츠는 1812년부터 1815년까지 프로이센 軍 연락장교(대령)로 러시아 軍에 복무하면서 군사전략 사상에 상당한 영향을 끼친 것으로 평가받고 있다. 특히 『전쟁론』은 카를 마르크스(Karl Marx,

---

31) '군사적 천재'는 '성품(性品-사람 됨됨이와 마음 씀씀이)의 범주, 지적(知的) 범주, 기질이 균형되어 조화를 이루는 통합형 인간'을 의미한다. 여기서 '성품의 범주'는 선천적인 것으로 '① 육체적·정신적 용기, ② 결단력, ③ 야심, ④ 무모함과 소심함이 함께 하는 대담성, ⑤ 자제력'을 대표적으로 들 수 있다. '지적 범주'는 후천적인 것으로 '① 포괄적인 지식과 지성(智性), ② 직관력과 혜안(慧眼), ③ 공간·위치·지형 감각, ④ 인간의 본성과 정치·정책 등에 대한 이해도'를 대표적으로 들 수 있다.

1818~1883)와 프리드리히 엥겔스(Friedrich Engels, 1820~1895), 블라디미르 일리치 레닌(Vladimir Il'ich Lenin, 1870~1924)의 전쟁관을 정립하게 하였고, 러시아 장군들이 전쟁에 대한 사고(思考)를 바꾸는 계기로 작용하였다.

카를 마르크스는 '전쟁은 정치의 수단'이라는 데 동의하였다. '전쟁이 다른 수단에 의한 정치의 계속'이라는 카를 폰 클라우제비츠의 개념이 그와 러시아[32])에 큰 의미를 주었다는 점은 분명하다. 블라디미르 레닌(1915)은 『사회주의와 전쟁(Socialism and War)』에서 '전쟁은 다른(폭력적인) 수단에 의한 정치의 계속이다.'라고 하면서 '마르크스주의자들은 이 금언을 언제나 모든 전쟁의 의의를 이해하기 위한 이론적 기초로 생각해야 한다.'라고 강조하였다. 이 인용문(引用文)이 바로 카를 폰 클라우제비츠의 『전쟁론』에 나와 있다.

중국의 마오쩌둥(Mao Zedong, 1893~1976)은 카를 폰 클라우제비츠의 말을 인용하면서 다음과 같이 왜곡하였다. '전쟁은 정치의 계속이다. 이러한 관점에서 볼 때, 전쟁은 곧 정치요, 전쟁 그 자체가 정치적 성격을 가진 행동이다~. 그러므로 정치는 피를 흘리지 않는 전쟁이요, 전쟁은 피를 흘리는 정치라고 할 수 있다.'라고 말이다.

전체적인 맥락에서 볼 때 카를 폰 클라우제비츠와 마오쩌둥을 연관 짓게 하는 중요한 부분은 '게릴라전'이다. 마오쩌둥 사상의 근간이 되는 '게릴라전'과 카를 폰 클라우제비츠의 '국민무장'을 성공적으로 수행하기 위한 조건과 수행 방법이 상당히 일치하고 있음을 알 수 있다. 이 외에도 마오쩌둥의 '지구전(持久戰)'과 '인간의 역학적 역할' 등은 카를 폰 클라우제비츠가 주장하는 '공격과 방어' 그리고 '정신적 요소' 등의 논리와 맞닿아 있는 점을 볼 때 일맥상통한다는 것을 알 수 있다. 마오쩌둥 자신도 『손자병법』과 『전쟁론』을 깊이 탐독하였다고 알려져 있다.

2.5.3. 英·美 학파

영국의 바실 헨리 리델하트는 카를 폰 클라우제비츠의 '절대전쟁(Absolute War)' 개념을 비판하며 '제한된 목표의 전략(Strategy of limited aim)'을 주장하였다. 그러나 카를 폰 클라우제비츠에 대한 그의 비판은 왜곡되어 있고, 부정확·불공평한 것으로 평가하고 있다.

영국의 역사학자인 '줄리안 S. 콜벳(Sir Julian S. Corbett, 또는 줄리안 코르벳)'[33])은 카를

---

[32]) 시대적으로 보면, 국가 호칭으로 '소련'이 타당하지만, 초급 연구자의 경우 용어를 사용하는 데 있어서 혼란을 가져올 수 있기에 현대적 의미인 '러시아'라는 호칭으로 통일하였다.

[33]) '줄리안 S. 콜벳'은 '연안해군 전략'의 주창자로서 '해양 전략(Maritime Strategy)'이라 함은 '바다가 주요 요인이 되는 곳에서 수행되는 전쟁을 지배하는 원칙'이라고 주장하였다. 먼바다가 아니라 육지에서 가까운 바다에서 수

폰 클라우제비츠의 '절대전쟁'과 '현실전쟁'의 개념을 영국(해양국가)의 관점에 착안하여 '제한전쟁(Limited War)'과 '무제한전쟁(Unlimited War)'이라는 개념으로 정립하였다. '제한전쟁'이란 러・일 전쟁(1904~1905)과 같이 '양국(兩國)이 영유권(領有權) 밖에 있는 권리를 주장하며 제한된 목표를 위하여 싸우는 전쟁'을 뜻하고 있다. '무제한전쟁'은 프로이센-프랑스 전쟁(1870~1871, 일명 보-불 전쟁)과 같이 '적을 타도하기 위하여 무제한의 목표를 가지고 진행한 전쟁'을 뜻하고 있다. 요컨대 그는 카를 폰 클라우제비츠의 전쟁이론을 수용하면서도 '전략에 접근하기 위해서는 전쟁의 목적과 성격을 결정하는 것이 중요하다.'고 강조하면서 나름의 해양전략이론을 발전시켰다.[34]

Samuel P. Huntington

미국의 새뮤얼 P. 헌팅턴(Samuel P. Huntington, 1927~2008) 교수는 클라우제비츠의 『전쟁론』에 대하여 "클라우제비츠 이전에 출판된 작품들은 대부분이 초보적이고 단편적이었으나, 그의 저서가 모두를 망라(網羅)하였다. 이후 작품의 대부분이 명저(名著)의 의미를 주석(註釋)하거나 해설한 것이다."라고 평가하였다. 그는 전쟁을 정치 도구로 보고 군사적 관점을 정치적 관점에 종속시켜야 한다는 주장을 발전시켜 '軍을 문민 통제(文民統制-civilian supremacy)'해야 한다고 이론적 정당성을 제시하는 데 공헌하였다.

수정주의자인 美 육군의 해리 섬머즈(Harry Summers) 예) 대령은 『전쟁론』과 고전적 전쟁의 원칙을 적용하여 육군대학원 교재로 만들어 사용된 『미국의 베트남전 전략』에서 미국이 베트남전쟁에서 패배한 원인을 심도 있게 분석하였다. 이후 미군은 7대 가치를 윤리적 기준으로 채택하였다.[35] 이러한 과정을 거치면서 미국이 걸프전(Gulf War)에서 승리할 수 있었다고 평가하였다.[36]

행하는 해군작전을 중시하며 육군과의 합동작전을 고려하고 있다. 다시 말해 알프레드 세이어 마한(Alfred T. Mahan, 1840~1914)의 사상에서 탐구하겠지만, 국가적 차원에서 대전략(Grand Strategy)이라고 볼 수 있는 '대양해군 전략'이라면, 콜벳은 '군사전략(Military Strategy)'이라고 볼 수 있는 '연안해군 전략'이라고 이해하면 될 듯싶다. '극히 제한된 해양에서 상대적인 우위를 차지하기 위한 해양통제'를 주장하였다. 뒤에서 탐구할 알프레드 세이어 마한이 주장하는 '절대적인 해양통제' 보다 협의(狹義)의 개념으로 이해하면 될 듯싶다.

34) 윤석준, 『해양전략과 국가발전』 (서울: 한국해양전략연구소, 2010), pp. 156~165.
35) 美 육군의 7대 가치는 ① 충성심((Loyalty), ② 의무(Duty), ③ 존중(Respect), ④ 희생적 봉사(Selfless Service), ⑤ 명예(Homor), ⑥ 정직 또는 청렴(Integrity), ⑦ 용기(Personal Courage)를 기본적으로 갖추면서 세계적인 최고의 리더십으로 평가받고 있다.
36) 해리 섬머즈 예) 육군 대령은 패전 요인을 네 가지로 분석하였다. 첫째, 미군이 유격전과 대(對) 분란 작전에 치중함으로써 전략적 공세를 제한당하여 수세・소극적 작전에서 벗어나지 못했다. 둘째, 군사작전에 대한 정치적 규제가 과도하여 전략・전술적인 승리의 기회를 상실하고 말았다. 셋째, 전쟁잠재력의 원천인 북베트남에 대한

특히 카를 폰 클라우제비츠는 전쟁을 전반적으로 지배하는 속성을 '삼위일체(三位一體)'로 보고 있다는 점도 기억할 필요가 있다. 즉, '마찰' 요소인 국민, 군대, 정부가 베트남전쟁과 걸프전의 승패를 가르는 데 결정적인 요인이 되었음을 제시하였다.37) 따라서 전쟁과 정치와의 상관관계를 이해하고 명확한 전쟁의 정치적 목적과 그에 따른 군사적 목표를 설정하는 것이 중요하다는 점을 강조하고 있다.

항공폭격을 중단시키고 남베트남 내부의 평정 작전에만 집중함으로써 임무를 종결할 수 없었다. 넷째, 비겁한 정치인들이 베트남에 대한 지원 약속을 지키지 않아 성공하지 못했다.

37) '삼위일체(三位一體)'에서 먼저, '정부'는 균형유지가 필수적이기에 '이성(理性)과 객관성'을 유지해야 한다. 둘째, '군대'는 '우연성과 개연성'을 갖고 있기에 평상시 훈련과 지휘통솔 기법에 숙달되어야 하며, 사기(士氣)와 군기(軍氣)를 유지해야 한다. 셋째, '국민(전투원)'은 가족과 이웃에 대한 남다른 정을 갖고 있기에 이를 보호하기 위해 '증오심과 폭력성'을 보유하고 있다. 전쟁이 왜! 이런 속성을 갖게 되었는지는 국가가 왜! 존재하는지에 대한 기능적 측면에서 들여다보면 의문이 해소될 수 있지 않을까 싶다. 관련 내용은 관련 내용은 김성진의 『국가위기관리론』(2021), p. 89.를 참고하기 바란다.

3. 앙투안 앙리 조미니(Antoine Henri baron de Jomini, 프)

3.1. 개요

앙투안 앙리 조미니(1777~1869)는 스위스 보드(Voud) 주(州)의 베른 근처에서 태어났다. 그는 프랑스 대혁명(1789) 이후에 등장하였지만, 나폴레옹 보나파르트, 카를 폰 클라우제비츠와 같은 시대에 활동한 인물이다. 군문(軍門)은 정상적인 군사학교 과정을 거쳐 육군으로 입대한 게 아니라 1798년 스위스군의 행정관(군무원)으로 시작하여 나폴레옹 보나파르트에 의해 프랑스군 대령이 되었으며, 여러 가지의 문제로 프랑스군에서 이탈하여 러시아군 대장으로 진급하였다. <그림 2-7>은 앙투안 앙리 조미니의 생애를 정리하였다.

- 1777, 스위스 출생(1869 사망)
- 1796, 프랑스 육군 행정관으로 입대
- 1805~1813, 네이(Ney)장군과 나폴레옹의 일반참모로 근무
- 1812, 나폴레옹의 러시아 원정에 참가
- 1813. 8월, 러시아軍에 투신
- 중장~대장까지 진급, 육군사관학교 창설
- 1859, 나폴레옹3세에 조언(이탈리아 원정)

<그림 2-7> 앙투안 앙리 조미니의 생애

그의 특이한 기질(氣質-temperament)은 군인들과 정상적으로 어울리지 못했고, 행동하는 자체가 달랐다. 프랑스군에서 복무하는 동안 울름 전역(Ulm Campaign, 1805), 예나-아우어슈테트 전역(Battle of Jena-Auerstedt, 1806), 프리틀란트 전역(Battle of Friedland, 1807), 스페인 전역(Battle of Spain, 1808)을 비롯하여 다양한 전투에서 전공(戰功)을 세웠고, 무공훈장 등을 받은 영웅적 인물이기도 하다.38) 그러나 스페인 전역(戰役) 때 참모장으로 근무하면서

총사령관(Nai 장군)과의 불화가 너무 잦았다. 이를 알게 된 나폴레옹 보나파르트가 그의 재능을 높게 평가하여 화해시키고 장군으로 특진시켰다. 이후에도 황제참모부의 루이 알렉상드르 베르티에(Louis Alexandre Berthier, 1753~1815) 원수(元帥)에 사사건건 트집잡히다가 사단장에 보직되지 못하는 사건이 발생하였다. 이는 그의 평소 근무 태도가 불량하고 태만(怠慢-negligent)하다는 이유 등에서 비롯되었으며, 체포당하는 수모까지 겪게 되었다.[39]

Louis Alexandre Berthier

아우스터리츠 전역(1805)

이러한 과정 가운데서도 영국이 주도하여 오스트리아, 러시아와 결성한 제3차 대(對)프랑스 동맹을 분쇄한 결정적 전투인 아우스터리츠 전역(Battle of Austerlitz, 1805)을 읽고 감명을 받아 나폴레옹 전쟁에 나타난 작전적 측면의 특징을 상세하게 분석하였다.[40]

그는 총 27편을 저술하는 동안 두 가지의 시각에서 접근하고 있음을 느낄 수 있다. 하나는 역사적 측면이고, 다른 하나는 이론·분석적 측면에 있었음이 분명한 흐름으로 나타나고 있다. 다시 말해 공식화된 원칙과 원리를 선호하고 있었기에 어떠한 형태의 전투나 전쟁의 양상과 패턴(pattern)에도 불구하고 작전행동을 취해야 했던 이유, 원칙(원리)을 탐구하는 데 노력하고 있다.

3.2. 『대군사작전론』의 전략사상에 관한 이해

환경적 측면에서 접근하자면, 시대적으로는 18세기 계몽시대이었기에 합리주의 영향을 받고 있다고 봄이 타당하지 않을까 싶다. 이러한 영향은 나폴레옹 보나파르트가 병력을 운용하는 데 있어 합리적 측면을 중시했음을 느낄 수 있다. 이탈리아 전역(Italian

---

38) 관련 내용은 김성진의 『세계전쟁사』 (2021), pp. 107~112, 115~122.를 참고하기 바란다.
39) 루이 알렉상드르 베르티에 원수는 평소에 앙투안 앙리 조미니가 보여준 허영심과 거만함에 대하여 상당히 부정적이었다. 특히 탁월한 능력에 비해 대인관계에 문제가 많았던 점이 한몫했다고 보는 게 타당하지 않나 싶다. 결국, 프랑스군에서 나와 러시아 알렉산드르 군대에서 대장으로 진급하였다. 그는 나폴레옹 보나파르트가 패망(敗亡)하게 되는 리그니-까프르브라(또는 리그니-콰트레바스) 전투(Battle of Ligny-Quatre Bras, 일명 워털루 전역, 1815) 때 러시아 군대에 복무하고 있었다.
40) 관련 내용은 김성진의 『세계전쟁사』 (2021), pp. 112~115.를 참고하기 바란다.

이탈리아 전역(1796)

마렝고 전역(1800)

Campaign, 1796)과 마렝고 전역(Battle of Marengo, 1800) 등에 대한 분석 및 검토를 통해 군사전략의 토대를 이루었다고 하여도 과언이 아니다.

그의 군사전략 사상은 한 마디로 '작전 축선과 작전지대(地帶)의 선정 및 지배'에 따른 '제한전쟁 사상'으로 정리할 수 있다. 특히 왜! 이러한 작전과 행동이 취해졌는지? 에 대한 개념을 설정하는 과정에서 '외선작전'과 '내선작전'에 관한 개념을 가장 먼저 설정하였다. 특히 기본이 되는 작전원칙이 존재한다는 점과 전장(戰場)에서 승리하는 방법을 지배할 수 있다고 확신한 근간이 '작전 축선'이다.[41]

『대군사작전론』은 전략적 선제(先制), 즉, 적의 약점에 병력을 집중하는 데 두고 있다. 방어보다 공격(기습)이 중요하기에 공세적 방어가 유리하며, 패주(敗走)하는 적의 추격을 게을리하지 않아야 한다고 강조하고 있다. 적 영토의 전부(또는 일부)를 점령하는 자체를 중요하게 인식하고 있다는 관점에서 '작전지대의 지배를 완성한 상태'로 간주하고 있다.[42] 이는 카를 폰 클라우제비츠의 전략사상인 '결전추구 사상'과 다른 의미의 '제한전쟁(Limited War)'으로 평가할 수 있다. 즉, 근대 군사학의 기초 개념을 명료하게 정립함과 동시에 전쟁에서 수행해야 할 '전략의 범위'를 결정짓고 있다.

『대군사작전론』을 살펴보면, 눈에 띄는 부분이 있다. 전체 35장 중 제7장에서 '작전 축선'을 '외선작전(外線作戰-Operation on Exterior Lines)'과 '내선작전(內線作戰-Operation on Interior Lines)'으로 구분하고 있다. <그림 2-8>은 '외선작전'과 '내선작전'을 정리하였다.

---

41) '작전축선(作戰軸線)'은 '군사적 목표 달성을 위하여 현재의 작전기지나 배치된 지역으로부터 일련의 목표들을 연결하는 개념적인 축선 또는 지대(地帶)'를 의미하고 있다. 이는 적이 배치되어있는 결정적인 중간목표 지점을 통과함으로써 상대(敵)의 중심(重心)으로 지향하기 위함으로 이해하면 될 듯싶다. '작전 축선'은 조건이 같다면, 한쪽 국경에서 단일 작전선을 이용하는 게 복선(複線-이중(겹)으로 된 선)으로 작전하는 노력에 비해 유리하다. '복선 작전'은 전장(battle-field)에서의 지형이나 적이 복선으로 작전하는 경우에 결정적으로 유리할 수 있다.

42) 구체적으로 표식한다면, '적 섬멸 < 영토의 점령'이라는 등식으로 이해하면 좋을 듯싶다. 작전지대를 선정하는 데 영향을 미치는 세 가지 요소는 ① 작전지대 주변의 지형은?, ② 현재 있는 도로망과 상태는?, ③ 전략적으로 중요한 지점은? 이다.

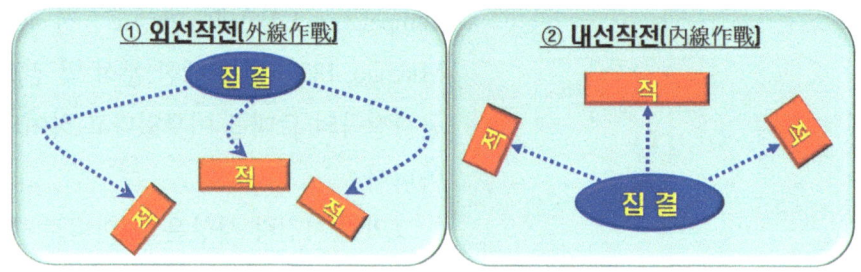

<그림 2-8> '외선작전(外線作戰)'과 '내선작전(內線作戰)'

①은 '아군 외부에 작전선을 구성하고 후방 병참선을 유지하면서 여러 방향에서 포위나 협공(挾攻)하는 작전'이다. 즉, 적의 바깥 지역에 작전선(作戰線)을 구성함으로써 광범위한 포위를 통해 공격 기세를 유지할 수 있고, 양적(量的)인 우세가 가능함에 따라 2개 이상의 작전선을 유지할 수 있기에 주도권을 획득하기 쉽다. 그러나 적을 각개격파하기는 쉬울 수 있지만, 기만(欺瞞)·정보보안을 추가하여야 한다. 대표적으로 제1차 세계대전 시의 '슐리펜계획(Schlieffen-Plan)'과 제2차 세계대전 시의 '황색 작전계획(일명 낫질 작전 -Sichelschnitt)'을 들 수 있다.

②는 '신속한 기동(機動), 집중과 분산의 이점을 획득하고 양호한 통신과 짧은 병참선을 이용하여 외부에서 포위 형태로 압박해오는 적에 대하여 실시하는 작전'이다. 이는 전투력을 최대한 집중할 수 있고, 적보다 시간(time) 측면에서 유리하며, 적을 빠르게 각개격파할 수 있다. 특히 병참선 간 거리가 가깝고 통신 및 협조에 유리하며, 큰 위협(threats) 없이도 전부 또는 일부 병력을 적 정면에 바로 투입할 수 있기에 상당히 유리하다. 이 두 가지 형태의 작전은 대표적으로 나폴레옹 보나파르트가 잘 이용하였고, 제1·2차 세계대전 시 독일이 채택하였다.[43]

제14장은 작전 축선의 선정을 ① 지리적 측면, ② 기하학적 고찰의 선택이라는 두 가지 측면에서 제기하고 있다. 제35장은 모든 상황에 적용할 수 있는 원칙을 공식화하기 위해 노력하였다. 전략적 선제와 적 전선의 약점을 선정하여 병력을 집중하거나, 패주하는 적을 왜! 추격 및 기습해야 하는지를 강조하고 있다. 특히 나폴레옹 보나파르트의 커다란 장점으로 "핵심이 되는 곳을 단도직입적으로 공격하여 격멸했다는 데 있다."고 적시하고 있음

---

43) 프랑스 혁명 시 영국과 스페인, 오스트리아, 프러시아, 러시아 등에 완전히 포위되었으나, 내선작전을 이용하여 대(對)프랑스 동맹을 격파한 데서도 나폴레옹 보나파르트의 탁월한 전략적 식견을 엿볼 수 있다. 6·25전쟁 시 낙동강 방어선 전투(1950.8.1.~9.23.)를 통해서도 내선작전 사례를 탐구할 수 있다. 관련 내용은 김성진의 『세계전쟁사』(2021), pp. 93~97, 261~266, 309~317, 343.을 참고하기 바란다.

은 상당히 중요한 내용이다. 또한, 제2차 세계대전 직전에 완성한 마지노 라인(Maginot Line)[44]이 실제로는 심리적으로 취약함을 주장하고 있다는 점에 주목할 필요가 있다. 튼튼한 진지(陣地)를 구축했을 경우 그 진지에 의존하는 외에는 아무런 목적도 없이 마냥 적이 공격하기만을 기다린다는 자세와 태도는 하책(下策) 중의 하책으로 평가하고 있다.

3.3. 전략에 대한 기본원칙

그는 전쟁을 일반원칙으로 공식화하기 위해 노력하였다. 이를 통해 원칙을 배울 수 있고, 모든 상황에 적용할 수 있다고 믿은 흔적들이 곳곳에 나타나 있다. <표 2-6>은 전략에 대한 기본원칙을 정리하였다.

<표 2-6> 앙투안 앙리 조미니의 전략에 대한 네 가지 기본원칙

① 군대의 주력부대는 전장(battle-field)의 결정적인 지구에 집중하되, 가능한 적의 병참선을 향해 집중해야 한다. 이때 아군의 병참선이 위험해지지 않도록 주의하여야 한다.
② 아군의 주력(主力-main forces)은 적의 주력 일부에 대해서만 대항하게 하는 방식으로 기동해야 한다.
③ 아군의 주력이 결정적 승리를 가져올 수 있는 장소(地帶)나 적을 쉽게 격파할 수 있는 적 전선(戰線)이 어디 있는지에 집중해야 한다.
④ 아군의 주력은 결전할 수 있는 방면을 포함하여 여러 방면에서 동시에 공격을 진행해야 한다.

방어보다 공격이 중요하다는 데는 카를 폰 클라우제비츠와 의견이 같으나, 결(結)이 다르다고 봄이 정확한 평가이지 않을까 싶다. 그 이유는 기본원칙에서 보듯이 그가 주장하는 '결전지구(決戰地區)'나, '장소(地帶)' 또는 '전선(戰線)'에서는 '작전'을 중심으로 하고 있다.

---

44) '마지노 라인(Maginot Line)'은 당시 요새 건설을 제안한 육군장관 앙드레 마지노(André Maginot, 1877~1932)의 이름에서 따왔으며, 프랑스어인 'Ligne Maginot'를 번역한 단어다. 제1차 세계대전이 끝난 후 프랑스가 1927년부터 시작하여 1936년까지 독일과의 국경지대(750km)에 설치를 완료한 요새와 벙커(bunker)의 명칭이다. 예산만 160억 프랑(韓貨로는 약 20조 원)이 투입되었다. 전쟁은 공자(攻者)의 계획대로 움직이는 것이지 방자(防者)가 원하는 곳으로 공격해 오지 않음을 잊지 말아야 한다. 또한, 중국의 '송양지인(宋襄之仁-쓸데없는 인정을 베푼다거나, 불필요한 동정 및 배려를 하는 어리석은 행위)'의 문제점이 무엇인지, 어떻게 실천할 것인지 빠른 결단력이 필요함을 이해할 필요가 있다.

그는 전쟁이 개념적인지, 현재 존재하는 전쟁인지에 큰 관심을 두지 않고, 실제적인 문제에 매달렸다. 목적이 적의 영토 전부(일부)를 점령하는 데 두었기에 '작전지대의 지배'가 유리한 위치를 가져올 수 있다고 믿었다. 이를 위해 신중히 계획해야 한다면서 작전 축선을 사전에 설정하고 가능한 군사적 수단을 작전지대의 지리·전략적 사실과 수학적 공식에 따르는 배치를 통해 진행할 때만 승리할 수 있다고 믿었다. 이러한 사고방식은 같은 시대 나폴레옹 전쟁의 해설가로 활약했던 게르하르트 폰 블뤼허와 다른 전략사상가들을 합리주의자라고 비판하면서도 정작 자신은 여기서 벗어나지 못했음을 보여주고 있다.

3.4. 앙투안 앙리 조미니의 전략에 대한 기본원칙이 현대에 미친 영향

그의 전략사상과 기본원칙 등은 전쟁이 전체주의화로 진전되면서 주장하던 순수한 지리적(地理的)인 작전의 유효성을 상실하였고, 영토의 전부 또는 일부를 목적으로 하는 제한전쟁도 불가능한 형국이 되었다. 다만, 군사학에 대한 기본 개념과 수준을 명확히 했다는 점이다. ① '군사학의 기초 개념을 명료하게 형성'하였고, ② '전략의 범위를 정의'하였으며, ③ '작전계획 수립의 중요성'을 강조함으로써 전쟁계획의 수립과 진행에서 '정보(intelligence)의 수집'이 목적을 달성하는 데 얼마나 중요한지를 이해하게 하였다. 또한, 全 유럽에 전파한 ④ '일반참모 제도'와 ⑤ '육군사관학교의 창설'은 현대 시각에서도 대단히 혁신적인 성과로 평가할 수 있지 않나 싶다.

소결론적으로 앙투안 앙리 조미니는 그의 전(全) 생애를 통해 '모든 작전에는 기본원칙이 있으며, 그 원칙의 적용 여부에 따라서 성공하는 방법도 지배하는 것임을 논증(論證)하는 데 성공한 인물'이다.

4. 존 프레드릭 C. 풀러(John Frederick C. Fuller, 英)

4.1. 개요

존 프레드릭 C. 풀러(1878~1966)는 잉글랜드의 시골(Sussex Chichester)에서 태어났다. 8살 때 스위스 로잔으로 이사하여 19살 때 샌드허스트 육군사관학교에 들어가서 정규군사교육을 받은 다음 아일랜드 수비대에서 軍 복무를 시작했다. 그는 동료들과 어울리지 않은 채 자유시간의 대부분을 철학 서적을 읽으면서 보낼 정도로 정상적인 대인관계와는 동떨어진 행동을 하는 괴짜였다. 초급장교 생활을 하는 동안 보어전쟁(Boer War, 1899~1902) 시 정보장교로 참전하였으나, 대규모 전투를 경험하지는 못했다. 그러나 현실에 안주하는 주변의 모습에서 변화의 필요성을 느끼기 시작하였다. 열병(熱病)으로 후송되었다가 1907년 런던에 있는 지원병부대 부관으로 근무하는 동안 훈련과 사격에 깊은 관심을 가지며 독창적인 사고(思考)를 지녔다. 이때부터 군사훈련과 군기(軍氣), 전술(Tactics) 등에 관하여 본격적인 연구 및 저술 활동을 시작하였다.

당시에 사용하고 있던 전술(Tactics) 개념에 의문을 가졌고, 올바른 무기를 취급할 수 있다면, 전투에서 승리할 수 있다는 주장을 견지하며 새로운 기술적 발전의 필요성을 주장하였다. 일반적인 군대 사조(思潮-한 시대의 일반적인 사상-사상의 경향)와는 달랐지만, 제1차 세계대전이 발발하기 이전(以前)까지 상당한 명성을 얻었다.[45] 사실 제1차 세계대전은 참호전이 중심이었기에 측방(側方-옆쪽)이 사라지고 돌파(突破-penetration)가 주류였다.[46] <그림 2-9>는 존 프레드릭 C. 풀러의 생애를 정리하였다.

---

45) David H. Zook, jr. "J. F. C. Fuller Military Historian," *Military Affairs*(1959~1960, winter), p.186; 일부 연구자는 그가 크로울리 교단의 신도로서 오컬트(occult-과학적으로 해명할 수 없는 신비하고 초자연적인 현상)를 신봉하였기에 전장(battle-field)에서 나타나는 심리적 요소를 과대평가했다고 주장하고 있다. 그러나 논리적인 근거 자료가 없는 주장이기에 결정적인 요소로 보기는 어렵다.

46) '돌파'는 '공격부대가 적의 방어진지를 통과하여 적을 분리한 이후에 각개(各個-하나하나)로 격파한 다음 적 방어의 지속성을 파괴할 수 있는 목표를 확보하기 위한 기동형태'를 의미하고 있다. 관련 내용은 김광석 편저(編著)의 『用兵 術語 硏究』 (고양: 兵學社, 1933), pp. 198~199.를 참고하기 바란다.

- 1878, 英 치체스터 출생(1966 사망)
- 1897, 샌드허스트 육군사관학교에 입교
- 1898, 소위 임관, 아일랜드 수비대 근무
- 1899~1902, 보어전쟁 참전(정보장교)
- 1907~, 지원병부대 병력담당 부관 근무
- 1913, 참모대학 입학, 돌파전술에 전념
   "돌파전술: 독일軍의 수적 우세에 대한 대응"
- 1918.5월, "plan 1919" 제출
- 1922, 참모대학 교수부장(이론+의식 개조)
- 1930, 소장 진급, 전역

<그림 2-9> 존 프레드릭 C. 풀러의 생애

그는 돌파 전술에 전념하였으며, 이는 『기계화 이론』과 『마비전(痲痺戰-Pralysis War)』 등 총 45권의 저술로 이어졌다. 1918년 5월, '마비전 사상'의 효시라고 평가할 수 있는 <Plan 1919>를 작성하여 제출하여 영국의 국제안보 연구기관인 '왕립 합동 군사연구소 -RUSI'[47])에서 금상(金賞)을 받는 등 명성이 높아졌다. 그는 나폴레옹 전쟁을 체계적으로 연구하며 다양한 군사 격언에 정통했던 인물이다.[48])

4.2. 『마비전』 사상에 관한 이해

'마비전'의 개념은 전차가 가진 기동력과 방호력, 공격력, 파괴력을 이용한다면, 대량 살육장이 된 전쟁을 타개할 수 있다는 인식에서 출발하고 있다. 1917년 전차부대 참모장으로 현장에서 직접 적용해본 다음 완성하였다. 그는 11월 20일부터 12월 7일까지 영국군과 독일군 사이에 벌어진 캉브레(Cambrai) 전투에서 결정적으로 승리한 요인이 정신력임을 도출하였고, 전장에서 살상력(殺傷力)보다 공포심(fear)이 절대적인 위력을 발휘한다는 데까지 발전시켰다.[49]) 즉, 전투에서 적을 파괴하기보다 공포심을 주입한다면, 아군의 목

---

47) 'RUSI'는 'Royal United Services Institution'의 약자로서 1831년 설립된 영국의 국제안보 연구기관으로 세계에서 가장 오랜 역사를 갖고 있으며, 현재도 활발하게 활동하고 있다.
48) Liddell Hart, *The Tank: The History of the Royal Tank Regiment its Predecessors*, Vol. 1 (New York: Prederick, 1959), pp. 120~121.
49) 관련 내용은 김성진의 『세계전쟁사』 (2021), p. 284.를 참고하기 바란다.

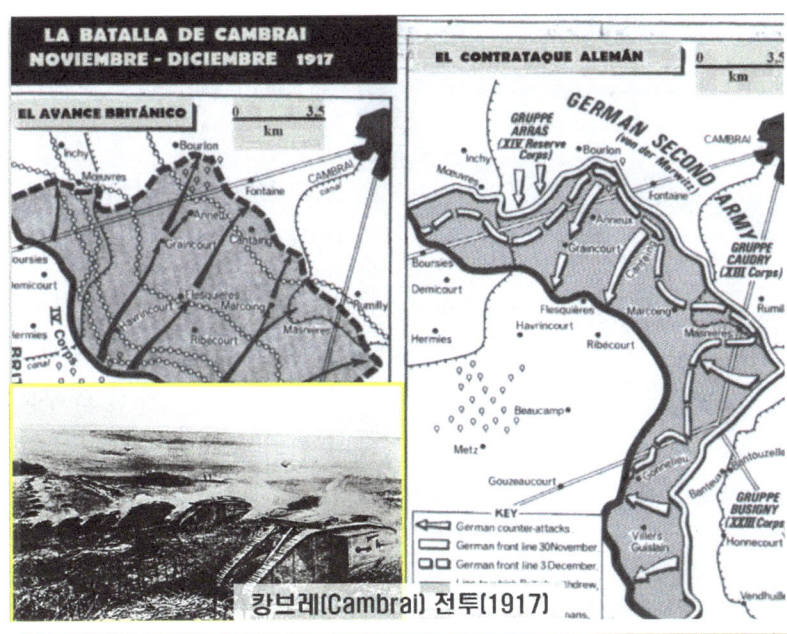

적을 조기에 달성할 수 있음을 전투에서 확신하였다. <표 2-7>은 존 프레드릭 C. 풀러가 마비전(痲痹戰) 개념을 직접 도출하게 된 계기를 크게 세 가지로 정리하였다.

캉브레(Cambrai) 전투(1917)

<표 2-7> 존 프레드릭 C. 풀러가 마비전 개념을 도출한 세 가지 계기

① 제1차 세계대전 시 참호전에서 기동력을 부활하게 만든 전차와 항공기가 등장하였다.
② 전차부대의 참모장으로서 가지고 있던 이론을 전장(battle-field)에서 적용할 기회를 얻었다.
③ 1917년 4월 16일부터 20일까지 진행된 연합군의 춘계 대공세(일명 니벨-Nivelle 공세) 시 '후티어 전술(Hutier Tactics)'에 충격을 받았다.[50]

Oscar von Hutier

세 가지 계기를 통해 정신력(mental power)의 중요성과 공포심(fear)의 위력을 체득할 수 있었고, 독일 오스카 폰 후티어(Oscar von Hutier) 장군의 '종심돌파 전술'[51]이 등장하면서 상당한 충격을 경험하였다. 이후 무모한 정면공격보다 측방 공격에 관심을 가지면서 후방(後方)에 있는 각종 지휘·보급시설 등을 공격 간 제1의 목표로 삼았다. 이전의 전술은 오랜 시간 포병

---

50) 관련 내용은 김성진의 『세계전쟁사』 (2021), pp. 283~284, 287~288.을 참고하기 바란다.
51) '종심돌파 전술'은 일명 '후티어 전술'로 불린다. 이는 1918년 프랑스 신문 기사에 처음 사용한 용어로써 '기습·집중적으로 적의 참호(塹壕)와 포병, 후방에 있는 적의 지휘본부, 통신 시설 등에 포격을 가하여 상대의 혼란을 최대한 유도하고 적의 취약한 지점으로 보병(돌격대)을 투입하여 기습 효과를 최대한 끌어내는 전술'이다. 취약점은 보병이 체력의 한계가 있기에 일정 지점까지 기동하면 한계에 도달할 수밖에 없지만, 독일의 전격전(電擊戰-Blitzkrieg)에 상당한 영향을 끼쳤다. 관련 내용은 김성진의 『세계전쟁사』 (2021), pp. 287~288.을 참고하기 바란다.

화력을 집중한 다음 경보병대(Stoßtruppen-돌격 보병)가 집단돌격하는 패턴(pattern)이었기에 적의 강력한 참호(塹壕)를 돌파하기는 어려웠다. 후티어 장군은 적의 강력한 방어지역은 경보병대가 직접 공격하지 않고 우회 기동하여 포위한 다음 주력부대(main forces)와 함께 공략해야 한다는 점이 요체(要諦)였다. 물론 이는 기본적으로 전차와 항공기가 등장한 환경과 깊이 연관되어 있음을 염두(念頭)에 둘 필요가 있다.

유념해야 할 점은 존 프레드릭 C. 풀러는 "보병은 기계화부대에 종속되어야 하며, 전차 간에도 지상전(地上戰)이 필요하다."라고 하는 데 중심을 두고 있다.

4.3. 『마비전』의 구성과 전략사상 체계

그의 전략사상은 카를 폰 클라우제비츠가 주장하는 '적을 우선 섬멸하는 전략'에 두기보다 '적의 지휘부 또는 지휘체계를 마비 및 와해(붕괴)'시키는 데 두고 있다. 즉, 지휘부나 지휘체계를 조기에 제거(차단)함으로써 구성하고 있는 예하 부대가 전투·지휘·통제·전투를 지원할 능력을 발휘하지 못하도록 한다. 이는 전쟁의 최종 상태(End-state)를 '최소의 노력을 투자하되, 아군의 손실은 최소한으로 줄이는 상태에서 목표를 달성하려는 즉, 최대 효과를 기대할 수 있는 경제원리'에 기본 바탕을 두고 있었다. 이러한 논리에 기반하였을 때 '심리적 마비'를 달성함이 중요하다는 인식에 따른 것이다.[52] 일격에 적의 저항을 마비시킬 수 있는 급소를 공격할 수 있다면, 바로 심리적 마비를 달성할 수 있다는 것이라는 점을 공식적으로 증명한 산물이 바로 이것이기도 하다. <그림 2-10>은 『마비전』의 수행 단계를 정리하였다.

---

52) '마비'는 두 가지로 구분할 수 있다. 첫째, '심리적 마비'는 대치하고 있는 적대국 중 어느 일방의 전략적 행위로 인하여 발생한다. 최소 예상선 즉, 상대가 어느 일방의 전략적 행위를 예상하지 못했거나, 행동으로 옮기는 게 희박하다고 생각하는 시간 및 장소, 방법을 사용함으로써 성과를 달성할 수 있다. 둘째, '물리적 마비'는 심리적 마비가 발생하기 이전에 발생하는 현상이다.

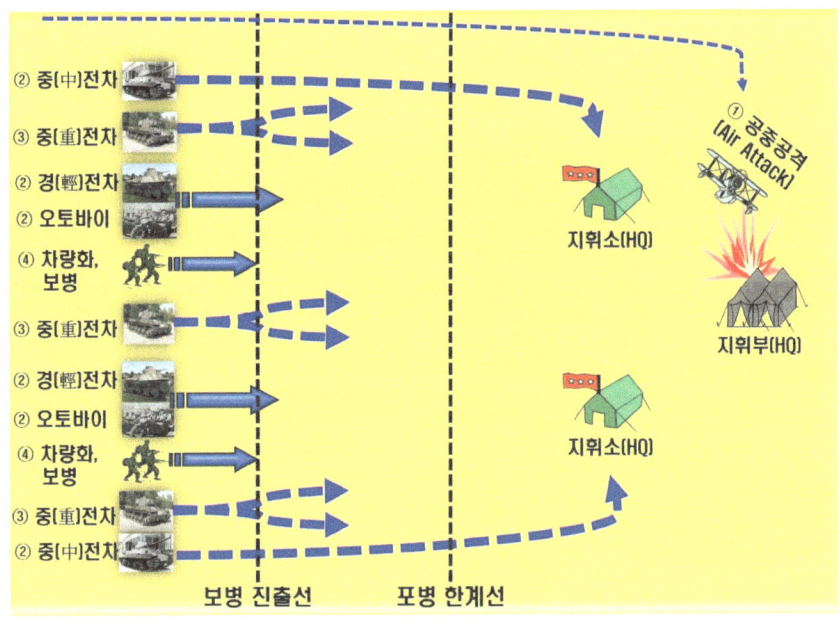

<그림 2-10> 『마비전』의 수행단계 및 핵심 내용

① (제1단계)은 먼저 항공기로 적의 지휘 통신 시설을 공격하여 지휘부를 마비시켜야 한다.[53]

② (제2단계)는 동력화한 게릴라(경-輕 전차와 오토바이 부대 등)가 적의 배후로 신속하게 침투하여 공포와 혼란을 조성함으로써 전의(戰意)를 상실하게 한다.

③ (제3단계)은 다른 중(重)전차부대가 후속하면서 전과확대(戰果擴大) 임무를 수행하도록 한다.[54]

④ (제4단계)는 후속하는 차량화 보병부대가 확보된 지역을 평정(平靜) 및 점령(占領-occupation)[55]하는 임무를 수행한다.

제5단계는 후속 지원을 담당하는 병참 부대가 뒤따르면서 필요한 전투 지원 및 전투근무 지원[56]을 하는 단계이다.

---

53) 관련 내용은 김성진의 『전쟁사와 무기체계론』(2020), pp. 214~219, 305~314.를 참고하기 바란다.
54) 관련 내용은 김성진의 『전쟁사와 무기체계론』(2020), pp. 197~202, 292~305.를 참고하기 바란다.
55) '점령(occupation)'은 '적의 영토 내에서 법과 질서를 유지하며, 항복 또는 휴전 조항의 이행을 보장하기 위해 실질적인 통제를 할 수 있는 상태'를 뜻하고 있다. 즉, 한 나라의 영역 전부(일부)를 군사력으로 지배하는 것'이다.
56) '전투 지원(Combat Support)'은 '전투부대에 제공되는 화력지원과 작전 지원, 야전·방공포병, 항공, 공병, 군사경찰, 통신 및 전자전'을 포함하고 있다. '전투근무 지원(Combat Service Support)'은 '작전 지속 지원(Operation Sustainment)'으로 용어를 변경하여 사용되고 있다. '제반 자원을 관리 및 근무를 제공하여 전투력을 유지함으로써 작전 지속 능력을 향상하도록 하는 활동이나 기능'을 뜻하고 있다.

4.4. 『마비전』 달성을 위한 필수 조건

마비전을 달성하기 위해서는 크게 다섯 가지 조건을 갖추어야 가능하다. 첫째, 기동(Maneuver)과 기습(Surprise), 그리고 주도권(hegemony) 장악이다.57) 이중 가장 중요한 요소를 '기동'으로 보았다. 이는 나폴레옹 보나파르트가 전쟁에서 승리한 비결과 같다. 대(對)프랑스 동맹국 보병의 분당 최대 기동속도가 70보였으나, 그의 군대(보병)는 분당 120보로 훨씬 빨랐다.58) 이를 통해 신속한 기동(기습)이 가능하였고, 승리를 쟁취하였다.

전열 보병(분당 120보, 프)

둘째, 적을 고착(固着)한 다음 기만(deception)으로 적을 격파하였다. 나폴레옹 보나파르트는 전쟁에서 항시 정면에 병력을 집중적으로 투입하여 공격하는 것처럼 행동하였으나, 실제로는 측방과 후방에 자신이 믿는 공격부대를 숨겨놓았다가 결정적인 순간과 지점이 보이는 순간 순식간에 병력을 집중적으로 투입하여 적의 기세를 빼앗았다. 이러한 다양한 공세적 방법과 수단으로 승리를 달성하였음은 역사적인 사실이다. 이때 중요한 기능이 항공대였다. <표 2-8>은 항공대의 주(主) 임무와 역할을 정리하였다.

<표 2-8> 항공대의 주(主) 임무와 역할

| ① 전차부대의 전위(前衛) | ② 적 사령부(지휘본부)를 무력화 | ③ 전차 유도 |
| ④ 공중으로 연료 보급 | ⑤ 기지와의 연락 | ⑥ 지휘관이 탑승하여 지휘 |

셋째, 기동성을 갖춘 소규모의 '동력화 게릴라'를 편성 및 운용하였다. <표 2-9>는 '동력화 게릴라'의 주(主) 임무와 역할을 정리하였다.

---

57) 존 프레드릭 C. 풀러 著, 최완규 譯, 『기계화전』 (서울: 책세상, 1999), p. 45.
58) 마케도니아 알렉산더 대왕(Alexandros III, BC 356~323)은 보병부대가 분당 최대 120보를 유지할 수 있도록 훈련함으로써 강력한 보병의 힘으로 유럽지역을 제패(制霸)할 수 있었다. 세부 내용은 김성진의 『세계전쟁사』 (2021), p. 89.를 참고하기 바란다.

<표 2-9> '동력화 게릴라'의 주(主) 임무와 역할

① 지형정보 수집　② 적의 약점 수집 및 정찰(Reconnaissance)
③ 기동로 확보　④ 적 후방 및 병참체계에 대한 교란 활동 등

넷째, 전차부대를 주력으로 편성하되, 독립작전이 가능하도록 운용한다.

다섯째, 공중과 지상에서 합동작전(현대적 의미에서는 공지 전투-Air-Land Battle)을 펼쳐야 한다.[59]

4.5. '소모전'과 '마비전'의 비교

'소모전(消耗戰-Attrition War)'은 말 그대로 카를 폰 클라우제비츠의 결전추구 사상과도 궤(軌)를 같이하고 있는 '섬멸전(殲滅戰-Annihilation War)'과 같은 의미로 이해하면 될 듯싶다.[60] 그 의미가 '적 군사력을 철저하게 파괴하여 적의 저항 의지를 박탈하고 아군의

필승의지를 강요'하기 때문이다. '마비전(痲痹戰-Paralysis War)'은 오스카 폰 후티어가 주창한 '종심돌파 전술'의 발전적인 모습으로 평가할 수 있는 '기동전(機動戰-Maneuver warfare)'으로서 전선이 고착되지 않는 상태에서 전투력을 동적(動的)으로 운용하는 데 있다. <표 2-10>은 '소모전'과 '마비전'의 특징을 비교하였다.

---

[59] 오스카 폰 후티어의 '종심돌파 전술'에 대응하여 등장한 교리가 바로 '공지 전투(空地 戰鬪, Air-Land Battle)' 개념이다. 관련 내용은 김성진의 "국군의 날에 즈음한 전문직업 군인의 역할과 정체성(identity)," 『경제포커스』 안보칼럼(2021.10.1.)을 참고하기 바란다.

[60] '소모전'은 '국가 간 병력, 무기, 물자 등을 계속 투입하여 전쟁을 장기간 지속함으로써 쉽게 승부가 나지 않는 전쟁의 형태'로 '적의 병력이나 군수품을 소모케 함으로써 승리하기 위한 전쟁의 형태'를 뜻하고 있다. '섬멸전'은 '적의 병력과 장비를 완전히 사살, 파괴, 포획하여 저항의 근원(根源)을 말살시키는 작전의 형태'를 뜻하고 있다. 관련 내용은 김성진의 『세계전쟁사』 (2021), p. 87.을 참고하기 바란다.

<표 2-10> '소모전'과 '마비전'의 특징 비교

구 분		① 소모전(Attrition War)	② 마비전(Paralysis War)
개 념		우세한 화력과 병력으로 적의 전투력을 소진케 하는 전략	신속한 기동과 기습을 통해 적의 중추신경을 타격함으로써 적을 파괴하기보다는 마비를 통해 붕괴를 추구하는 전략
목 적		적의 주(主) 전투력을 격멸	적의 중추신경을 타격하거나, 조직을 와해
목 표		적의 신체 (전방부대 또는 전선지역)	적의 두뇌/중추신경(지휘체계)
핵심 요소	제1	화력의 우세	기동
	제2	기동	화력
전쟁 원칙		'집중'과 '우세'의 원칙	'목표'와 '기동'의 원칙
적용 전술		방어우위, 포위전술	공세우위, 돌파전술
작전 형태		화력전(섬멸전)	기동전
전차 운용		보병을 지원(분산 운용)	전차부대를 독립(집중) 운용
결 과		물리적 파괴로 승리	심리적 굴복을 통한 승리

① '소모전'은 산업적 방법으로 진행하는 전쟁의 형태다. 적을 표적의 배열 정도로 단순하게만 취급하는 방식이며, 우세한 화력과 물질적으로 우세하다는 누진적 효과가 있어야 승리의 확률도 그만큼 높아진다. 기동과 융통성은 거의 없으며, 지나치리만큼 화력에 의존한다. 작전 수행 측면에서 보면, 적의 전투력을 계속 소모하게 하여 없어지게 만드는 방식이기에 화력과 물질적 우세가 핵심 변수(core variable)다. 즉, 용병술에 의한 기대 이상의 결과를 기대하기보다 결정적인 지점에 상대적으로 우세한 병력과 장비를 집중하여야 한다. 소모전은 투입된 노력의 질과 양에 정비례하기에 물질적 우세가 없으면 승리하기 어렵다.

② '마비전'은 적의 중추신경을 타격하거나, 조직을 와해시키는 데 있다. 따라서 목표는 자연스럽게 적의 두뇌(지휘부)가 있는 곳을 향한다. 이는 전방부대나 전선이 아닌 후방의 지휘체계를 파괴 또는 마비시키기 위한 행동을 요구한다. 이에 따라 제1요소는 소모전과 달리 '기동'이다. '화력'은 제2의 요소로 기동을 보조하기 위함이다.

유념해야 할 사항은 소모전은 결전을 추구하지만, '마비전'은 결전 수행 자체를 어리석다고 판단하고 있다는 사실이다. 즉, 최종 상태(End-state)는 첫째가 '적의 무력화(無力化 -Neutralization)'[61], 그다음이 '파괴(destruction)'임을 이해할 필요가 있다.

소결론적으로 마비전은 소모전 양상에 대한 회의적 시각에서 출발하고 있으며, 더 이상의 파괴와 대량 참상을 방지하기 위함이다. 즉, 지속적이고 신속한 기동이 지속적이고 강력한 타격(파괴)보다 중요함을 주장한다.

---

[61] '무력화'는 '일시적으로 적의 전투력을 발휘하지 못하게 하는 것으로 적 부대에 병력이 추가로 보충되고 장비의 정비가 완료되면, 정상으로 복귀할 수 있는 상태'를 의미하고 있다(합동군사대학교 합동전투발전부, 앞의 사전 (2014), p. 168.).

5. 바실 헨리 리델하트(Basil Henry Liddell Hart, 英)

5.1. 개요

바실 헨리 리델하트(1895~1970)는 1859년 프랑스 파리에서 태어났으며, 성장 과정에서 몸이 많이 허약하여 13살 때 해군에 지원하였으나 신체검사에서 떨어졌다. 그러함에도 군사 전술과 역사, 항공분야에 관심이 많았다. 1914년 제1차 세계대전이 발발하자 영국 육군의 요크셔(Yorkshire) 경보병사단 보병연대에 장교로 입대하여 세계대전이 끝나갈 무렵에는 중대장으로 이프르 전투(Battle of Ypres)와 솜 전투(Battle of Somme)[62]에 참전하였으나, 부상(負傷)으로 인해 1924년 전역하였다. 이러한 와중에도 『소대 전술』을 출간하고 논문 등을 발표하였다.

1925년부터 10년간 London Daily Telegraph의 군사통신원(지금의 군사 전문기자)으로서 명성을 쌓으면서 영국 정부의 고위 관료들에게 자문(諮問)하는 활동을 하였다.[63] 『제1차 세계대전사–The Real War, 1914~1918)』(1930), 『영국의 방위–The Defence of Britain)』(1939), 『전략론–Strategy)』(1954), 『제2차 세계대전사–History of the World War, 1934』(1970)를 비롯하여 총 30여 권의 책을 저술하였다. <그림 2-11>은 바실 헨리 리델하트의 생애를 정리하였다.

---

62) 관련 내용은 김성진의 『세계전쟁사』(2021), pp. 281~284.를 참고하기 바란다.

63) 1937년부터 1년여간 육군성 장관(Leslie Hore-Belisha)의 군사고문으로 활약하면서 '방어우위론'을 주장하였다. 그러나 ① 독일이 예산 충당을 포함하여 헤쳐나갈 난관이 많기에 스스로 제2차 세계대전을 일으키지 못할 것으로 예측하고, ② 유럽대륙의 전쟁에 영국이 연루되지 않기 위해서는 영국군이 무장해서는 안 된다며 반대하였다. ③ 평화를 위해 아돌프 히틀러와도 협상해야 한다고 주장하였다. 그러나 결국, 독일군의 '전격전'을 예측하지 못하면서 정부의 정책 수립에서도 배제되어 절망과 좌절을 겪었으나, 1960년대 중반에 다시금 명성을 회복하면서 '대영백과사전(Encyclopaedia Britannica)'의 군사관계담당 책임자로 복직하였다.

- 1895, 프랑스 파리 출생(1970 사망)
- 1903, 영국으로 귀국
- 1914, 왕립 요크셔 보병연대(소위)
- 1915~1916, 후송(2회), 지원병 훈련 교관
- 1924, 대위 전역, 일간지 군사통신원 활동
- 1929, 『역사상 결정적인 諸전투』 출간
- 1930년대 후반~, 육군성 장관 군사고문
- 1954, 『전략론: 간접접근전략』 再출간

<그림 2-11> 바실 헨리 리델하트의 생애

그는 분석가나 역사가로는 성공하였으나, 정책 자문가로서는 실패하였다고 봐도 무방하지 않나 싶다. 물론 유럽의 수많은 전역(戰役-war 또는 campaign)을 통해 작전적 측면에서 통찰력이 뛰어남은 누구나 인정하고 있지만, 군사사상가로서 업적은 다소 빛이 바랬다는 점을 짚고 넘어갈 필요가 있다. 주장 중에 "군사력을 전체적으로 사용한다면, 기술적으로 사용하여야 하지만 가능한 억제하여야 한다. 전쟁의 목표가 더 나은 평화이므로 평화의 원천은 사람에 의해서뿐만 아니라 전쟁을 수행하는 방법에 따라서도 결정된다."라는 모호한 내용에 있다는 점이다.

5.2. 『전략론: 간접접근전략』에 관한 이해

카를 폰 클라우제비츠가 나폴레옹 전쟁을 통해 그의 전쟁 철학을 정립(定立)했다면, 바실 헨리 리델하트는 양차(兩次) 세계대전의 경험을 통해 전략 사상과 체계를 확립하였다. 이때 존 프레드릭 C. 풀러의 전략사상과 그 궤(軌)를 같이한다고 보아도 좋을 듯싶다. 제1차 세계대전을 통하여 1918년 독일의 패배는 승리하기 불가능하다는 현실을 자각(自覺)한 정신·심리적 패인이 붕괴를 촉진한 게 사실이기 때문이다. 하지만 연합국이 해양력으로 가한 경제적 압력에 기인(起因-be caused by)하였다고 보는 시각은 존재한다. <표 2-11>은 제1차 세계대전의 결과로 나타난 대표적인 양상을 크게 세 가지로 정리하였다.

<표 2-11> 제1차 세계대전의 결과로 나타난 세 가지의 양상

① '해양력(Sea Power)'이 결정적인 임무를 수행하였다.[64]
② 항공력의 발전은 적의 주력부대를 전장에서 격멸하지 않고도 적의 경제·정신적 타격을 가할 수 있는 빌미(curse)를 제공하였다.
③ 육상 기계화부대의 발전이 가능하다는 긍정적 전망이다.

①은 바다(海洋)에서 아무런 결전(決戰)은 진행하지 않았지만, 해양력 자체만으로도 경제적인 압력을 동반하였기에 적이 스스로 붕괴하였다.

②는 항공력이 간접적인 수단이면서도 특성상 직접 목적을 달성할 수 있다.

③은 육상 기계화부대의 발달은 보급선을 차단하고 통제체제를 교란하거나 적 후방에 대한 종심돌파(deep penetration)로 적을 마비 상태에 몰아넣음으로써 심각한 전투가 없어도 적이 스스로 붕괴(崩壞)될 빌미를 제공하였다. 또한, 육상의 기계화부대는 항공력에는 미치지 못하지만, 적국(敵國)의 중심(重心)과 신경중추에 대한 직접 공격을 시도할 가능성을 제공하였다.

소결론적으로 양차 세계대전을 통하여 '전쟁의 진정한 목적은 전투를 추구하는 게 아니라 유리한 전략적 상황을 추구하는 것이다. 여기서 유리한 정도로 전쟁을 종결짓지는 못하지만, 전투로 유리한 위치를 계속 유지하면서 전쟁의 목적은 달성할 수 있다.'고 인식했다는 점이다. 이로써 '간접접근전략(Indirect Approach Strategy)'이 탄생하는 계기가 되었다.

5.3. 『전략론: 간접접근전략』의 구성과 전략사상 체계

고대 전쟁에서부터 제1차 중동전쟁(1948)에 이르기까지 총 280회의 전역(戰役-Campaign)을 분석한 결과 6개 전역을 제외하고는 간접접근 방식에 의해 승리하였음이 확인되었다. 간접접근 전략을 이용할 경우 적의 저항이 가장 적고 예상치 않은 기동을 통해 낌새를 못채는 사이에 신속하게 배후(背後-뒤쪽)를 지향할 수 있었기 때문이다. <표 2-12>는 『전략론: 간접접근전략』의 구성과 핵심 내용을 정리하였다.

---

64) 윤석준, 『해양전략과 국가발전』 (2010), pp. 26~29.

<표 2-12> 바실 헨리 리델하트 『전략론: 간접접근전략』의 주요 구성 및 핵심 내용

구 분	핵심 주제(Agenda)	관련 논거(reasonable argument)
제1부	시대별 명장(名將)들의 전투 중심을 간접접근 측면에서 분석	· 280회의 전역(戰役) 중 274회가 간접접근으로 승리를 쟁취
제2부	제1차 세계대전에 관한 분석	· 회전문 원리를 이용한 슐리펜계획의 간접접근 측면을 평가
제3부	제2차 세계대전에 관한 분석	· 독일군과 히틀러를 통한 간접접근 전략의 시행 및 발전 · 기계화전과 게릴라전의 중요성을 구분하여 제시
제4부	간접접근전략의 기본원리 기술(記述)	· 전략 및 대전략을 논리적으로 접근, 사고(思考)의 발전 추세를 분석

'간접접근전략'은 존 프레드릭 C. 풀러의 '마비전'이나, 구소련의 '전격전'과 같은 흐름으로서 제1차 세계대전이 '소모전' 양상으로 진행되다 보니 피로감이 누적되는 회의적 시각에서 등장하였다. 다시 말해 '소모전=섬멸전', '마비전=기동전' 또는 '전격전'이 적의 전선(戰線 또는 배치선) 가운데 약한 지점을 돌파한 다음 비어있는 후방지역을 돌파하는 데 주안을 두고 있다면, 간접접근전략은 교착된 전선을 돌파하기보다 적의 강력한 방어지역을 아예 우회함으로써 최소한의 저항이 있는 지역으로 기동하기 위한 목적임을 이해하면 된다.

간접접근전략에서 기동하는 방식(또는 형태)은 적의 반발(방어력)이 가장 적은 '최소 저항선'[65] 또는 '최소 예상선'[66]을 따라 진행됨을 이해하여야 한다. 이러한 기동과 접근방식은 '마비전'과 같이 반드시 전차를 동반할 필요는 없기에 다른 기동전략과 구분할 수 있어야 한다.

그는 『전략론: 간접접근전략』의 서문(序文)에서 "제2차 세계대전을 둘러싼 환경 속에서 승리의 추구와 그 노력이야말로 비극의 운명을 처음부터 안고 있었다."라고 하면서도 '전쟁에서의 승리'라는 직접적인 목적 이외는 전망하지 못하고 있다. 그러함에도 군사적 승리가 평화를 확보할 수 있다는 단순한 생각에 머물고 있다면서 '결전추구(섬멸전) 사상'을

---

[65] '최소 저항선(Minimum Resistance Line)'은 '적의 관점에서 아군이 공격하지 않으리라고 생각하여 군사적인 대비책을 마련해 놓지 않은 지점이나 지역'을 뜻하고 있다.

[66] '최소 예상선(Minimum Line of Expect)'은 '적의 관점에서 아군이 공격하지 않으리라고 생각하는 지점이나 지역'을 뜻하고 있다.

비판하고 있다.67) 또한, 전략의 역사는 '근본적으로 간접접근의 적용과 발전의 기록'이라면서 "간접접근을 취할 때는 그것이 어떠한 경우일지라도 진리에서 일탈하지 않도록 주의해야 한다."라고 강조하고 있다. <그림 2-12>는 바실 헨리 리델하트의 간접접근전략 사상을 체계도로 정리하였다.

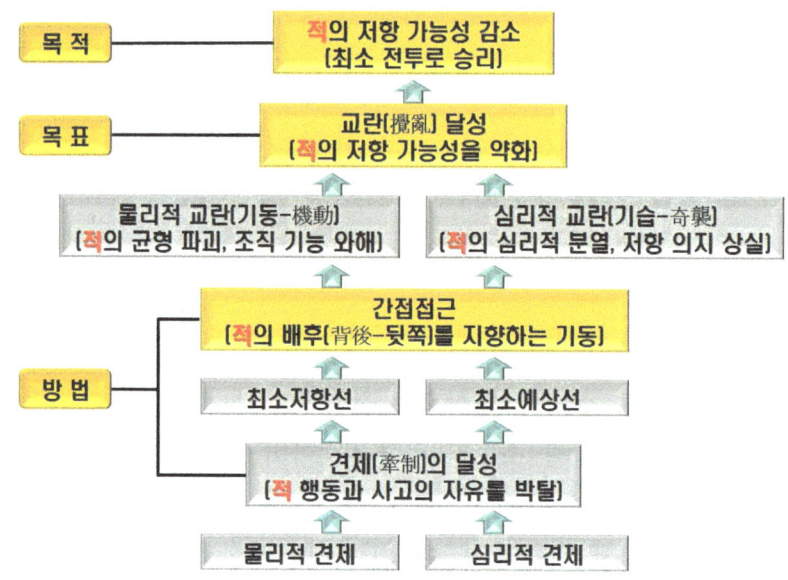

<그림 2-12> 바실 헨리 리델하트의 간접접근전략 사상 체계도

간접접근전략 사상은 기본적으로 적의 부대를 지향하는 게 목적이 아니다. 적 부대를 물리·심리적 방법과 수단을 동원하여 견제68)하며 '최소 저항선'과 '최소 예상선'을 따라 우군이 기동하여 적을 교란함으로써 유리한 전략적 상황을 조성하는 데 있다. 여기서 심리적 측면을 지향함으로써 적이 저항할 가능성을 낮추어 최소 전투로 승리를 달성하기 위함이다. 다만 유념해야 할 점은 물리·심리적 영역이 별개의 영역이 아니라 동전의 양면(兩面)과 같이 서로 결합하여 움직인다는 점을 이해하여야 한다. 이러한 성과를 극대화할 수 있는 책략의 하나가 바로 '기만(欺瞞-Deception)'이다.69)

---

67) Liddel Hart, *Strategy: The Indirect Approach*, faber, London, England, Praeger, (New York, 1954/1967), pp. Xⅶ~Xⅷ.

68) 여기서 '견제'는 '교란하기에 앞서 진행하는 기동을 통해 적 행동의 자유를 박탈하는 활동 전반(全般)'을 의미하고 있다. 따라서 '심리적 견제'라 함은 적이 생각할 수 있는 자유를 박탈함으로써 '최소 예상선'과 '최소 저항선'을 조성하는 데 유리한 작용을 하기 위함이다.

69) 6·25전쟁 시 인천상륙작전은 바실 헨리 리델하트의 '간접접근 전략'이 잘 적용된 대표적인 사례다. 인천은 지리

기만작전(인천상륙작전, 1950. 9. 15.)

전쟁은 양측이 모두 공격과 방어를 요구받기에 효과적으로 타격하려면 상대가 경계를 소홀히 하도록 만들어야 한다. 적이 분산되어야 아군이 병력을 집중할 수 있다. 따라서 아군의 병력을 먼저 분산하여 적을 분산시키고 아군은 재빨리 병력을 집중하여 목표를 공격해야 한다는 사실을 잊으면 안 된다.70)

그의 전략사상은 전쟁을 중심으로 하고 있으며, 양차(兩次) 세계대전을 통하여 전략체계를 확립하였다. 여기에 무기의 현대화와 대량살상의 무기화가 오히려 게릴라전을 가속화하였다고 인식했다. 그에 따르면, "수소폭탄은 만능 약이 된 게 아니라 오히려 초조와 우려, 불안을 첨예화하고 깊어지게 만들었다."고 주장하면서 "클라우제비츠는 전쟁에서 직접 얻는 군사적 승리가 평화를 확보한다는 데 만족하고 있다."는 관점에서 절대전쟁 사상을 비판하고 내세운 게 현대에서 자주 사용되는 '대전략 사상'이라고 볼 수 있다.

'국가전략' 또는 '총체전략'으로 이해되는 '대전략(Grand Strategy)' 개념은 바실 헨리 리델하트의 작품이다. "전쟁의 정치적 목적을 달성하기 위하여 국가가 보유한 모든 자원을

・전술적 측면에서 매우 불리하였다. 그러나 더글러스 맥아더 UN군 총사령관이 지리·전술적 난관을 극복하고 인천상륙작전에 성공하기 위해 '적의 배후로 지향하는 기동'을 선택하고 '병참선'을 차단하였다. 당시 美 합동참모본부와 해군·해병대는 결사적으로 반대하였고 북한군도 어려울 것으로 예상하였다. 이로 인하여 당시 인천·서울지역에 배치된 북한군의 방어세력은 강력하지 않았다. 그의 관점에서 봤을 때 인천이 바로 '최소 예상선'과 '최소 저항선'이었다. 여기에 '견제'를 위해 다양한 '양동(陽動)작전'을 실시하였다. 즉, 9월 4일부터 15일까지 진남포, 원산, 군산, 삼척 일대에 항공 및 함포 공격을 함과 동시에 대규모 작전이 전개될 것이라는 전단(傳單)을 살포하고, 동해안의 마양도 및 삼척 일대에 대한 UN 해군의 함포사격 집중하고, 9월 13일 인천과 월미도 일대를 집중적으로 폭격하였으며, 9월 14일 실시한 한국 육군의 장사동 상륙작전 등의 양동작전은 인천·서울지역에 대한 북한군의 방어병력 증강을 방해하고 북한 지휘부의 관심을 분산시키는 데 성공하였다. UN군은 '기습'과 '기동'이라는 전략 요소를 통해 배후 깊숙한 곳, 인천지역에 간접접근을 함으로써 적의 병참선을 일시에 차단하는 성과를 달성하였다. 인천상륙작전은 북한군을 물리·심리적 교란에 빠뜨려 '유리한 전략적 상황'을 조성하는 데 성공하였다. 낙동강 방어선을 압박하던 북한군은 유지하던 낙동강 전선(戰線)이 붕괴하면서 보름여 만에 38선 이북으로 패주(敗走)할 수밖에 없는 지경으로 몰렸다.

70) 나폴레옹 전쟁에서 '마렝고 전역(1800)'은 '집중과 분산의 원칙'을 적용하여 승리한 대표적인 사례다. 관련 내용은 김성진의 『세계전쟁사』(2021), pp. 104~107.을 참고하기 바란다.

협조하고 관리하는 것으로서 각 군종(軍種)을 지원하기 위하여 국가의 경제·인적 자원을 개발하되, 경제·외교적 압력은 적의 의지를 약화할 수 있는 대단히 중요한 도덕심의 힘 등을 염두에 두고 적용하지 않으면 안 되는 국가의 정책방책이다."라고 정의하였다.

마렝고 전역(Battle of Marengo, 1800)

5.4. 존 프레드릭 C. 풀러와 바실 헨리 리델하트의 전략사상 비교

전략사상의 핵심은 '군사력 중심사상'이다. <그림 2-13>은 이들의 군사전략 사상을 비교하였다.

구 분	존 프레드릭 C. 풀러	바실 헨리 리델하트
전략사상	공세우위 사상(마비전)	간접접근전략 사상 · 大전략 → 국가·국가안보전략
우선 요소	1. 기동, 2. 화력	
중심 순위	1. 軍의 신경조직을 마비, 적 지휘관의 의지를 공격 2. 全 육군을 탱크화하여 地上戰 수행(보병: 종속)	1. 신속한 공격으로 독립작전 수행, 적 지휘부 마비 2. 적의 최소저항·최소예상선으로 돌파(보병: 一員, 동료)
전략 이행의 우선적 수단	· 전차는 항공기의 근접지원下에 종심(depth)을 돌파 · 적 지휘체제 분쇄	· 기계화 필요성 · 최소한의 병력으로 기동

<그림 2-13> 존 프레드릭 C. 풀러와 바실 헨리 리델하트의 군사전략 사상 비교[71]

바실 헨리 리델하트는 '전쟁을 중심으로 하는 전략사상'을 주창하고 있으며, 양차(兩次) 세계대전을 통하여 체계가 정립되었다고 이해하면 될 듯싶다. 무기의 현대화와 대량살상 무기화가 오히려 게릴라전이 가속화되었다는 인식이었으나, 제2차 세계대전이 종결된 이후 그의 주장은 일부 변화가 나타났다. '전략의 최종 의미'가 '정책상 제반 목적을 달성하

---

[71] 바실 헨리 리델하트의 전략사상에서 '국가·국가안보전략'은 하정열의 『대한민국 국가안보론』(서울: 황금알, 2012), pp. 15, 38-47, 113~145.를 참고하기 바란다.

기 위하여 군사적 수단을 분배하고 적용하는 기술(skill)'이라는 내용이다. 어차피 전쟁은 ① 적의 전투능력과 의지가 계속 유지될 것이고, ② 양측의 저항 의지는 일관되기에 '전투에서 승리'하는 것만이 능사(能事)가 아니라 '유리한 전략적 상황을 조성'하는 노력이 중요하다고 보았다.

따라서 '적국의 지휘통신수단(중추신경)을 마비시킴으로써 전쟁 수행 의지를 말살(抹殺)'하여야 한다. 이를 위해 軍의 '기계화 및 기동 전략화'가 중요하며, 국가는 '총동원 능력과 공세 의지'를 중시해야 함을 이해할 필요가 있다. 이들은 '기계화부대 중심으로 부대를 개편해야 한다는 데 공감'하면서도 '기계화부대를 운영하는 방식'에서는 차이가 있다. 즉, 보병이 기계화부대에 종속된 피동적인 역할이 아니라 기계화부대의 일원(一圓, 또는 같은 동료)으로 인식하는 차이점이 있다.

결과적으로 존 프레드릭 C. 풀러는 <PLAN 1919>에서 5,000대의 전차가 항공기의 근접지원을 받으면서 독일군의 종심(縱深-세로로 깊게 늘어선 형태)으로 20mile만 진격하면, 적의 지휘체계를 분쇄할 수 있었으나, 전쟁이 끝나면서 시행하지 못했다. 한편 바실 헨리 리델하트는 하루에 100mile 이상을 진격하면서 도로망과 철도망을 벗어나 독립작전을 수행함으로써 적의 지휘체계를 분쇄할 수 있었다.

5.5. 바실 헨리 리델하트의 『전략론: 간접접근전략』이 현대에 미친 영향

간접접근전략 사상은 손자의 '부전승(不戰勝) 사상'과 '단기 속전속결 사상'에서 영향을 받았으며, 존 프레드릭 C. 풀러의 '전차전' 이론과 '마비전' 이론은 전략 사상의 토대가 되었다. 카를 폰 클라우제비츠와 그는 시대적 배경에서 차이가 있지만, 프로이센 출신인 카를 폰 클라우제비츠는 '대륙 국가의 전략사상가'로 불리는 반면, 영국 출신인 그는 '해양 국가의 전략사상가'로 불리고 있다.

'기계화전(機械化戰)'에 관한 진보적인 전략사상은 제2차 세계대전 이전 영국군에 의해 거부되었던 반면, 일찌감치 전쟁 양상의 변화를 예견(豫見-prediction)했던 독일 장군들에 의하여 채택되었다. 그가 주장한 대로 독일군이 채택한 '전격전(電擊戰-Blitzkrieg) 이론'[72]

---

72) '전격전'은 제2차 세계대전 시기인 1939년 9월부터 1940년 6월까지 독일의 하인츠 W. 구데리안(Heinz W. Guderian, 1888~1954) 장군이 고안하여 폴란드-프랑스 전역(戰役)에서 진행한 전쟁의 한 형태로 '전차와 기계화 보병, 공수부대의 기동성을 극대화한 전술'을 의미하고 있다. 관련 내용은 김성진의 『세계전쟁사』 (2021), pp.337~339; 『전쟁사와 무기체계론』 (2020), p. 353.을 참고하기 바란다.

은 당시 프랑스가 총 750km에 달하는 거리에 각종 대전차 방어시설과 지하시설 등을 구축해

놓은 마지노 요새(Maginot Line)를 무력화시키기 위해 아르덴느(Ardennes) 삼림지대로 기동한 결과는 이에 관한 대비에 소홀하게 인식했던 프랑스가 1940년 5월 패망하면서 끝이 났다. <표 2-13>은 1937년 10월 런던-타임즈 군사전문 기자로 근무하면서 영국의 정책에 대하여 발표한 세 가지의 요지(要旨)다.

<표 2-13> 바실 헨리 리델하트의 영국 정책에 관한 제언(1937)

> 첫째, 영국은 군사적 의무에서 한정된 책임만 가져야 하며, 강력한 해군과 무한한 자원을 토대로 전통적인 봉쇄·경제전략으로 복귀해야 한다.
> 둘째, 대륙에 관해서는 엄격한 방어전략을 권장한다. 방어전략이 기질(氣質)에 가장 적합하고 공격보다 방어가 훨씬 우세하기 때문이다.
> 셋째, 프랑스에는 소수의 원정군만 파견한다. 마지노선(Maginot Line) 방어는 프랑스 수비군만으로 충분하며, 영국군은 후방에서 고도의 기동성을 갖춘 전략예비대가 되어야 한다.

이는 많은 논쟁을 불러왔으며, 당시 유럽국가들이 추구하는 방어만능주의 사상과도 궤(軌)를 같이하고 있다. 당시 세계대전 초기 프랑스를 포함한 연합군이 예상치 못한 독일군의 전격전에 무참하게 참패하여 무질서하게 후퇴한 결과 '덩케르크 철수 작전(Dunkirk evacuation, 1940)'[73]이라는 비극이 잉태되었다고 보아도 지나치지 않다. 그는 영국 정부가 정책을 결정하는 과정에서 배제당하면서 극심한 좌절감과 실의에 빠졌다.

그러함에도 그는 20세기에 가장 독창적이고 영향력 있는 군사전략 사상가로 평가받고

---

73) '덩케르크 철수 작전'은 '다이나모 작전(Operation Dynamo)'으로 불리고 있다. '프랑스 북부의 덩케르크 해안에서 진행된 연합군(338,000명)의 철수 작전'으로 이에 성공함으로써 연합군이 전력을 재정비하는 기반이 되었고, '노르망디 상륙작전(Battle of Normandy, 1944)'을 통해 승리를 가져올 수 있었다. 관련 내용은 김성진의 『세계전쟁사』(2021), pp.322, 337~339; 영화 <덩케르크-Dunkirk> (2017)와 <라이언 일병 구하기-Saving Private Ryan> (1998) 또는 <밴드 오브 브라더스-Band of Brothers> (2001)를 시청하기 바란다.

있다. 독일과 이스라엘군의 군사지휘관들이 전장에서 승리할 수 있는 요인으로 그의 전략사상을 최고로 평가하였기 때문이다. 제1차 세계대전에서 전격전으로 프랑스를 몰락시킨 하인츠 빌헬름 구데리안 장군도 "전차 문제에 있어서만큼은 바실 헨리 리델하트의 제자다."라고 언급한 바 있으며, 아랍-이스라엘 간 제3·4차 중동전쟁 시 기갑부대 사령관이었

던 아리엘 샤론(Ariel Scheinermann, 1928~2014) 장군은 "바실 헨리 리델하트는 우리 모두의 스승이다."라고 강조하였다.

간접접근전략은 '마비전'이나 '전격전 이론'과 같이 제1차 세계대전이 소모전 양상으로 흐른 데 대한 회의적 시각에서 출발하였으며, 더 이상의 파괴와 참상(慘狀)을 방지하기 위한 노력의 산물로 볼 수 있다.74)

소결론적으로 그의 전략사상은 화력과 기동력을 겸비한 전차를 중시하고 군사력에서 기계화 및 기동 전력화의 필요성을 강조하면서 장거리 기동과 타격 능력을 보유한 항공기의 특성을 극대화하는 데 두었다. 아울러 국가에서 가용한 자원을 전쟁에 총동원할 수 있는 능력도 함께 주창(主唱)하였다. 군사력을 운용하는 측면에서 적의 심장부(중추신경)를 타격함으로써 상대의 전의(戰意-fighting)를 마비시킬 수 있다는 간접접근전략 사상은 수세적(守勢的-defensive attitude)인 의미보다 공세적(攻勢的-offensive attitude)인 의지를 중시한다고 평가할 수 있다.

---

74) 박창희, 『군사전략론: 국가대전략과 작전술의 원천』 (서울: 플래닛미디어, 2013), pp. 247~252.

6. 앙드레 보프르(André Beaufre, 프랑스)

6.1. 개요

Andre Beaufre(프)

앙드레 보프르(André Beaufre, 1902~1975)는 프랑스의 뇌이쉬르셴(Neuilly-sur-Seine)에서 태어났으며, 에콜(Ecole) 사관학교[75]를 졸업한 다음 제2차 세계대전 이후에 서유럽 지상군의 참모부장과 인도차이나 부사령관과 연합전술연구단(Interallied Tactical Studies Group) 단장, 보병사단장을 역임하였다.

1955년 알제리 작전을 지휘하였으며, 1956년 수에즈 분쟁[76] 때는 군단장이었다. 1958년에 주서독 프랑스군 부사령관, 1960년 워싱턴주재 NATO 상임위원회 프랑스 대표로 활약한 후 자진(自進)하여 전역하였다. 이후 앙드레 보프르는 프랑스 전략연구소를 설립하여 대표로 활동하였고, 1962년『전략(strategie)』지 편집장을 맡았다. 1963년『전략론 서설(An Introduction to Strategy)』을 발표하며 '간접전략 사상'을 주창하였다. 특히 다양한 직책과 현장 경험을 갖춘 직업 장교로서 계획을 수립할 때 본질과 배경을 파악하려는 노력이 많이 보인다. 바실 헨리 리델하트도 이 논문을 군사전략 분야에서의 '고전적 가치'를 높이 평가하고 있다. 그는『억제와 전략(Deterrence and Strategy)』(1964),『미래의 건설(Building The Future)』(1967),『미래를 위한 전략(Strategy for Tomorrow)』(1974) 등을 출간하면서 프랑스의 군사전략 발전에 공헌하는 등 '프랑스 육군의 숨은 두뇌'임을 널리 알렸다. <그림 2-14>는 앙드레 보프르의 생애를 정리하였다.

---

75) '에콜 사관학교'는 나폴레옹 보나파르트가 설립한 사관학교로 기존에는 신분에 상당한 제약이 있었지만, 이때부터 능력만 있으면, 어떠한 신분이든 입학할 수 있게 하였다. 軍에 필요한 과학기술 지식을 갖춘 장교로 육성함으로써 장교단을 '전문성(Expertise)'과 '충성심(Royalty)'으로 무장된 관료조직으로 발전시켰다. 관련 내용은 김성진의『한국 육군의 장교단 충원제도와 직업 안정성』(2016), pp. 49-54.를 참고하기 바란다.

76) '수에즈 분쟁(Suez Conflict)'은 1954년 7월 이집트의 자말 압델 나세르(Jamal Abdel Naşer, 1918~1970) 대통령이 영국군이 철수하자마자 수에즈 운하의 국유화를 선포하였다. 이로 인하여 영국과 프랑스가 이집트를 응징하기 위해 이스라엘이 시나이반도를 침공하게 만들고 적절할 때 영국과 프랑스가 개입하는 의도된 분쟁으로 일명 제2차 중동전쟁(1956)으로 불린다.

- 1902, 프랑스 뇌이시스렌 출생(1975 사망)
- 1921, 에콜(Ecole)사관학교 입교
- 1935, 프랑스 참모본부 근무
- 1940~1941, 알제리 국방비서관 근무
- 1950~1952, 駐베트남 프랑스군 사령부 참모
- 1956~1960, NATO 프랑스군 총사령관 겸 병참담당 부참모장(육군중장)
- 1961, 자진 전역/1963, 전략론서설 출간
  ↘ 간접전략을 주장

<그림 2-14> 앙드레 보프르의 생애

그는 전통적인 개념의 군사전략과 이론이 너무 군사적 측면 위주로만 적용하는 현실에 비판적이었다. 따라서 군사력을 사용하여 적 부대의 격멸만을 목적으로 하는 군사적 승리에 만족하기보다 정치·외교·경제·사회·심리 분야 등 비군사적 분야에서 상대의 피를 보지 않고 결정적인 승리를 쟁취할 수 있다는 인식에서 출발하였다.

6.2. '간접전략사상'에 관한 이해

앙드레 보프르는 '핵전략'을 포함한 국가 차원의 '대전략(Great Strategy)'이 발전하는 데 상당한 영향력을 발휘하였다.[77] 특히 "전쟁에서의 패배는 전쟁을 시작하기 이전(以前)이나, 전쟁을 진행하는 동안 많은 생각을 거듭하는 과정에서 범한 과오(過誤)일 뿐이다."라고 주장하였다. 아울러 "적이 우리의 조건을 수용하는 데 충분할 정도의 정신적인 붕괴 상황을 조성하거나, 이용함으로써 결정적인 승리를 획득할 수 있다."고 믿었다. 그는 이에 기반하여 결정적인 승리를 위해서는 다양한 방법으로 전략을 수립해야 한다는 믿음을 가지고 있었다. <표 2-14>는 간접전략을 형성하는 데 필요한 핵심적인 요소를 네 가지로 정리하였다.

---

[77] 여기서는 '핵무기로 인하여 국가이익이 억제되거나, 이로 인하여 제한적인 여건이 조성될 수 있으므로 군사적 승리만 추구하기가 어려워질 때 필요하다.'라는 의미로 이해하면 될 듯싶다.

<표 2-14> 앙드레 보프르의 '간접전략사상'을 형성하는 네 가지 요소

① 전략은 '하나의 사고방식'이다.
② '총력전 사상(Total War Thought)'은 모든 분야에서 수행하여야 한다.
③ '행동의 자유'를 보유하여야 한다.
④ '심리적 요소'의 중요성을 인식하여야 한다.

① 하나의 틀에 박힌 교리(敎理)가 아니다. 목적이 나타난 제반 현상들을 계통적으로 배열한 다음 우선순위를 확정하되, 가장 효과적인 행동방책을 선택하기 위함이다. 즉, 각개(各個-하나하나)의 상황에 부합하는 특별한 전략을 채택할 때 실패하지 않는다.

② 오늘날의 전쟁은 총력전 양상이기에 전쟁은 정치·경제·외교, 그리고 군사 등을 포함한 모든 분야가 동참하게 되어있다. 전쟁을 군사 분야의 '전면전(全面戰-General War)'[78]으로 인식하고 접근하면 승리를 가져올 수 없기에 총체적으로 고려하여야 한다.

③ 전쟁의 최종 목적은 적의 저항에도 일관성 있게 수행하는 능력을 보유하는 데 있다. 계획이 상대보다 훌륭하다면, 패배의 위험도 그만큼 줄어들 것이다. 따라서 패배의 위험이 없는 전략이 필요하다는 본질은 우리 자신이 '행동의 자유를 유지'하는 데 있다. 다시 말해 전략 수립의 기본은 '행동의 자유가 보장'되고, 적을 기습하여 기선(機先-먼저 손을 써서)을 제압함으로써 '적 행동의 자유를 탈취할 수 있는 능력'에 있다.[79] 따라서 필요한 기준은 '행동의 자유를 확보하기 위한 투쟁'이다.

Vladimir Ilich Lenin(러)

④ 적이 우리의 요구조건을 수락할 수밖에 없게끔 정신적 붕괴를 가져올 수 있는 상황 및 여건을 조성(이용)할 수 있을 때 결정적인 승리가 가능하다. 러시아의 블라디미르 레닌(Vladimir Ilich Lenin, 1870~1924)은 "전쟁에서 가장 확실한 전략은 적이 정신적으로 무너져 공격이 가능해지고 쉬워질 때까지 작전을 연기하는 것이다."라고 주장하였다.[80] "적의 사기(士氣)는 군사적

---

78) '전면전'은 '적의 직접적인 군사적 위협으로부터 국가를 방위하기 위해 총력전 개념으로 실시하는 무제한적인 전쟁'으로서 '전면전쟁(全面戰爭)'이라고도 한다(합동군사대학교 합동전투발전부, 앞의 사전(2014), p. 409.).
79) 북한 김정은이 핵무기와 대륙간탄도미사일(ICBM-Intercontinental Ballistic Missile) 시험 발사 등으로 속이 보이는 '벼랑 끝 전술'로 위협을 가하는 현실에서 '전략적 모호성'이라는 모호한 전략으로 시간을 끌며 좌고우면(左顧右眄)하기보다 이스라엘이나 대만과 같이 확실한 명분을 가지고 국가이익과 존립을 위한 국가·군사전략 실천이 필요한 시점임을 이해하여야 한다.
80) '블라디미르 일리치 레닌'은 가명(假名)이며, 실제 이름은 '블라디미르 일리치 울리야노프(Ульянов)'다. 러시

승리로 좌절시켜야 한다."는 카를 폰 클라우제비츠의 고전적인 군사전략 사상과 정반대의 주장이다. 적이 우리의 조건을 수락할 수밖에 없도록 정신적 붕괴를 가져오는 상황을 조성하거나, 이용할 수 있을 때 결정적 승리도 가능함을 이해할 필요가 있다.

6.3. '간접전략사상'의 구성과 전략사상 체계

'간접전략사상'은 '군사력(Military Power)에 의한 정면 대결을 피하고, 적이 동요(動搖-be restless)하기 시작하거나, 방향 감각을 잃어버렸을 때 예기치 않은 공격을 가함으로써 결정적인 결과를 획득하거나 목표를 달성하기 위한 전략'이다. 핵무기에 의한 억제 효과로 제한되는 행동의 자유에 관한 영역을 가장 잘 이용할 수 있는 기법(skill)이다. 또한, 목표를 달성하는 데 있어서 가능한 군사적 수단을 엄격히 제한하고도 결정적인 승리를 쟁취할

수 있게 하는 기법으로 이해하면 될 듯싶다. 즉, 군사적 승리보다 다른 방법에 따른 성과를 획득할 수 있는 방책을 모색하는 데 있기에 일반적인 의미에서 병(病)을 전염시키는 상태와 유사한 '나비효과(Butterfly Effect)'라고 할 수 있다. 작은 나비 한 마리의 날갯짓이 장차 태풍을 일으킬 수 있다는 의미로 이해하면 된다. <그림 2-15>는 '간접전략사상'의 체계를 정리하였다.

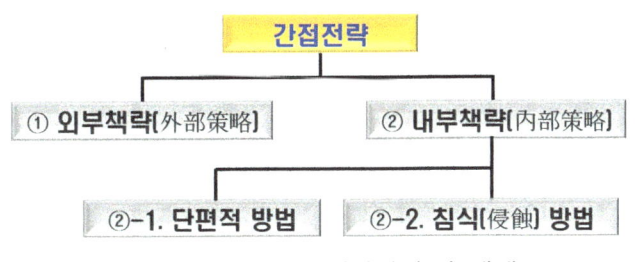

<그림 2-15> '간접전략사상'의 체계

① '외부 책략'은 행동의 자유를 유지하기 위해 문제가 되는 내부 요인보다 외부 요인이 크다는 판단에 따라 결정한다. 따라서 이 책략의 특징은 행동의 자유를 스스로 최대한 보장하는 동시에 영화 '걸리버 여행기(Gulliver's Travels, 2010)'에 나오듯이 난쟁이들(여러

아 공산당을 창설한 볼셰비키 혁명지도자로 최초의 국가원수가 된 인물이다.

Gulliver's Travels(英)

가지의 방책 및 수단을 의미)이 걸리버(상대국가 또는 적국-敵國)를 묶는 것처럼 강력한 여러 가지의 방법과 수단을 통해 적을 마비시키는 데 있다. 여기서 군사적 의미로 사용하는 '억제(抑制-deterrence)'[81]는 모든 군사작전이 그렇듯이 행동을 포함하여 주로 심리적인 분야를 중심으로 시행된다. 여기에 더하여 정치·경제·외교·군사적 제반 수단을 병행할 필요도 있다.

이러한 억제 효과를 달성하기 위하여 사용하는 행위는 극히 미온적인 방법(나비효과)으로부터 가장 난폭한 방법과 수단(군사력을 포함한 강제력)에 이르기까지 다양한 형태와 방식을 채택할 수 있다. 국내법과 국제법에 따른 합법적 방식이나, 도덕적 및 인도주의적 감정에 호소하려는 사례도 있으며, 적이 주장하는 정당성에 의문을 제기하여 난처하게 만들기도 한다. 이러한 활동을 통해 적국(敵國-enemy)의 여론을 반대 방향으로 유도하고 국제기구를 통해 여론을 자극하기도 한다. 때로는 강력한 위협 수단을 동반한다. 무기를 대여하거나, 관련 전문가나 지원병력을 파견하여 직접적인 위협 또는 간접적으로 개입하며, 정치·경제적으로 보복하겠다거나, 직접적인 행동을 취하겠다고 위협할 수 있다. <표 2-15>는 외부 책략을 수행하는 데 필요한 두 가지 요건을 정리하였다.

<표 2-15> 외부 책략을 수행하는 데 필요한 두 가지 요건

> 첫째, 군사적 억제력(핵 또는 재래식)이 적의 대규모 반발을 예방할 수 있는 한 위협이 될 정도로 보유하여야 한다.
> 둘째, 계획된 모든 행동이 하나의 논리적인 명제(命題)가 될 수 있도록 명확한 정치 노선(路線, directivity)과 일치되어야 한다.

정치 노선을 현명하게 채택하여야 이념전과 심리전에 밀리지 않고 주도권을 쥘 수 있게 됨을 이해할 필요가 있다. 이는 현실 정치에서도 같은 패턴을 유지한다고 보아도 좋다.

---

81) 일반적으로 '억제(抑制)'를 나타내는 단어는 'inhibition 또는 control 또는 suppression'을 사용하고 있다. 그러나 군사적 의미로 사용하는 단어는 'deterrence'로 '상대국가 군사행동을 취하여 얻을 수 있는 이득(benefit 또는 profit)보다 손실과 위험에 처할 확률이 더 크다는 점을 예상케 함으로써 군사력의 사용을 최대한 자제하도록 취하는 일련의 조치'를 의미한다(합동군사대학교 합동전투발전부, 앞의 사전(2014), p. 305.).

② '내부책략'은 행동의 자유를 유지하는 정도를 확인한 다음 특정한 성과를 거두기 위해 문제가 되는 지역 내부에서 사용하는 책략을 의미하고 있다. 구성에 필요한 요소는 세 가지로 정리하였다. ① 실질적인 군사력(F), ② 정신력($\emptyset$), ③ 시간(T)이다. 세 가지의 요소는 서로 연관성을 가지며 전략(Strategy) = 일정한 공간(K)×군사력(F)×정신력($\emptyset$)×시간(T)이라는 공식으로 나타낼 수 있다. 가용한 실질적인 군사력(F)이 적과 비교할 때 월등하게 우세하다면, 정신력($\emptyset$)은 그다지 크게 필요치 않고 작전은 생각보다 짧은 시간 내에 종결할 수 있다. 반면에 가용한 실질적인 군사력(F)이 상대보다 열세하면, 강력한 정신력($\emptyset$)이 요구되기에 작전 기간이 지구전 형태로 변화하게 될 것을 이해하여야 한다. 이에 따라 내부책략을 구성하는 데 있어서 서로의 관계 정도에 따라 차이가 있기에 ②-1 '단편적 방법'과 ②-2 '침식방법'의 두 가지 형태로 구분하여 설명하였다. <표 2-16>은 내부책략이 성공하는 데 필요한 두 가지 형태를 정리하였다.

<표 2-16> 내부책략이 성공하는 데 필요한 두 가지 형태

> ②-1, 월등하게 우세한 실질적인 군사력을 사용하여 외적(外的) 행동의 자유가 허용될 때 특정한 중간목표를 신속히 탈취하는 데 목적을 둔다.
> ②-2, 군사적 승리에는 비할 수 없으나, 적이 계속하여 부담을 갖도록 계획 및 준비된 지구전(持久戰)[82]을 통해 목표를 달성하는 데 주안을 둔다.

제2차 세계대전 직전 아돌프 히틀러의 침공(단편적 방법)

②-1 '단편적 방법'은 기습적으로 국지적 행동을 감행함으로써 다음 단계의 협상을 위한 토대가 되도록 기정(旣定)사실로 몰아가는 책략이다. 군사력(F) 요소가 정신력($\emptyset$)과 시간(T) 요소보다 크게 작용하는 F > $\emptyset$×T일 때 우세한 군사력을 사용

---

[82] '지구전(Endurance War)'은 '결전을 피하면서 목적을 달성하려는 의지에서 수행하는 장기적인 작전 또는 전투'를 뜻하고 있다.

하여 외적 행동의 자유가 허용되는 범위 내에서 특정한 중간목표를 탈취하여야 한다. 이때 '협상(Negotiation)'을 신속하게 진전시키지 못하면, 패배(敗北)나 확전(擴戰)으로 번지는 중대한 위기에 직면하게 될 수 있음을 기억하여야 한다. <표 2-17>은 '단편적 방법'이 성공하기 위한 세 가지 요건을 정리하였다.

<표 2-17> '단편적 방법'이 성공하기 위한 세 가지 요건

> 첫째, 기습적으로 목표를 탈취한 후 신속하게 협상의 계기를 만들어야 한다.
> 둘째, 외부 책략으로 획득한 이후에도 행동의 자유는 계속 확대하여야 한다.
> 셋째, 국제 여론이 인정할 수 있을 정도로 극히 제한된 성격의 목표를 가진 것 같이 보이게 만들어야 한다.

첫째, 제2차 세계대전에서 아돌프 히틀러가 라인강 좌안 점령(1936), 오스트리아 강제 합병(1938), 체코슬로바키아를 점령(1939)할 때 작전을 완료하는 데 소요된 시간이 국제외교 관례상 최소 반응시간인 48시간이 채 걸리지 않았기에 성공할 수 있었다.[83]

Gamal Abdel Nasser(이)

둘째, 이집트의 가말 압델 나세르(Gamal Abdel Nasser, 1958~1970까지 재임) 대통령이 수에즈 운하를 국유화하며 반영(反英)으로 돌아섰고, 이어서 아랍연합을 창설하며 비동맹외교를 강력하게 추진하였다. 이때 이집트군이 영국제 무기를 수입하지 않고 소련제 무기로 무장하면서 문제가 생겼다. 이와 연계되어 나타난 수에즈 운하 분쟁(제2차 중동전쟁, 1956)에서 영국과 프랑스의 군사작전은 완전히 성공하였으나, 외부 책략을 전혀 구사할 생각조차 하지 못했기에 패배라는 결과는 당연하였다.

셋째, 아돌프 히틀러는 '뮌헨 회담(1938)'에서 영국의 네빌 체임벌린(Arthur Neville Chamberlain, 1869~1940) 수상과 프랑스의 에두아르 달라디에(Édouard Daladier, 1884~1970) 총리, 이탈리아의 베니토 무솔리니(Benito Mussolini, 1883~1945) 정부 수반과의 협상에 성공하면서 의도한 목적을 달성하였다. 이후 야욕을 감추지 않아도 되는 환경이 조성되자 복수심을 드러내며 폴란드를 침공하고 제2차 세계대전을 일으켰다.[84]

---

83) 관련 내용은 김성진의 『세계전쟁사』 (2021), pp. 307~309.를 참고하기 바란다.
84) 관련 내용은 김성진의 『전쟁사와 무기체계론』 (2020), pp. 192~193.; 『세계전쟁사』 (2021), pp. 307~309.를 참고하

뮌헨 회담(1938.9.29.)

②-2 '침식방법'은 '적의 부담이 계속 누적될 수 있도록 계획된 지구전을 진행함으로써 목표를 달성하는 방법'이다. 이는 군사력(F)이 정신력($\emptyset$)과 시간(T) 요소보다 열세한 F < $\emptyset$×T일 때 적의 부담을 가중(加重)시키며 중요한 목표를 달성하는 데 있다. 이를 위해 내부책략의 구성요소 즉, 정신력($\emptyset$), 시간(T), 군사력(F) 요소를 잘 활용해야 한다.

전투를 지속할수록 군사력(F) 열세를 보완하기 위하여 한층 더 정신력($\emptyset$)이 강화되어야 함을 기억하여야 한다. 이는 첫째, '물질적 국면(군사 영역)', 둘째, '심리적 국면(심리 영역)'으로 구분할 수 있다. 성공하기 위해서는 두 가지를 동시에 진행할 필요가 있다.

알제리 독립전쟁(1954~1962)

먼저, '물질적 국면'에 있어서 전제되어야 할 조건이 최후까지 견딜 수 있는 '지구력'이다. 어느 한쪽이 물질적 국면에서 극히 불리할 경우, 분쟁을 계속하려면, 결정적인 전투는 회피하면서 '교란 전술'을 이용해야 만이 생존을 기대할 수 있다는 측면이 있기에 '게릴라전'[85]을 할 수 있어야 함을 뜻하기도 한다. 게릴라전은 소모율이 크기 때문에 계속 압박을 가할 수 있도록 규모를 유지 및 증원하려는 노력을 지속하여야 하며, 특히 비밀리에 외부에서 무기를 반입하는 조직도 함께 운영하여야 한다는 점을 잊지 말아야 한다.

외부 책략에 의한 억제 효과로 확보한 기지(Base)는 최대한 공격할 영토(목표) 가까이에

기 바란다.

85) '게릴라전'은 행동의 자유를 유지해야 하기에 두 가지의 기본 개념이 갖추어져야 한다. 첫째, '조직적인 테러' 방식을 채택해야 한다. 주민들이 적에게 일체 정보를 제공하지 못하게 함으로써 치안군을 고립시키기 위함이다. 이는 나폴레옹 보나파르트가 '스페인 원정'을 실패한 유인(誘因)이 되었다. 아일랜드, 인도차이나, 알제리 등지에서도 야만적인 행위가 사용되었으나, 국제 여론은 이에 관하여 아무런 이의를 제기하지 않았다는 측면을 고려할 필요가 있다. 둘째, 광범위한 지역에 게릴라 위협을 확대함으로써 적의 치안 유지 노력을 더욱 어렵게 해야 한다. 예를 들면, 알제리 독립전쟁(Guerre d'Algérie)에서 3만여 명에 불과한 '알제리 민족해방전선(FLN-Front de Libération Nationale)'의 게릴라들이 30만 명이 넘는 압도적인 규모의 프랑스군을 계속 괴롭힐 수 있었다는 점을 이해하여야 한다. 관련 내용은 김성진의 『세계전쟁사』(2021), pp. 120~122.를 참고하기 바란다.

확보해야 한다. 알제리 독립전쟁(1954~1962)에서 확보한 기지는 이집트였고, 튀니지와 모로코에 추가로 설치했다는 점, 베트남전쟁 간 설치한 기지는 중국이었다. 한편 말레이시아에서 게릴라전이 실패한 원인으로 기지를 확보하지 않은 고립 환경이 결정적인 문제였음은 역사적인 사실이다. 즉, 기지의 설치가 결정적인 요건은 아닐지라도 중요한 요건이라는 점을 새겨둘 필요가 있다.

둘째, '심리적 국면'에 있어서도 전제되어야 할 요건이 '전투원과 주민들이 고도의 사기를 진작(振作, 떨쳐 일어나게 하다)시키고 유지할 수 있는 노력'이 중요하다. 한편으로는 심리적 활동은 대단히 복잡한 문제로 볼 수 있다. 왜냐하면, 피·아 모두가 똑같이 전투원과 주민들을 목표로 하고 있기 때문이다. <표 2-18>은 '심리적 활동'을 하는 데 있어서 필요한 두 가지 요소를 정리하였다.

<표 2-18> '심리적 활동'을 하는 데 필요한 두 가지 요소

> ① 기본적인 정책 노선은 외부 책략에서 사용된 정책 노선과 일치되어야 한다.
> ② 선전과 선동(Propaganda & Agitation), 사상(思想)의 주입, 일반 주민들을 조직화하여야 한다.

　① 정책 노선은 주민들의 숨겨진 감정(Emotion)을 자극하여 모두가 투쟁에 참여할 수 있도록 하여야 한다. 애국·종교·사회적 측면을 불문하고 고무(高撫)되도록 토론할 필요가 있음을 이해하여야 한다. 예를 들면, '역사는 정의(우리)의 편이다.'라든지, '신은 우리 편이기에 승리는 우리의 것이다.'라든지 말이다. 요즈음 정치적으로 희화화된 '우리가 남이가! 우리끼리 뭉쳐야 산다.'라는 등도 괜찮지 않을까 싶다.

　② '심리 전술(Psychological Tactics)'은 치밀하게 조직하여야 하며, 강력한 통제를 받는 간부들이 운용하게 된다. 핵심은 심리적인 우세가 필요하기에 '심리적으로 승리하는 것만이 유일한 참된 승리'라는 사실을 믿도록 주입(세뇌)하는 게 상당히 중요함을 인식할 필요가 있다.

6.4. '간접전략'에 대한 대응책

6.4.1. '외부 책략'에 대한 대응(對應)

'국가안보(National Security)'는 일반적으로 '외부 책략'에 의하여 좌우되는데, 여기서 가장 먼저 취해야 할 중요한 요소는 '각국이 가진 취약점은 무엇인지?'를 이해하는 데 있다. 아군의 취약점은 적에게 유리한 표적을 제공해 주고, 적의 취약점은 반대로 아군에게 유리한 표적을 제공하거나, 적에게 위협(threats)을 가할 기회를 얻게 해준다. 즉, 고집스럽게 핵 억제전략만을 추구한다면, 적은 간접전략에서 완전한 행동의 자유를 누리게 될 것이다. 반면에 간접전략을 완전히 배제할 수 있는 다른 대책을 수립한다면, 아군은 행동의 자유를 가질 수 있게 된다. 결정적인 전략은 '외부 책략'이기에 가능한 한 조기에 이에 관한 대책을 수립하는 데 노력을 기울여야 한다. <표 2-19>는 앙드레 보프르가 강조한 '외부 책략'에 관한 대응책을 네 가지로 정리하였다.

<표 2-19> 앙드레 보프르의 '외부 책략'에 관한 네 가지 대응책

① 핵 억제력을 보완하기 위하여 가능한 한 최대의 억제력을 창조해야 한다.
② 적의 이데올로기 체제가 가진 약점을 효과적으로 공격할 수 있는 능력을 갖추어야 한다.
③ 심리적 국면에서 서구(西歐) 문명의 우월성과 위상을 회복시켜야 한다.
④ 지리적 국면에서 외부 책략의 대상 지역을 선정할 때, 아군의 중요한 요지(要地)는 방호하되, 적을 위협할 수 있는 지역으로 선정해야 한다.

①은 적의 최초 행동이 아군의 취약점에 바탕을 두어야 하며, 국내 여론 및 경제 부문, 위성국이나 동조세력의 정세(情勢) 등을 비롯한 체제상 취약점을 토대로 채택하여야 한다. 이는 억제의 관건이 '위협 역량(threats capability)'에 있기 때문이다. 따라서 국가의 정책 노선은 '공세적'이어야 하며, 군사적 측면은 '방위능력(defense capability)'을 충분히 갖출 수 있어야 한다.

② '공세적인 정책 노선'을 채택했다면, 공격계획은 적의 약점을 표적으로 하고 제3세계에 대해서도 그들이 필요로 하는 조건을 고려하여 수립되어야 한다.

③ 그들의 '우월성(meliority)'과 '위상(prestige)'은 서방세계의 힘과 능력에 대한 평가 기준이기에 세 가지 요소가 필요하다. 첫째, '세계전략 수립을 담당하는 하나의 서방 기구'가 존재하면서 긴밀히 조정된 총합전략과 공동정책을 다룰 수 있어야 한다. 둘째, 서구(西歐) 문명의 미래에 대한 경제적 발전과 정신적 신념 등에 대한 '신뢰감을 회복'하는 것이다. 셋째, 신생국가들과 교섭할 때는 체면이 중요한 역할을 하는데, '체면을 손상하는 사태가 없어야 하며, 손상되면, 신속하게 회복'하여야 한다.

④ 간접침략을 수행하는 데 발판이 될 수 있는 전초기지를 최우선으로 배제하여야 한다.

6.4.2. '내부책략'에 대한 대응(對應)

여기서는 '단편적 방법'과 '침식방법'의 두 가지로 구분하여 탐구할 필요가 있다.

먼저, '단편적 방법'인 상당한 규모의 병력을 사용하는 경우, 기정사실이 되지 않도록 아군 측에서 이용 가능한 '전술 부대(Tactics Troops)'86)를 보유하는 것이 상당히 중요하다.

존재한다는 사실만으로도 적에게 상당한 억제력으로 작용할 수 있기 때문이다. 전술 부대가 준비되기 어렵다면, '외부 책략'으로 적이 계획하는 목적 자체를 무산시키는 노력이 필요하다.

대표적인 사례가 제2차 중동전쟁(수에즈 운하 분쟁, 1956)에서

---

86) '전술 부대'는 고도로 기동화되어 있는 전략예비군일수록 더욱 효과적이라고 평가하였다.

영·프랑스, 이스라엘(침략국) 측이 신속하게 조처하지 않고 엉거주춤하는 사이 이집트(당사국)에서 외부 책략을 이용하여 침략을 막았다. 제3차 중동전쟁(6일 전쟁, 1967)과 제4차 중동전쟁(10월 전쟁, 1973)은 이스라엘이 획득했던 시나이반도(Sinai Peninsula)를 중동지역의 영원한 평화를 원한다는 이집트의 외부 책략으로 이집트가 반환받을 수 있었다.[87] 베트남전쟁(Vietnam War, 1955~1975)에서 북베트남의 호치민(胡志明-Ho Chi Minh)은 미국민의 반전사상(反戰思想-war-weariness)을 부추겨 미군을 철수하도록 만들었다.[88] 포클랜드 전쟁(Falkland Islands War, 1982)은 영국이 아르헨티나가 외부 책략을 시도하기 이전에 신속하게 포클랜드 제도를 탈환하여 성공한 사례다.

'침식방법'을 이용한 간접침략에 대해서는 대중의 지지를 얻고 주민 통제와 게릴라를 고립화하기 위한 대(對) 게릴라전 전략을 구사해야 한다. <표 2-20>은 앙드레 보프르가 강조한 '침식방법'에 관한 대응책을 세 가지로 정리하였다.

<표 2-20> 앙드레 보프르의 '침식방법'에 관한 세 가지 대응책

> ① 막대한 자원을 투입하지 않으면서도 정부의 통제력(필수 불가결한 요소)을 유지 및 보장할 수 있게 한다.
> ② 효율적인 외부 책략을 구사(驅使, 자유자재로 다룸)함으로써 사태를 억제할 수 있어야 한다.
> ③ ①·②가 실패할 경우 국부적인 대응수단(군사력)을 동원하여 직접적인 반격수단에 호소할 수밖에 없다.

이때 필수 요소는 '정책 노선'이고, 목표는 '적이 최후 수단을 이용하지 못하게 박탈'하는 데 두어야 한다. 가용병력을 충분히 보유하고 있음을 외부적으로 알려 정부의 위상을 유지 또는 증대시켜야 하기 때문이다. 아울러 빨리 개혁(改革)을 단행하여 모든 불평불만 요인을 잠재울 필요가 있음을 기억할 필요가 있다. 게릴라가 계속 외부 지원을 받으면, 적의 지원전략을 분쇄(粉碎-crush)할 수 있어야 한다. 핵심은 적의 책략에 걸리지 않게 중요한 지역 위주로 병력을 집중적으로 배치하여 주민을 보호할 수 있어야 한다. 이외의 지역에는 적이 기지(Base)를 설치하지 못하게끔 정보망을 가동하여 끊임없이 수집하되,

---

87) 정호수, 『세상을 바꾼 협상이야기』 (서울: 발해그후, 2008), pp. 395~417, 421~439, 442~456, 461~477.
88) 조셉 커민스 著, 김지원·김후 譯, 『전쟁 연대기Ⅱ』 (고양: 니케북스, 2013), pp. 364~367.

경계선은 완전히 봉쇄(blockade)하여야 한다.

소결론적으로 모든 작전은 적과 우호적 주민에 대한 심리적 효과를 염두에 두고 수행되어야 한다. 특히 보호지역을 확보하여 주민들이 안전하게 보호받고 있음을 선전함으로써 적이 지배하는 주민들에게 부러움의 대상이 되도록 하여야 한다. 이때 신뢰감을 증대하기 위해 어떠한 경우도 보호지역은 축소하지 않아야 한다.

6.5. 바실 헨리 리델하트와 앙드레 보프르의 전략사상 비교

이들이 주장하는 전략사상의 수준은 차이가 있다. <그림 2-16>은 이들의 군사전략 사상을 비교하였다.

구 분	리델하트(간접접근전략)	보프르(간접전략)
수 준	군사전략적 차원	국가전략적 차원
정 의	• 최소 전투에 의한 승리를 위해 적의 저항 가능성을 최대한 강화 • 우군에 유리한 전략적 상황을 조성 • 적의 행동자유는 최소화 → 아군의 행동자유는 최대화	• 핵무기로 인한 억제 또는 제한적 여건에 따라 군사적 승리만 추구할 수 없을 때 사용 가능한 군사적 수단이 일반적으로 엄격하게 제한되어야 함에도 불구하고 결정적인 승리를 쟁취할 수 있는 기술
목 적	• 군사적으로 유리한 전략적 상황을 조성	• 군사적 분야 이외의 다른 방법으로 성과를 획득
수 단	• 작전적차원: 기동, 기습, 교란, 견제 • 전략적차원: 위협, 억제, 시위, 외교 주수단: 군사적 수단	• 내부책략: 단편적 방법, 침식 방법 • 외부책략: 외교 및 강압, 억제로 無力化 주수단: 정치·경제·외교·심리 등
요 소	• 운동(물질적 분야): 시간, 지세(地勢), 수송력 • 기습: 심리적 분야	S=KFøT • S: 전략, K: 특수요소, F: 군사력, ø: 정신력, T: 시간
전쟁에 대한 시각	• 기동, 기습, 교란, 견제 등의 수단으로 유리한 상황 조성	• 총력전쟁(總力戰爭)
업 적	• 현대전략 개념의 기초 제공 • 보프르의 간접전략에 영향 • 기동戰, 전격戰 개념에 영향	• 현대전략 개념을 현실적으로 적용 • 핵무기 세대의 전략개념 • 전쟁보다는 다른 수단에 의한 분쟁 해결

<그림 2-16> 바실 헨리 리델하트와 앙드레 보프르의 군사전략 사상 비교

바실 헨리 리델하트는 '군사전략적 차원'에서, 앙드레 보프르는 '국가전략적 차원'에서 주장하고 있다.

6.6. 앙드레 보프르의 '간접전략 사상'이 현대에 미친 영향

'간접전략'은 핵무기의 등장으로 행동의 자유가 제한되면서 주로 '정치·외교·경제·심리적 분야 등의 비군사적 수단을 이용하여 결정적인 목표를 쟁취하되, 군사적 수단은 2차로 사용하는 전략'이다. 따라서 이면적(裏面的) 방법과 수단을 동원하여 수행하는 '총력전쟁(Total War)'이며, '직접 전략'을 보완해 주는 수단이라고 평가할 수 있다.

현대 국가의 간접전략은 직접 전략인 핵전략이 발전할수록 '전면전쟁'의 수행이 어렵기에 전체적인 억제균형이 이루어질수록 빈번히 사용될 것이다.

'간접전략'은 S=K×F×∅×T로 정리할 수 있다. '직접 전략'의 가장 지배적인 요소가 군사력(F)인 데 비해 '간접전략'의 가장 지배적인 요소는 정신력(∅)이다. 그러나 군사력(F)을 배제할 수는 없다. 군사력(F)이 영(零-zero)일 경우 '전략(Strategy)' 자체가 존재할 수 없기 때문이다.

간접전략에 의한 공격에 군사력으로 대응하는 것은 '투우사(외부 책략)'를 대신하여 붉은 망토를 받는 황소와도 같은 어리석은 일이다. 우리가 표적으로 삼아야 할 대상은 '투우사(외부 책략)'임을 유념하여야 한다.

소결론적으로 '간접전략'은 국가 차원에서 비군사적 수단을 우선으로 하는 전략이다. 제한받는 행동의 자유 영역을 가장 잘 이용할 수 있고, 목적 달성을 위해 사용 가능한 군사적 수단이 엄격하게 제한받는 환경(여건)에서 결정적인 승리를 쟁취하는 데 중요한 기법(skill)이다.

7. 알프레드 세이어 마한(Alfred Thayer Mahan, 美)

7.1. 개요

알프레드 세이어 마한(또는 앨프리드 세이어 머핸, 1840~1914)은 미국 뉴욕주 웨스트포인트에서 태어났다. 부친인 데니스 하트 마한(Dennis Hart Mahan)은 육군사관학교 교수였으나, 신학대학 교수인 삼촌(밀러 마한)의 영향을 크게 받았다고 알려져 있다. 1859년 해군사관학교를 졸업한 후 남북전쟁(1861)에 참전하였으며, 해군사관학교에서 '선박 조정술(seamanship)' 과목을 강의하였다. 1886년 해군대학에서 해군사와 해양전략론 교수 겸 학장으로 근무하며 해군 장관과 대통령에게 해군의 운영에 관하여 자문하였다.[89] 1890년 출간한 『해양력이 역사에 미치는 영향: 1660~1783』은 카를 폰 클라우제비츠에 버금가는 전략사상으로 평가받았다.[90] 국가의 해군력에 미치는 일반적인 조건을 제시하면서 해양력(Sea Power)이 역사의 진로(進路-directivity)와 국가번영에 미치는 영향을 논리적으로 증명하였다. 당시 해군차관인 프랭클린 D. 루스벨트(Franklin D. Roosevelt, 1882~1945)가 채택하여 미국의 해양력 발전에 상당한 영향을 미쳤다.[91] 1892년 『프랑스 혁명 및 그 제국에 미친 해양력의

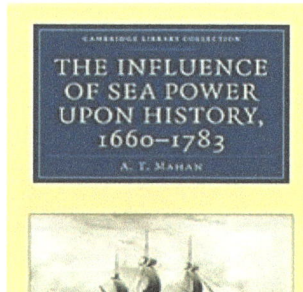

---

89) Philip A. Crowl, "Alfred Thayer Mahan, "Peter Paret, ed., *Makers of Modern Strategy: from Machiavelli to the Nuclear Age*(Princeton: Prinston University Press, 1986), pp. 444~447.

90) 항공기가 발명되기 이전 인간의 전쟁터는 땅(地上)과 바다(海上)뿐이었다. 이때 바다는 주로 땅에서 수행되는 전쟁을 보조 또는 지원하는 간접적인 전쟁터로서만 인식하였다. 바다 자체가 국가의 흥망성쇠(興亡盛衰)를 결정하는 요인으로 생각하지 않았기 때문이다. 이러한 인식을 바꾼 계기가 바로『해양 전략론』이며 강대국들이 바다를 국가의 번영과 발전의 핵심 요인으로 인식하면서 바다가 국력의 중요한 일부라는 '해양 세력론'의 주장이 전략사상사(思想史)의 중요한 축으로 등장하는 계기가 되었다.

91) 프랭클린 D. 루스벨트는 미국 최초의 4선 대통령(1933~1945까지 재임)으로 미국민의 가장 사랑을 많이 받았고, 가장 혐오한 대상이다. 정적(政敵)으로부터 많이 공격받은 부분이 독선적 처신과 교활한 정략(政略)을 손꼽는 한편으로 경제공황을 극복한 주체임에는 이견(異見)이 없다.

영향: 1793~1812』을 연이어 출간하는 등 총 20권의 저서와 137편의 논문을 출간하였다. <그림 2-17>은 알프레드 세이어 마한의 생애를 정리하였다.

- 1840, 美 뉴욕주 웨스트포인트 출생(1914 사망)
- 1856~1859, 美 해군사관학교 입교(2등)
- 1861~, 해군사관학교 교수(선박조정술)
- 1886, 해군대학 학장(1896, 대령 예편)
- 1890, "해양력이 역사에 미친영향: 1660~1783
  - 7개 대학에서 명예박사 학위 수여
    - 英: 옥스퍼드·캠브리지대
    - 美: 하버드·예일·콜롬비아·맥길·다트머스대
- 1902, 예) 소장으로 진급
- 1909, 해군 재편위원, 대통령 국방자문위원회의 의장

<그림 2-17> 알프레드 세이어 마한의 생애

가장 큰 업적으로는 지상전의 비교방법론을 해전(Sea Battle)에 적용함으로써 과학적 연구의 토대를 세웠다는 점이다. 당시 기술이 급속도로 발전함에 따라 해군 장교들 사이에서  허레이쇼 넬슨(Horatio Nelson, 1758~1805) 제독이 트라팔가르 해전(Battle of Trafalgar)[92]에서 사용한 전술이 구시대의 유물에 불과하다는 주장이 나올 때였다. 다시 말해 해군 전쟁대학에서 가르치는 내용에 대한 냉소적인 분위기가 팽배한 시기였다. 그는 19세기 중반 이후의 시대적 흐름이 "국가가 어떻게 해양을 활용하여야 강대국이 될 수 있는지? 그리고 역사 발전에 있어서 해양의 역할은 무엇인지?"라는 데 관심이 있다는 점을 주목하였다. 이에 따라 전쟁을 효율적으로 수행하려면, 원칙과 방법을 과학적으로 도출하는 것 외에 더 중요한 일은 없다는 인식에서 해전(海戰)을 수행하는 방식과 해군의 역할이 무엇인지?에 관하여 연구하였다. 결국, 강한 해양력(Sea Power)을 갖추지 않으면, 번영도 강대국으로

---

[92] '트라팔가르 해전(Battle of Trafalgar)'은 나폴레옹 전쟁 당시 제2차 대(對)프랑스 동맹이 벌인 전쟁의 한 측면으로 1805년 10월 21일 영국-프·스페인 연합함대가 스페인 남서 해안의 트라팔가르곶 일대에서 벌인 전투로 넬슨 제독이 이끄는 함대(27척)가 프·스 연합함대(33척)를 격멸하였으나, 넬슨 제독은 교전 당시 프랑스군 저격수의 총에 맞아 전사했다. 관련 내용은 박창희『군사전략론: 국가 대전략과 작전술의 원천』(2013), p. 276.을 참고하기 바란다.

부상하기도 어렵다는 결론을 도출하였다.[93]

7.2. '해양전략 사상'에 관한 이해

전 세계 어느 국가도 발전에 필요한 충분한 자원(natural resource)을 갖기는 어렵다. 따라서 지리적 여건을 극복하기 위해 해외에 있는 식민지 자원을 안전하게 운송할 능력을 보유한 선단과 보호할 능력을 갖춘 강력한 함대, 기지(Base)를 보유한 해군력이 필요하였다. 특히 제해권의 장악이 전쟁의 승리를 견인하는 원동력이라고 주장하였다.

바다는 국가 간 이동을 원활하게 해주는 위대한 고속도로(Great Highway)라고 생각하였기에 바닷길(해상교통로)을 확보하려면, 제해권(Command of the Sea)을 요체(要諦)로 인식하였다. 강대국들의 지배적인 지위와 해군력의 상관관계를 발견하였기 때문이다. '제해권'을 장악할 수 있다면, 자국의 '해상교통로(SLOC-Sea line of Communication)'[94]를 확보하고 적의 해상교통로는 위협을 가할 수 있기에 적의 해양 경제활동을 잠식시키고 전쟁을 지속할 수 있는 능력을 근본적으로 파괴할 수 있기 때문이다. 이때 제해권을 장악하는 가장 확실한 방법이 적 함

대를 제거하는 것이다. 이는 결정적인 전투를 통해 적 해군을 패배시킴으로써 가능하다. 만약 적 해군이 활동한다면, 해양을 확보하는 경쟁은 계속될 수밖에 없다. 따라서 해군의 최우선적 임무는 적의 함대를 격퇴하고, '제해권'을 장악하는 데 있다. <그림 2-18>은 국가의 존립(存立)과 번영(繁榮)에 기여하는 해군의 역할을 정리하였다.

---

93) '해양력'은 과잉 생산된 상품들을 교환하려면, 경제적 활동이 생성되어야 하는데, 이들을 처분하기 위해서는 대륙 국가 간 육로로만 이동하여서는 그 한계가 있으므로 해상무역이 활발하게 발달하여야 한다고 보았다. 이것이 해양력이 발달할 수밖에 없다는 핵심이자 키워드라고 이해하면 될 듯싶다.
94) 그림에서 보는 바와 같이 한국이 원유를 들여오는 데 가장 짧은 해상 수송로는 '말라카해협(Strait of Malacca)'이다. 이를 통제당하게 되면, 수 배의 길을 돌아서 와야 하기에 엄청난 예산의 낭비는 불을 보듯 뻔하듯이 해상교통로의 중요성을 더는 언급할 필요가 없지 않나 싶다.

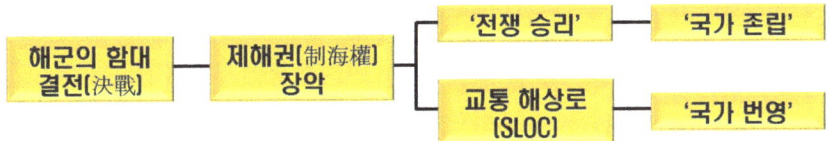

<그림 2-18> 국가의 존립(存立)과 번영(繁榮)을 위한 해군의 역할

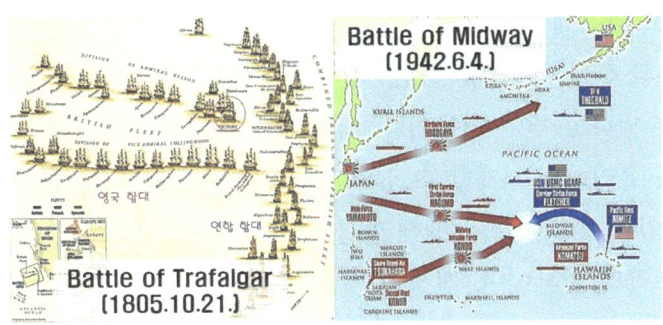

저서는 대다수 <표 2-21>에서와 같이 '해양력(Sea Power)'과 '해군전(Naval Warfare)'[95], '해군전략(Naval Strategy)'[94]이 서로 연계되어 있으며, 이들은 여섯 가지의 핵심 요소로 구성되어 있다.

<표 2-21> 알프레드 세이어 마한의 해양력(Sea Power)과 해군전(Naval Warfare), 해군전략(Naval Strategy)에 관한 여섯 가지의 핵심 요소

① 해군전략은 원칙이 있으며, 그 전략의 본질은 변하지 않는다
② 역사 연구를 통해 얻은 결론은 평시에 부(富)를 조장하고, 전시에 승리를 가져오게 하는 바탕은 제해권(command of the sea)에 있다.
③ 전략·작전적 차원에서 단일화한 목표에 '집중(concentration)'해야 한다.
④ '전략의 3요소(three elements of strategy)'는 '④-1 중앙위치(central line or position)', '④-2 내선(interior lines of movement)',
  '④-3 해상교통로(communications)'다.
⑤ '전략선(strategic lines)'은 '전략지점을 연결하는 선'으로서 이는 용도에 따라 구분하여야 한다.
⑥ 통상(通商-commerce)과 해운(海運-shipping)이 중요함을 인식해야 한다.

---

95) '해군전(Naval Warfare)'은 '해양통제를 확보·유지·행사하고 적의 해양사용을 거부하기 위하여 해군 부대(Naval Forces)를 운영하는 전반(全般)'을 뜻하며, 일련의 해군작전이나, 해군 전역으로 구성되어 있다. 수행하는 과정에서 양측 함대나 해군부대에 의한 교전(交戰-서로 싸움)이 발생하는 상황을 '해전(Battle)'으로 이해하면 될 듯싶다. 대표적으로 트라팔가르해전(Battle of Trafalgar, 1805.10.21.), 미드웨이 해전(Battle of Midway, 1942.6.4.), 레이테만 해전(Battle for Leyte Gulf, 1944.10.24.~26.) 등을 들 수 있다.

① 과학의 변화에 따라 해군 무기는 변할지라도 '해양전쟁(Maritime War)'에서의 일반원칙은 유익하다. 따라서 해군전략(Naval Strategy)이 전쟁에서 승리하는 데 필요한 원칙(principle)이 될 수 있다는 점을 강조하였다.

② '제해권(Command of the Sea)'[96]은 그가 주장하는 전략이론에서 가장 기본적인 개념으로 다른 모든 이론은 제해권을 확보하는 문제와 직접 관련되는 것들이다. 해양은 나눌 수 없는 불가분성(indivisible)을 갖고 있기에 해상교통로를 지배할 수 있는 우세한 해군력으로 쟁취하는 제해권 역시 불가분의 산물이다. 왜냐하면, 적극·공세적인 함대를 운영할 수 있어야 해양통제권을 확보할 수 있다고 믿기 때문이다. 이를 토대로 하여 해상수송을 통해 '내선작전(internal operation)'을 유리하게 전개할 수 있고, 적국에 마음먹은 대로 군사력을 투사(projecting power)할 수 있는 주도권 즉, '제해권'을 달성할 수 있다고 보았다.

③ '집중(concentration)'은 해군전략의 기본이며, 전쟁 시에 군사적 효율성을 담보하기 위한 모든 요소를 포함하고 있다. 이때는 '물리적 집중'뿐만 아니라, '노력의 집중'도 중요하다. 전략(작전)에서 목적을 단일화하기 위해서는 정신을 집중해야 하는데 '유형적 집중'이 필요하다. 적의 일부는 우세를 유지하고 다른 부분은 주(主)공격이 성공할 때까지 견제하는 방식을 뜻한다. 공격력을 집중하는 대원칙은 어떠한 상황에서도 대단히 중요하다. 또한, 예비함대를 보유해야 하며 양측(兩側) 함대의 주력함정이 손상될 경우, 구식함정으로 구성된 예비함대도 최대한 출동할 수 있을 때 승리할 수 있다고 보았다. 즉, 낡은 함정이라도 조기에 폐기하는 데 반대하였음에 주목할 필요가 있다.

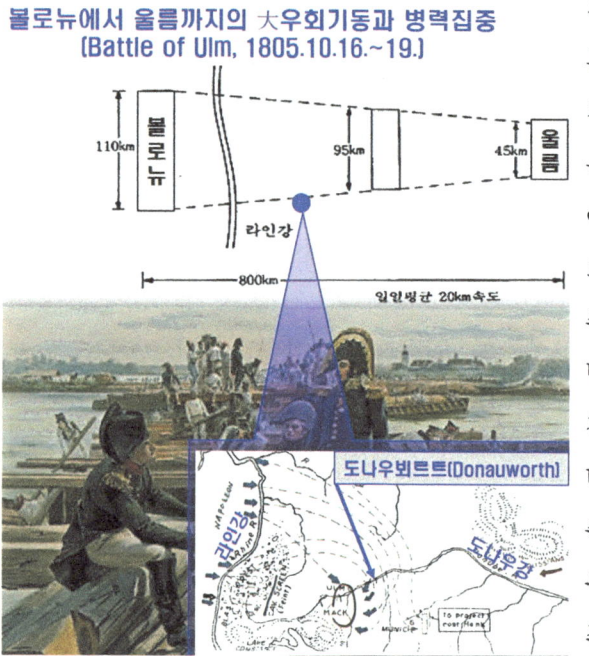

불로뉴에서 울름까지의 ★우회기동과 병력집중
(Battle of Ulm, 1805.10.16.~19.)

---

96) '제해권(制海權)'은 '해양에서 자신의 의지대로 인원과 물자를 수송하는 능력을 확보하는 반면에 적의 그러한 능력은 박탈(剝奪)하는 전반적인 활동'이다. 이를 장악하는 방법은 '함대 간 결전(On the Sea)'이 가능하다고 보고 있다. '함대 간 결전'이라는 의미는 '적의 해군력'을 격파하는 데 있다. 다만, 이는 점차 '바다에서부터(From the Sea)'로 변화하였음을 이해할 필요가 있다. 대표적으로 1983년 美 해군에 배치된 토마호크 미사일은 걸프전(Gulf War, 1991) 간 사막의 폭풍 작전에서 절정을 이루었다. 관련 내용은 김성진의 『세계전쟁사』(2021), p. 398.을 참고하기 바란다.

④ '전략의 3요소' 중 ④-1 '중앙위치(central line or position)'는 '두 방면에 적이 있을 때 아군이 한쪽의 적에 대해 다른 한쪽의 적이 도착하기 이전에 먼저 도착할 수 있는 지점'을 뜻한다. 따라서 '중앙위치'를 차지하면, 언제나 우월한 병력으로 적의 일부에 대항하는 이점(利點)이 있다. 여기서 양측에 우세한 적들을 둔다면, 중앙위치는 무용지물로 변하게 된다. 다시 말해 '중앙위치'는 '유리한 위치(position)와 힘(power)을 합칠 수 있기에 나타나는 이점'으로 이해하면 된다.97)

④-2 '내선(internal lines)'은 '중앙위치가 어디인가에 따라 부수적으로 발생하는 이익으로써 중앙위치의 기능을 한 방향 또는 두 방향 이상으로 연장한 선'이다. '시간상 적보다 먼저 전장(battle-field)에 도착할 수 있는 선'이다.98) 즉, 삼각형 내부의 선상(線上)에 있다 함은 '중앙위치를 확보한 팀(부대)이 두 방면의 적 가운데 어느 한쪽에 대하여 먼저 신속하게 병력을 집중하거나, 유리한 입장에서 병력을 운용할 수 있다.'는 뜻이다.

④-3 '교통로(communications)'는 '군대가 힘의 근원이 되는 지역(本國)으로부터 생존을 유지하기 위한 행동선(line of movement)'을 뜻한다. '내선(內線)'이 '공세적 개념'이라면, '교통로'는 '수세적 개념'의 작전선이라는 의미다. '내선'은 적(敵)보다 아군이 먼저 집중공격할 수 있지만, '교통로'는 적이 먼저 집중공격을 하기가 쉽다. 따라서 적에게 노출되지 않도록 내선으로 보호함이 마땅하다. 국가가 해상교통의 자유를 보장해 주는 대신에 적

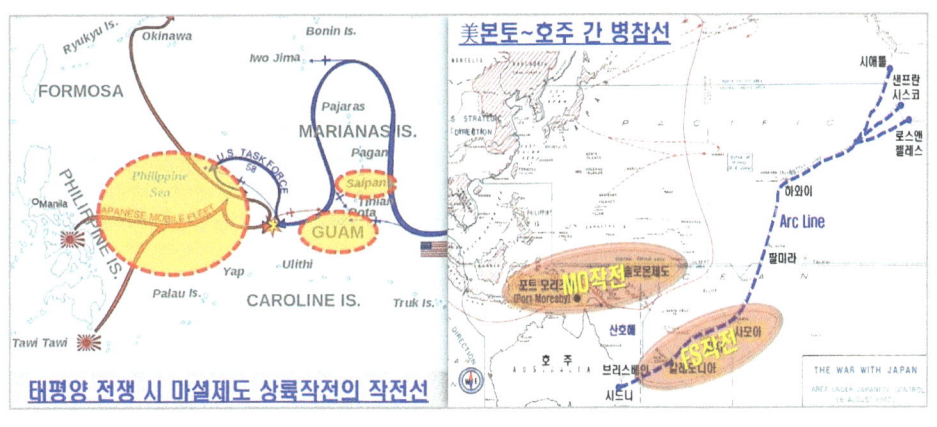

국의 해상교통을 방해(격파)하여 활동하지 못하게 하는 것이 해상지배자의 특권이다. 즉, 지상(地上=陸地)이나 해상(海上)을 비롯한 모든 군사 조직이 '교통로'에 의존해야 한다.

⑤ '전략선(戰略線-strategic lines)'은 '위치(position)', '강도(strength-적의 접근을 방지하

---

97) 관련 내용은 김성진의 『세계전쟁사』(2021), pp. 107~115.를 참고하기 바란다.
98) 관련 내용은 김성진의 『전쟁사와 무기체계론』(2020), pp. 154~157.; 『세계전쟁사』(2021), pp. 93~97.; 이 책의 3. 앙투안 앙리 조미니 편에 수록한 내·외선작전을 참고하기 바란다.

여 아군을 이롭게 하는 장애물', '군사지원(military resources)'의 3요소를 고려한 전략지점(strategic points)을 연결하는 선을 뜻하고 있다. 용도에 따라 '작전선(line of operation)', '후퇴선(line of retreat)', '교통로(line of communication 또는 병참선)'라고도 불린다.[99] 따라서 '다른 조건이 모두 같을 때 최단 시간에 통과할 수 있는 선, 즉, 함대가 일반적으로 항로(航路)로 사용하는 선'이라고 이해하면 된다. 다만, 어떠한 위치가 전략적 측면에서 중요한 위치(positions) 또는 거점(points)으로서 가치를 보장받기 위해서는 <표 2-22>와 같이 세 가지 조건을 갖추어야 한다.

<표 2-22> 특정 위치가 중요한 위치(positions)나, 거점(points)으로 가치를 보장받을 수 있는 세 가지 조건

⑤-1. 어떠한 특정 위치(position) 또는 상대적 위치(situation)가 전략선이나, 해상교통로와 어느 정도 근접되느냐에 따라 가치의 수준은 달라진다.
⑤-2. 어떠한 상황에도 즉각 전투에 투입할 수 있는 군사적 전투력(military strength)을 갖추어야 한다. 즉, 방어·공격력을 투사할 수 있어야 한다.
⑤-3. 함대(艦隊)의 보급과 수리를 지원할 수 있는 자원(resources) 즉, 인·물적 자원을 동시에 갖추어야 한다.

특히 ⑤-3에서 하나의 전략지점이 왜! 중요한가는 왼쪽의 그림에서 보는 바와 같다. 터키의 다르다넬스 해협(Strait of Dardanelles)과 보스포루스 해협(Strait of Bosporus)은 주변에 대체할만한 수로(水路)가 없기에 차단할 경우 어쩔 수 없이 대체할 만한 우회로(roundabout way)를 다시 찾거나, 추가적인 대책이 불가피하다. 따라서 결정적인 가치가 있다고 평가할 수 있다. 이는 스페인과 모로코 사이의 지브롤터 해협(Strait of Gibraltar)도 유사한 가치를 지니고 있다고 이해하

---

99) 관련 내용은 김성진의 『세계전쟁사』 (2021), pp. 366~377.을 참고하기 바란다.

면 된다. 이외에도 이들의 전략적 가치를 증명할 수 있는 해상교통로에 관한 사례는 많이 찾을 수 있다.

⑥은 "넓은 의미에서 해양력은 무력에 의하여 해양 또는 해양의 일부를 지배하는 해상 군사력뿐만 아니라 평화적인 통상(commerce)과 해운(shipping)까지 포함한다. 이들이 있기에 함대가 건전하게 운영될 수 있으며, 또 함대가 있기에 통상과 해운이 건재할 수 있는 것이다."라고 주장하였다. 그러나 "좁은 의미에서 함대(해군)의 필요성은 평화로운 해운이 필요할 때 발생하는 것으로 방호(防護)의 필요성이 없어지면, 함대의 필요성도 사라질 것이다."라고 강조하였다.

아쉬운 점은 통상과 해운의 중요성을 강조하면서도 간과(看過-대충 지나쳐 버린)한 내용이다. "통상의 파괴전략이 전면전쟁에서 다소의 영향을 주었을지라도 나타난 결과가 그다지 크지 않음을 볼 때, 그와 같은 정책이 전쟁에서 긍정적인 효과를 가져오지 못했음을 확실히 보여주었다."라는 문장이 파괴하는 전쟁 양상을 허약한 전쟁의 형태로 경시(輕視-대수롭지 않게 취급)한 인식 수준은 일반적이지 않을 뿐만 아니라 합리적이지 못한 판단으로 평가할 수 있다.

7.3. '해양전략 사상'의 구성과 전략사상 체계

국력을 이루는 근간은 해양력(海洋力-Sea Power)이 가지고 있는 자연·인위적 요인에 의해 결정한다고 믿었다. <표 2-23>은 영국이 전성기를 구가(謳歌-태평성대를 누린)할 수 있었던 여섯 가지의 결정적인 요인을 정리하였다.

<표 2-23> 영국이 전성기를 구가(謳歌)하였던 여섯 가지의 결정적 요인

① 지리적 위치, ② 국가의 물리적 구성, ③ 국가적 여건, ④ 영토의 크기,
⑤ 국민적 성향, ⑥ 정부의 성격

여섯 가지의 요인 중에서 ①은 대륙과 떨어져 있는 국가가 생존하기 위해서는 강한 해양력을 보유할 수밖에 없다. 이를 통해 국가이익을 도모하고 번영을 추구할 수 있기에 가장 핵심 요소로 설정하였다. 1571년 10월 7일 로마 교황령과 에스파냐(현재의 스페인), 몰타 기사단[100] 등이 연합한 신성동맹 함대(해양국가)와 오스만 튀르크 제국(Osman Empire, 대

륙 국가) 사이에 일어난 레판토해전(Battle of Lepanto)은 돈 후안 데 아우스트리아(Don Juan de Austria, 1547~1578) 총사령관이 지휘한 연합함대의 승리로 지중해의 패권을 장악하고

있던 오스만 튀르크의 세력 팽창을 저지하며 제해권을 장악하였고, 스페인이 가졌던 '무적함대'[101]의 칭호도 가져왔다.

인위적 요소는 ⑥으로 정치지도자(최고 통치자)의 의지와 시대적 환경에 따라 변화하지만, 궁극적으로는 '국가의 해양력'에 달려있다고 판단하였다. 따라서 미국이 번영하려면, 국가전략을 수립할 때 해양통제를 주도하기 위해서는 ⑥-1 해협(海峽), ⑥-2 제한된 해양, ⑥-3 해상교역로를 해군력이 공세적으로 운영할 수 있도록 제해권을 확보하여야 한다고 강하게 제기하였다. 이러한 과정을 통해 영국은 '공세적인 결전 전략'으로 해양을 제패하였고, 프랑스는 '수세적 해양전략'으로 대륙을 제패하였다. <그림 2-19>는 그가 주창한 '해양전략 사상'에서 '해양력'이 구성하여야 할 요소를 정리하였다.

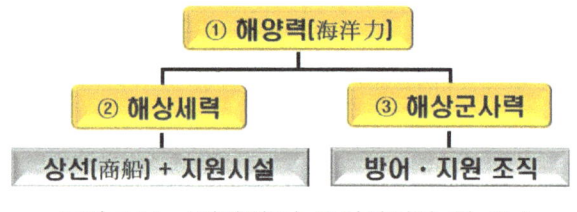

<그림 2-19> '해양력'이 구성하여야 할 요소

---

100) 십자군 전쟁 기간에 활동한 대표적인 기사단으로 초기의 명칭은 '기사수도회 또는 성 요한 기사단'으로 불렸으나, 예루살렘이 이슬람에 함락되자 지중해의 몰타(Malta) 지역으로 옮기면서 '몰타 기사단'으로 불렸다. 관련 내용은 김성진의 『전쟁사와 무기체계론』(2020), pp. 134~136.을 참고하기 바란다.

101) 에스파냐(현재의 스페인)의 '무적함대' 칭호는 레판토해전(1571)을 통해 얻게 된 별명으로 본래 함대의 정식 명칭이었던 '위대하며 가장 축복받은 함대(Grande y Felicísima Armada 또는 Armada Invincible)'의 별칭이었다. 그러나 이는 당시 영국 여왕(Elizabeth I, 1533~1603)의 지시를 받은 영국 해적(Francis Drake 선장)으로 인해 세계 4대 해전(살라미스-Salamis 해전(BC 480), 칼레-Calais 해전(1588), 한산도 대첩(1592), 트라팔가르-Trafalgar 해전(1805)) 중의 하나인 칼레 해전에서 에스파냐가 영국에 패함으로써 그들의 무적함대 칭호는 사라지고 영국 해군(함대)의 칭호가 되었음은 역사적으로 아이러니한 사실이다. 관련 내용은 윤석준의 『해양전략과 국가발전』(2010), pp. 73~77.을 참고하기 바란다.

①은 지리적 위치(이점)와 국가의 의지에 따라 과잉 생산물을 교역하여 국가의 발전과 번영을 쟁취하기 위한 경제활동이 생겼다. 이를 효과적으로 운용하기 위해 제도적 장치가 필요했다. 대표적 업종(業種)으로는 금융, 보험, 수출업, 수입업, 중개인(Broker 또는 Agent) 등과 같이 전문화된 산업인력과 조선·수리·하역업 등이다. 이러한 업종이 원활하게 운영되지 않으면, 국내·외 교역이 발전되기 어렵고 화물(貨物)을 구할 수도 없기에 어떠한 해양국가도 국익과 번영은 실현이 어렵다고 보았다.

②는 해양력(Sea Power 또는 Maritime Power)이 발전하는 최초의 원동력으로서 해상기동에 전문화된 능력을 갖춘 하부 조직이다. 여기서 해상세력의 기본 요소는 물론 상선(商船)이지만, 제한된 범위일지언정 지원 및 보호해줄 수 있는 정박(碇泊) 또는 정비(整備)에 필요한 장비와 물자, 시설 등이 필요했기 때문이다.

③의 '해상군사력'은 '해군'을 뜻하며, '해양력'이 하나의 통합체계로써 다양한 요소를 포함하기에 상호 관련성을 갖고 있음을 나타내기 위해 사용하였다. 다만, 정책 결정권자들에게 "'해상군사력'을 왜! 조성하여야 하는가?"라는 부분을 조금 더 완전하게 인식시켜야 했지만 '해상군사력'을 해상세력(商船)의 보호 및 방어와 지원에 대한 우선순위를 낮추고 국력을 강화하기 위한 군사적 요소로써만 인식하려고 했음을 인식할 필요가 있다.

7.4. 줄리언 S. 콜벳(Julian S. Corbett, 英)의 '해양전략 사상'

줄리언 S. 콜벳(또는 줄리언 S. 코르벳트, 1854~1923)은 역사학자이며 저널리스트로 카를 폰 클라우제비츠의 영향을 많이 받았지만, 앙투안 앙리 조미니의 영향도 많이 받았으며,[102] 해전(海戰)은 정치적인 산물이자 전쟁의 한 부분으로 국가전략의 한 부분에 불과하다고 생각하였다. 적 군사력을 완전히 격멸해야 한다면서도 지상 전략과 다르게 적국의 해양 경제활동을 파괴 및 보호하기 위해 적 함대를 파괴하는 것만이 능사가 아니라고 주장하였다. 해양의 영토 개념은 영해(領海)에 국한될 수밖에 없기에 적 함대를 파괴하는 작전 활동은 해양전략을 달성하기 위한 '필요조건'에 불과할 뿐 '충분조건'은 아니라고 주장하

---

[102] 줄리언 S. 콜벳은 알프레드 세이어 마한보다 14년 후인 1854년 영국 런던에서 태어났다. 일부 자료에서는 카를 폰 클라우제비츠의 영향을 많이 받았기에 그를 '가장 위대한 이론가'로 칭송하지 않았는가? 라고 주장하지만, 해군 역사가들 사이에서는 이에 관해 의견을 달리하고 있음도 이해할 필요가 있다. 그 이유는 카를 폰 클라우제비츠는 전쟁을 수행하는 의미를 '정치적 목적'에 있다고 했지만, 그는 '지리적 목표를 달성하'는 데 중점을 두고 있음에 주목할 필요가 있다. 이로 인하여 알프레드 세이어 마한과 그의 해양전략 개념은 다소 결이 다름을 이해하여야 한다.

고 있다. 사람들 대다수가 육지에 살고 있으므로 전쟁 시 국가 간 가장 큰 관심은 지상에서 육군이 적의 영토와 국민에게 어떠한 위협을 가할 수 있는지?, 함대가 육군의 작전을 어떻게 도울 수 있는지? 에 대하여 고민하였다.

알프레드 세이어 마한은 '제해권(制海權-Command Of The Sea)'을 주장하는 데 반해 그는 공해(公海)에서 확보할 수 있는 유일한 승리가 '통항권(通航權) 확보'에 있는 것으로 인식하였다. 왜냐하면, 제해권은 부분적이며 일시·지역에 국한될 수밖에 없다고 판단했기 때문이다.

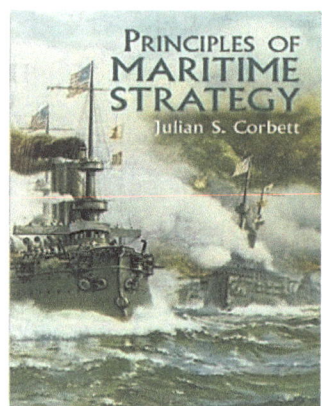

『잉글랜드의 7년 전쟁-England in the Seven Year's War(1907)』, 『해양전략의 원칙-Principles of Maritime Strategy(1911)』을 통해 영국 해군의 신축적인 해군력 운용이 향후 해군이 추구해야 할 해양전략의 기본원칙으로 제시하였다. 전쟁의 목적과 수단, 전쟁과 해전(海戰)의 상관성, 해전의 목적과 수단, 해전의 수행 방법 등을 체계적으로 구성하고 있다. 바로 '연안해군 전략'이다. <표 2-24>는 줄리언 S. 콜벳이 주장하는 『해양전략의 원칙』의 주요 구성 및 핵심 내용을 정리하였다.

<표 2-24> 줄리언 S. 콜벳의 『해양전략의 원칙』 구성 및 핵심 내용

구 분	핵심 주제(Agenda)	관련 논거(reasonable argument)
제1부	① 전쟁이론 (Theory of War)	• 대륙적 개념에 '해양전략'이라는 새로운 차원을 포함
제2부	② 해전(海戰)이론 (Theory of Naval War)	• 목표는 항상 직·간접적으로 제해권을 확보하거나 적이 제해권을 확보하지 못하도록 저지
제3부	③ 해전 수행 (Conduct of Naval War)	• ③-1. 세력의 집중, ③-2. 확실한 보급로, ③-3. 노력의 집중이라는 지상전(地上戰)의 일반원칙을 해전에 적용하기는 근본부터 차이가 있음을 지적

①의 전쟁이론에서 카를 폰 클라우제비츠의 '절대전쟁(Absolute War)'과 '현실전쟁(real war)', 앙투안 앙리 조미니의 '제한전쟁(Limited War)'과 '무제한전쟁(Unlimited War)' 개념을 도출하였다.[103] 전쟁의 목표를 식별하고 성격을 결정하는 것이 중요하다면서 "전쟁이

---

103) 관련 내용은 김성진의 『세계전쟁사』 (2021), pp. 64~69.를 참고하기 바란다.

론은 해군과 육군의 전략을 밀접하게 연관하고 있으며, ~전쟁계획에서 각 軍에 적절한 기능을 배정해 준다. 따라서 전쟁이론을 제쳐놓고 해군전략에 접근하면, 아무런 사용가치를 얻을 수 없다."라고 강조하였다.

②의 해전(海戰) 이론에서는 해양은 통제할 수 없기에 육지처럼 정복하거나 소유권을 주장하기 어려운 영역이다. 아군 또는 적을 불문하고 공해(公海)에서 확보할 수 있는 권리는 어업권 이외에 '통항권(the right of

passage)'104)이 유일하다. 따라서 '제해권'은 상업적 또는 군사 분야를 불문하고 해상교통로를 통제하는 이외에 다른 의미가 없기에 절대적이거나, 만능이 아님을 지적하였다.

③의 해전 수행에서는 <표 2-25>와 같이 '해군전(Naval War)'을 수행하는 데 필요한 세 가지를 강조하였다.

<표 2-25> 해군전을 수행하는 과정에서 유념해야 할 세 가지 특징

> 첫째, 격멸해야 할 적 주력(主力)이 해상 경계선에만 존재하는 것은 아니며, 적의 주력함대가 방호(防護)가 잘되어 있는 항구로 철수할 경우 육군이 지원하지 않으면, 격멸할 수 없다.
> 둘째, 지상(地上) 보급로는 도로 사정이나 장애물에 의하여 결정되지만, 해상(海上)에서는 장애물이 없기에 변경하기가 쉽다.
> 셋째, 노력을 집중하는 관점에서 단순한 군사적 승리라는 목표에 추가하여 통상(通商)을 보호할 책임이 있다.

소결론적으로 그가 생각하는 '제해권'의 개념은 알프레드 세이어 마한이 주장한 국가전

---

104) '통항권(通航權-the right of passage)'은 '국제 조약에 의해 외국의 영해를 선박이나 비행기 등의 수단을 이용하여 지나갈 수 있는 권리'를 의미하고 있다. 참고로 해양수산부에 의하면, '무해통항권'은 'UN 해양법협약에 따라 모든 국가의 선박은 다른 나라(또는 연안국) 영해의 평화와 공공질서 또는 안전을 해치지 않는 한 신속히 지날 수 있는 권리'를 뜻하고 있다.

략의 차원과는 다르게 군사 전략적 수준에서의 '해양통제나, 해양에서의 우세'를 의미한다고 보면 이해가 다소 쉽지 않을까 싶다.

7.5. 알프레드 세이어 마한과 줄리언 S. 콜벳의 '해양전략 사상' 비교

<그림 2-20>은 알프레드 세이어 마한과 줄리언 S. 콜벳의 '해양전략 사상'을 비교하여 정리하였다.

구 분	알프레드 세이어 마한(美)	줄리언 S. 콜벳(英)
수 준	대양해군 전략 (국가전략적 차원)	연안해군 전략 (군사전략적 차원)
사용 용어	제해권(制海權, Command of the Sea)	해양 통제(海洋統制, Maritime Control)
범 위	전략, 해양력, 공세적 개념, 국가·해군 정책 등	전쟁 원칙, 해군전쟁 이론, 함대 구성, 원칙적 규정
영향을 받은 사상가	카를 폰 클라우제비츠	카를 폰 클라우제비츠, 앙투안 앙리 조미니
정 의	• 적의 교통로를 차단하고, 부의 원천을 고갈시키고, 적의 항구를 폐쇄하는 데 필요한 적의 함대를 해상에서 격멸 • 대규모의 강력한 무적함대가 필요	• 함대 결전에 필요한 전함(battleship)을 포함하여 다양한 종류의 군함을 구성하여 수상·수중·공중의 입체 임무 수행이 가능한 능력을 구비 • 재정적인 한계로 제한된 규모로 운영
목 적	• 적 함대의 완전 격멸	• 해상 교통로의 확보
결정적인 전투	해군전(Naval Warfare)	지상전(Ground Warfare)
특 징	• 대형 전함(大型戰艦) 위주의 결정적인 대규모 해전 → 결전주의(決戰主義)	• 제한되는 해군력의 '집중'과 '분산' → 결승주의(決勝主義)

<그림 2-20> 알프레드 세이어 마한과 줄리언 S. 콜벳의 '해양전략 사상' 비교

알프레드 세이어 마한이 해양력의 중요성을 강조했다면, 줄리언 S. 콜벳은 제해권과 해군전에 대한 이론 등 국가의 생존과 번영에 요구되는 해양의 사용에 대한 이론을 구체적으로 제시하였다. 전략사상 측면에서 알프레드 세이어 마한이 강한 함대로 적을 격파해야 한다는 '결전주의(決戰主義)'였다면, 줄리언 S. 콜벳은 승리가 중요하다는 '결승주의(決勝主義)'로 평가할 수 있다. 아울러 전쟁의 목표를 달성하기 위해 지상군과 해군의 합동 노력과 연계성을 강조하였음을 이해할 필요가 있다.

7.6. 알프레드 세이어 마한의 '해양전략 사상'이 현대에 미친 영향

해양력을 강화하는 것이 강대국으로 성장하는 토대를 제공할 수 있기에 해양전략을 '국가 대전략(National Grand Strategic)의 중요한 일부'로 받아들여야 한다고 주장하였다. 특히 '함대 결전(On the Sea-결전주의)'을 통해 제해권을 장악할 수 있다면, 적의 경제활동을 파괴함으로써 전쟁의 승리와 해양력이 동시에 강화될 수 있다고 보았다.

'해양전략사상'은 주요 강대국들이 해양(바다)을 국가번영과 발전의 핵심 자원으로 정착시키는 데 기여하였다. 과학기술의 발달과 더불어 이전(以前)과는 확연히 넓어진 해양환경을 해당 국가의 국력을 발전시키는 데 얼마나 채택 및 적용하는지에 따라 패권국(지배국가)이 결정되었다. 이는 서양이 세계를 지배하는 원동력이기도 하였음을 기억할 필요가 있다. 따라서 지리적 여건(해양)을 잘 활용하여 경쟁국의 도전을 극복하고 전성기를 구가한 해양전략을 미국도 적극적으로 채택해야 한다고 주장하였다. 이에 따라 국가에 도움이 되기 위해서는 미국 내에서 생산한 상품을 해외시장에 수출하고 해외 식민지로부터 원자재 등을 수입할 수 있는 전략적 통로(Strategic Lines)인 '해상교통로(SLOC)'를 보호할 해군력의 건설이 시급하게 필요함을 강하게 역설하였다.

이러한 '해양전략 사상'은 국가전성기를 구가하는 영국에도 영향을 주었고, 독일과 프랑스, 이탈리아, 스페인, 러시아를 비롯한 중국과 일본 등 아시아국가들 사이에서도 전략적 논리로 채택하는 계기가 되었다고 봄이 정설이다.[105]

유념할 사항은 냉전(Cold War)이 종식된 이후 바다에서 해군(敵)을 격멸하는 '함대 결전(On the Sea) 사상'은 걸프전(1991)과 같이 육지를 향해 강력한 전투력을 투사하는 전략으로 해군력의 임무와 역할을 재정의하고 있다. 미국의 해군전략 보고서도 '함대 결전(On the Sea) → 항모로 공격하는 방식(From the Sea)'으로 변화하였다.[106] 미국의 변화된 해양전략 사상이 이론의 한계를 보이게 한 게 아닌가 싶다.

---

105) 관련 내용은 Introduction by Louis M. Hacker, *The Influence of Sea Power Upon History 1660~1783, By Caption Alfred Thayer Mahan*, United States Navy, First American Century Series Edition, Preface를 참고하기 바란다.

106) 관련 내용은 김성진의 『세계전쟁사』 (2021), pp. 363~365.를 참고하기 바란다.

8. 줄리오 두헤(Giulio Douhet, 이탈리아)

8.1. 개요

Giulio Douhet(이)

William L. Mitchell(美)

Alexander de Seversky(러)

항공전략 사상가는 다양하게 존재한다. 이탈리아의 줄리오 두헤(Giulio Douhet, 1869~1930)와 미국의 ① 윌리엄 렌드럼 미첼(William Lendrum Mitchell, 일명 빌리 미첼-Billy Mitchell, 1879~1936)이 있다. 러시아에서 출생하였으나, 미국에 정착한 ② 알렉산더 드 세버스키(Alexander Nikolaievich Prokofief de Seversky 또는 세베로스키, 1894~1974)[107]도 있으며 저서로는 『공군력을 통한 승리-Victory through Air Power』가 있다. 이 책은 만화영화의 선구자인 월트 디즈니(Walt Disney)가 읽고 감명받아 에니메이션 다큐 영화로도 제작하였다. 여기서는 '항공력의 아버지'로 불리면서 항공력의 운용에 관하여 최초로 논리 정연하게 제시한 줄

---

[107] ① 윌리엄 렌드럼 미첼(일명 윌리엄 빌리 미첼)은 원래 전략사상가가 아니다. 실전 경험과 유럽의 항공전략 사상과 지식을 습득하고는 미국의 방위 문제를 전략적 사고(思考)로 항공력 사상을 주창하였다. 초반에는 공중 우세를 획득하기 위해서는 격렬한 공중전투가 필요하다고 하면서 공격 우선순위를 적부대-군수시설-산업시설-국민의 의지(Will)라고 하였으나, 후반에 적의 의지-산업시설-군수시설-적 부대로 순서를 바꾸었다. ② 알렉산더 드 세버스키의 정식 이름은 알렉산더 니콜라예비치 프로피에프 드 세버스키다. 제1차 세계대전에서 전투기 조종사로서 러시아의 전쟁 영웅이었으며, 해군 무관으로 파견되었다가 미국에 정착하면서 테스트 파일럿, 항공 기술자 항공기 회사 사장 등을 역임하였다. 윌리엄 빌리 미첼 장군의 영향을 많이 받았다고 알려졌으며, 1942년 4월 『공군력을 통한 승리-Victory through Air Power』의 출간을 하였고, 전략폭격에 의한 산업시설 파괴와 장거리 공군력 건설, 공군 독립 등을 주장하였다. '항공세력설'을 '결정지역 이론'이라는 지정학설(地政學說)로 발전시키면서 "세계전은 대륙과 공중(空中)에서의 싸움이다. 공중을 지배하는 자는 대륙을 지배하고 대륙을 지배하는 자가 해양과 세계를 지배한다."고 강조하였다. 관련 내용은 김상범의 『21세기 항공우주군으로의 도약』(서울: 한국국방연구원, 2003), pp. 27~28.을 참고하기 바란다.

리오 두헤의 '항공전략 사상'을 중심으로 탐구하였다.

그는 이탈리아의 카세르타(Caserta, 또는 카설타)에서 태어났다. 1888년 군사 공학 학교를 졸업하고 육군 포병장교로 임관하고 난 이후에도 토리노 공과대학에 입학하였다. 1900년 육군참모부로 배속받고 항공기를 접하면서 미래 전쟁의 흐름이 바뀌게 될 것으로 판단하였다. 당시의 사고방식으로는 상당히 혁신적인 생각이었다.[108]

1913년 군사 교범인 『전시 항공기 사용을 위한 법칙』을 발간하고 '지상과 해군의 전투만 있는 게 아니라 전력의 근원지를 직접 공격할 수 있는 새로운 전쟁 양상으로 진입'이 필요하다고 주장하였다. 그는 분쟁이 교전국의 자원 정도에 따라 지속 여부가 결정되므로 적국의 자원을 빠르게 고갈시키되, 이탈리아의 자원은 절약하는 방향으로 전쟁을 수행해야 한다고 판단하면서 항공력의 기본 전제로 자리매김했다. 그러나 타협하지 않은 성격으로 징역(1년)을 사는 등 파란만장하였다.

 **잠깐! 여기서 인류 문명사를 통틀어 군사적 측면에서 일어난 3대 혁명(발명)이 무엇인지 알고 이해하자.**

① 훈련방법   ② 화약   ③ 항공기(aircraft)

* key-word
  - 군대의 훈련방법은 각개용사들의 용감성(bravery 또는 courage)을 갖춘 상태로 상호 협동하는 행동집단이 더 우세할 수 있도록 진행하고 있다.
  - 화약의 등장은 비무장인 시민(보병)들을 갑옷으로 무장한 기사(騎士-knight)와 같이 만들었다.
  - 항공기의 발명은 육·해군만을 상대하는 전쟁에서 벗어나 적(敵) 전력의 근원지(source area)를 직접 공략할 수 있는 새로운 전쟁 양상으로 변화시켰다.

항공기를 최초로 전쟁에 이용했다는 공식 기록은 이탈리아다. 이탈리아가 오스만제국(Turkey)으로부터 독립하기 위한 전쟁(1911~1912)을 수행하면서 적진(敵陣)에 수류탄을 투하할 때 항공기를 이용하였다. 다만, 당시 항공기의 속도는 지금과 같지 않았기에 큰 효과

---

108) 당시 항공기는 정찰·연락용 또는 포격이 목표물에 정확하게 맞았는지 확인하는 용도로만 사용해야 한다는 인식이 강했다. 따라서 항공기를 공중에서 전투하는 용도라고는 생각 자체가 없었다. 제1차 세계대전에서 연합국의 승리를 이끌었던 프랑스군의 페르디낭 포슈(Ferdinand Foch, 1851~1929) 대원수(연합군 총사령관)도 초기에는 항공기의 가치를 크게 인정하지 않았다.

를 보지는 못했다.109) 1921년과 1927년 『제공권-The Command of the Air』110)을 출간하면서 제공권의 확보 여부가 전쟁을 승리로 이끄는 데 결정적 요건으로 주장하였다. 1928년 『미래전 양상-The Probable Aspects of the War in the Future』에서는 "미래의 전쟁은 육군이 공격할 필요도 없이 공군이 적 도시를 무자비하게 폭격하여 항복을 받아내는 방식이 될 것이다."고 예견하였다. 이어서 "전략폭격은 적의 물자와 적국의 사기(士氣)를 파괴하여 짧은 기간 내에 전쟁에서 승리할 수 있기에 공군을 독립시켜야 효율적인 항공세력의 운용을 보장할 수 있다."고 주창한 선구자다. 많은 핍박을 받았지만, 명예를 회복하자 미련 없이 軍을 떠났다. <그림 2-21>은 줄리오 두헤의 생애를 정리하였다.

- 1869, 이탈리아 카설타 출생(1930 사망)
- 1888, 군사공학교 졸업(포병 중위)
- 1912~1915, 항공대에서 근무
  - "전시 항공기 사용을 위한 법칙" 발간
- 1915, 제1차 세계대전 간 지휘부의 무능 비판
- 1916, 직무 배제, 허위사실 유포죄 + 기밀 누설죄 +軍위신 실추죄 → 1년 징역
- 1917, 카포레토 전투 패배(30만명 死傷)
  - 1918, 명예 회복/비행위원회 복직
- 1921, 장군 진급, 항공총감 역임(1922, 퇴역)
  - 1927, 『제공권』 출간

<그림 2-21> 줄리오 두헤의 생애

그는 1909년 처음으로 항공력의 제반 운용에 관한 논문을 합리적인 논거(reasonable argument)로 발표하였고, 세계항공업계에 상당한 영향을 끼쳤다.111) 특히 프랑스 국적의 루이스 블레리오(Louis Bleriot, 1872~1936)가 영국횡단 비행에 성공하면서 항공기에 대한 호기심이 점차 높아지던 시기였다.112)

---

109) 배리 파커 著, 김은영 譯, 『전쟁의 물리학: 화살에서 핵폭탄까지, 무기와 과학의 역사』 (서울: 북로드, 2015), pp. 304~305.
110) '제공권(制空權)'은 '우리 공군은 자유롭게 비행을 할 수 있지만, 적의 공군은 자유롭게 비행하지 못하도록 방해할 수 있는 위치를 가지는 것'을 의미하고 있다.
111) 1909년 7월 25일 프랑스 출신의 루이스 블레리오(Louis Blériot)가 프랑스 칼레(Calais) 항구에서 영국의 도버(Dover)항구에 착륙함으로써 영국해협의 횡단에 성공했다.
112) 관련 내용은 김성진의 『전쟁사와 무기체계론』 (2020), pp. 214~220, 305~325.를 참고하기 바란다.

영국횡단 비행에 성공한 Louis Bleriot(프, 1909)

1915년 이탈리아가 뒤늦게 세계대전에 참전하였으나, 피해만 속출하였을 뿐 승리를 쟁취하지 못하자 국민적 비판이 고조되었다. 이때 정부를 비롯한 각계에 항공력의 독립적 운용이 필요함을 강하게 주장하다가 1916년 정부의 괘씸죄에 걸려들었다. 결국, 허위사실 유포와 기밀정보 누설, 軍의 위신 실추 등의 죄목이 덧씌워져 징역형(1년)을 살았다. 이후 1917년 10월 24일 '카포레토 전투(Battle of Caporetto)'에서 이탈리아 육군(보병) 30만 명이 궤멸당하는 패배를 겪게 된 다음에야 정부가 그의 주장을 공식적으로 인정하였고, 1918년 일반 비행위원회로 복직하였으나, 軍의 인식에 변화가 없음을

카포레토 전투(1917.10. 24.)

알고 전역(중령)하였다. 1921년 장군으로 진급하여 '비행 총감'을 역임하고 퇴역했으며, 1930년 삶을 마감하였다.

8.2. '항공전략 사상'에 관한 이해

전쟁이란 근본적으로 서로 바라보거나, 생각하는 측면이 다르기에 벌어지는 의지(意志)의 싸움이다. 전쟁이 수행되는 지형 자체가 전쟁의 양상을 결정한다. 지금까지는 지상과 해상에서만 전쟁을 수행하였지만, 항공기는 지형의 제한을 받지 않고 속도가 빠르기에 가장 우수한 공격무기가 될 수 있다고 보았다. 항공기를 이용한다면, 지금까지와 같이 적의 견고하고 강력한 방어선을 돌파

제공권(制空權)

하지 않고도 적의 지휘부나 후방의 중요한 표적을 직접 공격할 수 있다. 항공전의 기초를 이 논리에 맞춰 최초로 사용한 용어가 '제공권(Command of the Air)'이다.

『제공권-*Command of the Air*』(1921, 1927)을 획득해야만 승리를 가져올 수 있다고 믿었다. 따라서 국가를 방위하기 위해서는 평시부터 충분한 항공력을 보유해야 한다는 기조(基調)가 사상 전반을 관통하고 있다. 제공권을 획득하려면, 적을 공중이나 작전기지, 생산지 등 어떤 곳에서든지 공격하여 적이 보유한 모든 항공수단을 파괴해야 한다. 파괴 형태는 오직 공중이나 적국 내부에서 이뤄져야 하기에 지상군이나 해군 무기가 아닌 항공무기(또는 공중무기)에 의해서만 달성할 수 있다는 주장이다. 지상군과 해군을 점차 축소한다면, 상대적으로 항공력을 증강할 수 있기에 제공권도 충분히 획득할 수 있다고 보았다. 이를 가능하게 하는 것이 '공군력(Air Force Power)'이며, '제공권'은 가장 적합한 작전 형태로 '방어작전'이 아닌 '공세 작전(OCA-Offensive Counter Air)'이다. 제공권을 장악하면, 육지와 바다를 적의 항공공격으로부터 보호할 수 있음과 동시에 적국의 영토는 마음먹는 대로 공격할 수 있다고 판단하였다.

『미래전 양상-*The Probable Aspects of the War in the Future*』(1928)에서는 과거의 교훈과 과학기술의 발전에 따른 미래 전쟁의 성격에 관하여 기술하였다. 제1차 세계대전이 이전의 전쟁 양상과 다르게 병력의 고갈(枯渴)과 생존투쟁이었다는 인식이었다. 독일군을 격퇴하여 얻은 승리가 아니라 독일 국민의 정신·물질적 여유를 고갈시킴으로써 달성되었다고 평가하였다. 특히 육·해상 중심의 전통적인 전쟁 형태에 항공력을 추가하면, 이전보다 빠른 시기에 전쟁을 종결시킬 수 있다고 주장하였다. 『1900년대의 전쟁-*The War of 19C*』(1930)은 프랑스-독일 간 가상 항공전(공중전)을 통해 프랑스의 방어망을 독일 전투기가 파상적으로 공격하는 형태를 강조하였다. 적의 지상 목표물에 최대의 피해를 주고자 공격 항공기를 대량으로 운용하고 화력을 집중하는 원리와 같이 단 한 번의 공격으로 최대한 손실이 나도록 항공력을 운용함으로써 가공한 파괴력을 지녔기에 적의 항복을 강요할 수 있다는 인식이었다.

소결론적으로 그는 항공전을 '제3의 전쟁'으로 표현하며 공군력을 육·해군 전력과 비교하여 우수성을 정당화하면서 기존의 인식에서 획기적인 전환을 시도하였다. 이를 통해 "공군이 독립하고 항공력은 장차 전쟁에서 승리하는 데 결정적인 수단이 될 것이다."라고 예측(豫測)하였는데, 최근에도 타당성을 인정받고 있다.

8.3. '항공전략 사상'의 구성과 전략사상 체계

1913년 군사 교범 『전시 항공기 사용을 위한 법칙』을 통해 야전(野戰)에서 육군이 기동을 주도하던 시대는 끝났으며, 그보다 전쟁에 임하는 국가들의 기반 능력을 '승리의 핵심 요소'로 인식하였다. 국가의 자원이 승패를 결정하기에 적국의 자원을 고갈하는 노력에 아군의 자원을 절약하며 전쟁을 수행해야 한다고 강조하였다. '항공전략 사상'은 정치·경제, 공학(工學)과 기술, 전략·편제·전술 등을 '제공권'과 연계하고 있다. <표 2-26>은 그가 전제(前提)하는 네 가지의 가정(假定)이다.[113]

<표 2-26> 줄리오 두헤가 전제(前提)한 네 가지의 가정(假定)

① 미래 전쟁은 총력전 양상으로 전투·비전투원의 구분은 무의미하다.
② 교착된 전선을 돌파하는 육군의 공격형태로는 성공할 수 없다.
③ 항공기는 다른 무기와 비교가 불가능한 최상의 공격무기다.
④ 항공기 폭격으로 적국(enemy)의 전의(戰意)를 약화할 수 있다.

① 일반 시민에 대한 폭격은 도덕·인도적 측면에서 문제가 되지 않으며, 이들에 대한 폭격은 '전쟁 간 정당한 수단'으로 간주(看做)해야 한다고 주장한다. 이는 '전쟁범죄'라는 무한 책임에서 벗어나기 위함이다.

② 대규모 병력을 동원하여 양측이 전선을 따라 빽빽하게 늘어선 전장(battle-field)에서 육군의 지상전(地上戰)만으로는 결정적인 승리를 보장할 수 없다.

③ 항공기는 전장 지역뿐만 아니라 더 멀리까지도 자유롭게 기동할 수 있기에 적의 처지에서 적절하게 방어할 수 있는 수단이 없다. 따라서 지·해상과 모든 시설물을 공격하는 능력을 갖춘 유일한 공격무기다.

④ 적국의 도시에 대하여 전략폭격을 시도할 경우 짧은 기간 내에 그들의 사회질서를 완전히 붕괴시켜 공황(panic)에 빠지게 되므로 전의를 상실하게 만들 수 있다.

일관된 흐름은 '제공권의 획득'이 '전쟁의 승리'를 가져온다고 보았다. <표 2-27>은 그의 '항공전략 사상'에서 항공력의 운용이 성공하기 위해서는 필요한 다섯 가지 요소를 정리하였다.

---
113) 박창희, 『군사전략론: 국가 대전략과 작전술의 원천』 (2016), pp. 307~315.

<표 2-27> 줄리오 두헤의 항공력을 운용하기 위한 다섯 가지 요소

① '제공권(制空權)'을 완전히 장악해야 한다.
② 공군의 표적은 전방에 배치된 적의 군사력이 아니라 주요 산업시설과 인구가 밀집된 지역 위주로 공격해야 한다.
③ 적 항공기와의 공중전(空中戰), 지상에 있는 적 항공기와 기지시설을 파괴할 수 있도록 운용해야 한다.
④ 공군은 육·해군으로부터 분리하여 독립적으로 운용해야 한다.
⑤ 항공기는 공중전과 지상공격 능력을 갖춘 이중 목적의 임무 수행이 가능하여야 한다.

① 지상군은 공군이 적의 영토 내부를 공격하는 동안 방어에 주력할 수 있도록 배치되어야 한다. 즉, 육군은 적의 전진을 저지함으로써 아군의 통신망과 산업시설, 공군기지, 병참선이 공격당하지 않도록 방어하는 역할에 집중해야 한다고 생각했다.

② 제공권을 확보하면, 적의 영토를 마음대로 타격할 수 있기 때문이다. 병력과 철도역(기차), 해군기지와 선박, 항구와 유류저장소, 무기고, 인구 중심지역, 교량과 도로망 또는 교차로 등을 대상으로 할 수 있으나, 핵심 표적은 적의 전쟁 수행 능력을 파괴하고 국민의 전쟁 의지를 붕괴시키는 것이다. 따라서 산업시설과 인구 밀집 지역을 위주로 설정하였다. 이를 위해 물리적 측면보다 심리적 측면의 공략이 중요하기에 고성능 폭탄과 소이탄(燒夷彈), 화학탄 등으로 공포심을 유발하면 사기를 꺾을 수 있다고 생각하였다. 공포에 젖은 국민이 정부에 전쟁을 끝내도록 압력을 넣을 것으로 기대하였기 때문이다.[114]

③ 항공기는 공중전을 수행하는 능력과 함께 지상에 있는 적 공군기지(Air Base)를 폭격할 수 있는 능력을 갖추도록 강조하였다. 이는 공중에 있는 새를 사냥하는 것보다 둥지(地上)에 있는 알을 파괴하는 것이 훨씬 수월하다고 보았기 때문이다.

④ 항공력은 육군의 일부인 '육군항공단' 소속이 아닌 독립적인 조직이 필요하다. 즉, 육·해·공군 체계를 구축하고 상위 조직인 국방부를 통해 각 軍 간의 협조가 진행되어야

---

114) 실패한 대표적인 사례가 제2차 세계대전 시 독일의 아돌프 히틀러가 영국의 제공권을 장악하기 위해 런던 등의 주요 도시를 대상으로 2,700여 대에 달하는 전투기와 폭격기를 투입하여 3단계로 무차별 폭격을 가하였으나, 오히려 영국의 윈스턴 처칠(Winston Churchill, 1874~1965) 수상과 국민의 전의(戰意)를 불붙이는 계기가 되면서 전세(戰勢)가 역전된 사실을 통해서도 알 수 있다. 관련 내용은 김성진의 『세계전쟁사』 (2021), pp. 324~326.; 이내주, 『전쟁과 무기의 세계사』 (서울: 채륜서, 2017), pp. 242~248.을 참고하기 바란다.

제2차 세계대전 시 바다사자 작전(독→영, 1940.8.13.~9.15.)

한다고 강하게 주장하였다.115)

⑤ 하나의 기체(機體)에 속도와 장거리 비행능력, 충분한 화력을 갖춘 항공기를 제작할 수 있다. 변화하는 상황에 따라 화물을 적재하지 않고 속도를 낼 수 있는 요격기116), 폭탄을 다량으로 적재가 필요할 때는 폭격기로 사용할 수 있기에 선택의 폭이 넓다는 점을 중요시하였다. 전략폭격을 중시하였기에 최종상태는 적의 도시를 폭격하기 위해 많은 무장을 하고 원거리를 기동할 수 있는 항공기에 있었다. 적재한 폭탄이 많을수록 항공기의 속도는 떨어지겠지만, 폭탄을 투하한 이후에는 빠른 속도로 전환하여 다시 요격기의 임무를 수행할 수 있기 때문이다. 속도와 기동성이 떨어지는 경우는 기관총으로 화력을 보완할 수 있다는 점도 염두에 두었다.

소결론적으로 공세 작전을 통해 제공권을 장악함으로써 아군은 적의 면전(面前)에서 비행하더라도 적이 마음대로 대응 조치를 할 수 없게 만드는 데 있다. 이로써 적의 육·해군을 작전근거지에서부터 차단하게 되어 적이 승리할 기회를 박탈할 수 있다. 또한, 자국의 육지와 바다는 적의 항공공격으로부터 보호받으며 적의 영토에 대한 공격이 가능하다는 데 있다. 한마디로 '항공력만이 적의 방어선 후방에 있는 결정적인 지역에 타격할 수 있다.'라는 의미로 이해하면 될 듯싶다.

---

115) Jiulio Douhet, Diano Ferrari, tran., *The Command of the Air* (Washington, D.C.: Office the Air Force History, 1983), p. 25.

116) '요격기(邀擊機-interceptor aircraft)'는 제트 전투기의 일종으로 '적의 군용기 중 폭격기와 정찰기를 요격하는 데 특화되어있는 전투기'를 의미하고 있다. 속도나 상승고도는 우수하나 기동성과 항속거리 측면에서 일반 전투기보다는 떨어진다고 이해하면 될 듯싶다. 관련 내용은 김성진의 『전쟁사와 무기체계론』(2021), pp. 305~307.을 참고하기 바란다.

8.4. 윌리엄 렌드럼 미첼의 '항공전략 사상'에 관한 이해(참고-1)

윌리엄 렌드럼 미첼(William Lendrum Mitchell-일명 빌리 미첼, 1879~1936)은 항공기 만능주의자로 미국판 줄리오 두헤로 평가받고 있다. 제1차 세계대전이 끝난 직후 "적의 중심부에 신속하게 도달하여 목표를 무력화(파괴)할 수 있는 항공력이 탄생함으로써 과거의 전쟁 수행 체계와는 다른 새로운 양상으로 변했다. 전장에 있는 적의 육군(主力)은 일시적인 목표에 불과하며, 실제 목표는 적의 핵심(중심부)이다."라고 주장하였다. 그는 공군력 개혁 운동의 기틀을 확고하게 세운 선구자이지만, 줄리오 두헤와 같이 지휘부의 관점에서 볼 때는 이단아(異端兒)였다.117)

Hugh Trenchard[英]

항공력은 '공세 전력'으로 인식하였다.118) 그러나 프랑스 항공대는 수세적인 전투를 하기에 급급하여 적이 공격해 올 경우에만 요격하는 등 영공에서 쫓아내기에 바쁜 형국을 바라보며 문제를 느꼈다. 영국 육군 항공대 사령관(Hugh Trenchard, 1873~1956)의 "항공전력은 천성적으로 공격무기이기에 방어보다는 공세적으로 운용되어야 한다."는 주장에 전적으로 동의하였다. 바다로 둘러싸인 미국을 지키기 위해 적의 해상 전력을 공군으로 격파해야 한다는 이론은 바다에 '항해하는 기지'를 만들어 적의 해상세력을 먼바다에서부터 격퇴해야 한다는 생각으로 발전하였다. 그러나 이 주장은 해군의 강한 반발을 샀다.

BF-109[獨] 스핏파이어[英] 랭카스터 폭격기[Lancaster Bomber, 獨]

---

117) "美 본토의 해안을 어떻게 지킬 것인가?"라는 문제의 답을 '항공기'라고 주장하면서 해결책을 도출하기 위해 잠수함과 구축·순양함을 표적으로 하는 폭격 실험(1921)을 수차례에 걸쳐 성공시켰으나, 좌천되면서 군법회의에 회부(回附)되었다. 이후 태평양 전쟁(1941~1945) 시 일본군의 기습 공격에 미국의 태평양함대가 무너진 후 제공권 주장이 받아들여졌다. 관련 내용은 김성진의 『세계전쟁사』(2021), pp. 354~357, 363~365.; 김상범의 『21세기 항공우주군으로의 도약』(2003), pp. 23~25.를 참고하기 바란다.

118) 제1차 세계대전 시 美 전투항공부대 지휘관으로서 '항공전의 시대'로 보았으며, 美 공군의 독립과 군용기 확충을 주장하며, 항공모함을 개발하게 만든 원인 제공자이기도 하다.

다만, '적의 심장부를 최우선 목표'로 설정한 줄리오 두헤와는 달리 '항공기의 지상공격'에 관심을 가졌다. 즉, 항공력에 의한 전략폭격의 중요성을 두 사람이 인정하면서도 공군의 지·해상 작전에 대한 지원 역할에 대한 인식에는 차이가 존재했다. 구체적으로 적시하면, 전략폭격과 항공전력의 60%는 타군 지원에 할당하고, 40%는 전략폭격에 할당해야 한다는 점에는 공감하였다.

반면에 제1차 세계대전 시 영국이 독일 폭격기의 공습을 저지하기 위해 전투기들을 공중감시에 투입한 사례를 들어 요격용 항공기들이 이러한 임무를 수행할 수 있다고 보았다. 특히 독일 공군과의 교전(交戰)이 예상되는 상황에서 이를 방어하며 동시에 파괴할 수 있는 전투기를 매우 중요시하였다. 특이한 점은 윌리엄 렌드럼 미첼이 처음부터 전략사상가가 아니라 경험을 축적하면서 전략사상가였다는 사실이다.

8.5. 줄리오 두헤와 윌리엄 렌드럼 미첼의 '항공전략 사상' 비교

<그림 2-21>은 줄리오 두헤와 윌리엄 렌드럼 미첼의 '항공전략 사상'을 비교하여 정리하였다.

구 분	줄리오 두헤(이)	윌리엄 렌드럼 미첼(美)
영향을 받은 사상가	최초로 제공권(制空權) 개념을 형성	줄리오 두헤(이), 휴 트렌차드(英)
기본역할	전략폭격	전략폭격, 항공기의 지·해상 공격 지원
인 식	전략 공군에 치중, 비전략 공군은 자산 낭비로 간주(看做) 핵심요소: 공군, 부차적 요소: 육·해군	기본적인 항공력은 전략폭격이지만, 용도에 따른 역할을 부여
목 적	공중폭격을 통한 직접 파괴	적 공군과의 교전에 따른 방어 및 파괴가 가능한 수단의 확보
목 표	적의 심장부를 최우선적 타격	항공기의 요격 및 지상공격 지원
운영 범위	전략폭격기 중심 (장거리 폭격)	항공전력의 용도에 따른 운영 (폭격기, 요격기, 공격기)
결정적인 형태	적 항공력을 공중에서 폭격	대(對)공중, 대(對)지상 대비
공통점	적 지상군 주력부대는 하나의 가상 목표물이며, 진정한 목표는 적의 중추부에 두어야 한다.	

<그림 2-22> 줄리오 두헤와 윌리엄 렌드럼 미첼의 '항공전략 사상' 비교[119]

---

119) '전투기(Fighter)'는 원래 '적 항공기를 상대로 근접 기동하며 기관포(총)와 단거리 미사일을 사용하여 공중 교

8.6. 줄리오 두헤의 '항공전략 사상'이 현대에 미친 영향

그는 군사력의 균형적 측면에 대하여 통찰력을 가진 항공전략사상가다. 지극히 초보적인 수준에 불과했던 항공과학기술의 시대임에도 공군의 창설과 항공력의 운용에 관한 광범위한 '전략폭격' 개념을 수립하고 조직화하였다는 점에서 상당한 의미가 있다. 다만, 항공기의 능력을 과대평가하고, 인간의 저항 의지는 과소평가하는 오류(誤謬)를 범한 것도 사실이다.

그러함에도 지상(地上)과 해상(海上) 전투가 전쟁의 모든 형태이자 모든 것이라고 인식한 그 시대에 공중(空中) 전투가 승패를 결정짓는다며 현대 공군전력의 중요성을 이해했다는 측면에서 높게 평가할 수 있지 않을까 싶다. <표 2-28>은 그의 최대 업적인 '제공권을 장악하는 국가가 전쟁에서 승리'한다는 항공전략 사상을 여섯 가지 분야로 정리하였다.

<표 2-28> 줄리오 두헤의 '제공권'을 장악하기 위한 여섯 가지 분야

① 적의 공군력을 파괴함으로써 승리를 달성할 수 있기에 지상에 있는 항공기와 기지시설을 폭격해야 한다.
② 공중우세를 획득한 이후에는 적 지상군의 공격을 차단하기 위해 보급기지와 산업시설, 인구 중심지 위주로 폭격을 해야 한다.
③ 항공기 기본형은 공중전과 대(對) 지상공격을 수행하는 이중(二重) 목적이 충족되도록 운용해야 한다.
④ 모든 자원은 공격력을 갖춘 항공력을 건설하는 데 투입하여야 한다.
⑤ 육·해·공군을 통합하는 최고사령부 조직이 필요하며, 공군을 독립적으로 운용하여야 한다.

그가 주장하는 부분엣허 아쉬운 점은 항공력만이 전쟁에서 우위(優位)의 달성과 승리할 수 있다는 인식으로만 너무 편향(偏向-한쪽으로 치우친)되어 있다. 그러다 보니 <표 2-29>와 같이 오판을 할 수밖에 없지 않았나 싶다.

전(交戰)용으로 설계한 군용기'를 의미하고 있다. 이때 공대공(空對空) 전투를 할 때 적의 폭격기를 상대하기 위한 군용기가 '요격기(Intercepter)', 대(對)지상전투를 하는 군용기를 '공격기(Attacker)'라고 부른다.

<표 2-29> 줄리오 두헤가 오판(誤判)한 미래의 전쟁 양상

① '항공기(Combat aircraft)'의 역할은 점차 감소할 것이다.
② 대공(對共) 무기의 발전과 레이더(위성)의 개발은 불가능하다.
③ 지상군이 별 쓸모가 없을 것(無用論)이다.

항공전략 사상을 비교할 때도 나타났지만, '전략공군'[120]이 전쟁의 중심이라는 사고(思考)는 '폭격기 무적론(無敵論)'을 등장시켰으나, '비(非) 전략공군(또는 보조공군-auxiliary air force)'에 대해서는 자산(資産)의 낭비에 불과하다고 다소 낮게 인식하였음은 현대적 관점에서 아쉽다. 다만, 항공기를 이용한 전장 지배가 미래 전쟁의 대세(大勢)라고 믿었다는 측면에서 한편으로는 이해할 수도 있다.

항공전략사상가들이 전략공군의 중요성과 역할을 인정하였으나, 줄리오 두헤는 전략폭격을 공군의 핵심 역할로 인식하였다. 물론 그도 윌리엄 렌드럼 미첼과 함께 육·해군을 공군의 부차적인 요소로 평가하고 있다. 반면에 휴 트렌차드는 육·해군의 역할과 중요성을 같이 인정했다는 점을 짚고 넘어갈 필요가 있다. 이처럼 다양한 주장들이 같거나 대척점(對蹠點)에 있다.

소결론적으로 줄리오 두헤는 항공전략 개념을 최초로 형성하였다. "항공력만이 적의 방어선 후방에 있는 결정적인 지역에 타격할 수 있다."는 그의 '제공권' 사상은 오늘날에도 가치를 인정받고 있다.

---

120) 현대 '전략공군'은 '주로 전략 핵무기를 장착하고 적의 정치·경제·군사·산업 부분의 중심지에 대한 공격을 주(主) 임무로 하는 공군부대'를 의미하고 있다. 줄리오 두헤는 전략폭격만이 전쟁을 승리로 이끌 수 있다는 측면에서 '전략공군'을 주장하였고, 윌리엄 렌드럼 미첼은 전략폭격도 중요하지만, 폭격기와 요격기, 전투기가 각기 용도에 따라 활용되어야 함을 주장하였다.

9. 마오쩌둥(Mao Tsetung, 中)

9.1. 개요

Mao Zedong(中)

마오쩌둥(毛澤東, 1893~1976)은 호남성(湖南省)의 한 중산층 농가에서 장남으로 태어났다. 부친의 거칠고 잔인한 성격으로 인해 갈등이 심했고, 반항적인 기질이 싹텄다. 아버지의 강요로 13살 때부터 집안 농장에서 일하다가 뛰쳐나와 마을 근방의 동산 고등소학교에 입학하면서 자연과학과 서양문물을 접하게 되었다. 이후 조지 워싱턴(George Washington, 1732~1799) 대통령[121]과 나폴레옹 보나파르트(Napoleon Bonaparte, 1769~1821) 황제[122], 피터 대제(Peter the Great, 러시아어로는 표토르-Pyotr Ⅰ, 1672~1725)[123]의 전기(傳記) 등을 읽으며, 중국의 부국강병이 필요함을 깨우쳤다고 알려졌다.

점차 혁명운동에 관심을 가지다가 1911년 10월 10일 신해혁명(辛亥革命, 1911~1912)[124]이 일어나자 혁명군에 가담하였으나, 군벌세력이 혁명의 주도권을 쥐게 되면서 국민혁명과 국민당을 창립한 손문(孫文-쑨원, 1866~1925)에 대한 기대를 접고 혁명군대를 이탈하였다.

Peter the Great(러)

1913년부터 1918년까지는 사상 발전에 영향을 끼친 시기였으며, 특히 북경대 도서관 조수 생활(3개월)은 그의 생애 전반에 중대한 영향을 가져왔다고 하여도 과언이 아니다.

---

121) '조지 워싱턴'은 미국 독립전쟁(1775~1783) 당시 대륙군의 총사령관이었고, 초대 대통령(1789~1997)을 지냈다.
122) '나폴레옹 보나파르트'는 코르시카 출신의 귀족으로 탁월한 군사적 재능을 발휘하여 프랑스 혁명전쟁(1792~1802)과 나폴레옹 전쟁(1803~1815)을 통해 유럽을 석권하고 프랑스 제1 제국을 수립하였다.
123) '피터'는 러시아 역사에서 가장 탁월한 통치·개혁자로서 절대왕정(絶對王政-군주가 국가 통치에 관한 모든 권력을 장악하는 절대 권한의 통치체제)을 확립한 전제군주(專制君主)로서 행정·산업·문화·기술 분야 등 모든 분야에서 개혁을 단행하여 성공하였다. 특히 빼놓을 수 없는 업적이 근대 정규군대를 창설한 점이다.
124) '신해혁명'은 '청나라를 무너뜨리고 최초로 중화민국을 성립시킨 중국의 혁명'을 지칭하고 있다. 중국의 역사에서 처음으로 공화국을 수립했다고 하여 '공화혁명(共和革命)'이라고도 불린다.

<그림 2-23>은 마오쩌둥의 생애를 정리하였다.

- 1893, 中 호남성 출생(1976 사망)
- 1909, 서당 – 성립상향중학교 – 공립고등상업 학교 – 성립제일중학교 자퇴
- 1911~, 호남성립사범학교 입학/자퇴
- 1913~1918, 호남제일사범학교 졸업
  – 민입보 가입 등 혁명활동, 북경대도서관 조수
- 1920, 마르크스주의자로 입지(立地)를 구축
- 1924~, 국공합작, 농민조직 활동에 주력
- 1934, 12,500km 대장정, 권력 장악(1935)
- 1949~1959, 중화인민공화국 수립(국가 주석)

<그림 2-23> 마오쩌둥의 생애

1920년부터 공산당원으로서 본격적인 활동을 시작하면서 마르크스주의 사상에 심취하였다. 1924년 제1차 국공합작이 성사되고 공산당 중앙위원과 중앙집행위원, 선전부장 대리 등을 겸임하면서 활동 영역을 넓혀갔다. 이때 국공합작에 대한 비판이 일자 연말(年末)에 중앙 정치무대에서 물러나 농민 활동을 조직하고 '제16字 전법'을 제시하였다.[125] <그림 2-24>는 마오쩌둥의 생애 중 중요한 사건과 시기에 따른 그의 전략사상 형성을 정리하였다.

<그림 2-24> 마오쩌둥의 중요 사건과 전략사상이 형성된 과정

1931년 공산당의 초기 근거지이면서 공산당이 창건한 첫 번째 정권(政權)으로 유명한 강서성(江西省–장시성) 서금(瑞金–루이진)[126]에서 중화 소비에트 정부 중앙집행위원회와 인민위

---

[125] 마오쩌둥은 손자병법 등을 참고하여 만든 '제16字 전법'을 활용하여 국민당을 이끄는 일본 육사 출신의 장개석(莊介石–장제스) 군대를 물리치고 승자(勝者)가 되었다. 16개의 한자어로 구성되어 있는데, '敵進我退, 敵駐我擾, 敵疲我打, 敵退我追(또는 進)'이다. 이를 간략하게 해석하면, '적이 공격하면, 후퇴하고, 적이 주둔하면 적을 괴롭게 하고, 적이 피로하면, 공격하고, 적이 물러나면, 추격(또는 진격)한다.'라는 뜻이다. 끝에 나오는 '추(追)'나 '진(進)'은 자료에 따라 다르게 기재된 사례가 있기에 혼란스럽지 않도록 같이 기재하였다.

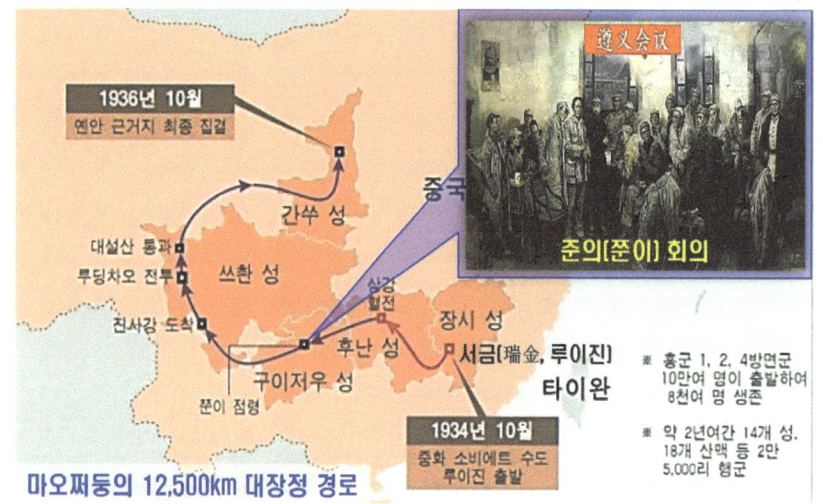

원회 주석으로 활동하였다. 여기서 1934년부터 1년여에 걸친 '2만 5천리(또는 12,500km) 대장정'을 시작하였다.127)

이 기간에 진행한 귀주성(貴州省)의 '준의회의(遵義會議)'128)는 중국 공산당과 그의 운명을 새롭게 바꾼 결정적인 전환점이라고 할 수 있다. 이후『지구전략론』(1938),『신단계론』(1938),『신민주주의론』(1940),『마오쩌둥 어록』(1964) 등을 출간하였다.

---

126) '서금(瑞金)'은 강서성 남부에 있는 복건성(福建省)과 맞닿은 작은 도시로 마오쩌둥이 장개석의 국민당에 패퇴하고 대장정을 처음으로 시작한 지점이 바로 여기다.

127) 일반적으로 12,500km는 대다수 자료는 25,000리라고 하지만 실제로는 31,000여 리가 된다. 2003년도에 영국인 에드 조세린과 앤드류 맥원(또는 앤드류 맥케완)이 마오쩌둥의 대장정 경로를 똑같이 답사한 결과 6,120km라고 주장하였음도 이해할 필요가 있다. 어쨌든 장개석의 국민당에 핍박받으면서 고난의 행군을 했다는 점은 인정해야 하지 않나 싶다. 당시 국민당은 일본군과의 정면 교전(交戰)으로 전투력이 약화하였지만, 마오쩌둥은 일본군이 점령한 농촌 지역으로 들어가 일본군의 배후에서 세력을 확대하였다. 여기서 마오쩌둥의 '지구전과 유격전 사상' 개념이 나왔고, 당시 공산당 지도부가 '유격전'을 채택하지 않고 국민당군과 정면 대결을 벌여 철저하게 패배하면서 당권(黨權)과 군사지도권을 비롯하여 전체 실권(實權)을 장악하는 계기로 작용하였다.

128) '준의회의(遵義會議)'는 1935년 1월 귀주성(貴州省-구이저우)의 북부 도시(준의-쭌이)에서 개최한 중국 공산당원(볼셰비키) 28명이 주도한 '중앙정치국 회의'의 또 다른 명칭이다. 장개석의 제5차에 걸친 공산당 토벌 작전으로 괴멸당하기 직전에 도주한 공산당원들이 대장정을 진행하는 도중에 개최한 회의다. 공산당의 주도 세력이었던 '親소련파' 인물들이 마오쩌둥의 유격전을 실패한 작전으로 몰아붙이면서 국민당과의 정면 대결을 고집하다 실패한 데 대한 비판을 당해 문책당하였다. 이때부터 자연스레 마오쩌둥의 유격전 사상이 다시 채택되었고, 권력을 장악하는 계기가 되었다.

1965년 10월 이후부터는 고립무원의 처지에서도 문화대혁명을 지휘하였고, '마오쩌둥 사상'을 천명하였다. 1970년 헌법 수정 초안을 통해 1인 최고지도자로 군림하였으나, 1976년 천안문(天安門-텐안먼, Tienan Men Incident) 사태129)로 완전히 고립당한 채 삶을 마감하였다. 중국 역사를 통틀어 마오쩌둥만큼 신격화가 된 인물이 없다고 하여도 과언이 아닐 것이다.

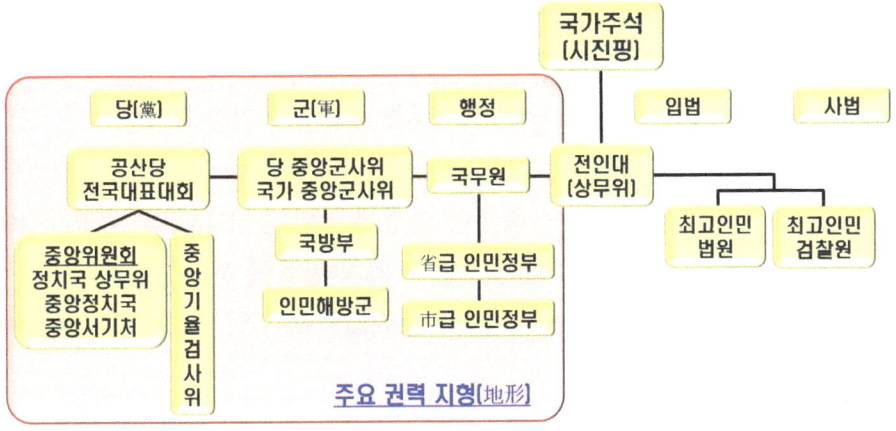

최근 당정군(黨政軍)을 장악하고 절대권력자로 등극한 시진핑(習近平-Xi Jinping) 주석이 마오쩌둥의 사례와 같이 생전에 자신의 이름이 들어간 '지도 사상(신시대 중국 특색 사회주의 사상)'을 당장(黨章)에 넣은 두 번째 지도자라는 점을 주목할 만하다. 과거 마오쩌둥의 권력과 비견할 정도의 권력 기반이 굳건해졌음을 느낄 수 있다.130)

9.2. '지구전과 유격전 사상'에 관한 이해

그는 고대 중국 사상과 『손자병법』을 포함하는 『무경칠서-武經七書』, 마르크스-레닌,

---

129) '천안문 사태'는 2차례에 걸쳐 있었다. 제1차 사태(1976.4.4.~7.)는 마오쩌둥의 사상이 절대화가 되면서 중국 민중의 저항으로 나타난 반(反) 마오쩌둥 분위기가 확산하는 등의 획기적인 사건이다. 이로 인하여 당시 부주석(부총리)인 덩샤오핑이 직무를 박탈당했다. 제2차 사태(1989.4.15.~6.4.)는 전국 대학의 민주화 시위에 대하여 무력으로 진압하면서 나타났고, 이후 민주화 운동은 쪼그라들었다.

130) 당장(黨章)의 총칙에 '역대 지도자의 정치이념은 당원이 충실히 따라야 하는 행동지침'으로 명시하고 있기 때문이다. 중국 역대 지도자 중에서 자신의 이름을 넣은 사상은 마오쩌둥과 덩샤오핑이다. 특히 생전에 넣은 사례는 마오쩌둥뿐이다. 이는 시진핑 주석의 권력이 마오쩌둥과 덩샤오핑만큼 크기에 가능하다. 다만, 시진핑은 마오쩌둥과 덩샤오핑이 이룩했던 치열한 정치적 업적이 없기에 이들이 누렸던 비제도적인 권위보다는 외형적으로 보이는 형식적 권위임을 느낄 수 있다. 관련 내용은 안유화의 "중국은 어디로 가고 있나? 11월 6중전회가 제시한다," 『아주경제』(2021.9.30.); 노영조의 "中 시진핑 '시 황제' 등극, 당정군 장악," 『경제뉴스』(2018.3.18.)를 참고하기 바란다.

카를 폰 클라우제비츠의 영향을 많이 받았다. 주목해야 할 점은 이들의 전략사상을 무조건 답습한 게 아니라 '현실주의와 역사에 대하여 체득한 경험'을 접목했다. 중국의 특색과 당시의 상황(여건)에 맞는 독특한 전략사상을 체계화했다는 점도 주목할 필요가 있다. 특히 손자의 '싸우지 않고 이기는 전쟁관-不戰而 屈人之兵, 善之善者也'은 전략의 중심철학으로 '지구전'과 '기만전술'에 큰 영향을 미쳤다. 특히 제6편(虛實)의 '적의 강한 곳은 회피하고 약한 곳을 공격하라-避實而擊虛'와 제3편(謀攻)의 '인민과 당(黨) 지도부가 한마음이 되어야 승리한다-上下同欲者勝) 등의 내용을 전쟁이론에 구체적으로 포함하고 있다.

평소 외국의 군사원칙이나 전략사상에서 형식과 내용만을 가감(加減)하거나, 변화도 없이 사용하는 행위는 '자신의 발을 깎아 신발에 맞추는 격'이라는 인식의 소유자였다. 그래서 일반 전쟁의 법칙을 포함하면서도 특수한 환경에 있던 중국 내부의 혁명전쟁에 대한 법칙을 같이 연구해야 한다고 주장하였다. 아울러 과거 전쟁의 경험을 존중하여야 하지만, 중국이 겪은 유혈(流血) 경험과 '혁명전쟁(Revolutionary War)'의 경험이 존중되어야 한다는 점을 강조하였다.[131]

그는 혁명전쟁 당시 소련과 국민당, 일본군이 사용하던 낙후된 무기들로 승리를 거두었기에 해결하는 관건이 무기가 아닌 '인간의 정신'에 있다는 의식으로 굳어졌고, 이러한 그의 사상은 중국군의 군사전략에 반영되었다.

그는 유연하면서도 강직한 성격 그대로 '약함으로 강함을 이긴다.'라고 하는『손자병법』과 『도덕경』의 '모순전화사상(矛盾轉化思想)'[132]을 매우 중시하였으나, 중국의 특색에 맞추는 유연함을 보였다. '적강아약(敵强我弱) 이약승강(以弱勝强)'[133]은 그의 대표적인 문장이라고 할 수 있다.[134] 전반적으로 '전략은 1로 10을 이기고, 전술은 10으로 1을 이기는 것'으로 '약한 무장으로 현대적인 장비를 갖춘 강하고 큰 적(敵)에 승리한다.'라는 개념이 녹아있다.

---

131) 1917년 러시아에서 레닌이 주도한 볼셰비키 혁명은 도시노동자들이었지만, 마오쩌둥은 중국 사회의 특색이 농촌사회(농민)임을 꿰뚫고 있었다. 이로 인해 1953년 이오시프 스탈린이 사망한 이후 소련은 중국을 교조주의로, 중국은 소련을 수정주의라고 하는 논쟁이 불붙으면서 대립은 격화되었다.
132) 노자의『도덕경』상편(道經) 제35장에 나오는 '천하가 모두 도를 지향하니 세상이 평화롭다.'에서 사물의 양면성과 모순(矛盾-창과 방패)의 전화(轉化-바뀌어 다르게 되다) 관계를 다루고 있다.
133) '적강아약(敵强我弱)'은 '적의 병력은 많고 강하지만, 반면에 아군의 병력은 적고 약한 상황'을 뜻하며, '이약승강(以弱勝强)'은 '적과 더불어 싸울 때는 반드시 유리한 지형을 차지해야 한다. 그러면 적은 병력으로 다수의 적(enemy)을 공략할 수 있다는 의미다.
134) '이약승강'은『손자병법』에 나오는 구절로서 '약함으로 강함을 이긴다.'라는 뜻인데 이는 중국혁명의 '적강아약' 상황과 밀접하게 연계된다고 생각하며 두 개의 문장을 이해하면 될 듯싶다.

예를 들면, 적과 아군 역량의 강약(强弱)을 변화시켜 아군에게 유리한 전화(轉化)가 발생하도록 하기 위해서는 적의 약한 부분을 공격하는 게 필요하다고 보았다. 따라서 '강한 군대에 대응하는 약한 군대가 갖춰야 할 필요조건은 약한 부분을 골라 공략하는 것이다.'라고 하지만, 『손자병법』 군쟁편(軍爭編)의 '적의 사기가 높은 시기와 장소는 피하고 나태(懶怠)한 적이 있는 지역을 공격한다(피실예기 격기타귀-避其銳氣 擊其惰歸).'와도 같은 의미로 해석할 수 있다.135)

 **잠깐! 여기서 '중국군은 국가의 군대(國軍)이기 이전에 당(黨)의 군대'라고 강조하였다. 그 이유가 무엇인지 알고 넘어가자.**

중국은 1921년 7월 1일 홍군(紅軍)136)이 창건된 이래에 국민당(장개석 주석)과의 투쟁을 진행하는 과정에서 마오쩌둥의 영향을 많이 받았다. 이후 1949년 10월 1일 사회주의 체제인 중화인민공화국(中華人民共和國)을 창설하였다.

* key-word

-중국 공산당 창설일, 주요 역할: 1921.7.1.~, 외부의 침략을 저지하고 국내를 안정시키는 임무를 수행하고 있다.

-중화인민공화국 창설일, 주요 역할: 1949.10.1.~, 국가 주권(主權)을 수호하고 외부의 침략을 저지하는 임무를 수행하고 있다.

-일당 독재 국가(중국)의 군대는 '당군(黨軍)'이 '국군(國軍)'의 역할을 담당하고 있다. 이는 카를 하인리히 마르크스(Karl Heinrich Marx, 1818~1883)가 주장한 '국가 휘하의 군대는 부르주아와 봉건 압제자의 입맛에 맞는 탄압의 도구에 속하게 된다.'라는 이론에 기반하여 '인민에 의해 자발적으로 조직된 집단'이라는 해석을 근거로 내세우고 당군(黨軍)을 지향하고 있다.

---

135) 김정계 외, 『모택동의 군사전략』 (대구: 중문출판, 1993), pp. 145~152.
136) 중국의 홍군(紅軍, 정식 명칭은 공농홍군工農紅軍)은 1921년 2군단장 하룡(賀龍, 또는 허룽)이 처음 창설했지만, 1927년 마오쩌둥이 호남성(湖南省)을 중심으로 홍군을 재편성하면서 그의 주도하에 근성(根性)과 기강, 규율을 갖춤으로써 전투력을 강화하여 실질적인 대표자로서의 위상을 굳혔다. 이는 장개석의 국민당군이 5차례에 걸쳐 대대적인 토벌 작전을 벌이는 결정적인 계기가 되었다. 1937년 8월 25일 공산당은 홍군을 팔로군으로 개편하고, 1949년 중화인민공화국을 창설한 이후 '인민해방군' 명칭을 사용하고 있다.

9.3. '지구전 전략과 유격전 전략 사상'의 구성과 전략사상 체계

9.3.1. '지구전 전략 사상'에 관한 이해

'지구전략 사상'은 중공군(혼란을 줄이고자 현재의 중국군으로 통일)과 일본군 간의 전체적 세력 관계나 변화 조건에 따라 규정된다는 논리에서 출발했다. 따라서 "전쟁은 힘에 달려있기에 본래의 형태를 변화시켜야 한다."라고 강조하고 있다. 생각의 밑바탕에는 '전쟁이란 군사력 간 단순한 힘의 투쟁일 뿐만 아니라 전쟁을 수행하는 당사자 간에 전체 역량을 경쟁해야 하는 투쟁'으로 인식하고 있다. 다만, 역량의 일차적인 원천이 '인간'이지 군사・경제력이나 무기가 아니라고 명확하게 적시하고 있는 점을 이해하여야 한다.[137]

이는 단순한 지구(持久)전략이라기보다 포위(包圍)와 지구전을 포함하는 더 큰 의미의 전략이다. 여기서 그가 주장하는 대전략은 '포위전략'이다, 국민당군에 다섯 차례에 걸친 토벌 작전을 경험하고 얻은 교훈을 토대로 농촌을 중심으로 도시를 포위하는 전략과 『지구전략론』을 체계화하였다. <표 2-30>은 『지구전략론』의 특징을 정리하였다.

<표 2-30> 마오쩌둥이 강조하는 『지구전략론』의 특징

> ① 지구(持久)와 결전(決戰)의 관계를 명확히 하였다.
> ② '속결전(速決戰)'을 전략방어의 일환(一環)으로 중요하게 다루었다.
> ③ 군사 목적을 '자기 보존과 적 소멸'에 두었다.

① 전역(戰役=전쟁)에서의 지구전과 전략에서의 속결전을 반대하였다. 오히려 전략(Strategy) 측면에서는 지구전을, 전역(전쟁 또는 전투) 측면에서는 '속결전'을 인정해야 한다. '전략 측면에서는 지구(持久) 사상을, 전술 측면에서는 결전(決戰) 사상'을 강조하였다. 중국 내부도 국민당군과의 혁명전쟁을 통해 이러한 사상을 존중하여야 한다고 보았으며, 이는 항일전쟁에 똑같이 적용되어야 할 원칙으로 주장하였다.

② 동서고금(東西古今)의 대다수 전투는 '속전속결 원칙'에 따라 전쟁에서 승리하였기에 이 원칙이 지켜져야 한다고 보았다. 특히 모든 전역(전쟁)과 전투에서 단호하게 결전을

---

137) 마오쩌둥은 『지구전략론-持久戰略論』에서 "무기는 전쟁의 중요한 요소이지만, 결정적 요소가 아니다. 결정적인 요소는 물질이 아닌 인간이다. 역량에 대비한다는 것은 군사력과 경제력의 대비일 뿐만 아니라 인력과 민심의 대비이기도 하다. 왜냐하면, 군사력과 경제력을 인간이 장악하고 있기 때문이다."라고 강조하고 있다.

감행하지만, 확실하지 않은 결전은 최대한 회피해야 하며, 국가의 명운(命運)을 좌우하는 전략적 결전은 회피해야 한다. 정세(情勢)가 유리할지언정 전략적 결전을 감행하면 안 되며, 승리가 확실할 때 전술적 결전이 필요할 때도 확실하지 않을 경우는 이마저도 회피해야 한다고 보았음에 유념할 필요가 있다.

③ 영토(土地)를 보존할 전략을 택할 것인지, 군사력을 보존할 전략을 선택할 것인지의 상황에 직면했을 때는 서슴지 않고 영토는 포기하고 군사력을 보존해야 한다. 군사력이 없으면, 차후(此後)를 기약하기 어렵지만, 영토는 언제든 되찾을 수 있기에 영토를 포기하는 것을 중요한 전략의 영역(領域)으로 인식하였다.138) <그림 2-25>는 그의 '지구전 전략 사상'과 진행단계를 정리하였다.

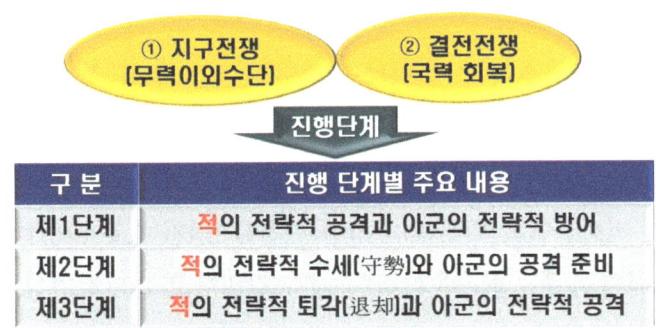

<그림 2-25> 마오쩌둥의 '지구전 전략 사상'과 진행단계

『지구전략론』의 수준을 정리하면, ① '지구전쟁(持久戰爭)'은 협의의 전쟁이고, ② '결전전쟁(決戰 戰爭)'은 광의의 의미를 띠고 있다고 이해하면 된다.

먼저, ①은 다시 광의(①-1)와 협의(①-2)로 구분할 수 있다. 광의(①-1)의 의미는 ②의 단기결전(短氣決戰)과 같다고 이해하면 된다. 이때 ②는 단기 속결전의 의미가 아니라 '국력의 회복이나, 동맹국의 개입을 꾀하는 등을 통해 전략을 보강한 다음 결전에 임함으로써 자연스럽게 전쟁을 장기화'한다는 의미다. 이러한 지구전략 사상은 항일(抗日) 유격 전쟁 시에 체계화하여 <지구전에 관하여 논함—論持久戰>이라는 논문으로 발표하였다.139) 이는 중국

---

138) 광대한 토지를 양보하여 시간을 벌 수 있다고 보았기에 그 기간에 적의 피로도는 높이고 아군의 전투력은 강화하게 만들어 결전에서 승리를 획득할 수 있다는 행동실천 사상으로 이해하면 될 듯싶다.
139) 마오쩌둥이 '지구전'을 전략 차원으로 확장한 시기는 <항일유격전쟁의 전략문제>라는 논문에서 혁명전쟁의 특징을 '적이 강한 데 반해 아군은 약하기 때문에 급속하게 발전하기는 어려우며, 조속한 시일 내에 승리할 수 없기에 전쟁은 지구적으로 수행되어야 한다.'라고 강조한 데서 비롯되었다.

의 혁명전쟁 시기까지 포함하고 있으며, 이론적으로 확립되었다고 봄이 타당하다.

협의((①-2)의 의미는 '무력 이외의 수단을 활용'하는 것으로 정리할 수 있다. 1937년 7월 7일 일본군이 기획하여 일어난 '루거우차오(Lugouqiao-盧溝橋)사건'140)을 시작으로 일본군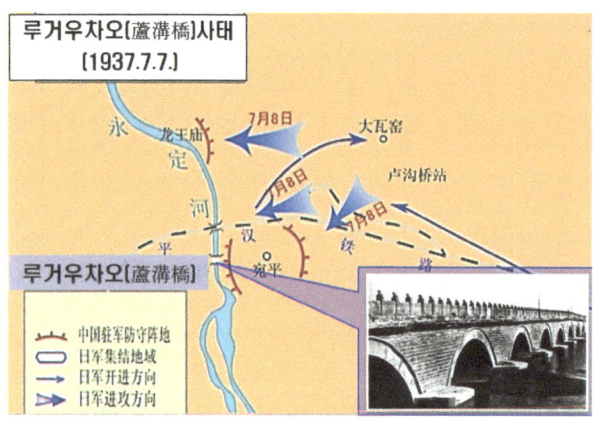의 강한 군사력이 중국의 동부 해안지역 등을 석권(席卷)하면서 중국 내부에서 나타난 두 가지의 현상과도 궤(軌-흐름)를 같이하고 있다. 바로 ① 망국론(亡國論)과 ② 속승론(速勝論)이 그것이다. ①은 중국의 강점을 보지 못하고 패배주의에 사로잡힌 주장이고, ②는 중국의 약점을 보지 못하여 분기(憤氣-분노)를 억누르지 못하고 주관주의에 사로잡혀 비판하는 데 집중한 주장이다.141) 이러한 현상을 접하면서 볼셰비키 혁명의 관점과 중국의 사회적 특성을 고려하여 정반대의 논리로 만든 게 '지구전 전략사상'이다. 인간의 마음만 결집하면, 승리할 수 있다는 확신이 있었기에 공산당이 주도하는 적화통일을 위한 일차적인 원천을 '인간'으로 보았다. 즉, '군사·경제력 대(對) 인력+민심의 수준' 정도에 따라 승패가 갈린다고 판단하였다. 이때부터 회유와 협박, 선무(宣撫), 설득 등이 주(主)수단으로 채택하였다.

9.3.2. '유격전 전략 사상'에 관한 이해

'유격전 전략'142)은 일반적으로 '게릴라전략' 또는 '혁명적 게릴라전략'이라는 이름으로 통용되고 있다.143) 이러한 전략은 20세기에 들어와 나름의 특수성은 배제된 채 공산주

---

140) 베이징(北京)에서 남서쪽으로 15km 떨어진 융딩허(永定河)) 위에 세워져 있으며, 마르코 폴로가 『동방견문록』을 쓸 때 들렀던 다리이기에 '마르코 폴로 다리'라고 불린다. 일본군이 중국을 침공할 명분을 쌓기 위해 기획한 자작극으로 벌인 총격 사건으로 '7·7사변'이라고도 불리며 중일 전쟁(1937~1945)의 시발점이었다. 관련 내용은 김성진의 『세계전쟁사』 (2021), pp. 349~351.을 참고하기 바란다.

141) 993년 거란이 고려를 침입했을 때 신하들의 처지에서 나왔던 ① 투항론(投降論), ② 할지론(割地論)과 궤를 같이하고 있다. 세부 내용은 김성진의 『군사협상론』 (2020), pp. 363~364.를 참고하기 바란다.

142) '유격전(遊擊戰)'은 의미하는 그대로 'Hit & Run'을 주 임무로 하는 용병작전이다. 최초에 중국어로 사용하였지만, 유래는 명확하지 않다. 1927년 이후 국공 내전과 항일전쟁을 수행하는 과정에서 공산당이 해방지역에서 사용하기 시작하였다. 이를 마오쩌둥이 체계화하여 중국을 적화(赤化)하는 전략 사상의 하나로 발전시켰다.

143) 유념하여야 할 사항은 '게릴라전(guerilla warfare)', '빨치산전(partisan warfare)', '유격전(遊擊戰-guerilla warfare)'이라는 용어가 서로 유사하지만, 이것이 사용되는 공간과 시간, 주체, 대상에 따라 의미와 차이가 존재한다는 점을

의자들의 인민(혁명) 전쟁을 위한 전략적 수단의 하나로 체계화한 주체가 마오쩌둥이라고 하여도 지나친 말은 아닐 것이다.

군사적 측면에서 본다면, 정규군의 전투 방식이 아니라 비정규군(대중 또는 민병 -民兵)들이 침략군에게 감행하는 전투 행동이다. 즉, 소규모 단위의 전술적 행동을 전략적 수준으로 끌어올리면서 전쟁의 한 형태로 발전시켰다. 독립적이지 않고 정지(停止)한 형태가 아니라 끊임없이 변화하며 발전해 나가야 한다고 주장하였다.

'유격전 전략'은 원래는 비정규전 또는 대중이나 민병들이 침략군에게 감행하는 소규모의 전투 방식이었으나, 1927년의 국공내전과 항일전쟁을 수행하는 과정에서 '정규전쟁으로 이행하는 전략적 단계'로 높였다. 즉, '유격전쟁=정규전쟁'이라는 등식(等式)을 부여하였다. 또한, 적화를 위한 인민 전쟁 전략의 하나로서 무력전과 심리전, 대중운동 등을 결합한 '용병작전(Hit & Run)'을 진행하였다. <그림 2-26>은 유격전과 지구전 전략을 '지구전 전략사상'에 입각(立脚-be based on)한 3단계 차원의 전쟁으로 정리하였다.[144]

<그림 2-26> '지구전 전략사상'에 입각한 3단계 차원의 유격전과 지구전 전략의 전쟁

잊지 말아야 한다.
144) 그의 주장에 따르면, '유격전은 정규전쟁의 보조적인 역할에 머무는 게 아니라 전략적 단계에서 수행하는 전쟁의 형태다.'

제1~2단계에서 수행하는 전쟁의 형태가 '유격전 전략'이고, 제3단계에서 수행하는 전쟁의 형태가 '지구전 전략=지구전쟁과 결전 전쟁'을 수행한다고 이해하면 된다.

①은 '유격전을 전국적 수준으로 전개하되, 후방을 교란하여 일본군의 공세를 약화(弱化)시키는 방향으로 전개하는 활동'으로 이해하면 된다.

②는 '근거지(Base)를 중심으로 대규모 작전을 수행하는 홍군 주력의 작전과 직접 관련이 있는 지역에서 적의 공격을 교란하고 수비(守備-경계)를 방해하는 활동'으로 이해하면 된다.

③은 '홍군 주력부대의 작전에 맞춰 유격대 지휘관의 지시에 따라 일부의 적은 견제하며 수송 활동을 방해하거나, 적정(敵情)을 정찰하며 이동로를 안내하는 등의 지정된 임무를 수행하는 전반(全般)'이다.

지역적 조건을 고려하여 유격전을 수행해야 한다며 전쟁 지도를 벗어날 위험성에 대하여 경고하였다. 역사상 많은 유격전이 실패한 원인이 지도자들의 '유구주의(流寇主義)'145) 때문으로 분석했다. 즉, 독자성은 갖지만, 중앙의 지휘에 복종하는 체계는 유지해야 한다는 시각이었다. <표 2-31-1>은 마오쩌둥이 전략적 방어단계에서 수행하는 유격전 전략의 6대 원칙을 정리하였다.

<표 2-31-1> 마오쩌둥의 제1~2(전략적 방어) 단계에서 수행하는 유격전 전략의 6대 원칙

① 제1원칙: '주동성(主動性)', '탄력성(彈力性)', '계획성(計劃性)'이 필요하다.146)
② 제2원칙: '정규전과 상호 호응(呼應)'해야 한다.
③ 제3원칙: '근거지를 확보'해야 한다.
④ 제4원칙: '전략적 방침을 준수'해야 한다.
⑤ 제5원칙: 장기전에 부합하는 작전방침과 '정규부대의 운동전(運動戰)'147)으로 발전해야 한다.
⑥ 제6원칙: 지휘 관계는 '전략적 원칙'이 필요하므로 '전략적으로는 집중주의', '전술적으로는 분산주의' 원칙을 적용해야 한다.

---

145) '유구주의(流寇主義)'는 적을 습격하고 피하면서 끊임없이 유동하며 생존하는 유격대 활동 자체를 실패한 원인이라는 생각이다. 다시 말해 유격전 활동과 동시에 정규부대를 건설해야 하며, 지속성을 보장하기 위해 근거지를 확보해야 하는 데 이를 간과하였다는 것이다.

146) '주동성(主動性)'은 '군대 행동의 자유를 확보'한다는 의미이고, '탄력성(彈力性)' '어떠한 상황이나 사태에도 유연하고 융통성 있게 대처'한다는 의미이며, '계획성(計劃性)' '모든 일을 계획된 대로 처리'한다는 의미다.

147) '운동전(運動戰)'은 '높은 기동력과 화력 등을 통해 선제(先制-pre-emptive)하기 위해 재빠르게 전투에 유리한 위

①을 위해 <표 2-31-2>는 여섯 가지의 행동원칙으로 세분화하여 정리하였다.

<표 2-31-2> 마오쩌둥의 여섯 가지 행동원칙

> ①-1: 적의 약점을 찌른다.
> ①-2: 정확한 상황판단을 통해 군사·정치적 조치를 적절하고 신속하게 한다.
> ①-3: 판단과 조치에 오류를 범했거나, 불가항력적인 압력으로 수동적 위치에 있다면, 유리한 환경을 만들어 수동적 위치에서 이탈하여야 한다.
> ①-4: 적이 유리한 입장일 때는 적이 선택한 시간과 장소는 회피하고 유격대가 선택한 시간과 장소에서 전투하고 적은 회피하지 못하게 하며 유격대가 적을 주도적(主導的, leading)으로 지휘할 수 있게 유도한다.
> ①-5: 적의 오판(誤判)을 유도하되, 유격대는 신중성(愼重性)과 치밀성(緻密性), 인내성(忍耐性)을 가져야 한다.[148]
> ①-6: 적이 불안해하거나, 행동하는 중이면 기습 공격을 감행한다.

②에서 정규전쟁은 고도의 수준이지만, 유격전은 고도의 수준이 아니기에 과오(過誤)를 범할 우려가 증가할 수밖에 없다. 따라서 '전략적', '전역적', '전투적' 관계를 잘 활용해야 한다. '전략적'이란 의미는 후방에서 적을 약화 및 견제하며, 병참선을 방해하는 작전과 대중의 저항운동을 격려하는 활동 등을 광의적(廣義的)으로 해석하면 될 듯싶다.

③은 가장 중요하게 생각한 산물(産物)로 봐야 한다. '근거지(Base)'는 '유격대가 전략적 임무를 수행하여 자신을 스스로 보존하면서 적으로 소멸하고 세력을 구축할 수 있는 전략적 차원의 기지'라고 정의한 데서도 그 의미를 읽을 수 있다.

④는 '전략적 방어'와 '전략적 공격'으로 세분화할 수 있으며 이 두 가지는 '9.3.1. 지구전 전략사상의 이해'에서와 같이 '전략적 방어=적이 공격할 때 유격대가 방어'하는 방침이고, '전략적 공격=적이 방어할 때 유격대가 공격'하는 방침으로 이해하면 될 듯싶다.

⑤는 항일(抗日) 유격 전쟁이 장기화함에 따라 유격대도 전쟁에 필요한 훈련과 전투경험

치로 옮겨가면서 벌이는 전투'로서 6·25 전쟁 기간 중 중공군이 실시했던 '도보(徒步) 기동전(機動戰)'과 같다고 이해하면 쉬울 듯싶다.

148) '신중성(愼重性)'은 '어떠한 사물(事物)이나 일을 매우 조심스럽게 다루는 성질'이고, '치밀성(緻密性)'은 '정치(精緻)-정교하고 촘촘한)하고 세밀한 성질 또는 특성'을 의미하며, '인내성(忍耐性)'은 '괴롭거나 어려움에 부닥칠지라도 마음을 억제하며 참고 견디는 성질'을 의미하고 있다.

을 쌓음으로써 점차 정규부대처럼 되어야 하고 이에 따른 작전방침을 정규부대 형식으로 전환케 하여 유격전 자체가 '운동전(運動戰)'으로 전환되도록 강조한 것으로 이해하면 될 듯싶다.

⑥의 지휘 관계는 유격전 전략을 순조롭게 발전시키는 데 필요한 조건으로 봐야 한다. 유격대는 저급한 무장조직이기에 분산주의(分散主義)를 채택할 수밖에 없는 환경에서 고도로 정밀한 관계를 유지하기는 어렵다. 따라서 유격대와 정규군대가 유기적인 합동·협력적 관계를 유지하여야 하므로 절대적인 집중과 분산으로는 승리를 달성하기가 어렵다고 판단하였다. 여기서 전략적 차원은 '집중주의(集中主義)', 전술적 차원은 '분산주의'라는 점을 분명히 하였다. 즉, 상대와 시간, 장소 및 환경에 따라 '집중'과 '분산'을 채택하였다.

9.4. '공산주의 전술'과 마오쩌둥의 '전략사상' 비교

<그림 2-27>은 기존의 '공산주의 전술'과 '마오쩌둥의 전략사상'의 차이점을 비교하여 정리하였다.

공통점	차이점
① 약자의 강자 정복형 ② 통일전선 원리에 입각 ③ 정치심리적 활동에 입각	① 농촌에서 도시를 포위하는 전략 ② 게릴라전을 기본형태로 진행 • 게릴라전 수준을 전술적 수준이 아니라 전략적 수준으로 승화

<그림 2-27> 기존의 '공산주의 전술'과 마오쩌둥의 '전략 사상' 비교

공통점에서 ②의 '통일전선 원리'는 공산주의자들이 공통으로 채택한 혁명 전술의 하나로서 우회(右回) 공격 등 상대의 힘을 최대한 이용할 줄 알아야 한다는 것이다. 적대세력에 공동으로 대항하려면 연합이 필요함을 밑바탕에 깔고 있다.[149]

핵심 key-word는 근본적으로 무력전(武力戰)으로 목표를 쟁취하기보다 '정치심리전(政治心理戰)'이 더 중요하다는 점에 있다. 그는 중국 사회의 특성을 고려하여 구소련이 볼셰비키 혁명 때 도시노동자를 우선 대상으로 한 것과는 반대로 농촌에서 도시를 포위하는 전략을 채택하였다. 이때 기존의 무장조직(게릴라)을 단순하게 운용하는 형태에서 벗어나 전략

---

[149] '통일전선 원리'는 '공산 세력이 약해 단독으로는 공산혁명의 목표를 달성하기가 어려울 때 비(非)공산세력과 연합전선을 형성하여 공동으로 투쟁하는 혁명 퇴조기의 전술'로 이해하면 된다.

적 수준으로 승화(昇華)시켰다. 이를 '게릴라전'이 아닌 '혁명적 게릴라전'이라고 불렀다. '유격전(遊擊戰)'은 '후방이 없는 전쟁'으로서 '민중'과 '근거지'를 조직한다는 특성을 염두에 둘 필요가 있다.

9.5. 마오쩌둥의 '유격전과 지구전 사상'이 현대에 미친 영향

1949년 10월 1일 통일된 '중화인민공화국(이하 중국)'을 선포한 다음 해인 1950년 6·25전쟁에 참전한 '인민지원군(人民志願軍)'은 그의 군사원칙과 전략사상을 미군과 UN군을 대상으로 활용하는 단계에서 많은 문제점을 드러냈다. 예를 들면, 10월 19일부터 24일까지 압록강을 건너 기습을 시도하고자 인민지원군 사령관인 펑더화이(彭德懷, 1898~1974)와 18개 사단 26만여 명이 평안북도 삼림지역에 은밀하게 잠복을 완료하였다. 이들은 산악을 통해 깊숙이 진출하여 전투 장비와 전투력이 취약하고 병력이 분산된 한국군을 연대별로 포위하여 섬멸하기 위해서다. '적을 유인하여 깊숙이 들어오게 한 다음 포위하여 섬멸한다.'라는 작전방침을 세웠

펑더화이(彭德懷, 中)

지만, 한반도의 지형이 폭이 좁고 종심(縱深-세로로 깊게 늘어선 형태)이 길어 '운동전(運動戰)'만으로는 제한이 있기에 '진지전(陣地戰)'을 병행하였다. 여기에 북한군을 한국군의 후방으로 침투시켜 유격대로 활용하는 '배합전(配合戰-Combined Warfare)'150)을 채택하였다. 하지만, 1951년에 들어서면서 중국 인민지원군의 병참선이 제약받는 상황을 잘 활용한 UN군 총사령관(Matthew B. Ridgway, 1895~1993)에 의해 큰 손실을 보면서 작전목표를 달성하는 데 실패하였다. 이들의 병력 피해가 심각하였음은 역사적 사실이다. 제4~5차 공세도 미군의 강력한 공군력과 포병 화력에 의해 실패하였다. 이로 인해 마오쩌둥은 인민해방군의 정규전화에 박차를 가했다. 그러면서도 과학기술 수준의 우위와 핵무기를 보유한 미군의 위협에 대응하여 '인민전쟁(人民戰爭)' 개념

Matthew B. Ridgway(美)

---

150) '배합전'은 1960년대 말 북한의 김일성이 발전시킨 전략으로 '하나의 전투에 두 가지 이상의 작전 형태를 혼합하여 전투를 진행하는 방식'을 의미하고 있다. 마오쩌둥의 유격전 사상과 베트남전쟁의 교훈, 한반도의 지형적 특성을 고려하여 만든 '주체 전법'으로 불린다. 예를 들면, 정규전 부대와 유격전 부대의 배합, 대부대와 소부대 간 배합, 정규전과 산악전의 배합 등 다양한 수준과 방법으로 활용할 수 있다(박용환, 『김정은 체제의 북한 전쟁 전략』, 서울: 선인, 2012, p. 111.).

을 국방의 기본 축으로 삼았다.[151]

중국은 1964년에 핵무기를 개발하였는데도 소련의 신형무기를 도입하고자 노력하였지만, 진전이 없었다. 그러자 펑더화이가 주도하여 소련군 군사이론을 중심으로 하는 교육체계를 폐기하고, 항일전쟁 당시의 '실천으로부터 이론을 배운다.'는 중국식 교육체계로 되돌렸다. 여기서 '인민전쟁', '유격전 전략사상', '지구전 전략사상' 이론은 동아시아와 동남아시아, 라틴아메리카(이하 중남 아메리카)[152]의 공산 혁명가들에게 상당한 영향을 끼쳤다.[153]

그의 군사전략 사상은 중국의 특색과 조건을 고려하여 실천하는 가운데 전략과 전술 개념을 형성하는 독특한 구조를 가졌다. <표 2-32>는 현대 군사전략 사상의 발전에 기여한 측면을 네 가지로 정리하였다.

<표 2-32> 마오쩌둥의 군사전략 사상이 현대 군사전략 사상 발전에 기여한 네 가지 측면

① 약자(弱者)가 강자(强者)를 상대하는 전략을 실천·이론적으로 제시하였다.
② 유격전(또는 게릴라전)의 기본 원칙들을 정립하였다.
③ 철저한 '실사구시(實事求是)' 정신을 바탕으로 하고 있다.
④ 정치전략과 군사전략을 긴밀히 연계·활용하였다.

① 손자병법에 착안하여 군사적으로 약한 주체가 강한 적을 상대하고자 할 때 직접 부딪히면 안 된다. 회피하며 습격을 위주로 하되, 장기간에 걸쳐 물질·정신적으로 피로하게

---

151) 중국의 군사력은 인민해방군-무장경찰-민병(民兵)의 3종(種)으로 편성되어있다. '인민전쟁(人民戰爭)' 개념은 이를 토대로 하여 '미군이 핵무기를 사용한 공격을 시도한다면, 먼저 인민해방군이 상대하고 이후 무장경찰과 민병(民兵)이 내륙에서 장기적인 항전(抗戰)을 수행하는 체계'이다.
152) 대륙을 구분할 때 자연·지리적으로 구분하고 있다. 이때 라틴아메리카는 프랑스의 나폴레옹 3세가 아메리카에서 라틴족과 문화의 지위를 높이고자 만든 용어임을 이해할 필요가 있다. 실제 이 용어에는 원주민의 역사나 존재에 대한 철학적 의미가 있으며, 스페인과 포르투갈이 이 지역을 식민지화한 역사가 있다. 따라서 '라틴아메리카'가 아닌 '북아메리카'나 '중남 아메리카'로 부르는 게 인종 차별 또는 인권 침해의 요소를 줄이는 데 효과적으로 보인다.
153) 북한의 김일성, 베트남의 보 응웬 지압(Vo Nguyen Giap), 쿠바의 피델 카스트로(Fidel Castro)와 게릴라 지도자인 체 게바라(Che Guevara, Ernesto Guevara) 등이 유격전 전략사상을 조건에 맞게 변형하여 활용하였다. 특히 김일성은 정규군 작전에 게릴라 부대를 활용하는 '배합전' 개념으로 북한군을 재조직하였고, 1960년대 말에는 '특수 8군단'을 창설하여 대한민국의 후방으로 교란 및 유사시에 정규군대의 작전을 보조하는 임무를 수행하였다. 보 응웬 지압은 정글을 이용하여 유격대 근거지를 확보했으며, 체 게바라는 농촌 대신에 도시의 외곽을 근거지로 삼아 도시에서 유격전을 수행하는 방식으로 변경하였다.

만들어야 한다고 강조하였다. 이를 위해 유격전 사상이 필요했지만, 이것만으로 승리하기는 어렵다고 보았다. 카를 폰 클라우제비츠(Carl von Clausewitz, 1780~1831)의 '섬멸전' 사상을 접목하여 유격전을 수행하면서 정규군대를 육성하는 과정에서 '유생역량 소멸'과 '전략적 퇴각-전략적 대치-전략적 공세'라는 삼단논법이 나왔다. '통일전선 전략(전술)'은 중간계층과 연합하는 정치전략으로 블라디미르 일리치 레닌(Vladimir Ilich Ulyanov, 1870~1924)에게서 습득하였다.

② 초기 유격전 수행이 실패한 원인은 '근거지'가 없었기 때문으로 생존하려면, 식량 생산·보급체계, 무기 생산 및 보급체계, 부상자의 치료 및 휴식여건을 보장할 공간의 확보가 필요함을 강조하였다. 즉, 적의 대규모 공세에 직면하기 이전까지 근거지는 '진지전'을 하더라도 반드시 확보해야 한다고 믿었다. '유격전'의 원칙이 『손자병법-孫子兵法』과 전래되어 오는 <병법-兵法> 등을 통해 습득한 것으로 새롭거나 특별한 것은 없다. 예를 들면, 매복, 기습, 습격, 성동격서(聲東擊西) 등의 용어는 지금까지 수행한 모든 게릴라 전술의 기초라고 보아도 과언(過言)이 아니다. 다만, '삼대기율(三大紀律), 팔항주의(八項主義)'154)를 제정하여 엄격히 집행하였음은 유격대와 주민과의 관계가 얼마나 중요한지를 체득한 산물로 볼 수 있다. 이 외에도 정규군대의 작전과 긴밀하게 결합하여 운영해야 한다는 '배합전(配合戰)'은 독창적인 이론으로 볼 수 있다.

③ 마르크스주의자(Marxist)로서 '객관적 조건'을 냉철하게 분석하고 여기에 전략 개념과 작전 방법을 설정하여야 승리할 수 있음을 깨우쳤다. 이때 '주관적 의지'가 작동할 영역이 있다고 보았지만, '희망적인 사고(思考)'로만 전쟁을 수행하면 승리할 수 없다고 못 박았다. 따라서 외국이 겪은 전쟁의 경험을 연구할 가치는 있지만, 여건과 현실에 맞는 것을 찾는 게 더 중요하다고 강조하였다. 여기서 주목해야 할 점은 그가 주장하는 여건과 현실은 오늘날의 중국에만 해당하는 것이 아니라는 점이다. '실사구시(實事求是) 정신'은 현대 국가들에 시사하는 바가 크다는 점을 부정하기 어렵다.

④ 유럽지역 강대국의 전략 개념은 정규군 중심으로 발전되어 왔음을 감안(勘案)할 때 그는 정규군 중심의 전략에서 외연(外緣)을 확장한 개념이다. 프로이센의 카를 폰 클라우제비츠(Carl Phillip Gottlieb von Clausewitz, 1780~1831)나 프랑스의 앙투안 앙리 조미니를

---

154) '삼대기율(三大紀律)'은 '① 명령에 복종하라. ② 대중으로부터는 바늘 하나, 실 하나라도 빼앗지 마라. ③ 모든 포획물은 모두 제출하라.'이다. '팔항주의(八項主義)'는 '① 말은 다정하게 하라. ② 매매는 공정하게 하라. ③ 빌린 물건은 반드시 갚아라. ④ 부순 물건은 모두 보상하라. ⑤ 사람을 때리거나, 비방하지 마라. ⑥ 농작물을 망치지 마라. ⑦ 부녀자를 희롱하지 마라. ⑧ 포로를 학대하지 마라.'이다. 마오쩌둥은 이를 통해 주민을 괴롭히고 학대하던 국민군(장개석 군대)과의 차별성을 통해 장개석 정권을 무너뜨렸다.

비롯한 군사전략 사상가들은 정규군에 의한 군사적 승리를 중심으로 주장하였다. 반면에 그는 정치전략과 군사전략이 서로 병행할 수 있는 주요 수단(How)임을 인식하였다.[155] 카를 폰 클라우제비츠는 정규군대의 대승(大勝)만이 적의 의지를 꺾는 최선의 길이라고 주장하였으나, '적의 군사력'과 '의지(Will)'라는 양자(兩者)를 동시에 공격해야 확실한 승리를 할 수 있다고 믿었다.

소결론적으로 마오쩌둥은 중국의 특색과 조건을 고려하여 전략과 전술을 창안하였으나, 일반적인 전쟁에서 나타나는 보편적 이론을 담지는 않았다. 그러나 6·25전쟁 휴전회담에서 김일성이 정치투쟁과 군사작전을 병행하는 '담담타타(淡淡打打)' 전략으로 미국을 굴복시키려고 노력하였다.[156] 따라서 그의 전략 사상은 정치·외교·군사를 다 포괄하고 있는 손자병법의 정신을 현대에 맞게 재현(再現)했다는 점에서 높이 평가할 수 있다.

---

[155] 마오쩌둥은 항일전쟁과 국공내전을 수행하면서 정치전략이 적의 심리와 의지를 동시에 공격할 수 있기에 군사적 차원의 섬멸전 못지않게 중요한 요인의 하나임을 주장하였다.

[156] 세부 내용은 김성진의 『군사협상론』(2020), pp. 383~434.를 참고하기 바란다.

제 3 절

논의 및 시사점

전략사상가들의 특징과 전략 사상 간 상관관계를 비교하면, 이해하기가 수월하지 않을까 싶다. <표 2-33>은 대표적인 전략사상가들의 특징과 상관관계를 비교하여 정리하였다.

<표 2-33> 대표적인 전략사상가들의 특징과 상관관계 비교

구 분	손 자	카를 폰 클라우제비츠	앙투안 앙리 조미니
국 적	중국	프로이센(독일)	프랑스
전략사상	부전승(不戰勝)	결전추구(殲滅戰)	제한전쟁(制限戰爭)
수 준	정치·군사전략적	군사전략·작전적	군사전략·작전적
중 심 (重心)	1. 전쟁 以前 적의 전략 (계획) 공격 2. 적 동맹을 와해 3. 적 군대를 공격	1. 적 군대를 파괴 및 수도 함락 2. 적의 동맹국을 군사적으로 타격 3. 적 지도자 또는 적국의 여론을 공격	1. 전략적 선제(先制) 2. 작전 축선과 작전지대의 선정 및 지배 3. 결전 지구를 지향하되, 적의 병참선에 집중
우선적 수단	비군사적 수단	군사적 수단	군사적 수단

구 분	존 프레드릭 C. 풀러	바실 헨리 리델하트	앙드레 보프르
국 적	영국	영국	프랑스
전략사상	공세우위(痲痺戰)	간접접근전략	간접전략(총력전쟁)
수 준	군사전략·작전적	군사전략적	국가전략적(비군사)
중 심 (重心)	1. 군의 신경조직을 마비 2. 적 지휘관의 의지를 공격 3. 육군을 전차화하여 地上戰을 수행 *보병은 종속(從屬)	1. 신속한 공격으로 독립작전을 수행 2. 적의 지휘부를 마비 3. 적의 최소저항·최소예상선을 돌파 *보병은 동료(一員)	1. 정치·외교·경제·심리적 분야 등을 이용한 비군사적 수단을 이용 *핵무기세대의 전략적 개념
우선적 수단	군사적 수단 (항공기의 근접지원 하에 종심 돌파)	군사적 수단 (기계화부대+보병)	비군사적 수단 (내·외부 책략)

구 분	알프레드 세이어 마한	줄리오 두헤	마오쩌둥
국 적	미국	이탈리아	중국
전략사상	결전주의(대양해군)	전략폭격	지구·유격전
수 준	국가전략적	군사전략·작전적	정치·군사전략·작전적
중 심 (重心)	1. 대형 전함 위주의 결정적인 대규모 해전을 통해 제해권 확보 2. 적 함대의 완전한 격멸	1. 적의 항공력을 공중에서 폭격하되, 적의 중추부를 최우선으로 타격 *공군(주), 육·해군(부)	1. 약자의 강자 정복 방식(게릴라전 형태) 2. 통일전선 원리와 정치·심리적 원리에 입각
우선적 수단	군사적 수단 (해군전-Naval Warfare)	군사적 수단 (장거리 폭격)	군사·비군사적 수단을 연계

전략사상가들이 처한 환경과 여건은 모두 달랐지만, 정치·군사적 환경에 따라 고유의 영역에서 발전적으로 형성되어 현대로 계승 발전되었다. 이를 통해 전략사상가들이 주창한 주의(主義) 및 주장(主張)들을 쉽게 구분하면서 차이점을 조금 더 쉽게 이해할 수 있지 않을까 싶다.

"승리하는 군대는 먼저 이겨놓고 싸우지만, 패배하는 군대는 전쟁에 임한 다음에야 이기려고 한다(勝兵先勝而后求戰, 敗兵先戰而后求勝)."

강의_II 군사전략 체계의 유형(類型)과 차원(次元)에 대하여 이해합시다.

학습하기 이전(以前)에 요구되는 사항

1. 전략(Strategy)의 일반적인 의미와 개념을 이해하시오.
2. '정책(policy)'과 '전략(Strategy)'의 관계를 이해하시오.
3. '국가전략' – '국가안보전략' – '군사전략'의 개념과 상관성을 이해하시오.
   * '국가전략'과 '국가안보전략'의 개념과 관계는?
   * '국가전략'과 '국가발전전략'의 개념과 관계는?
   * '국가전략'과 '군사전략'의 관계는?
   * '국가안보전략'과 '군사전략'의 관계는?
4. '작전술(Operation Art)'과 '전술(Tactics)'의 개념과 의미를 이해하시오.
   * 작전술의 유래와 본질적인 의미는?
5. 전략의 7대 분류 기준과 유형에 대하여 이해하시오.
   * '상대에 대한 요구'에서 억제전략과 강압전략의 차이점은?
6. 마이클 하워드(Michael Howard)의 4대 원칙을 이해하시오.
   * 작전적–군수적–기술적–사회적 차원의 의미는?
   * '군수적 차원'에서 제1·2차 세계대전-총력전을 진행하면서 보여준 활약상은?
   * '사회적 차원'과 마오쩌둥의 혁명전쟁의 상관성은?
7. 영화 ≪다키스트 아워–Darkest Hour(2017)≫와 ≪지상최대의 작전–The Longest Day(1962)≫, ≪밴드 오브 브라더스–Band of Brothers(2001)≫를 시청하시오.

제3장

전략체계의 유형(類型)과 차원(次元)

제1절 개요

제2절 '국가전략'의 개념과 일반적 체계

제3절 전략의 분류 기준과 유형

제4절 전략의 차원(次元)에 대한 일반적 이해

제5절 논의 및 시사점

제 1 절

개 요

　고대부터 사용되어 온 '전략(Military Strategy)'은 일반적 측면에서 군사적 부문을 위주로 판단하였다. 따라서 '전략'이라고 하면, 전쟁이론과 실제 군사작전에 있어서 군대를 사용하는 전반(全般)을 의미하였다. 그러나 시대가 변화하고 과학기술이 발달하면서 수직·수평적 개념으로 분화(分化-specialization)하고 외연(外延-extension)을 넓혀가는 과정에서 두 가지의 새로운 현상이 발생하였다. <표 3-1>은 군사전략의 이론적 체계가 변화를 거듭할 수밖에 없는 두 가지 측면으로 정리하였다.

<표 3-1> 군사전략 사상과 이론체계가 변화한 두 가지 측면

> ① 첫째, 국제사회가 사회적 변혁과 비전통적 안보위협이라는 새로운 환경의 '속성(VUCA)'으로 접어들었다.
> ② 둘째, 전(全) 인류를 파괴할 수 있는 강력한 물리적 방법과 수단으로 발전한 군사과학기술이 혁신(革新-innovation)을 거듭하는 단계를 거치며 강대국의 전쟁관도 점차 자제하는 성향으로 변화하였다.

　① 2000년대 이전까지는 물리·폭력적인 사회혁명 시기나 국가의 존립과 국가이익에 선별적으로 사용하던 군대의 제한·공개적인 사용이 이제는 아예 대다수 지역에서 당연한 듯이 일상화되어 버렸다.

　② 전통적 안보위협을 중심으로 배비(配備)한 상태에서 온전히 '국가 보위(保衛)와 국익'만을 달성하기 위해 사용하던 군사력이 점차 핵전쟁을 방지하고 비군사·비전통적 안보위협까지 예방·방지·대응·복구하는 차원으로 확대되었다. 즉, 전쟁의 성격 분석과 동시에 사회활동에 관하여 다른 측면인 정치·경제·사회학과 정신 분야를 포함하는 기타 분야와의 내적 관계를 모두 포함하고 있다.

　국가안보 목표는 '국가이익을 확보 및 유지하기 위하여 국가의 능력과 행동을 강화'하는 데 있으며, 중요한 수단이 '군사력'임을 강조하고 있다. 이때 실효성을 담보하기 위한 기법(Skill)과 책략(策略)이 '군사전략'이다.

이는 '국가전략(National Strategy)'의 한 요소로 군대의 사용과 정책 목표를 달성하기 위해 군사력을 사용하는 일체(一切-all)다. '무력 또는 무력위협을 적용하여 국가정책 목표를 확보하려고 군사력을 사용하는 기술 및 과학'이라고 할 수 있다.[1] 일반적인 '전략'으로 이해하면 될 듯싶다. 이는 전쟁의 발생을 억제 및 저지하기 위해 존재하는 것이지만, 전쟁이 개시된 경우는 목적을 달성하기 위하여 군사력과 기타 제반 역량을 준비-계획-운영하는 방책이다.

유념해야 할 사항은 '군사전략'과 '국가전략(또는 대전략)'은 상관성이 있으나, 동의어가 아니다. 미국의 군사전략가인 존 M. 콜린스(John M. Collins)는 '상상할 수 있는 모든 여건하에서 국가안보상의 제반 목적을 만족시키기 위하여 국격을 적용하는 일체'로 보았다. 특히 '군사전략'이 軍에서 장군급 지휘관들이 사용하는 분야이지만, '국가전략'은 '군사전략'을 통제(control)하는 수준(차원)의 하나로 강조하고 있다. 그러나 개념·이론적으로는 분명히 구분할 수 있지만, 현실적 시각에서 접근하면, '국가전략'[2]과 '군사전략'을 구분하기는 상당히 모호하다. 무력의 사용이라는 측면에서 볼 때 '군사전략' 자체가 정치·군사적 성향과 체계를 갖는 '국가전략'의 성격을 가지며, 국내·외 정책과도 깊은 관계를 맺기 때문이다. 국가전략에서 안전보장 문제가 강조되기 때문에 나타날 수밖에 없는 특성으로 강대국일수록 해당 국가의 국가전략이 '대전략' 개념을 띠고 있으나, 결과적으로는 군사전략을 통해 표출하게 되어있다. 따라서 이론적으로는 '군사전략'은 '국가전략'이 통제하는 한 요소이지만, '국제관계의 속성(VUCA)'과 '총력전(Total War)'이라는 환경이기에 동일시하는 게 바람직하다.

소결론적으로 한 국가가 군사전략을 수립하는 데 미치는 영향은 크게 네 가지 요인으로 정리할 수 있다. 첫째, 위협에 대한 식별능력, 둘째, 과학 및 기술의 영향, 셋째, 변화되어 가는 전쟁의 성격, 넷째, 예산 긴축 및 동맹국이 끼치는 영향이다.

---

1) 김광석 編著, 『用兵 術語 硏究』 (고양: 병학사, 1933), pp. 126~128.
2) '국가전략'은 한 국가의 외교정책과 군사전략과 직결되어있다. 그 이유는 국가전략을 판단 및 수립할 때 가장 중요한 핵심 요소가 국가의 '안전보장(安全保障, security)'이기 때문이다.

제 2 절

'국가전략'의 개념과 일반적 체계

1. '국가전략(National Strategy)의 체계'와 상관성(interrelationship)

'국가전략 체계'는 먼저 만들어지는 게 아님을 인식하고 접근해야 한다. 초기는 국가가 궁극적인 가치로 삼고 지향하는 '국가이익'에서부터 출발하며, 이를 구체적으로 설정하는 단계가 바로 '국가목표'다. '국가목표'가 설정되고 난 다음에 구성하는 단계가 '국가전략'이라고 이해하면 된다. '국가전략'은 최고 수준의 정부 관료들이 평시와 전시에 '국가이익'과 '국가목표'를 달성하기 위해 가용한 국가자산을 운용하는 방법과 수단을 발전시키는 단계다. <그림 3-1>은 '정책(Policy)'과 '전략(Strategy)' 체계에서 어떻게 주도(Supported)·지원(supporting)하는지를 정리하였다.

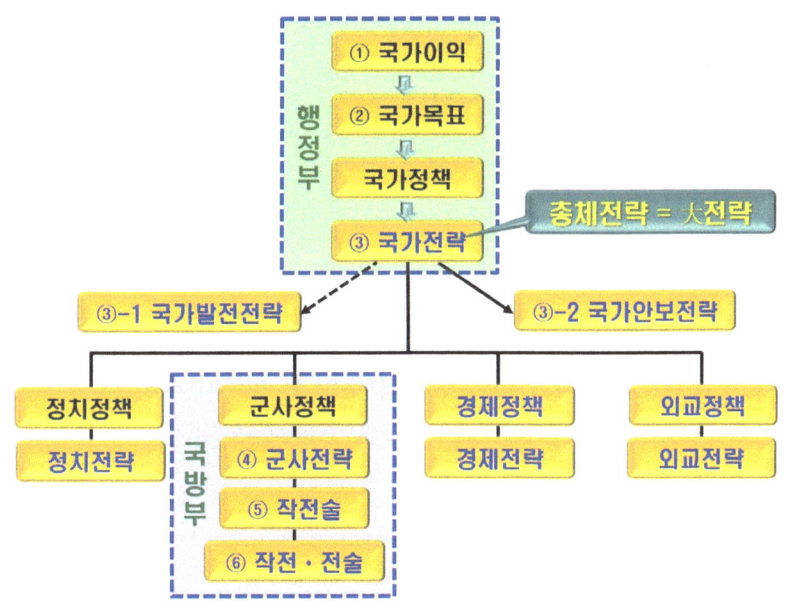

<그림 3-1> '정책(Policy)'과 '전략(Strategy)'의 체계 및 상호 관계(interaction)

이때 ①은 '생존과 독립, 국가 보전, 군사안보, 경제적 복지 등 국가가 필요로 하는 강한 욕구(desire)를 기반으로 하는 일반적인 개념'임을 이해하여야 한다. 물론 기본 개념이 '국가의 존립과 경제발전을 우선'으로 하고 있지만, 현실적 측면에서 우선순위가 어디에 어느 정도나 필요한지에 따라 결정된다. 이때 '국가이익'의 창출에 필요한 요소가 '국가이성(國家理性)'[3])임을 기억할 필요가 있다.

②는 국가안보와 국가의 번영 및 발전, 국위(國威)를 선양하기 위해 목표를 분명하게 설정하여야 전략 수립의 실효성이 증대될 수 있다. 국방부가 2년 주기로 발행하는 <국방백서>의 국방목표는 국내·외의 정치·군사적 변수에 따라 바뀐다. <표 3-2>는 <국방백서: 2016~2020>에 명기된 국방목표의 변화 내용을 정리하였다.

<표 3-2> <국방백서: 2016~2020>에 명기된 국방목표의 변화

구분	<국방백서(2016)>	<국방백서(2018)>	<국방백서(2020)>
국방 목표	・북한의 상시적인 군사력 위협과 각종 도발 행위 등은 우리 안보에 큰 위협이~. 수행 주체인 **북한 정권과 북한군**은 우리의 적이다.	・**대한민국의 주권, 국토, 국민, 재산을 위협하고 침해하는 세력**을 우리의 적으로 간주~, ・남북 간 군사적 긴장완화와 신뢰 구축을 위한 기반~. ・**북한의 대량살상무기**는 한반도 평화·안정에 위협~	・남북은 군사적 대치와 화해·협력을 반복, 세 차례의 정상회담 등은 새로운 평화 정착을 위한 안보환경이 조성~

2016년까지 <국방백서>에는 북한 정권과 북한군이 대한민국의 주적(主敵)으로 명확하게 적시되었지만, 정치·군사적 인식이 변화함에 따라 주적의 의미는 무디어졌다. 그러나 정치적 측면에서 변화하였다고 하여 국방목표와 방향성(directivity), 군대의 임무와 역할이 바뀐다는 의미가 아니다. 즉, 국가 보위와 국민의 생명과 안전을 지키는 고유한 임무와 역할은 당연히 해야 함을 깊이 유념(留念)하여야 한다.

③은 국내 정치 차원의 정책·전략, 군사정책·전략, 대내·외적으로 상업적 차원의 경

---

3) '국가이성(國家理性)'은 '국가를 유지 및 강화하는 데 필요한 원리와 행동 이념'을 뜻하는 용어로서 '국가의 생존과 번영을 위해서는 이성적(理性的)으로 권력을 강화해야 한다.'라는 의미다. 이것이 무너진다면, '정권 차원의 안보' 중심으로 변질(變質)될 것이며 국가 시스템 전체가 문란해지게 됨이 역사적 사실이다.

제정책·전략, 국제정치 영역을 포괄하는 외교전략 등을 포괄한다고 이해하면 된다. 여기에 농업, 군사력, 경제·건설·교통·노동, 사법·범죄, 사회·보건·환경·공공복지, 교육·에너지·재정, 정보(intelligence), 국제관계 등의 전반적인 문제를 다루고 있다. 이는 ③-1과 ③-2로 구분하고 있다.4) 여기서 한국과 미국의 국가전략의 차이점을 이해할 필요가 있다. <표 3-3>은 韓·美 국가전략의 단계별 수준 및 존재를 비교하였다.

<표 3-3> 韓·美 국가전략의 단계별 수준 및 존재 비교

구 분	미국	한국
수준별	국가전략	국가전략
	국가안보전략	국가안보전략
	국가군사전략	(국가)군사전략
	지역전략	-
	전역(戰域)·전구(戰區) 군사전략	-

①~③은 행정부에서, ④~⑥은 국방부에서 수립하는 체계임을 기억하자. 여기서는 주로 군사안보 측면을 다루는 데 2000년대 이후 전통·비전통적 안보 영역으로 확장되고 있음을 인식할 필요가 있다.5) 이때 ①은 시간이 지나도 변하지 않으며, 국가의 존립과 경제적 발전을 추구하는 일체를 의미한다. <표 3-4>는 '국가이익'을 크게 네 가지 측면으로 구분하였다.6)

---

4) ③-1은 '국가발전전략'으로 '국가번영과 경제발전을 위한 전략'이며, ③-2는 '국가안보전략'으로 '최고 수준의 정치·군사전문가들이 평시와 전시에 대비한 대내·외 위협을 고려하여 국력을 적절하게 사용하기 위한 전략'을 다루고 있다. 이때 ③-2를 성공적으로 추진한다면, 군사력 사용이 요구되는 분야가 상당 부분 줄어들 여지가 많다. 다만, '국가안보전략'이라고 하여 무조건 '무력행사'만을 고집하지 않는다는 점은 분명히 할 필요가 있다.

5) Douglas J. Murray & Viotti, *The Defense Policies of Nations: A Comparative Study*(Baltimore: Johns Hopkins University Press, 1982), p. 499.; 관련 내용은 김성진의 "비전통적 안보위협과 테러 대응체제의 실효성 고찰: 법령과 제도, 대응기능을 중심으로," 『군사논단』 (서울: 한국군사학회, 2021a), pp. 247~250, 255~258.을 참고하기 바란다.

6) 대한민국의 국가이익은 크게 다섯 가지로 정리할 수 있다. 첫째, 영토의 보존과 국민의 안전보장, 주권 보호를 통한 독립 국가로의 '생존(존립)'이다. 둘째, 국민 생활의 균등한 향상과 복지 발전을 통해 '발전과 번영'을 이루는 것이다. 셋째, 자유와 평등, 인간의 존엄 등 민족 문화 창달을 통해 '자유민주체제의 발전'을 이루는 것이다. 넷째, 세계평화와 인류 공영에 이바지할 수 있도록 '국위를 선양'하는 것이다. 마지막으로, 남·북한의 '평화적 통일'이다.

<표 3-4> 국가이익을 구분하는 네 가지 측면

구 분	주요 의미와 개념	군사력
생존이익 (survival interest)	국가의 존망(存亡)에 관한 기본적인 이익으로 적의 공격이나 공격 위협으로부터 국가를 수호하는 이익	사용
핵심이익 (vital interest)	국가가 양보할 수 없는 이익으로 국가에 중대한 위해(危害)가 초래될 때 군사력을 사용하여 지켜야 하는 이익(영토 보존 등)	
중요이익 (major interest)	확보하지 않을 경우, 정치·경제·사회복지 측면에서 부정적인 영향을 초래할 수 있는 이익이지만, 군사력을 사용해야 할 정도의 수준은 아닌 상황	미사용
부차적 이익 (peripheral interest)	국가이익에 해당하지만, 국가 전체에 미치는 영향이 미미한 것으로 판단되는 수준	

핵심이익과 중요이익의 경계선에서 군사력의 사용 여부가 결정된다고 볼 수 있지만, 사용 여부를 결정하기가 모호한 영역은 붉은 선(--)으로 처리하였다.

잠깐! 여기서 '국가이익' 중 반드시 지켜야 할 이익은 무엇이 되어야 하는지? 짚고 넘어가자.

문제3) 아래의 네 가지 국가이익 중에서 반드시 지켜야 할 이익은 무엇이며, 그 이유는 무엇이라고 생각하는가?
　　　① 생존이익　　② 핵심이익　　③ 중요이익　　④ 부차적 이익

* **key-word**: <표 3-4>의 주요 의미와 개념을 잘 살펴보기 바란다.

<그림 3-2>는 군사정책과 군사전략이 기본적으로 지켜야 할 관계를 정리하였다.

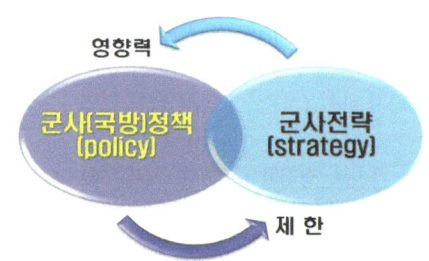

<그림 3-2> 군사(국방)정책과 군사전략의 관계

국방부에서 주도하는 군사정책(또는 국방정책)에서 ④의 '군사전략'은 군사정책과 비교할 때 하위(下位)의 차원이지만, 군사정책이 군사전략을 수립하는 데 제한을 줄 수 있고, 군사전략도 수행하면서 군사정책에 영향력을 미치기에 '서로 보완적인 관계'임을 깊이 이해할 필요가 있다.[7]

③-2는 '국가이익을 확보 및 유지하기 위한 능력과 행동을 강화'하는 데 둬야 하는데 바로 그 핵심적인 방법과 수단이 '군사력'임을 강조하고 있다. 유념해야 할 사항은 행정적 측면과 수단적 측면은 완전히 다르다는 점이다. 예를 들면, '칼을 만드는 사람의 기술'과 '칼을 사용하는 사람의 기술'은 전혀 같지 않다. 즉, '칼을 만드는 사람의 기술(technique)'이라 함은 '군대의 모집과 무장(武裝), 장비 및 물자의 구비, 부대 이동 및 정비하는 등의 일체(一體)'를, '칼을 사용하는 사람'이란 '전쟁(전투)을 수행하는 기술(skill)'을 뜻하기 때문이다. 기억해야 할 사항은 국가안보전략이 성공적으로 추진될 경우 군사력 의존도는 상대적으로 감소한다는 사실이다.

⑤는 도입 부분에서 잠깐 언급하였지만, '제대별 지휘관이 전장(戰場)에서 군사전략을 이행하는 술(術-art)'로서 전장에서 행동하는 개념적 방법이다. 대표적인 사례로 전격전(電擊戰),[8] 종심방어,[9] 전략폭격, 함대 결전(On the Sea-결전주의), 다층적 미사일 방어체계 등을 들 수 있다.

⑥은 '말단 제대(梯隊)에서 지형지물 및 무기를 사용하는 등의 전투 임무를 수행하기

---

7) '군사전략은 국가전략의 하위 전략인 정치전략, 경제전략, 외교전략 등 다른 영역에서 활동하는 전략과는 달리 기본적인 취지에 변화 및 개선이 필요하지 않나 싶다. 이 전략은 평시보다 전시에 대비한다는 특성이 있다. 다만, 2000년대로 들어서면서 새로운 위협으로 등장한 비전통적 안보위협의 증대에 따라 군사 중심의 전략 판단 및 수립보다 새로운 위협에 대응할 수 있는 영역과 범위, 개념의 확장이 필요하다.
8) 관련 내용은 김성진의 『세계전쟁사』 (2021), pp. 337~339.를 참고하기 바란다.
9) 관련 내용은 김성진의 『세계전쟁사』 (2021), pp. 288~289.를 참고하기 바란다.

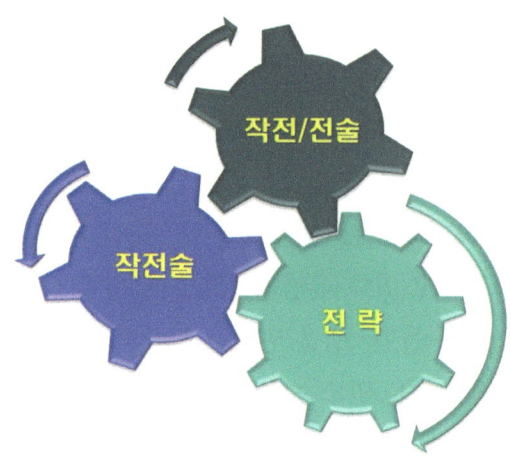

위하여 예하 부대를 운영하는 기술'로서 군사전략과 작전술의 전략과 전술(작전) 개념은 서로 호환(互換)이 가능하기에 '의존적이며 상호 보완이 가능한 관계'로 봐도 무방하지 않을까 싶다.

 소결론적으로 군사정책과 군사전략, 전략과 작전술의 개념 등은 계층을 구분하거나, 나눌 수 있는 게 아니라 서로 보완 및 의존적인 관계로 보는 게 타당하다.

제 3 절

전략의 분류 기준과 유형

1. 개 요

자마(Zama) 전투(B.C. 201)

고대 군사연구의 두 가지 초점은 첫째, 전쟁이란 무엇이며, 왜! 하는지?, 둘째, 어떻게 해야 승리할 수 있는지? 라고 정리할 수 있다.[10] 전자는 '전쟁 철학'이라는 의미를 부여할 수 있고, 후자는 '전략'이라고 할 수 있지 않나 싶다. 즉, 전쟁을 수행하는 이론적 측면과 행위적 측면, 그리고 군사작전을 수행하는 데 있어서 군대를 운영하는 방법(What-개념적 원리)과 수단(How-실천적 원리)을 의미하고 있다.

17세기 이후 유럽에서 근대국가(Nation State)라는 독특한 형태의 체제가 형성되면서 과학기술의 발달과 군대는 다양하고 복잡한 형태로 발전하였다. 이에 따라 독자적인 연구영역이 생겨나면서 군사전략 사상도 변화와 발전을 거듭하였다. 근대 군사 고전 중에 대표적인 하나가 카를 폰 클라우제비츠의 『전쟁론-On War』이며, 전통적인 전쟁을 중심으로 하는 접근방법이다. 점차 전쟁의 수행에 한정하지 않고 예방하고 방지하는 것에서부터 정치적인 목적을 달성하기 위해 군사력을 사용하는 방법으로까지 확대되고 있다.

이제 전략의 기능은 정치적 목적을 달성하기 위해 국력의 수단을 조직하는 데 있다. 여기서 국력은 국익을 추구하는 데 필수 불가결한 수단이며, 이는 정치·경제·군사라는 세 가지 요건을 갖추고 있다. '전략체계의 유형(type)'은 '외형적으로 나타나는 전략의 모습'을 의미하고 있다.

---

10) '자마 전투(Battle of Zama)'는 B.C. 202년 10월 19일 카르타고의 남서 지방에 있는 자마에서 진행한 전투이다. 제2차 포에니 전쟁(B.C.218~202)을 종결짓는 데 결정적인 역할을 한 전투로 로마의 스키피오 아프리카누스(Publius Cornelius Scipio Africanus, B.C.235~B.C.183)와 카르타고의 한니발(Hannibal Barca, B.C.247~B.C.183)이 상대였으나, 로마가 승리하면서 종전 협상을 벌이자 결국, 한니발은 항복할 수밖에 없었다.

2. 전략의 일반적인 분류 기준과 유형

전략은 역사·시대적 특성에 따라 국가가 직접 맞닥뜨리게 되는 상황(여건)에 따라 다양한 형태와 유형으로 나타난다. <그림 3-3>은 역사·시대에 따른 공통분모를 식별한 다음 일정한 기준을 정하여 정리하였다.[11] 이때 먼저 '전쟁(War)'이라는 단어가 나온다. 이는 모든 전략이 전쟁을 통하여 탄생했기 때문에 포함되어 있음을 이해할 필요가 있다.

분류 기준	일반적인 유형
전쟁의 형태	핵전략, 재래식전략, 혁명전략
상대에 대한 요구	억제전략, 강압전략, 보장전략
전쟁의 수행 방식	섬멸전략, 소모전략, 고갈전략
작전개념	연속전략, 동시전략, 누진전략
전장(戰場)의 구분	지상전략, 해양전략, 공중전략
전쟁의 수행 기간	단기戰 전략, 장기戰 전략
직접성 여부	직접전략, 간접전략

<그림 3-3> 전략의 일반적인 분류 기준과 관련 유형

2.1. 전쟁의 형태에 따른 분류

<그림 3-4>는 전쟁의 형태에 따라 분류하는 방법이다.

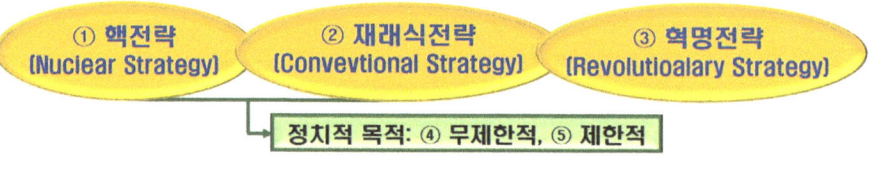

<그림 3-4> 전쟁의 형태에 따라 분류하는 방법

---

11) 전략의 유형을 분류하는 방법은 제시하고 있는 일곱 가지의 기준 이외도 세대(또는 시대), 시기 등으로 분류할 수 있다. 여기서는 학습의 목적상 보편적으로 분류하는 기준으로 한정하였다.

①과 ②는 일반적으로 분류하는 방법으로서 국가 대 국가 간의 전쟁 즉, 국제전쟁을 뜻하고 있다. 여기서 국가들이 각자 추구하는 정치적 목적이 있는 데 목적을 달성하려는 과정에서 상황 및 여건의 제한 여부에 따라 ④ 또는 ⑤로 분류할 수 있다. 이때 제한이 없는 ④의 경우는 총력전이나 전면전을 통해 상대에게 '무조건 항복(또는 굴복)'을 요구할 것이다. 반면에 제한이 존재하는 ⑤의 경우는 상대와의 정치·군사적 협상을 통해 더 나은 조건의 '평화조약(Peace Treaty)'을 추구할 것이다.[12]

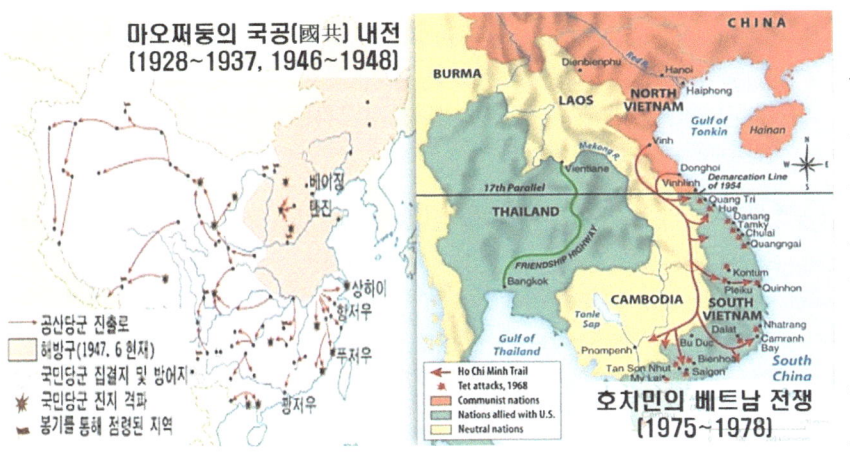

③은 마오쩌둥이 중국 내부의 혁명전쟁을 통해 혁명전략이라는 용어로 등장하게 되었다. 이는 한 국가 내부에 존재하는 국가의 권력 구도 즉, 정치 권력을 탈취하기 위해 일어나는 내전(內戰-Civil War 또는 Internal War)의 형태다.[13] 예를 들면, 한 국가 내부에서 적대적 세력이 등장하여 기존 정부와 정치체제를 붕괴시키려고 할 때 발생한다. 상대와의 협상이나 타협은 불가능하며, 오직 '무조건 항복'을 요구한다는 측면에서 절대적인 목적 달성을 추구하고 있다.

기타 유형으로 유격전(遊擊戰) 전략, 전복전(顚覆戰) 전략, 테러전(Terror Warfare) 전략 등을 들 수 있다. 그러나 이는 재래식 전략의 일종으로 분류하거나, 혁명전략의 하위 개념으로 간주(看做-consider)함을 이해할 필요가 있다.[14]

---

12) 대표적으로 아프간 전쟁(2001), 이라크 전쟁(2003), 끊이지 않는 북한의 핵실험 발사와 각종 도발 책동을 들 수 있다; 관련 내용은 김성진의 『군사협상론』(2020), pp.97~156; 『세계전쟁사』(2021), pp. 413~434.를 참고하기 바란다.
13) 대표적으로 프랑스의 나폴레옹 보나파르트의 총재정부 전복(顚覆, 1797~1804), 이탈리아 무솔리니의 파시즘 운동(1922), 마오쩌둥의 국공내전(國共內戰, 1928~1937, 1946~1949), 한국 박정희의 5·16 군사쿠데타(1961), 호치민의 베트남전쟁(1975~1976) 등을 들 수 있다.
14) 마오쩌둥의 군사전략 사상인 지구전 사상과 유격전 사상을 대표적인 사례로 들 수 있다.

2.2. 상대에 대한 요구에 따른 분류

영국의 내무부 장관을 역임하고 전쟁사학자인 마이클 하워드(Michael Howard, 1941~)가 분류한 방법이다. <그림 3-5-1>은 상대에 대한 요구에 따라 분류하는 방법이다.

<그림 3-5-1> 상대에 대한 요구에 따라 분류하는 방법

<그림 3-5-2>는 '① 억제전략'과 '② 강압전략'을 진행할 수 있는 시기 및 범위(영역)를 도식하였다.

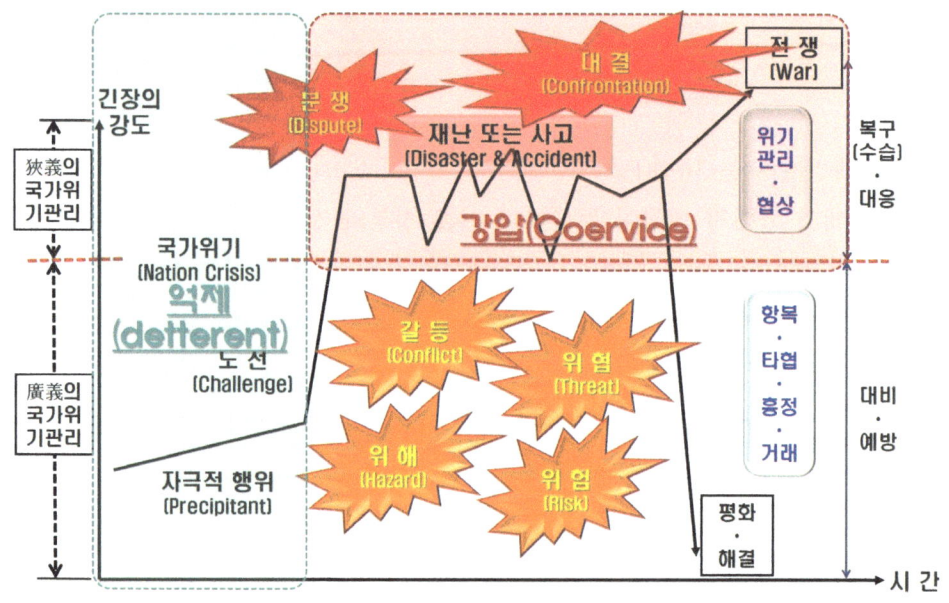

<그림 3-5-2> '억제전략'과 '강압전략'이 가능한 시기 및 범위

①의 '억제(deterrent 또는 deterrence, 억지-抑止)'는 '적이 현재의 행동을 통해 얻을 수 있는 이익보다 초래할 비용과 위험(danger 또는 risk)이 더 크다는 것을 인식시킴으로써 침략을 사전에 방지하려는 것'이다.15) 즉, 다른 국가가 특정한 행위를 하지 못하도록 하는

---

15) Alexsander L. George & Richard Smoke, *Deterrence in American Foreign Policy: Theory and Practice* (New York:

전략이다. 다른 국가가 특정한 행위를 하였을 때 얻을 수 있는 이익의 규모나 소요될 비용이 위험(risk)보다 크다면, 여느 국가를 불문하고 두 가지의 길을 선택하게 될 것이다.

첫째, 침략할 때 드는 비용과 감수해야 할 위험이 이익보다 클 경우, 침략을 포기할 것이다.[16]

둘째, 침략할 때 드는 비용(cost)과 감수해야 할 위험(danger 또는 risk)이 이익보다 적을 경우, 침략을 시도할 것이다.

대표적인 사례로는 강대국(독일, 오스트리아, 프랑스, 이탈리아)에 둘러싸인 환경에서도 국제무역과 은행업에 기반을 두고 활동하면서 EU에 가입하지 않고 무장중립국으로 존재감을 나타내는 스위스, 아랍국가에 둘러싸인 환경에서 무시할 수 없는 존재감을 나타내는 이스라엘의 강력한 위상(位相-status)을 들 수 있다.

'억제전략'은 ①-1 제재적 억제전략, ①-2 거부적 억제전략, ①-3 총합적 억제전략으로 구분하고 있다. ①-1과 ①-2는 군사력을 사용 및 동원하는 전략이며, ①-3은 국제 환경에 부합되도록 행동하는 정치·외교적 활동과 국가 내부의 요인에 따라 움직인다고 이해하면 될 듯싶다.

②는 '억제'와는 반대 의미로 '특정한 행동을 하지 않으면 더 큰 비용과 위험이 초래될

것이라고 인식하게 만듦으로써 해당 국가가 원하는 행동을 진행하도록 강요하는 것'이다. 대표적으로 성공하지는 못했지만, 미국의 도널드 J. 트럼프(Donald J. Trump) 대통령이 북한에 경제제재를 가했던 사례를 들 수 있다. <그림 3-5-3>은 '억제전략'과 '강압전략'의 차이점을 비교하여 정리하였다.

Columbia University Press, 1974), p. 11.

16) '위험(danger 또는 risk)'에 관한 내용은 김성진의 『국가위기관리론』 (2021), p. 33.을 참고하기 바란다.

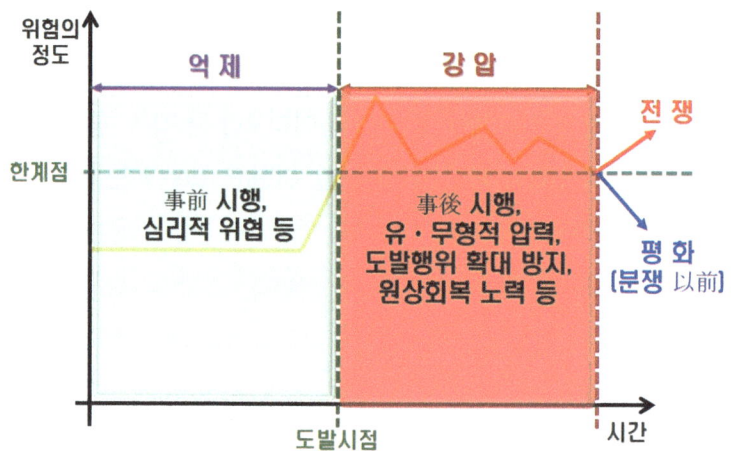

<그림 3-5-3> '억제전략'과 '강압전략'의 차이점 비교

③은 일반적으로 잘 사용하지 않는 전략으로 이때의 '보장(reassurance)'의 의미는 '안전하다는 의식을 갖도록 하는 것'이다. 이는 ③-1 적극적 보장전략과 ③-2 소극적 보장전략으로 구분하고 있다.

③-1은 대표적으로 '팍스 브리타니카(Pax Britannica-영국이 주도하는 평화)'를 들 수 있으며, 영국 해군이 18세기에서 19세기에 걸쳐 바다(海洋)를 통제함으로써 세계의 질서와 안보가 보장되었음을 알 수 있다. 이는 미국이 '팍스 아메리카나(Pax Americana)'를 주창하며, 동맹국에 제공하는 공약도 같은 의미로 볼 수 있다. 핵확산 분위기를 억제(예방)하기 위하여 비핵국가가 화학·생물학 무기로 미국을 공격하더라도 미국이 핵무기로 보복하지 않겠다는 발표는 ③-2의 사례로 볼 수 있다. 소극적인 보장전략을 통해 비핵국가가 핵을 보유하려는 동기(motive) 자체를 약화(弱化)시키고자 하는 전략이 숨겨져 있다고 이해하면 될 듯싶다.

2.3. 전쟁을 수행하는 방식에 따른 분류

<그림 3-6>은 전쟁을 수행하는 방식에 따라 분류하는 방법이다.

<그림 3-6> 상대에 대한 요구에 따라 분류하는 방법

몽골 칭기즈칸의 정복전쟁(1205~1227)

①은 하나의 전투나 짧은 전역(戰役-전쟁)에서 적의 군사력을 완전히 파괴함으로써 정치적인 승리까지 거머쥐려는 목적에서 수행하는 전략으로 적을 한꺼번에 전멸(全滅)[17]시켜 생명력을 제거하기 위함이다. 대표적으로 몽골의 칭기즈칸(Genghis Khan, ?~1227)이 정복 전쟁을 수행한 사례를 이해하면 될 듯싶다.[18] 나폴레옹 전쟁, 제1차 세계대전에 사용한 슐리펜계획, 제2차 세계대전에 사용한 전격전(電擊戰) 전략, 6·25 전쟁 간 중공군이 감행한 5차에 걸친 총공세 등도 유사한 사례로 볼 수 있다.

②는 비교적 장기간의 전역(戰役)이나 계속 진행되는 전역에서 적의 군사력을 점진적으로 약화(弱化)시킬 목적으로 사용한다. 대표적으로 제1차 세계대전에서 연합국이 채택한 전략,[19] 6·25 전쟁 후반기에 미국의 트루먼 대통령이 국내 정치적 입지(stands)에 따라 선택한 전략을 들 수 있다.[20]

호치민
(Nguyen Sinh Cung, 베)

③은 ①·②를 보완하는 개념으로 이해하면 된다. 적의 물리적 잠재력이나 심리·정신적 요소를 공격함으로써 적의 저항 의지를 점진적으로 약화하려는 목적에서 채택하는 전략이다. 심리적 마비(paralysis)를 달성하기 위한 전략으로 중국 혁명전쟁 당시 마오쩌둥이 만든 지구·유격전 전략과 미국이 개입하면서 시작된 베트남전쟁(1965~1975) 당시 북베트남의 호치민(Nguyen Sinh Cung, 1890~1969)이 채택한 게릴라 전술과 선전선동 전술(Propaganda & Agitation)로 이해하면 될 듯싶다. 일부에서는 고갈전략을 소모전략의 한 부류로 주장하고 있다.

여기서 ①·②는 군사력을 주로 사용하는 전략이고, ③은 군사력보다 심리·정신적 요

---

[17] '전멸(全滅)'은 '적의 전투능력을 완전히 파괴한 상태'를 의미하며, 표적의 70~90%가 파괴되었을 때 전멸했다고 간주(看做)하고 있다.
[18] 관련 내용은 김성진의 『전쟁사와 무기체계론』(2020), pp.140~150; 『세계전쟁사』(2021), pp. 130~191.을 참고하기 바란다.
[19] 관련 내용은 김성진의 『세계전쟁사』(2021), pp. 255~273, 309~317.을 참고하기 바란다.
[20] 관련 내용은 김성진의 『군사협상론』(2020), pp. 418~425.를 참고하기 바란다.

소를 집중적으로 공략함으로써 적의 의지(Will)를 침식(浸蝕-erode)할 때 채택하는 전략임을 이해할 필요가 있다.

2.4. 작전 개념에 따른 분류

<그림 3-7>은 작전 개념에 따라 분류하는 방법으로서 적을 단계적으로 공격할 것인지, 아니면 동시에 공격할 것인지, 임의로 공격할 것인지 정도에 따라 세 가지로 구분하여 정리할 수 있다.

<그림 3-7> 작전 개념에 따라 분류하는 방법

①은 일반적으로 제공권을 장악한 다음 적의 야전군을 격퇴하고 정치적 목적을 달성하는 것과 같이 일련의 작전을 연계하는 방식이다. 중국 혁명전쟁 과정에서 마오쩌둥이 채택한 지구전 전략을 들 수 있다. 그는 전략적 퇴각(제1단계)-전략적 대치(제2단계)-전략적 반격(제3단계)이라는 탄력적인 조합을 통해 1949년 장제스가 이끄는 국민당 정권을 무너뜨리고 중화인민공화국 수립을 선포하였다. 각 단계가 별도로 구분되어 있지만, 한 단계를 마무리하여야 다음 단계로 넘어간다는 의미로 이해하면 된다. 독일의 알프레드 그라프 폰 슐리펜(Alfred Graf von Schlieffen, 1833~1912) 참모총장이 제1차 세계대전을 준비하면서 채택한 전략 즉, 서쪽의 프랑스를 먼저 함락한 다음 동쪽의 러시아를 공략한 전략과 같은 의미로 볼 수 있다.21) 전략은 단

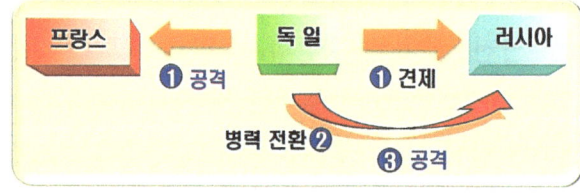

계별로 진행하기에 각각의 행동과 조치 방식을 명확하게 구분할 수 있다.
②는 서로 다른 표적군(標的群-표적의 집합체)에 대하여 각각 공격을 진행하되, 거의 동시

---

21) 관련 내용은 김성진의 『세계전쟁사』 (2021), pp. 258~266.을 참고하기 바란다.

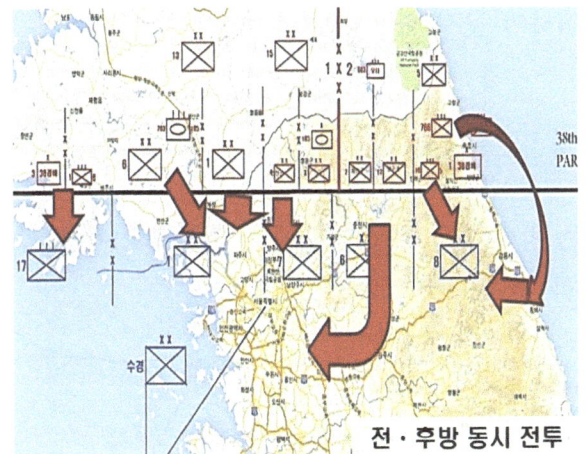
전·후방 동시 전투

에 공격하는 전략이다. 이는 두 가지의 경우로 구분할 수 있다. ②-1은 '신속한 결전(決戰)'을 통해 확실하게 승리를 자신할 수 있을 때 채택한다. ②-2는 상대보다 강하지 않다고 하더라도 갑작스러운 시간을 선택하여 '기습(奇襲-surprise)'[22]함으로써 '작전의 효과를 극대화'하기 위한 전략이다. 대표적으로 6·25 전쟁 초기에 북한군의 김일성이 채택한 전·후방 동시 전투[23]를 들 수 있다.

③은 거의 같은 시간에 이루어지는 게 아니라 수많은 행동의 결과가 누진적(累進的)으로 축적되는 효과를 통해 목적을 달성하고자 할 때 채택하는 전략이다. 해상전투에서 적 함정이 공격할 때 특정한 순서대로 공격할 필요는 없다. 어떠한 함정일지라도 한순간의 공격으로 승리하는 게 아니라 반복되는 공격 즉, 공격의 효과가 축적되어야 승리를 달성할 수 있다. 대표적으로 중국 혁명전쟁에서 마오쩌둥이 채택한 지구·유격전 전략을 들 수 있다. 특히 지구전 전략은 제2단계인 전략적 대치(對峙-맞서서 버팀)에서 유격전을 수행하는 데 적의 보급로와 후방지휘소 등과 같이 취약한 지점(부분)을 공략하

---

22) 관련 내용은 김성진의 『세계전쟁사』(2021), p. 35.를 참고하기 바란다.
23) '전·후방 동시 전투'는 '전방과 후방에서 거의 동시에 전투를 강요하는 행위의 전반(全般)'을 뜻하며, 6·25전쟁 시 북한군의 기본적인 군사전략으로 현재도 가능한 시나리오라고 할 수 있다. 어차피 대한민국에 살면서 암약(暗躍-be active behind the scenes)하고 있는 고정간첩 즉, 6·25전쟁 간 지리산 일대를 중심으로 활동한 이현상(李鉉相-빨치산 총수)이 주도했던 제2 전선을 포함하여 전방과 후방에 동시 침투한 적의 정규전 부대와 유격부대(또는 특수전 부대)가 동시에 전투에 가담하는 작전의 형태를 의미하고 있다. 여기서 '배합전(配合戰)'과 혼란스러울 수 있으나, 차이점이 확연하다. '배합전'은 일반적 측면에서 '북한군의 저격여단급 특수부대가 시도하는 전략적 종심(縱深-depth)에 대한 침투를 포함하여 아군의 전방에 배치되어있는 정보병부대들이 아군의 사·군단급 종심에 침투하여 활동하는 일체의 작전 활동 및 전투행위 등'을 뜻하고 있다. 일부에서 주장하는 '비대칭전(非對稱戰-Asymmetric Warfare)'은 '적이 효과적으로 대응할 수 없게 하려고 적과는 다른 수단과 방법, 차원으로 싸우는 전쟁의 한 형태'로 이해하면 된다. 대표적으로 '게릴라전(遊擊戰-guerrilla warfare)'을 들 수 있다.

되, 소규모의 게릴라들이 반복적으로 타격하여 군사력을 약화하는 방식이다.

2.5. 전장(戰場-battlefield)에 따른 분류

<그림 3-8>은 전장(戰場)에 따라 분류하는 방법이다. 지상(地上)에서, 해상(海上)에서, 공중(空中)에서 진행하는 여부에 따라 구분할 수 있다.

<그림 3-8> 전장(戰場)에 따라 분류하는 방법

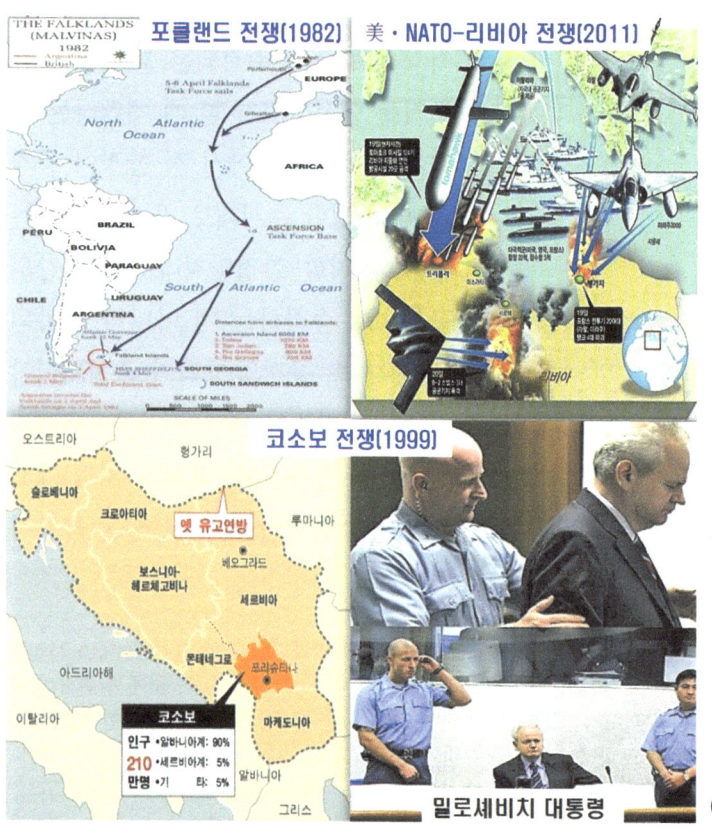

먼저 짚고 넘어야 할 두 가지는 첫째, 이러한 전략들은 독자적으로 수행하지 않고 동시에 수행할 때 군사전략 목표를 달성하기가 용이(容易)하다는 점이다. 둘째, 상황이 진전됨에 따라 세 가지의 전략 가운데 어느 한 전략이 전쟁의 승패를 결정하거나, 정치적 목적을 달성하는 데 유리한 요소로 작용할 수 있다는 점을 이해하고 접근할 필요가 있다. 대표적으로 포클랜드 전쟁(1982)의 경우, 전쟁의 승패를 판가름한 전투는 해전(海戰)이었고, 미국과 NATO가 연합하여 공격한 리비아 전쟁(2011)은 시민군(citizen militia 또는 민병대)의 지상 작전을 NATO 해군과 공군이 지원함으로써 결정적인 승리를 거머쥘 수 있었다. 코소보 전쟁(1999)은 공군력으로 승패를 결정지었으며, 결과적으로 '발칸의 도살자'로 악명을 떨친 유고슬라

비아의 슬로보단 밀로세비치(Slobodan Milošević) 대통령은 전쟁범죄자로 체포되어 감옥에서 생을 마감하였다.

①은 지상(地上)에서의 전투를 통해 적의 지상전력을 무력화하고 영토를 확보하기 위해서나, 자국의 영토를 방어하기 위하여 수행할 때 채택하는 전략이다. 이때 시간을 벌기 위하여 해당 국가의 수도와 같은 비군사적 목표는 신속한 판단을 통해 과감하게 포기할 수 있어야 한다.

②는 해외 자산과 기업, 무역 활동을 확대하거나, 적의 해양공격 위협으로부터 방어할 때 사용하는 전략이다. 제해권(command of the sea)은 궁극적으로 전쟁에서 승리를 쟁취하고 전과를 확대하기 위해서는 필수 요소다. 해군이 함대 결전(One the Sea)을 통해 적의 해상전력을 무력화 또는 파괴하고, 적의 해양수송 수단 및 해상교통로(SLOC-Sea Line of Communication)를 공격하는 데 주안(主眼)을 두기 때문이다.

③은 시대적 측면에서 두 가지로 구분할 수 있다. 첫째, 재래·고전적인 방식은 전쟁 초기에 적의 공군기지와 지상시설, 항공기 격납고를 파괴하는 등을 통해 제공권(Air Supremacy)을 장악하고 적의 산업 중심지와 인구가 밀집된 지역에 전략폭격을 가한다. 둘째, 제2차 세계대전을 거치면서 완성된 현대(핵 시대) 방식은 전략적 측면에서 핵으로 타격을 수행할 수 있기에 독립된 군종(軍種)으로 임무를 수행할 수 있다는 인식이다.[24]

다만, 국제사회의 현실과 과학기술의 혁신적인 발전상을 되짚어볼 때 지상·해양·공중 전략 가운데서 어느 한 전략만으로 목표를 달성하기는 여의치 않기에 구분하는 게 의미가 없다는 주장이 있음을 이해할 필요가 있다.

---

24) 관련 내용은 김성진의 『전쟁사와 무기체계론』(2020), pp. 214~219, 305~314.; 『세계전쟁사』(2021), pp. 324~326, 356~357.을 참고하기 바란다.

2.6. 전쟁을 수행하는 기간에 따른 분류

<그림 3-9>는 전쟁을 수행하는 기간이 어느 정도 인가에 따라 분류하는 방법이다.

① 단기전 전략   ② 장기전 전략

<그림 3-9> 전쟁을 수행하는 기간에 따라 분류하는 방법

①은 전쟁 기간을 최소화하기 위하여 신속하게 결전에 임하는 전략이다. 전쟁 기간이 지체될수록 여느 국가를 불문하고 국가 재정(財政)이 압박받고, 국민의 삶은 피폐해지기 마련이다. 군사력이 강한 국가가 상대적으로 열세한 국가에 대하여 취할 수 있는 전략으로 미국을 주축으로 하는 다국적군이 이라크를 대상으로 6주간 진행한 걸프전(The Gulf War 또는 First Gulf War, 1991)을 들 수 있다.25)

②는 다르게 표현하면, '지연전(遲延戰) 전략'26)이라고 할 수 있다. 지연전은 상황과 지형(地形), 지역(地域)27) 내의 기상조건, 지연 임무를 수행하는 부대의 규모, 형태와 구성 수준에 따라 그 양상이 달라진다. 일반적으로 약소국에서 강대국이 원하는 대로 빠르게 결전에 임한다면, 결정적인 패배를 당할 확률이 높다. 따라서 가능한 강대국이 원하는 빠른 결전은 의도적으로 회피함으로써 전쟁을 지연시키는 게 유리하다. 대표적인 사례가 중국 혁명전쟁 과정에서 등장한 마오쩌둥의 지구전(持久戰) 전략이다.

---

25) 미국은 이 전쟁을 통해 전쟁의 양상을 재래식에서 디지털 방식의 전장(battle-field)으로 변화시켰고, 유일한 초강대국의 위용을 드러내면서 중동지역에 확고한 입지를 구축하게 되었다. 관련 내용은 김성진의 『세계전쟁사』(2021), pp. 387~407.을 참고하기 바란다.

26) '지연전(遲延戰-Delaying Action)'은 '적과 결정적인 교전(交戰)은 하지 않고 적에게 최대한의 피해는 주되, 시간을 얻기 위하여 공간(지역)을 양보하는 작전의 한 형태'를 의미하고 있다.

27) '지형(地形-terrain)'은 '땅이 생긴 모양'을 뜻하며, 전투에서 상대에게 보이지 않도록 이용하는 은폐물이나 엄폐물을 의미하고 있다. '지역(地域-area)'은 '자연·사회·문화적 특성에 따라 일정하게 나눈 지리적 공간'을 의미하고 있다.

마오쩌둥의 지구전(持久戰)

적의 공격이 강하면, 퇴각하고, 적의 공격이 정점(頂點-top)에 도달하면, 유격전을 통해 적의 전투력과 의지를 약화하게끔 노력하는 과정에서 적의 군사력이 충분히 약화하였다고 판단될 때 바로 총공세(반격)에 나선 전략을 들 수 있다.

2.7. 직접성 여부에 따른 분류

<그림 3-10>은 전쟁을 직접 수행하는지, 아닌지에 따라 분류하는 방법이다.

<그림 3-10> 직접성 여부에 따라 분류하는 방법

①은 군사력(Military Power)을 사용하려는 측에서 상대보다 우세한 군사력을 보유하고 있기에 단시간 내에 가시적인 효과를 가져올 수 있다고 판단하여 채택하는 전략이다. 즉, 해당 국가(집단)가 충분히 감당할 수 있거나, 적당한 수준의 목표를 추구할 수 있는 자원을 충분히 보유하고 있을 때 가능한 전략이다. 군사력을 수행 주체로 직접 사용함으로써 정치적 목적도 달성할 수 있다. 때로는 상대에 따라 차이는 있겠지만, 군사력을 사용한다는 위협(threats)만으로도 적에게 해당 국가가 원하는 의지를 강요할 수 있음을 이해하여야 한다. 이를 통해 상대가 현상을 변경하려는 노력을 일찌감치 포기하도록 만들 수도 있다. 보유한 힘을 어떻게 운용하는지에 따라 ①-1과 ①-2로 구분할 수 있다.

①-1(Direct approach Strategy)은 월등한 군사력을 적의 군사력이 집중되어있는 부분에 직접적인 공격으로 성과를 달성하는 전략이다. 정면공격, 돌파(突破), 강요, 봉쇄 등의 형태로 직접 타격을 가하는 방식이다.

①-2(Indirect approach Strategy)는 상대의 강점은 최대한 회피하면서 취약한 부분에 군사력을 집중하여 적의 주력을 마비시킨 다음 결정적인 성과를 달성하는 방식이다. 포위나

우회 등의 기동을 많이 강조하게 된다. 영국의 군사전략가인 바실 헨리 리델하트(Basil Henry Liddell Hart, 1895~1970)가 주장한 '간접접근전략'을 대표적으로 들 수 있으나, 기동 형태의 측면에서 접근한 것일 뿐, 군사력을 사용하는 측면에서 본다면, 간접전략[28]이 아닌 직접 전략으로 구분하여야 한다.

②는 달성하려는 목표에 비교할 때 가용 수단이 충분하지 않다고 판단될 경우 상대를 자극하지 않는 범위 내에서 다양한 형태와 수준의 힘을 점진적으로 사용하는 전략이다. 구체적으로 기동과 회피를 들 수 있는 데 나폴레옹 전쟁 시 러시아 원정(1812.6월~12월) 간 실패한 초토화 전략과 중국 혁명전쟁에서 마오쩌둥이 채택한 지구전 전략을 들 수 있다.

소결론적으로 직접전략과 간접전략을 막론하고 신중하게 접근하지 않으면, 예기치 않게 위기나 곤경에 빠질 수 있다. 독일의 아돌프 히틀러는 제2차 세계대전을 일으키기 이전인 1933~1939년까지 외교전과 심리전, 지정학(地政學-geopolitics), 군사력을 교묘하게 연계시켜 유럽국가들이 전쟁인지, 평화인지를 헷갈리게 만든 상태에서 독일의 영역을 확대하는 데 성공하였다.[29] 간접전략이 성공을 거둔 결과이지만, 이후부터 군사력에 의존하여 직접 전략을 밀어붙인 결과 경제·인구의 규모 측면에서 우세한 미국과 소련, 영국 등에 의해 패망하였다는 점을 새삼 인식할 필요가 있다.

---

[28] '간접전략'은 '달성하고자 하는 목표에 비해 가용한 수단이 충분하지 못할 경우, 추구하는 전략'이다. 이는 군사적 수단을 직접 사용하는 직접 전략과는 다르게 수행의 주체가 다양한 형태와 수준의 힘을 다양한 방식으로 운용함으로써 목적을 달성하는 방식이다. 대표적인 방법은 내부에서의 회유 및 협박, 외부에서의 테러(terror)를 활용한 물리·심리적인 폭력(violence) 등을 행사하기도 한다.

[29] 관련 내용은 김성진의 『세계전쟁사』 (2021), pp. 303~309.를 참고하기 바란다.

제 4 절

전략의 차원(次元)에 대한 일반적 이해

1. 개 요

이전(以前)에 탐구한 '전략의 유형(type)'은 '외형적으로 나타나는 전략의 모습'을, 지금부터 탐구하는 '전략의 차원(dimension)'은 '전략을 수립하는 과정에서 반드시 고려해야 하는 전략의 특성이나 내부적인 속성(generic character)'을 뜻한다. 전략을 수행하는 주체가 정책 목표를 달성하기 위해서는 전략을 입안(立案-plan) 및 수립(樹立-making)할 때 여러 차원에서 다양하게 신경을 써야 하기에 반드시 고려해야 하고 중요한 요소로 취급하여야 한다.

잠깐 짚고 전략의 본질(本質)에 대하여 두 가지의 사례로 구분하여 제시하고자 한다. 먼저, 카를 폰 클라우제비츠(Carl Phillip Gottlieb von Clausewitz, 1780~1831)는 작전적 측면을 군수적 측면보다 더 중요한 승리 요소로 인식하였다. 그러나 프로이센의 프리드리히 대왕(Friedrich II, 1712~1786)이나, 나폴레옹 보나파르트(Napoleon Bonaparte, 1769~1821)가 중요한 요소에서 제외했던 작전 요소 이외의 군사 활동에 대한 모든 분야에 깊은 이해와 성찰이 없었다면, 승리하기가 어려웠다는 점이 각종 연구를 통해 나타나고 있다. 다만, 나폴레옹 보나파르트가 수행한 전역(戰役-War)에서 승리를 안겨준 결정적인 요인이 군수 차원의 계획보다 작전계획에 의해 승리한 사례가 많았다는 점은 인정할 필요가 있다.

프리드리히 대왕 (Friedrich II, 프로이센)

19세기에 각종 전략 문서를 생산하거나, 전략사상을 형성하는 기초가 되었기에 오늘날 일반에게는 '전략'이라는 용어가 '작전전략(Operational Strategy)'과 동일시되어 있음을 기억하여야 한다.

둘째, 미국의 남북전쟁(1861~1865)은 남부 연합군(이하 南軍)의 총사령관인 로버트 E. 리(Robert Edward Lee, 1807~1870) 장군이나 그의 휘하에 있던 토머스 J. 잭슨(Thomas Jonathan Jackson, 1824~1863)[30] 장군 등이 다양한 융통성과 상상력, 강력한 리더십으로

부대를 지휘하여 전쟁 초기 소규모 단위의 전투에서는 승리하였으나, 북부 연방군(이하 北軍)의 율리시스 S. 그랜트(Ulysses Simpson Grant, 1822~1885) 장군31) 등은 상대적으로 남군에 우세한 산업력과 인력을 군대에 끊임없이 동원할 수 있는 기반과 능력을 갖추었기에 승리할 수 있었다.

로버트 E. 리 장군 (Robert Edward Lee, 南軍) | 토머스 J. 잭슨 장군 (Thomas J. Jackson, 南軍) | 율리시스 S. 그랜트 장군 (Ulysses S. Grant, 北軍)

이때 승리의 요인이 작전적 차원보다 군수적 차원이었음을 이해할 필요가 있다. 군수적 차원에서 우세한 북군이 작전적 차원에서 우세한 남군을 물리쳤다는 의미가 있다. 이는 최대·최고의 장비 및 물자의 동원력을 겸비한 북군이 신속하게 필요한 장비와 물자를 작전지역에 투입하여 끝까지 유지할 수 있는 능력을 보유함으로써 승리할 수 있었다. 이러한 경험적 기반은 최근까지도 미군 교리의 기저(基底-밑바탕)에 깔려 있음을 인식하고 접근할 필요가 있다.

전략의 차원에는 다양한 이론들이 존재하지만, 대표적으로 영국 역사학자인 마이클 E. 하워드 박사의 네 가지 분류방법을 채택하고자 한다.

---

30) 그는 남부연합의 용장(勇將)으로 과감한 전투를 치르기로 유명하여 일명 스톤월 잭슨(Stonewall Jackson-돌담벼락 잭슨)으로 불렸으며, 챈슬러스빌 전투(Battle of Chancellorsville, 1863.4.30.~5.4.)를 지휘하던 중 남군 경계병의 오인(誤認) 사격으로 상처를 입은 지 8일 만에 폐렴으로 사망하였다.

31) 율리시스 S. 그랜트(Ulysses Simpson Grant)는 남북전쟁 때 북군의 사령관이었고, 18대 대통령(1869~1877)을 지낸 인물로 승리한 이후에 보여준 신중함과 아량에서 인성의 깊이를 느낄 수 있다. 미국은 이를 통해 민족이 화합하고 서로 상처를 보듬을 수 있는 정신적 기초를 닦았다고 봐도 과언이 아니다. 독립전쟁과 연계된 이 정신은 이후 제2차 세계대전을 겪으면서 자유민주주의 정신을 국가 정체성으로 형성하는 데 기여하였다. 관련 내용은 김성진의 "고유의 정체성(identity), 존재 의미와 가치관의 확립이 필요한 군대," 『경제포커스』 안보칼럼 (2021.11.30.)을 참고하기 바란다.

2. 마이클 E. 하워드의 4대 원칙과 분류

마이클 E. 하워드
(Michael E. Howard, 英)

마이클 E. 하워드(Michael Eliot Howard, 1922~2019)는 1947년 런던대학교의 킹스칼리지에 부임하여 '전쟁학부'를 창설하였으며, 카를 폰 클라우제비츠 연구의 대가로 평가받고 있다. 그는 모든 전략이 네 가지 차원에서 다루어져야 한다고 주장하면서 미국은 기술적 차원의 전략만을 중시함으로써 베트남전쟁과 제삼세계에서 발생한 분쟁을 조정하는 데 실패했다는 시각을 갖고 있다. <그림 3-11>은 마이클 하워드가 전략을 네 가지 차원으로 분류하는 방법을 정리하였다.

① 작전적 차원　② 군수적 차원　③ 기술적 차원　④ 사회적 차원

<그림 3-11> 마이클 하워드의 네 가지 차원으로 분류하는 방법

①은 군사력을 사용(use)하는 가장 전통적이고 일반적인 전략의 차원으로 이해하면 된다. 일반적인 인식에서 진정한 전략은 전쟁을 준비하는 전략(Preparation of War-군수적 차원)보다 전쟁을 수행하는 전략(War Fighting-작전적 차원)의 비중을 크게 이해하고 있기에 작전적 차원의 전략을 진정한 전략으로 간주하고 있다. 실제 카를 폰 클라우제비츠도 전쟁을 수행하는 전략을 진정한 전략이라고 판단하여『전쟁론』을 기술하고 있다. 다만, 그가 생존했던 시대가 나폴레옹 보나파르트의 전성시대였다는 점은 기억할 필요가 있다. 즉, 전쟁에 결정적인 승리를 안겨준 계기가 보급계획이나, 탄복할만한 무기 제작 및 기술이 있어서가 아니라 나폴레옹 보나파르트와 같은 군사적 천재가 주도적으로 펼친 작전술이 있었기에 승리할 수 있었다는

장검(長劍) 제작　　펜싱선수

의미이다. 이는 야전에서 군대를 모집하여 무장시키며 장비 및 물자를 갖추어 부대를 이동케 하고 정비하는 분야와 실제 전쟁을 수행하는 것은 다르다는 의미다. 다시 말해 칼을 만드는 사람과 칼을 사용하는 사람(예: 펜싱선수)은 아무런 상관이 없다는 의미다. 이러한 의미에서 카를 폰 클라우제비츠가 승리 요인으로 주장하는 '작전적 차원'으로만 보기에는 한계가 있다는 점을 무시할 수 없다. 군수(보급) 문제를 해결하지 않고서는 아무리 장수가 훌륭하더라도 승리하기는 어려웠다.[32]

②는 군대를 유지(maintenance)하는 차원에서 작전적 차원과 같이 전통적인 차원의 전략이다. 대표적으로 네 가지를 들 수 있다. 먼저, 미국의 남북전쟁(1861~1865)은 군수적 차원의 중요성을 입증한 사례로 볼 수 있다. 남군의 로버트 E. 리 장군과 토머스 J. 잭슨 장군은 작전적 차원의 대가(大家)였으나, 병력과 자원을 동원하는 능력 측면에서 열세하였다. 반면에 북군의 율리시스 S. 그랜트 장군은 철도와 하천 등을 이용하여 끊임없이 병력을 동

원하여 수송 및 전개할 수 있었기에 작전을 마음먹은 대로 지연(또는 지체)시키거나, 전쟁을 지속할 수 있는 능력이 가능했기에 결국 승리를 거머쥘 수 있었다. 즉 동원 능력이 전쟁의 승리 요결이라고 볼 수 있다.

둘째, 보불전쟁(the Franco-Prussian War, 1880~1881)은 프로이센의 신속한 동원 능력으로 전쟁 초기 프랑스의 기선을 제압할 수 있었기에 승리를 결정지었다. 당시 대 몰트케(Helmuth Karl Bernhard von Moltke, 1800~1891) 육군참모총장은 전시 동원계획을 수립하는 단계부터 각 지방의 지휘관과 부대에 암호와 날짜를 지시함과 동시에 즉각 시행할 수 있는

---

32) 이스라엘의 군사사상가로 예루살렘 히브리대(The Hebrew University of Jerusalem) 교수인 마틴 반 크레펠트(Martin van Creveld, 1946~)는 군사연구가 100명 중 9명이 군수 요소를 무시했기에 전쟁의 역사가 왜곡되고 그릇된 결론이 도출되고 있음을 지적하고 있다.

독일 철도망(1880)

명령체계를 구축하여 동원할 수 있는 체계도 갖추어 놓았다. 이에 따라 철도망을 건설할 때 군사전략의 수행을 염두에 두고 건설함으로써 전시에 대비한 병력과 군수·보급품의 이동과 관련한 공조체제를 갖출 수 있었다.33)

셋째, 제1차 세계대전은 총력전(總力戰-Total War)으로서 군수 능력이 필요한 전쟁이었다. 19세기 후반기까지만 하더라도 군사전략가들은 공격이 방어보다 강하다고 믿어 왔지만, 기관총과 철조망, 참호(塹壕=陣地)가 등

제1차 세계대전(참호전) / 맥심기관총 / 참호(塹壕-진지)

장하면서 방어가 공격보다 강하다는 사실을 입증하였다. 실제로는 화력이 혁신적으로 발달하면서 공격을 할 수 없게 된 점을 부정하기는 어렵다. 전쟁이 지연되면서 상대적으로 더 많은 자원을 동원할 수 있는 체계를 갖춘 연합국이 승리하였다.34)

넷째, 제2차 세계대전에서도 독일은 전쟁 초기 '전격전(電擊戰-Blitzkrieg)'으로 조기에 프랑스를 함락시키면서 작전적 차원에서 승리를 가져왔다. 그러나 빠르게 전환되어야 할 러시아 공격을 진행하는 과정에서 러시아보다 병력을 전환하는 데 늦어지며 전쟁 속도가 지체되었다.35) 또다시 전쟁의 양상은 어느 쪽 군수적 차원이 우열(優劣)한지에 따라 승패(勝敗)가 갈라졌다.

제2차 세계대전(電擊戰)

---

33) 관련 내용은 김성진의 『세계전쟁사』 (2021), pp. 254~258.을 참고하기 바란다.
34) 관련 내용은 김성진의 『전쟁사와 무기체계론』 (2020), pp. 194~197.; 『세계전쟁사』 (2021), pp. 274~281.을 참고하기 바란다.
35) 관련 내용은 김성진의 『세계전쟁사』 (2021), pp. 337~339.를 참고하기 바란다.

양차(兩次) 세계대전에서 연합군은 독일 해안을 봉쇄하여 경제적으로 고립시켰고, 미국의 참전은 독일을 더욱 고립무원의 신세로 만들었다. 소결론적으로 양차 세계대전의 승리도 작전적 차원보다는 어느 쪽이 군수적 차원에서 더 우세한지에 따라 승패가 갈렸다. ②의 군수지원 능력은 국민의 동참과 지원, 인내와 열정, 절실한 의지(will) 여하에 달려있다고 봄이 정확하다.36)

③은 19세기 과학기술의 혁신적 발전과 함께 전 국민의 무장화를 가능하게 한 현실을 반영하여 군대 규모의 확대와 동시에 국민이 전쟁에 참여할 수 있는 여건에 따라 등장하였다. 프랑스 혁명의 발생으로 인해 절대왕정 시대가 종결되었고, 민족주의 시대가 도래하였음은 역사적인 사실이다. 이는 직업군인과 용병(傭兵)에 의해 수행하던 제한전쟁(Limited War)에서 국민 각자가 가족과 이웃을 위해 직접 전쟁에 참여하는 총력전(Total War) 시대로 전환하는 결정적인 계기를 만들었다. 제한전쟁은 신속한 결전으로 군사적 측면에서 승리를 얻는 것이 핵심이지만, 중국의 혁명전쟁은 군사적 측면에서 승리를 추구하기보다 대중들로부터 정치적 승리를 획득하는 데 있었다. 혁명전쟁은 정부에 대항하는 약한 집단의 전략이었다. 따라서 이들은 군사력 중심의 진행보다 대중들의 민심(hearts & minds)을 사로잡기 위한 사회적 차원의 전략에 중점을 두고 진행하였음을 이해할 필요가 있다. 유럽

이 1940년대 중국의 공산화와 1960년대 베트남전쟁에 실효적인 대처를 하지 못한 근본적인 원인이 바로 전쟁을 수행하는 데 있어서 사회적 차원의 전략이 갖는 의미를 이해하지 못했기 때문이다. 즉, 작전기술(operation technique)이나 군사기술(military technique)의 발전에만 의존하여 전쟁을 진행했기 때문이다. 따라서 전쟁에서 군사적 승리를 얻은 이후 사회적 차원에서 적국(敵國)의 민심을 얻는 것이 중요함을 이해하여야 한다. 미국이 주도한 아프가니스탄 전쟁(2001)과 이라크 전쟁(2003)에서도 군사적으로 승리한 이후에 종결하지 못한 이유가 바로 민심을 얻지 못했기 때문임을 유념할 필요가 있다.

---

36) 카를 폰 클라우제비츠는 정치적 차원의 영역인 '정부'와 군사적 차원의 영역인 '군대', 사회적 차원의 영역인 '국민'을 '삼위일체'라는 이론을 통해 사회적 차원의 전략이 중요함을 제기한 최초의 전략사상가로 볼 수 있다. 관련 내용은 김성진의 『세계전쟁사』 (2021), pp. 27~29.를 참고하기 바란다.

④는 19세기 중반에 이르기까지는 전략을 수행하는 과정에서 크게 주목받지 못했다. 나폴레옹 보나파르트와 같은 걸출한 전쟁 영웅이나 미국의 남북전쟁을 수행하는 과정에서 차이는 있었지만, 거의 대등한 무기체계로 전쟁을 진행할 수밖에 없었다. 피·아 간에 결정적인 기술적 우위가 나타날 시대가 아니었기에 카를 폰 클라우제비츠 같은 전략사상가들도 기술적 우위를 평가하는 자체에 관심을 두지 않았다고 봄이 정확하지 않나 싶다. 그러나 1868년 보-오 전쟁에서 후장총(後裝銃)이 등장하면서 상황이 급변하였다. 1870년 보-불 전쟁에 후장포(後裝砲)가 등장함으로써 프로이센군이 프랑스군과 비교할 때 화력에서 압도적인 우세를 차지할 수 있게 되었다. 이때까지도 기술적 차원에는 주목(注目)

드라이제 소총(단발 장전, 후장식)

후장식 강선포(英, 윌리암 암스트롱)

하지 않았다. 제1차 세계대전 이후 전차와 항공기의 등장은 첨단무기를 사용한다면, 작전적 차원의 문제를 극복할 수 있다는 판단과 적의 전쟁 의지마저 말살하고 최종 승리를 거머쥘 수 있다는 확신을 가지는 계기가 되었다.[37] 그러나 곧이어 관련 국가들이 같은 형태의 무기를 제작하면서 다시 전쟁은 지체되었고, 지·해·공중을 통해 최대한 군수지원이 보장되는 보급체계를 강화하는 수밖에 없었다. 결과적으로 기술적 차원의 전략이 크게 부각하는 효과를 가져왔으나, 다른 차원의 전략도 고유의 중요성이 상실되지 않은 점을 이해할 필요가 있다. 즉, 과학기술의 발전이 전략의 본질과 성격을 변화시키지는 못했다고 볼 수 있다.

슈투카 전투기(JU 87B-2, 獨)

Little Willie 전차(英)

과학기술이 혁신적으로 발전해가면서 핵전쟁 시대에 이르자 전략사상가들은 워낙 가공한 파괴력을 보유하였기에 기존의 작전·사회적 차원의 요인에 비해 기술적 차원이 중요하다고 간주하였다. 이에 근거하여 정부가 핵 정책을 시행하는 데 있어 결정하는 능력을 갖출 필요가 있다고 평가하게 되면서 기술적 차원 외에 사회적 차원의 반응은 거의 고려하

---

37) 관련 내용은 김성진의 『전쟁사와 무기체계론』 (2020), pp. 197~203, 214~219.를 참고하기 바란다.

지 않았다. 그러나 이는 두 가지의 측면에서 잘못된 시행착오다. 첫째, 핵을 보유한 국가도 억제전략(Deterrence Strategy)을 채택하기 때문이다. 이는 억제전략이 실패했을 때를 대비해야 하기에 작전・사회적 차원의 전략도 필요하다. 다시 말해 작전적 측면에서 적이 핵무기로 공격할 때를 대비하여 핵보복 공격을 시행하기 위한 전
쟁계획은 구체적으로 준비되어야 한다. 둘째, 사회적 측면에서 국민적 합의를 통해 핵전략을 고려해야 한다면, 어떠한 유형의 국가를 불문하고 국민이 먼저 핵전쟁을 거부한다는 사실이 명확히 드러날 것이다. 따라서 적국(敵國)에서 상대국가가 먼저 핵 공격을 감행하지 않으리라는 효과를 가져올 수 있기에 핵을 억제할 가능성이 더욱 커지게 된다. 대표적으로 중국 혁명전쟁에서 마오쩌둥이 펼친 공산화 전략과 베트
남전쟁에서 호치민이 주도하여 미국민들의 반전(反戰)시위를 끌어낸 선전선동전략(Propaganda & Agitation Strategy)을 들 수 있다.

제 5 절

논의 및 시사점

'전략의 유형(pattern 또는 type)'은 '외형적으로 나타나는 전략의 모습'이라고 할 수 있으며, '전략의 차원(dimension)'은 '전략을 수립할 때 반드시 고려하여야 하는 전략의 특성 또는 속성'임을 기억하자. 전략을 수행하는 주체들이 국가의 정책 목표를 입안할 때 꼭 필요한 요소로서 궁극적으로 전략을 수립할 때 정치・경제・사회・문화・군사・기술적 차원 등 다양한 분야를 골고루 고려하여야 승산도 커진다는 점을 이해할 필요가 있다.

전쟁은 개인과 개인 간의 투쟁이기보다 정치집단과 정치집단 사이에 발생하는 현상으로 조직적인 무력투쟁이다. 어떠한 전략 유형과 차원을 적용하는지에 따라 승패(勝敗)를 결정짓게 된다. 이때 폭력성(violence), 통합성(integrity), 확산성(diffusivity)에 더하여 전쟁 자체를 종결 및 중지시키려는 자제심(self-control)이 같이 움직이게 되며, 이를 카를 폰 클라우제비츠는 마찰(摩擦)로 표현하고 있다. 다양한 속성을 알고 접근하지 못한다면, 국가의 존립 및 국익을 추구하는 과정에서 만족스러운 성과를 달성하기는 어려울 것이며, 결국, 패망의 수순(手順)을 밟을 수밖에 없음이 역사의 진리였음을 이해할 필요가 있다.

트로이의 목마

전략의 유형과 차원은 국가 간 불가피하게 나타날 수밖에 없는 오해와 갈등을 비롯한 각종 요인이 충돌하면서 나타나는 외형과 속성임을 잊지 않아야 한다. 무엇을 어떻게 채택할 때 분쟁 및 전쟁에서 승리할 수 있는지! 전쟁 방지에 성공할 수 있는지! 판단 및 결정하는 데 필요한 핵심 키-워드이기에 조심스레 다뤄야 한다. 정치적 목적을 달성하기 위하여 구체적인 방법(What) 및 수단(How)을 사용하는 군사전략이나, 결정된 다양한 전략에 따라 무력(武力)행사 및 국가 존립(국익)에 관한 위기를 극복 또는 대처에 성공하는 여부가 결정된다.

이러한 과정에서 나타나는 국가이익은 ① 생존이익, ② 핵심이익, ③ 중요이익, ④ 부차적 이익의 네 가지로 구분할 수 있다. 이 과정에서 가장 모호한 영역은 핵심이익과 중요이익이 교차할 때임을 기억하여야 한다. 아울러 국가전략과 군사전략이 형식적으로는 수직적 관계이지만, 실제로는 상호보완적 관계에 있음을 이해할 필요가 있다.

앤드류 마셜 국방장관 고문
(Andrew Marshall)
도널드 럼즈펠드 국방장관
(Donald H. Rumsfeld)

소결론적으로 미국이 군사변혁(Revolution in Military Affairs)을 추진하여 세계 최강의 군대를 건설할 수 있었던 이유는 단 하나 '첨단 과학기술의 발전이 전쟁 양상을 변화시킨다.'는 명제였다.[38] 그러나 전쟁이 첨단무기로만 승패가 결정되지 않음은 아프가니스탄 전쟁(2001)과 이어진 이라크 전쟁(2003)을 통해 입증되었다. 미국이 기술적 차원의 군사변혁을 중시하는 한편으로 사회적 차원을 무시하는 어리석음을 범했기 때문이다. 다양한 유형과 차원을 고려하지 않는다면, 전략이 성공을 거두거나, 혁신을 진행하는 과정에서 한계에 직면할 수밖에 없다는 사실을 기억할 필요가 있다.

"고민만으로 위기를 극복하기는 어렵다. 절실한 의지(Will)와 전략적 실천이 뒤따를 때 비로소 극복할 수 있다."

---

[38] 앤드루 마셜(Andrew Marshall, 1973~2015) 국방장관 고문이 내세웠던 초기의 군사혁신은 '첨단 과학무기의 개발'에 초점을 두었으나, 점차 새로운 '작전 개념'과 '군사조직'이라는 3박자를 결합하여 군사력 자체를 혁신적으로 강화하는 개념으로 확장하였다. 이후 사고방식과 문화까지 바꿔 완전히 새로운 형태의 군(軍)으로 만들겠다는 결론이 '군사변혁'이다. 로널드 럼즈펠드(Donald H. Rumsfeld, 1932~2021) 국방장관은 "생각하는 방식, 훈련하는 방식, 연습하고 싸우는 방식을 변혁하지 못하면, 어떠한 최첨단 무기도 군사력을 변혁하지 못할 것"이라고 하였으나, 결국, 첨단무기와 신(新) 작전, 신(新)조직으로 전투력을 강화하였다.

강의_III 한국의 역대 군사전략에 대하여 이해합시다.

학습하기 이전(以前)에 요구되는 사항

1. 역대 군사전략을 채택한 일반적인 의미와 개념을 이해하시오.
2. 고조선 시대 군사전략의 개념과 특징을 이해하시오.
3. 삼국시대 군사전략의 개념과 특징을 비교하고 이해하시오.
   * 고구려 동천왕-광개토대왕-장수왕-영양왕-보장왕의 특징은?
   * 백제 근초고왕-성왕-무왕/의자왕의 특징은?
   * 신라 진흥왕-태종무열왕-문무왕의 특징은?
4. 통일신라 시대 군사전략의 개념과 특징을 이해하시오.
   * 신라-통일신라 시대 군사전략의 차이점은?
5. 고려시대 前·後期 군사전략의 개념과 특징을 이해하시오.
   * 군사 편제(編制)에서 중앙군과 지방군 편성의 특징은?
   * 태조 왕건의 군사전략의 개념과 특징은?
6. 조선시대 前·後期 군사전략의 개념과 특징을 이해하시오.
   * 조선의 건국과 국방정책의 특징은?
   * 대마도와 여진족 정벌-임진왜란-정유재란 간 특징은?
   * 정묘·병자호란-구한(舊韓) 말(末)의 특징은?
7. 영화 ≪황산벌(2003)≫ ≪남한산성(2017)≫, ≪최종병기 활(2011)≫, ≪평양성(2011)≫, ≪안시성(2018)≫, 드라마 ≪무신(2012)≫을 시청하시오.

제4장

한국의 역대 군사전략 이해

제1절 개요

제2절 고조선 시대의 군사전략

제3절 삼국시대의 군사전략

제4절 고려 시대(918~1392)의 군사전략

제5절 조선 시대(1392~1897)의 군사전략

제6절 논의 및 시사점

제 1 절

개 요

지난 인류의 역사를 살펴보면, 인간은 항시 전쟁의 승패(勝敗)가 집단(종족)의 정치·경제·군사적 측면의 발전과 이익 추구, 개인의 삶을 구가하는 데 지대한 영향을 끼쳤다. 인류의 발자취 자체가 갈등과 분쟁을 통해 승자가 독식하는 구조였기 때문이지 않나 싶다. 이는 전쟁이란 직업군인에게만 해당하는 특화된 용어(분야)라는 단순한 사실보다 민간인들의 삶과 함께하면서 이들의 삶 자체에 지대한 영향을 미치고 있다는 얘기다. 그러나 학자 일부는 인류의 발전이 필연적으로 갈등과 분쟁의 공식에 따른 무력 충돌에 의한 결과이기에 승리하는 측이 선(善=강자)이고, 패배는 악(惡=약자)이라는 이분법적 시각으로 주장하고 있다.

또 다른 특이한 현상은 한반도의 지정학적 위치로 인해 고대부터 최근에 이르기까지 주변 강대국들과의 관계에 따라 흥망이 좌우되었기에 대외정책이나, 군사전략을 결정하는 권력 계층에서 명확히 결정하지 못하고 좌고우면한 역사적 사례가 많음을 느낄 수 있다. 그러나 미래의 국가발전을 위해 꼭 필요한 학습 및 복기(復棋)할 수 있는 내용을 기존의 『군사전략론』에서는 찾아보기가 쉽지 않다. 자신의 내면과 현주소를 정확히 진단하지 못하면, 긍정적인 변화와 삶의 터전인 국가(집단)의 개선을 시도하기가 어렵다는 점을 깊이 인식할 필요가 있다.

따라서 이번 장(Chapter)은 한반도의 역대 군사전략에 관한 기본 개념과 특징은 무엇이고, 시대별로 어떻게 변화하였는지를 이해하는 게 중요하다고 판단하여 별도의 문단으로 작성하였다. 탐구하다 보면 느끼겠지만, 외국의 군사전략에 비해 평이하고 명확하게 드러낼 수 있는 뚜렷한 부분을 찾기 어려운 현실에 직면하게 된다. 그렇다 할지라도 우리의 역대 군사전략이 어떻게 변화하여왔으며, 무엇이(What-개념적 원리) 취약하고, 어떻게 (How-실천적 원리) 발전되어야 하는지? 를 인식하는 계기로 삼으면 좋겠다.

탐구할 범주(範疇-category)[1])는 고조선[2])과 한사군(漢四郡, BC 2333~BC 108)에서 시작하여 고구려(BC 37~AD 668)-백제(BC 18~AD 660)-신라(BC 57~AD 668)-통일신라(AD 668~935)-고려 시대 전·후기(918~1392)-조선 시대 전·후기(1392~1910)의 순으로 진행하고자 한다.

---

1) '범주(範疇)'는 '더는 분석할 수 없는 기본적이고 보편적인 개념이나 존재의 형식 또는 같은 성질을 가진 부류나 범위'를 의미하고 있다.
2) '고조선(古朝鮮)'은 현재의 한반도 북부와 중국의 랴오닝성 등의 지역에 생존했던 기원전의 국가 명칭으로서 본래 '조선'이 맞지만, 1932년 이성계가 조선왕조를 세웠기에 구분하기 위하여 사용한 용어로 이해하면 될 듯싶다.

제 2 절

고조선 시대의 군사전략

1. 개 요

BC 2333년 '홍익인간(弘益人間)'을 건국 이념으로 한 고조선은 철기문화를 받아들이면서 발전한 국가로 BC 9~8세기는 '성읍(城邑) 국가'의 형태로, BC 4세기경에는 '연맹(聯盟) 국가'의 형태로 청동기와 초기 철기 시대를 거쳤다. 제천(祭天)행사3)를 한 이후에는 '국중대회(國中大會)'4)를 개최하는 등 적극적인 투사(鬪士) 정신을 선호하는 정서를 보였다. 당시 고조선은 연나라와 각축을 벌일 정도로 독자적인 세력을 구축하였으며, 연나라와 접적한 요충지가 바로 요하(遼河-랴오허 또는 遼水)다. BC 2세기경 연나라에서 고조선에 들어온 위만이 유망민(流亡民)들을 규합하여 고조선 왕(준)을 몰아내

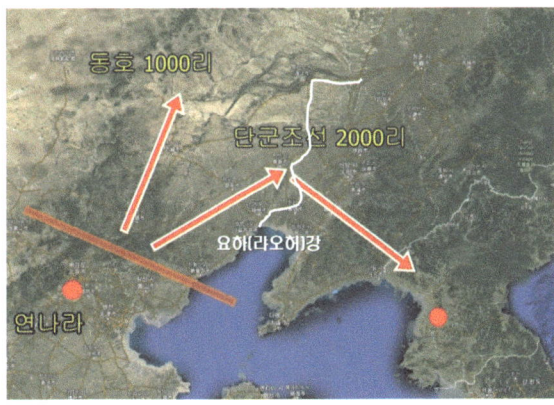

고 왕위를 쟁취하였다. 바로 위만조선으로 시대적으로 고조선의 마지막 단계로 이해하면 된다. BC 4세기 말에서 3세기 초까지 접경하고 있는 중국 연(燕)나라와의 충돌은 불가피한 형국이었다.

중국의 한무제(漢武帝, BC 141~BC 87년까지 재임) 유철(劉徹)은 BC 112년부터 고조선을 육·해상으로 침공하였으나 실패하였다. BC 109년 한무제가 대대적으로 침공하자 위만은 2천여 리를 포기하고 후퇴하며 장기전 태세로 전환하였다. 그러나 지배층 내부가 분열하면서 일부 지배층이 연나라에 투항하였다. 결

---

3) '제천제(祭天祭)'는 '마을에서 모두 모여 같이 하늘에 제사를 지내고 잔치를 여는 행사'로 고조선에서 처음 시작하여 이후 국가에서도 계속 진행하였다.
4) '국중대회(國中大會)'는 제천제와 같은 의미로서 말 그대로 한 국가의 수도에서 개최했던 대규모 무술대회를 뜻하고 있다. 왕권(王權)이 중앙집권적 지배체제를 확립한 국가에서만 가능하였기에 당시 소규모 단위의 읍락(邑落)으로 형성되었거나 소국(小國)인 동예나 삼한은 이러한 표현을 사용할 수 없었다.

고조선 왕검성(수도)

국, 내부의 반란과 이간계(離間計)로 BC 108년 왕검성(수도)은 함락되었다.5) 이후 한사군이 설치되었으나, 313년 고구려에 의해 멸망하였다.6)

당시의 군사 조직은 사회와 다른 별개의 조직이 아니라 부족국가의 지배자가 곧 군사지휘관이었고, 부족 전체가 군인이었다. 이들은 중국의 연(燕), 진(秦)과 투쟁하며 중국의 감숙성(甘肅省-간쑤성)까지 영역을 확장했음을 볼 때 상당한 군사력 수준을 보유하였음을 느낄 수 있다.7)

---

5) 한국의 역사를 탐구하다 보면, 위기에 직면할 때 어김없이 나타나는 현상이 '주화파(항복)'와 '강경파(투쟁)'의 진영(陣營 또는 파벌) 간 이익에 따른 논쟁이다. 이러한 논쟁(debate)은 긍정적 측면에서 이해할 때는 활성화되어야 한다. 그래야 정상 궤도에서 벗어나지 않기 때문이다. 그러나 이를 부정적인 측면에서 보면, 단순히 개인적인 이해관계나 이해집단(stake-holders)에 따라 갈라지는 진영논리로 변질(變質)될 경우 결국은 국가(기업과 국민)를 패망하게 만든 역사가 무수함을 잊지 않아야 한다.

6) 한사군은 고조선(또는 위만조선)과 전혀 관련이 없는 지역이다. BC 108년 한나라가 위만조선을 굴복시키고 점령지역을 통치하기 위하여 4개로 분할(分轄)한 지방 행정구역 명칭이다. 따라서 한사군은 대륙에서 무역업무를 수행하는 상업적 기능을 담당하는 조계지(租界地-개항장에서 열강이 관리하도록 빌려준 땅)로 생각하면 될 듯싶다. 한사군의 위치는 다양한 이론들이 존재하며, 주장도 다 틀리기에 마땅치 않다고 판단하여 생략하였다.

7) 육군 교육사 교리발전부, 『한국 군사사상』 (서울: 육군본부, 1992) pp. 95~98.

2. 군사력 운용과 군사전략

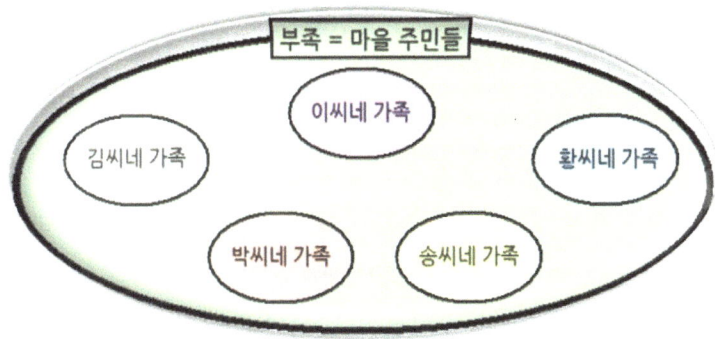

고조선 시대는 씨·부족 연맹 시대로서 씨족장 또는 부족장을 중심으로 외부 침략에 공동으로 대처하는 형태였다.8) 또한, 공동으로 정복 활동을 펼쳤기에 하나의 생활집단이 곧 군사조직체였다고 이해하면 될 듯싶다. 이들은 공세적이고 강인한 의지, 유목 생활에 따른 신속한 기동력과 적극적인 삶의 욕구, 청동제 무기로 무장한 강력한 군사력을 보유하였다.

고조선 시대의 군사전략을 한마디로 정리하면, '선수후공(先守後攻) 전략'이다.9) 이는 중국 혁명전쟁에 사용한 마오쩌둥의 지구·유격전 전략사상과 유사하다. 다르게는 '청야전술(淸野戰術)'10) 또는 '수성전(守城戰)'이라고 이해하면 될 듯싶다.11)

---

8) '부족연맹'과 '고대국가'의 차이점을 짚고 넘어갈 필요가 있다. '부족연맹(또는 연맹왕국)'은 부족들이 연합한 형태로서 각 지역을 장악한 부족장이 왕(王)을 선출하는 구조이기에 권력 기반이 약하지만, '고대국가'는 왕이 부족장들을 자신의 부하로 거느려 통제 및 지배할 수 있는 중앙집권적 권력을 행사하였기에 강력한 권력을 가졌다.

9) '선수후공(先守後攻) 전략'은 '적이 침공 시 먼저 방어를 통해 적의 사기를 꺾음과 동시에 적의 예봉(銳鋒-날카로움)을 무디게 만든 다음 소규모 또는 또 다른 형태의 공세 작전을 통해 주도권을 회복하는 전략'을 의미하고 있다.

10) '청야전술(淸野戰術)'은 현대와 비교하면, 보급품 추진이 어렵고 약탈(掠奪)행위가 일상적이었던 고대 전쟁에서 주로 사용하던 전술로 '방어하는 측에서 식량, 가옥, 우물 등 적군에 이로운 군수물자를 모두 없앰으로써 적군이 보급을 받지 못하여 지쳐 퇴각하도록 만드는 전술'로 고구려와 조선 시대에 빈번하게 사용하였다.

11) 관련 내용은 김성진의 『세계전쟁사』(2021), pp. 122~125.를 참고하기 바란다.

제 3 절

삼국시대의 군사전략

1. 개 요

　삼국시대는 고조선과 고구려, 부여, 삼한 등의 초기 국가들이 구축한 문화적 토대 위에서 고대국가로 성장하며 민족국가의 기반을 닦은 시기로 이해하면 될 듯싶다. 여기서는 고구려-백제-신라 시대의 순서로 탐구하였다. 다만, 삼국시대에 등장한 모든 왕(王)이 채택하였던 전략을 탐구하기는 효율적이지 못하다고 판단하였다. 따라서 전(全) 시대를 천편일률적으로 모두 열거하는 하책(下策)을 쓰기보다 핵심적인 시대를 풍미한 왕들을 중심으로 군사전략을 탐구함이 당시의 시대상과 공통점 또는 차이점을 이해하는 데 도움이 된다. 이전 고조선 시대의 군사전략이 선수후공(先守後攻)이었듯이 이 시대의 전략사상에도 유사한 전략들이 사용되고 있다. 여기서 한반도에 구축한 성(城)들은 지형·상황에 따라 평지성(平地城)과 산성(山城)으로 구분할 수 있다. 특히 산(고지)의 정상에 축성되어 있다는 점을 기억할 필요가 있다.

　인구의 분포 측면에서도 한반도는 대륙 국가의 인구보다 상대적으로 차이가 크기에 군대와 병력 규모가 작을 수밖에 없다. 따라서 전쟁을 수행하는 전략과 전술이 대규모 군대와 직접 전투를 수행하는 방식으로는 승리를 점치기 어려웠다. 따라서 중국의 대규모 군대와 전쟁할 때는 대부분 청야전술(淸野戰術), 게릴라전, 수성전(守城戰), 장기전(長期戰) 전략을 선택할 수밖에 없는 환경(여건)이었음을 이해할 필요가 있다.

　고구려는 고조선 시대에 형성된 문화 수준을 '상무정신(尙武精神-militaristic spirit)'[12]으로 결집하여 만주와 중국 일부까지

---

12) '상무정신(militaristic spirit)'은 '군사와 무(武)를 숭상하는 정신으로 국가를 외적의 침입으로부터 보위하기 위해 충성을 다함을 가장 큰 영예로 느끼고 실천하는 정신'을 의미하고 있다. 몽골의 칭기즈칸도 "흙벽돌집에 살지

영토를 확장하였다. 백제는 무적의 해상왕국으로 중국의 동해안과 일본에까지 위세(威勢)를 떨쳤고, 신라는 지정학적으로 한반도의 동남쪽에 위치하였기에 후진성을 벗어나지 못하면서도 뛰어난 외교력을 발휘하여 최초의 민족통일국가라는 위업을 달성하였다.

마라!"고 유언하였음은 후손들이 현실에 안주하거나, 나태하지 않으며 끝없이 훈련하고 도전해야 함을 강조하고 있다. 관련 내용은 김성진의 『전쟁사와 무기체계론』 (2020), pp. 141~150.; 『세계전쟁사』 (2021), pp. 153~165.를 참고하기 바란다.

2. 고구려 시대(BC 37~668)의 군사전략

2.1. 국가 운영과 전쟁 수행개념

고구려는 지리적으로 압록강 중류인 동가강(佟家江 또는 비류수-沸流水) 유역[13]이 터전이었기에 일찍감치 중국의 금속기 문화를 흡수하였다. 그러나 산악지방이다 보니 농경지 확보가 제한되었기에 영토 확장을 통해 주변의 비옥한 평야를 확보하여야 존립(存立)할 수 있었다. 문제는 필요한 주변의 평야 지대가 중국의 영향권 아래에 있었기에 중국과의 투쟁에서 승리해야 평야지대의 확보가 가능한 여건이었다. 따라서 고구려는 강한 군사력이 필요하였고, 주변을 정복하기 위해서는 호전·적극적으로 주변의 부족 세력들을 통합(정복)하는 팽창정책을 추구할 수밖에 없었다. 당시 이러한 현상을 반영하듯 성곽 축조 방식은 평지성(平地城)과 산성(山城) 또는 이 둘을 결합한 평산성(平山城)으로 분류할 수 있으며, 평지성과 산성을 하나의 세트로 결합하였다. 이들의 대외정책은 만주족과 중국과의 첨예한 충돌을 반복시켰고, 이를 통해 성장할 수 있었다. 이는 모든 국민이 무(武-군대)를 숭상하는 진취적인 기상을 갖고 유사시에는 전(全) 국민이 전쟁에 참여하는 문화를 당연시하게 했다.

<그림 4-1>은 역대 고구려 왕실의 계보를 정리하였다. 여기서는 제6대 태조왕-제11대 동천왕-제19대 광개토대왕-제20대 장수왕-제26대 영양왕-제27대 영류왕-제28대 보장왕을 중심으로 탐구하였다.

---

13) '동가강(佟家江)'은 압록강의 한 지류로서 중국의 요령성(遼寧省)과 길림성(吉林省)의 접경지대를 흐르는 강으로 현재는 부이강(富尒江)으로 불린다.

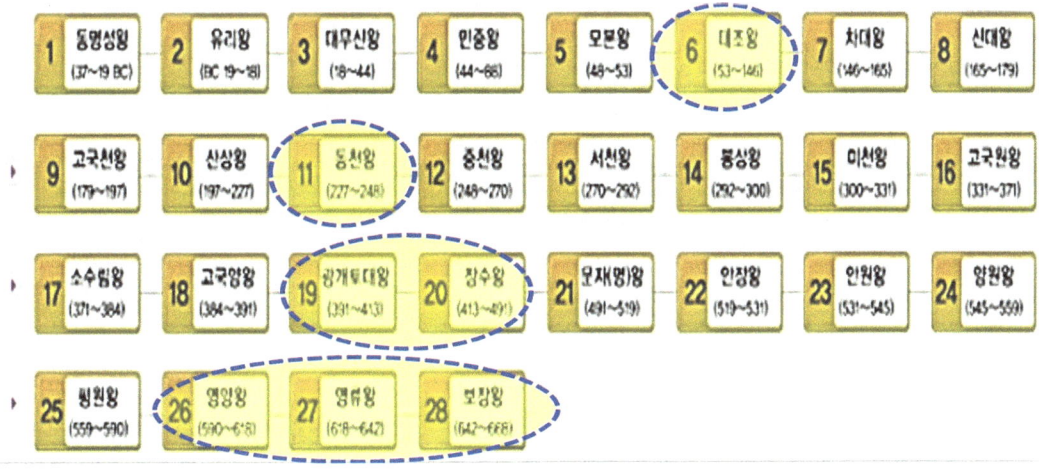

<그림 4-1> 역대 고구려 왕실의 계보

2.2. 국가 통치제도와 군사전략의 특징

초기는 중앙집권적 고대국가를 형성하지 못했기에 국왕을 중심으로 하는 상비군대가 없었다. 따라서 각 부족 단위의 군대(일명 '부족 연맹군')가 공동이익이 된다고 합의하면, 국왕과 함께 전쟁에 참여하는 체제였으나, 점차 고대국가 체제로 발전하였다.

제6대 태조왕(太祖王, 53~145) 때 고대국가 체제로 돌입하면서 부족 연맹군은 해체하고 국왕이 최고사령관으로, 중앙의 귀족을 장군으로 임명하는 등 행정조직과 군사조직을 일체화함으로써 전국적인 조직으로 전환하였다.[14] 이에 따라 평상시 성에는 소규모 수비대가 상주하며 부락민과의 공동체적 유대감을 통해 외적이 침공하면, 부락민들이 농민군(農民軍)으로 참전하여 성(城)의 방위력 증강에 일익을 담당하였다.

군사조직은 국가 통치체제의 변화에 따라 크게 3개 기로 통합하여 구분할 수 있다. <표 4-1>은 고구려의 통치방식과 군사조직의 변화단계를 정리하였다.

---

14) 당시 정복 전쟁을 통해 주변으로 영토를 확장하여 인구가 증가하는 가운데 주변국의 위협이 가중되었기에 전국적인 방어체제 구축이 필요하였다.

<표 4-1> 고구려의 통치방식과 군사조직의 변화단계

구 분	제1기	제2기	제3기
시 기	국가 성립~3세기	4~5세기	6세기 이후
통치방식	집단·간접통치	직접통치	타협적 직접통치
합의방식	제가(諸家)회의-지배층(5나부)의 국정회의		
군사제도	나부(那部) 체제15)	중앙집권체제	귀족 연립체제

고구려 왕들은 '북진(北進) 전략' 아니면 '남북 병진(南北 竝進) 전략'을 채택하였다. 2대 유리왕에서 19대 광개토대왕까지 수도는 국내성이었다. 그러나 20대 장수왕 대에 국익 차원에서 세 가지 조건16)을 고려하여 수도를 평양성으로 옮기는 결단을 내렸다. 11대 동천왕은 위(魏)나라와 연합하여 요동의 공손씨 세력을 공격하였으나, 오히려 완충지대(Buffer Zone)를 상실하면서 위나라의 팽창정책에 노출되는 정반대의 결과를 만드는 우(愚)를 범하였다.

19대 광개토대왕은 전(全) 방위적으로 영토를 확장하는 과정에서 철갑 기병 부대(개마무사-鎧馬武士)17)를 활용함으로써 강력한 기동력과 충격력으로 주변국을 공포와 긴장으로 몰아넣었다. 이때 요동(지금의 요

고구려 철갑기병(개마무사)

---

15) '나부(那部) 체제'는 6대 태조왕 대에 확립된 체제로 크게 다섯 개의 나부로 구성된 정치집단을 반(半) 자치적으로 운영하였으며, 결과적으로 고구려는 독자성을 가진 다수의 정치집단에 의해 이루어진 누층적(累層的-여러 개의 층으로 겹쳐진)인 결집체가 국가를 운영하였다.

16) ① 경제적으로 대동강 유역이 비옥하다는 측면, ② 중국의 남북 양조와 교류의 필요성, ③ 백제·신라 방면으로 진출이 쉽다는 특성을 고려하였다.

17) '개마무사(鎧馬武士)'는 '기병이 타는 말 중에 쇠로 만든 갑옷(철갑-鐵甲)을 입은 말을 탄 기병'을 의미하고 있다. 찰갑(札甲-lamellar armour-작은 미늘 조각들을 이어붙여 만든 갑옷으로 판갑, 어린갑과 함께 가장 오래된 종류의 갑옷 중의 하나)을 온몸에 뒤집어쓰고 못을 박은 신을 신은 개마무사들은 자신보다 2배가 훨씬 넘는 긴 창을 들고 선두에 서서 적의 대열을 와해시키며 무섭게 질주함으로써 적에게 공포와 불안의 대상이었다.

녕성(遼寧省) 동남부 일대) 지역으로 진출하는 단계에 후방의 안정을 도모하기 위해 백제를 침공하였다. 광개토대왕이 채택한 국가전략은 '북진남수(北進南守) 전략'이다.

20대 장수왕은 선대왕들의 전략과는 다소 다른 형태를 보였다. 물론 이는 주변 안보환경의 문제에서 비롯되었다. 당시 백제와 신라, 가락국이 빠르게 강성하여 고구려의 후방이 위협을 받게 되자 북방으로의 영토 확장도 중요하지만, 남쪽의 안정이 먼저 필요하다고 인식하였다. 따라서 광개토대왕과는 반대로 '북수남진(北守南進)'을 국가전략으로 채택하고 북위(北魏)와의 무력 충돌은 최대한 자제하면서 말갈족 기병을 동원하여 백제와 신라를 공략하는 '남진(南進) 정책'을 추진하였다.

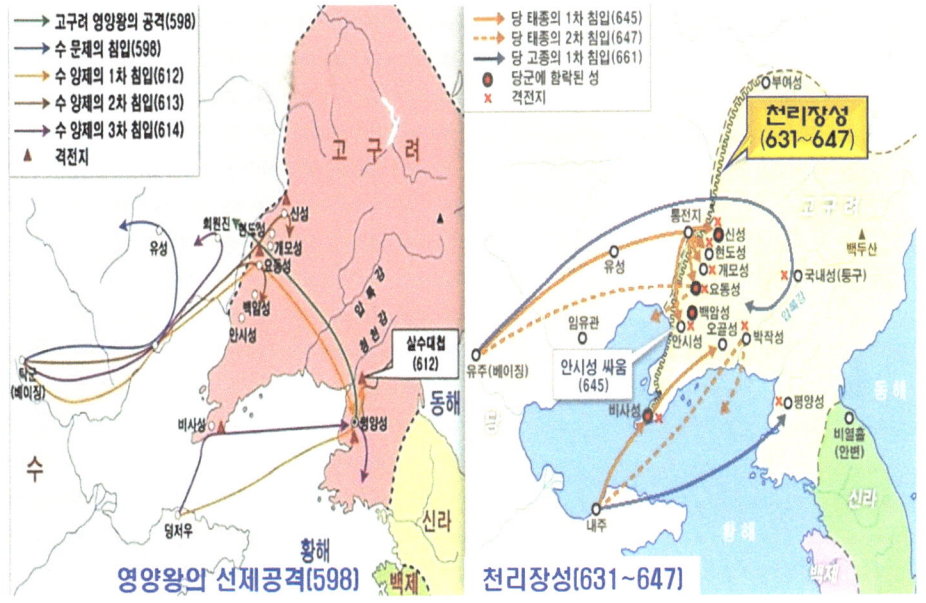

26대 영양왕은 수나라가 중국을 통일하는 동안 국력이 다소 약해지면서 '수세적 방위전략'을 구사하는 등 소극적인 모습을 보이자 598년 요서(遼西) 지방을 선제공격하였다. 이후 4차례에 걸친 수나라의 수륙양면(水陸兩面) 침략을 분쇄하였다.

27대 영류왕은 수나라 포로를 귀환시킬 것을 결정하고 또 다른 침공에 대비하기 위하여 16년여에 걸쳐 천리장성을 축조하고 '북수남진(北守南進) 전략'을 유지하였다. 28대 보장왕은 당나라가 소규모 정예부대를 편성하여 변경지역을 침공하는 등 오랜 기간에 걸쳐 소모전

양상을 지속하였으나, 이에 적절한 대응전략을 세우지 못하면서 국력을 회복하는 데 실패하였다. 결국, 나당 연합군의 침공으로 668년 평양성이 함락되면서 멸망하였다.

고구려 시대부터 시작된 '청야입보(淸野入保) 전략'은 현대 한국군 전략에까지 이어져 온 흐름으로 볼 수 있는 가장 전통적인 방어전략(또는 전법-戰法)이다. 한반도의 지형 여건에서 가장 효과적이라고 할 수 있다. 고구려의 군사전략은 한마디로 말하면, '수세 이후 공세-守勢 以後 攻勢 전략'으로 '청야입보(淸野入保) 이일대로(以逸待勞) 전략'이다.[18]

---

18) '청야입보(淸野入保) 이일대로(以逸待勞) 전략'은 '적이 침공하면 모든 식량을 없애거나, 성(城)으로 반입하고 성에서 장기 저항에 돌입함으로써 적의 군량 확보를 어렵게 함과 동시에 우군 지역으로 깊숙이 끌어들여 피로하게 만든 다음 적이 지쳤거나 퇴각할 때 바로 공격하여 격멸'하는 개념이다. 이는 중국 혁명전쟁에서 마오쩌둥이 사용한 지구·유격전 전략 사상과 흐름을 같이 하고 있다.

3. 백제 시대(BC 18~660)의 군사전략

3.1. 국가 운영과 전쟁 수행개념

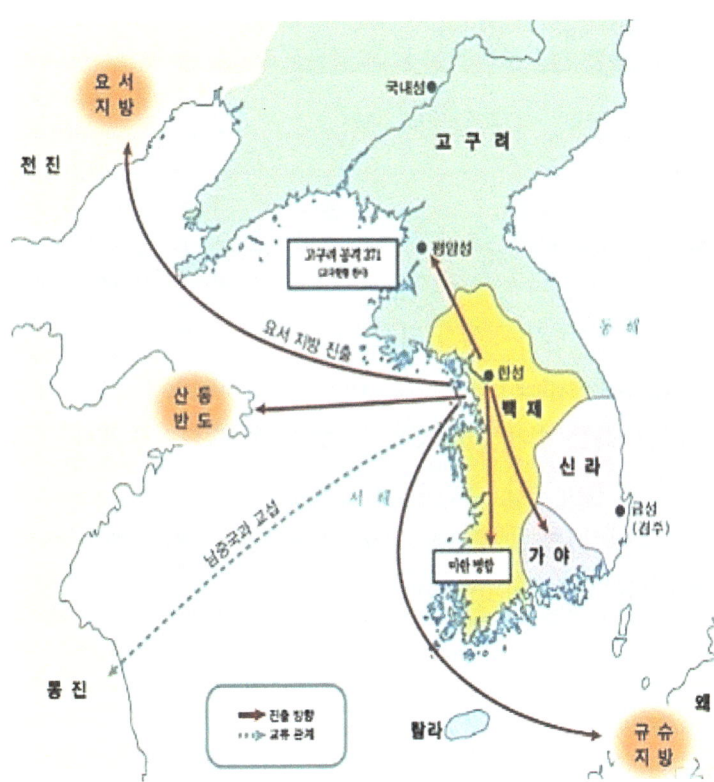

백제는 한반도 중앙의 한강 유역에서 건국한 이후 호남평야 등을 기반으로 일대를 지배하였기에 경제적으로는 매우 풍요로웠다. 그러나 넓은 평야로 인해 다른 나라에 비해 요새(要塞)를 구축하기는 어려운 여건이었다. 건국(建國) 초기부터 호남평야와 가야 지역을 정복하고 전략 지역인 한강 유역을 수호해야 하였기에 외부 침략세력을 분쇄 및 저지하는 게 시급한 현실이었다. 이들은 고구려의 끊임없는 위협과 신라와의 극심한 경쟁 속에서도 국익을 위해 외부세력과 투쟁할 수밖에 없는 형세였다. 따라서 고대국가 체제를 정비하고 일찌감치 중국의 요서 지방과 산동반도를 연결하는 등의 노력을 통해 황해(黃海)의 제해권을 장악할 수 있었다.[19] 이 과정에서 국력을 해외로 분산하게 되어 내부의 통합은 상당히 제한되는 환경이었다.

<그림 4-2>는 역대 백제 왕실의 계보를 정리하였다. 여기서는 제8대 고이왕-제13대 근초고왕-제26대 성왕-제30대 무왕-제31대 의자왕을 중심으로 탐구하였다.

---

19) 백제 수군과 관련된 사료(史料)는 『남제서』의 '백제 장수인 목간나가 침략군의 선박을 깨뜨렸다.'라는 구절밖에 확인할 수 없다. 따라서 수군이 존재하였지만, 해상강국이라는 평가가 타당한지는 알 수 없다는 주장들이 다수 존재하고 있음을 기억할 필요가 있다.

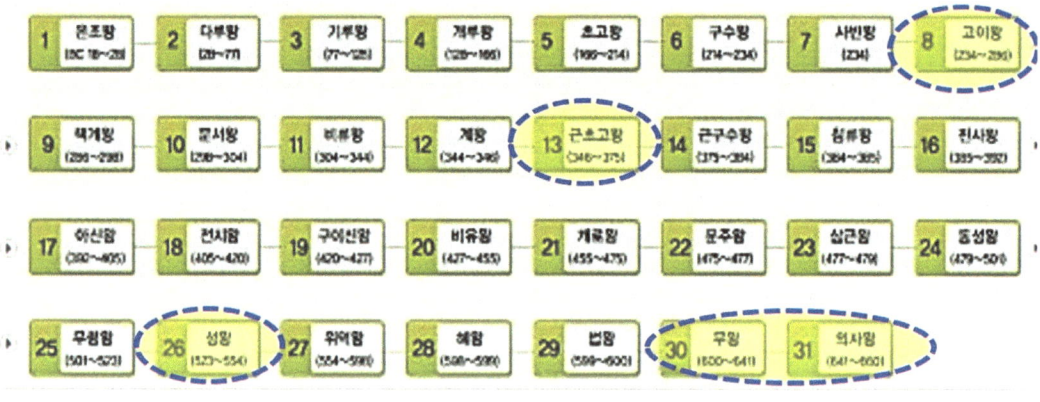

<그림 4-2> 역대 백제 왕실의 계보

3.2. 국가 통치제도와 군사전략의 특징

초기 불안정했던 통치체제는 점차 고대국가 체제가 확립되면서 행정구역과 군사제도를 같이 정비하였다. 이 과정에서 수운(水運-water traffic)이 유리한 지리적 이점(利點)을 최대한 이용하였다. 이들은 중국의 대륙문화를 수용하여 경제·문화적 역량을 키우면서 고구려·신라와 한강 유역의 주도권을 확립하고자 각축전을 벌였다.[20]

군사조직은 국가 통치체제의 변화에 따라 크게 3개 기로 구분할 수 있다. <표 4-2>는 백제의 통치방식과 군사조직의 변화단계를 정리하였다.

<표 4-2> 백제의 통치방식과 군사조직의 변화단계

구 분	한성 도읍기	웅진 도읍기	사비 도읍기
시 기	BC 18~AD 475년	475~538년	538~660년
통치방식	제한된 직접통치		직접통치
합의방식	정사암(政事巖)회의-정쟁(政爭)·재상 선발을 위한 귀족회의		
군사제도	연맹체제(5부병제[21])	붕괴→복원	중앙집권체제

---

20) '한강(漢江)'은 한반도 중부를 동서로 가로질러 전략적 측면에서 고구려와 신라에 똑같이 중요했으며, 중국과의 해로교섭(海路交涉)에도 필요한 지리적 이점으로 인하여 주변 국가들이 탈취하려는 최고의 목표이자 대상이었다.
21) '5 부병제(部兵制)'는 동·서·남·북·중부군을 뜻하며, 초기는 각 부의 지배계층에서 통제하였지만, 8대 고이왕 대에 군령권(軍令權)을 행사하는 단일한 조직으로 정착하면서 통솔권을 강화되었다. 관련 내용은 육군 군사연구소의 『한국군사사: 개설』(계룡: 육군본부, 2012), pp. 71~72.를 참고하기 바란다.

백제는 초기부터 '수성(守城) 위주의 방어개념'을 군사전략으로 채택하였으며, 인접 국가가 취약할 때 재빨리 성을 공격하여 탈취하는 '성곽쟁탈전'의 형태를 고수하였다. 즉, 기동전(機動戰)보다 거점(據點-Strong Point-활동의 근거지가 되는 지역)을 확보하기 위한 전략과 전술을 주로 사용하였다. 국력이 어느 정도 갖춰진 다음에는 해양으로 진출하고자 제해권을 장악하는 데 노력하며, 수세(守勢) 위주에서 공세적 군사전략으로 전환하는 계기를 만들었다.

8대 고이왕은 5부병에 대한 통솔권을 완전히 장악하지 못했지만, 강화하였다. 그러나 당시만 하더라도 5부의 지배자들의 영향력이 막강했음은 짚고 넘어가지 않을 수 없다. 이러한 어려움에도 후방지역의 중소 세력 집단을 정복 및 통합하기 위해 노력한 특면은 높이 사야 한다.

고구려가 존망(存亡)의 갈림길에 처했을 때 13대 근초고왕이 즉위하며 예방전쟁 차원에서 기습적인 선제공격을 시도하고 주변국과의 연합 및 동맹 관계에도 노력하며 백제의 전성기를 이끌었다.

26대 성왕은 국호를 '남부여'로 개칭하고 수도를 '웅진성(공주)'에서 '사비성(부여)'으로 변경하였다. 그리고 직접적 위협인 고구려의 내정이 불안한 틈새를 노려 신라의 진흥왕과 연합하여 551년 선제공격을 통해 한강을 수복하였다. 이후 방심한 틈을 노려 기습을 시도한 신라군에 다시 빼앗기는 수모를 겪었다.

642~649년 30대 무왕과 31대 의자왕은 신라를 침공하는 등을 통해 나라를 부흥하고자 노력하였으나, 나당(羅唐) 연합군에 의해 660년 사비성과 웅진성이 차례로 함락되면서 멸망하였다.

백제의 군사전략은 한마디로 말하면, '선제기습전략'이라고 평가할 수 있다. 다만 대외적으로 해상강국이라고 평가하고 있지만, 결과적으로 볼 때 육상 방위태세에만 집중함으로써 오히려 해상 방위태세에 소홀했기에 패망하였음은 역사의 아이러니라 하지 않을 수 없다.

4. 신라 – 통일신라 시대(BC 57~935)의 군사전략

4.1. 국가의 운영과 전쟁 수행개념

신라는 소백산맥으로 가로막힌 한반도의 동남쪽에 있었기에 오랜 기간 중국의 대륙 문화를 접할 수 없었던 씨족사회의 후진국이었다. 점차 고구려와 백제를 통해 선진문물을 받아들였으며, 4세기에 접어들면서 다른 국가보다 늦게 고대국가의 면모를 갖추었다.

신라가 성장 및 발전하게 된 계기는 고구려의 강압적인 정치·문화적 간섭과 압력이 촉진제 역할을 하였기 때문이다. 백제와 연합하여 고구려의 남하(南下)에 공동전선으로 대항함으로써 간섭을 벗어나며 자주적인 발전과 국력 팽창의 필요성을 절감하였다. 이때 고구려와 백제와의 투쟁을 위해서는 많은 군대 병력과 인재가 필요하였기에 세속오계(世俗五戒)[22] 정신을 덕목으로 하는 '화랑도(花郞道)'를 제도화한 것이다. 이를 통해 불완전한 통일이었지만, 최초로 한반도 통일의 위업을 달성하였다는 점은 인정할만한 대목이다.

<그림 4-3>은 역대 신라 왕실의 계보를 정리하였다. 여기서는 제24대 진흥왕–제29대 무열왕–제30대 문무왕을 중심으로 탐구하였다.

---

[22] '세속오계(世俗五戒)'는 강력한 공동체 의식과 의리 정신, 희생정신, 인간의 순수한 정신을 나타내고 있으며, '화랑오계(花郞五戒)'로 불린다. 제26대 진평왕 때 원광법사가 가르친 ① 사군이충(事君以忠), ② 사친이효(事親以孝), ③ 교우이신(交友以信), ④ 임전무퇴(臨戰無退), ⑤ 살생유택(殺生有擇)을 의미하고 있다. 이는 극한의 상황에서도 조국을 배신하지 않고 뜨거운 우국충정을 불태우게 하는 애국정신으로 신라의 저력(底力)이자 통일신라의 원동력이었다.

<그림 4-3> 역대 신라 왕실의 계보

삼국 중 가장 후진국(後進國-developing countries)이었으나, 군사력에 충실했기에 효율적인 군사제도를 정착시킬 수 있었다. 이들은 공동운명체적인 고유의 집단정신과 '명망군(名望軍)'의 성격을 보유하였다.[23] 이들은 고구려 및 백제와 유사하게 전국의 전략적 요지(要地)에 종심 깊게 성(城)을 구축하고 주둔하는 상비군과 주민 간 강력한 유대로 지역을 방어하는 지역별 공동체 개념으로 방호(防護)하는 형태라고 할 수 있다.

4.2. 국가 통치제도와 군사전략의 특징

삼국 중 모든 면에서 열세했기에 고대국가로 발전하는 과정에서 강대한 고구려의 압력을 극복하기 위해 외교를 국가안보의 주(主) 전략으로 채택하였다. 이를 토대로 하여 433년 나제동맹(羅濟同盟)을 맺었고, 백제가 위협일 때는 고구려와 동맹을 체결하는 유연한 전략과 자세를 취하는 등 전략적 사고를 견지하였다. 군사력을 운영하는 측면에서도 고구려나

---

[23] '명망군(名望軍)'은 '무기들 들고 싸우는 군인이 되는 게 괴롭고 힘든 의무이기보다 명예로운 권리로 생각하여 전투에 임하면, 몸을 사리지 않고 용감하게 전투에 임하는 군대'를 의미하고 있다.

백제의 전술을 수용 및 발전시키는 과정에서 '보기전술(步騎戰術)'이 가장 발달하였고, 병력을 곳곳에 매복시켜 백제군을 대파(大破)하는 등 지형지물을 이용한 매복 전법도 잘 사용하였다.

신라는 한반도 동남쪽에 치우친 후진적인 환경을 극복하고자 중앙집권적 통치와 통일을 위해 용의주도한 정책(전략)을 채택하였고, 중앙군과 지방군 편성을 비롯하여 임무와 역할이 베일에 가려진 특수부대인 57 주서(州誓)와 국경지대에 배치되어 변방(邊方)을 방어하는 3 변수당(邊守幢) 등은 한반도의 통일에 상당한 도움이 되었다.

군사 조직은 국가 통치체제의 변화에 따라 크게 3개 기로 구분할 수 있다. <표 4-3>은 신라의 통치방식과 군사 조직의 변화단계를 정리하였다.

<표 4-3> 신라의 통치방식과 군사 조직의 변화단계

구 분	연맹왕국기	마립간기	중고기
시 기	B.C. 57~ A.D. 356년	356~500년	514~654년
통치방식	제한된 직접통치	직접통치	
합의방식	화백(和白)회의-진골 이상의 귀족회의로 만장일치제		
군사제도	연맹체제(6부병제[24])	대당(大幢)체제[25]	지방군 정제(停制)[26]

신라는 백제와 맺은 나제동맹을 548년까지 지속하였다. 24대 진흥왕은 영토 확장정책을 추진하면서 '화랑제도'를 정착시키고 호국불교 정신을 고양하여 군사력을 강화하였다. 백제와 함께 고구려군을 공격하는 과정에서 "아예 이 기회에 고구려를 끝장내자."라는 백제 성왕의 제안을 받자 이를 고구려에 바로 전달하여 후일을 도모하는 '등거리외교 전략'을 펼친 바 있다. 이어서 553년 백제가 고구려에서 탈환한 한강 하류 유역을 기습 공격으로 탈취함으로써 한강 유역 전부를 차지하였다. <표 4-4>는 한강 유역의 점령이 왜! 중요한지에 대하여 크게 세 가지로 정리하였다.

---

24) 신라의 '6부병제'는 초기는 백제와 다르지 않았으며, 명망군(名望軍)의 성격을 띠었으나, 점차 왕이 직접 통솔하는 체제로 바뀌었다.

25) '대당(大幢) 체제'는 진흥왕 대에 삼국 간 전쟁이 격화되자 초기의 6부병을 통합하고 '대당(大幢)'으로 명칭을 전환하였다. 현대적 의미로 해석하면 전체 병력을 1개 군단(軍團)으로 편성하였다는 의미다.

26) '정제(停制)'에서 정(停)은 주(州)에 설치된 군사조직의 명칭으로 두 가지의 종류가 있다. ① '주치정(州治停)'은 '왕의 직접 통제를 받는 직할 군사조직'이고, ② '광역정(廣域停)'은 광역 주(州) 내부에 있는 모든 지역의 군사력을 결집한 조직'의 형태라고 이해하면 될 듯싶다.

<표 4-4> 신라의 진흥왕이 한강 유역을 중요시한 세 가지 이유

> 첫째, 지리적 측면에서 고구려-백제 간 연결고리를 차단함으로써 군사적 제휴(提携 -alliance)를 저지 및 각개격파할 수 있는 여건을 조성할 수 있다. 일명 내선작전(內線作戰)이다.[27]
> 둘째, 서해를 통해 중국과의 직접적인 해상 교류가 가능하기에 국가의 발전과 국제적 위상을 높일 수 있다.
> 셋째, 한반도 내부의 권력 구조를 개편함으로써 신라에 유리한 전략적 환경을 조성할 수 있다.

특히 서해 교두보인 당항성을 차지함으로써 한강 유역의 풍부한 자원을 군사력 건설에 동원할 수 있게 된 사실은 상당한 의미가 있다.

29대 태종무열왕은 648년 나당(羅唐) 동맹을 체결하였다. 이를 통해 당나라와의 군사협력을 공고히 함으로써 고구려와 백제의 분쟁에 끌어들이는 군사외교를 전략적으로 성공시켰다. 이를 계기로 나당 연합군은 백제 수도를 점령하기 위해 수륙양면작전을 전개하였다.

30대 문무왕은 고구려를 침공할 때 군수지원만 전담한다는 주장을 굽히지 않았다. 이는 당나라를 믿지 못했기에 장차 그들과의 전쟁에 대비하려는 전략적 판단을 한 것으로 추정할 수 있다. <표 4-5>는 한반도에서 당나라군을 축출하기 위한 전략적 판단을 크게 세 가지로 정리하였다.

---

[27] '내선작전(內線作戰)'은 김성진의 『전쟁사와 무기체계론』 (2020), pp. 154~158.; 『세계전쟁사』 (2021), pp. 93~128, 262~263.을 참고하기 바란다.

<표 4-5> 문무왕이 당나라군을 축출하기 위한 세 가지의 전략적 판단

첫째, 악조건하에서도 당나라와의 외교 관계는 단절하지 않고 전략적 차원의 조치를 지속하였다.
둘째, 적극적인 외교 노력을 통해 당나라와 왜(倭-일본)와의 관계 개선 노력을 계속하였다.
셋째, 한반도에서 당나라를 축출하는 전쟁에 백제와 고구려 부흥을 꾀하는 세력들을 포함하여 당나라군의 취약점을 압박하였다.

670년 3월 신라 설오유 장군과 고구려 부흥군 고연무 장군의 군사 2만여 명이 당나라군에 대한 공격을 개시하며 나당전쟁이 시작되었다.[28] 초기는 기병에 고전하였으나, 곧 대기병(對騎兵) 전략에 따라 672년 장창단(長槍團-긴창을 가진 부대)을 창설하여 기병에 대비한 새로운 보병조직을 만든 점은 유연·탄력적인 사고의 산물이었다. 전쟁의 주 무대는 예성강-임진강-한강 하류 일대로 당나라군이 본국으로부터 보급을 받기 용이하였으나, 보급선이 신라군에 의해 격침되면서 철수하였다.

김유신 장군은 자신이 지휘한 주력군(主力軍)이 백수성 전투에서 궤멸(潰滅)되자 방어 중심의 '수성(守城)전략'을 채택하였고, 이에 발맞춰 문무왕은 절망에 젖은 비굴한 모습으로 당나라에 화친을 청하였다. 우쭐해진 당나라군이 진격을 멈춘 기간에 다시 정비하는 기지(機智-재치있게 대응하는 슬기로움)도 발휘하였다. 675년 당나라군 총사령관 유인궤

---

28) 엄밀하게 따지면, 당나라군과의 직접적인 교전(交戰)이 아니라 당나라의 협박으로 전쟁에 참여한 말갈·거란족 군대였다. 당나라 고간(高侃) 장군의 군사가 1만 명, 말갈 추장 이근행이 3만 명 규모였으며, 특히 말갈족은 대규모 기병 집단으로 편성되어 기동·충격력이 막강하였다.

(劉仁軌)가 이끄는 20만 대군과 매소성의 3만 군사는 매소성에서 다시 맞붙었다. 규모 면에서 매우 불리한 상황이었지만, 신라군은 장창단과 '육진병법'29), 노(弩-쇠뇌 또는 화살), 대장척당(大匠尺幢)30) 등의 특수부대를 다양하게 운영하였다. 특히 당나라 군대의 말 먹이 공급이 어려운 상황을 확인한 다음 임진강 입구의 오두산성(일명 천성-天城) 일대에 해군을 집결시켜 당나라의 보급로를 차단하고, 협곡에서의 매복작전을 통해 당나라군에 큰 피해를 주었다. 대표적인 사례가 매소성 전투에서 당나라군의 대공세를 유인하여 섬멸한 계책이 압권이라고 할 수 있다. 676년 금강하구의 기벌포 전투에서 다시 대승을 거두면서 7년여에 걸친 나당전쟁에서 결정적인 승리를 쟁취하고 통일신라를 이룩하였다.

신라의 군사전략을 한마디로 정리하면, '내선작전(內線作戰)'이라고 할 수 있다. 그러나 백제와 마찬가지로 해상방위태세는 도외시한 채 육상방위태세에만 집중하였기에 균형된 전략보다는 육상방위에 치우친 취약한 전략으로 평가할 수 있다.

---

29) '육진병법(六陣兵法)'은 중앙에 부대가 있고, 주위에 6개 부대가 배치되는 진(陣)의 형태로 당나라에서 꽃잎 모양으로 펼치는 '육화진법'을 변형하여 적용했을 가능성이 크다. 당나라군의 기병을 상대하기 위하여 선두에 ① 궁수, ② 석궁병(石弓兵)이 이중으로 배치, ③ 돌팔매 부대, ④ 장창병, ⑤ 도끼병, ⑥ 칼을 든 보병 순으로 배치하였다.

30) '대장척당(大匠尺幢)'은 산성(山城)의 축조와 무기를 전문적으로 제조하는 특수부대이다.

5. 군사전략의 특징

<표 4-6>은 삼국시대 군사전략의 특징을 여섯 가지로 정리하였다.

<표 4-6> 삼국시대 군사전략의 여섯 가지 특징

① 군사 강대국과 충돌하는 경우, 상대적 힘의 열세를 이용하였다.

② 초기의 영토 확장→기병의 기동·충격력을 이용한 공세 전략→영토를 확보 간 주요 거점에 성곽을 축조하고 단계별 방어선을 구축하였다.
③ 군사력이 열세할 경우, 주변국과의 연합전선을 구축하여 극복하였다.
④ 중국 통일국가와의 전쟁 시 접경지역~수도까지 수성전(守城戰) 위주의 전략을 펼쳤다.
⑤ 한반도의 지형적 특성을 잘 활용하여 주변국과의 경쟁에서 주도권을 장악할 수 있었다.
⑥ 동맹국과의 군사외교 활동을 지속하여 위상을 확립하기 위해 노력하다가 기회가 왔을 때 놓치지 않고 주도권을 확보하였다.

①의 전략적 후퇴는 2007년 개봉된 영화 <300>에 나오는 테르모필레 전투(Battle of Thermopylae)를 떠올리면 되지 않을까 싶다. 고조선의 경우, 한무제의 예봉(銳鋒-창이나 칼이 날카롭게 벼려진 끝)을 피하고자 수도를 요동지역에서 한반도 내부로 이동하였고, 다시 후방으로 이전(移轉)하는 등 완충지대를 설정하였다. 고조선과 삼국시대는 '청야입보(淸野入保)'와 '선수후공(先守後攻)', '수성전(守城戰)'을 혼용하였다. 이는 『손자병법』과 중국 혁명전쟁 간 마오쩌둥이 채택한 '지구·유격전 전략'과도 유사한 방식이다.

②는 아군의 전투력은 최대한 보존하면서 적 전투력은 최대한의 손실을 강요하는 현대의 전략 전술과 같다고 이해하면 될 듯싶다.

③은 실리를 추구하는 형태로서 백제의 제13대 근초고왕은 고구려의 남진 정책에 대항하기 위해 영산강 유역의 마한(馬韓, 1~3세기)과 경상남·북도 일부 지역의 가야(伽倻, 42~562년)를 점령하는 등 확장정책을 펼치면서도 측후방(側後方)에 있는 신라를 자극하지 않기 위해 상당한 노력을 하였다.

④는 중국의 강대한 수나라가 장거리를 이동하여 침공했을 때 거점을 중심으로 수성(守城)하는 전략을 수행함으로써 진출을 지연시키고 전투력을 분산 및 약화(弱化)시키는 효과를 가져왔다. 612년 수양제의 113만 대군이 수륙양면으로 침공하였으나, 을지문덕 장군이 살수대첩(薩水大捷)을 통해 적을 유인 및 격멸함으로써 2,700여 명만이 살아 돌아가게 만든 전공(戰功)을 대표적인 사례로 들 수 있다.

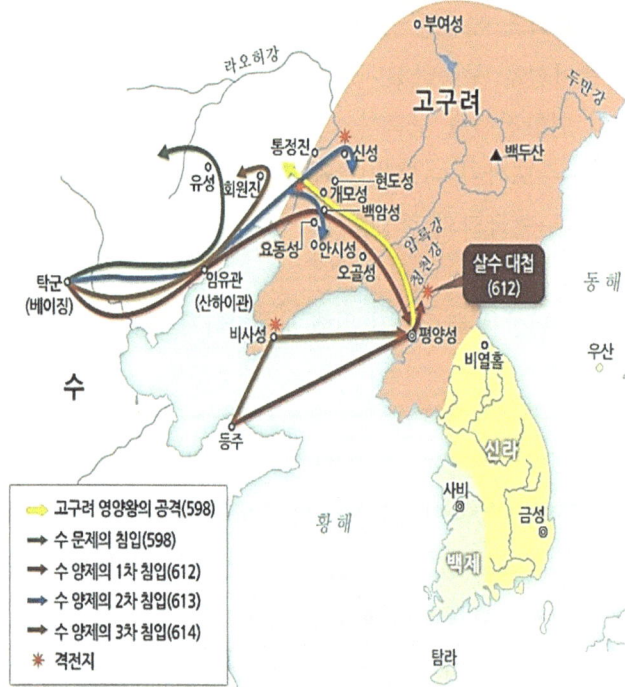

소결론적으로 삼국시대는 미래를 예견(豫見)하여 어떠한 생존전략을 구가하느냐에 따라 국가의 존립이 좌우되는 시대였다. 특히 국가 멸망의 결정적 요인이 지도층의 내분(內紛)과 내부 분열이었음은 깊이 되새길 필요가 있다.

제 4 절

고려 시대(918~1392)의 군사전략

1. 개 요

고조선과 삼국시대가 한반도에 거주하는 민족들의 단순한 공동운명체에 불과하였다면, 고려 시대는 점차 고대국가 체제를 바탕으로 결속하면서 대외적으로 영토를 확장하고 민족국가(Nation-State)를 형성하는 시기였다. 통일신라 시대 후기(後期)가 되자 진골(眞骨) 귀족들에 의한 내부 분열 책동과 6두품(頭品)의 불만[31] 등으로 인하여 통제력이 약화하면서 쇠퇴기로 접어드는 시기에 등장한 세력이 후고구려와 후백제였다.

 **잠깐! 여기서 '후고구려'와 '고려' 명칭이 왜! 생겨났는지, 차이점은 무엇인지에 관하여 짚고 넘어가자.**

* 원래 901년 궁예가 세운 나라와 918년 왕건이 세운 나라의 명칭은 모두 '고려'였다. 이들 시대를 구분하기 위해 궁예의 고려는 '후고구려', 왕건의 고려는 '고려'로 사용하고 있다.

---

31) 통일신라는 성골(聖骨-원래의 왕족)과 진골(眞骨-정복한 지역의 왕족)로 구분하는 골제(骨制)와 1~6두품으로 구분하는 두품제(頭品制)로 구분할 수 있다. 진골은 지금의 장관직을 독점하였고, 6두품들은 차관직까지 밖에 오를 수 없었기에 상당한 불만 요인이었다. 후기(後期)에 진골 집단이 늘어나면서 왕위 쟁탈전으로 인해 혼란에 빠지자 전국적인 농민반란이 우후죽순으로 발생하면서 결국 후삼국으로 분열되었다.

신라의 삼국통일은 외세(外勢)를 이용한 불완전한 통일이었지만, 고려가 민족통일의 의지를 이었다고 봄이 타당하다. 후기에 남쪽의 신라와 북쪽의 발해는 동족(同族)이면서 대립과 투쟁에 몰입했음은 아쉬운 부분이며 민족 분단의 상황도 현재와 유사하기에 반성함이 마땅하지 않나 싶다. 고려와 후백제 간의 전쟁은 끊이지 않았으며, 929년 후백제의 견훤이 경상북도 안동(고창)을 포위하고서도 결국 고려에 패배하였다. 4년 후 934년 운주성(運州城-충남 홍성군) 전투에서 기병 중심의 고려군은 후백제군이 보병 중심으로 편성했다는 정보를 입수하였다. 그러자 곧바로 급습(急襲-surprise attack)하여 승리를 쟁취하였다. 936년 일리천(一利川-경북 구미시 선산읍)에서 승리하면서 후삼국 시대는 종결되었다.

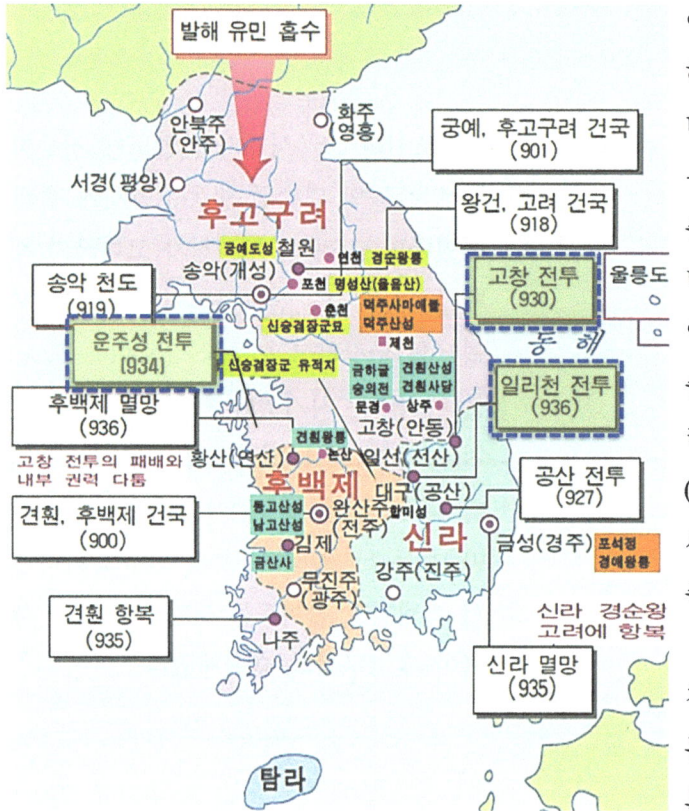

고려 왕조는 이민족(異民族)의 침탈을 가장 많이 겪은 시대로 동북아에서 중국은 한족(漢族-본토에 거주하는 종족) 왕조가 형성되지 않은 상태였고, 북방민족32)이 주도권을 가진 시대로 이해하면 된다. 고려는 한족과 북방민족 간의 충돌과 경쟁을 적절하게 이용하는 실리 위주의 외교 관계로 주변국과 밀접한 관계를 맺고 수많은 전쟁을 치르며 성장하였다.

고려는 태생적으로 남쪽의 영토와 문화전통을 전승하였으나, 고구려를 계승한다는 명분을 내세우는 등을 통하여 민족통일의 새로운 전기(轉機-turning point)를 마련하는 데 노력하였다. 이들은 자주성(自主性-independency)은 민족의식을 기반으로 하였으며, 태조 왕건이 건국할 때부터 고구려의 후예임을 천명하면서 신라와 후백제를 회유 및 협박하는 사례도 있었지만, 발해의 유민(流民-wandering people)을 포용하는 등의 융화정책을 병행

---

32) '북방민족(北方民族)'이란 거란(요), 여진(금), 몽골(원)을 지칭하고 있다. 관련 내용은 국방부 군사편찬연구소의 『한국 군사역사의 재발견』(서울: 국방부 군사편찬연구소, 2015), pp. 131~132.를 참고하기 바란다.

하였다. 이들은 고구려의 북진정책을 이어받은 데서 북방(北方) 민족의 무력침공에 대항하는 강한 의지를 엿볼 수 있다. 북방의 거란은 993년부터 1019년까지 14회에 걸쳐 침략하였음에도 고려를 패망시키지 못했다. 1231년부터 1259년에 이르기까지 7회에 걸쳐 몽골군이 침략했을 때도 무려 28년을 버틴 '무인(武人) 정권'의 지도력을 무시할 수 없지 않나 싶다.33)

초기는 강력한 호족세력이 상당한 장애로 인식되었으나, 태조에서 광종에 이르면서 중앙집권화를 정착시켰고, 중앙의 군사세력을 숙청하고 지방호족이 거느린 사병(私兵)은 혁파(革罷-낡은 풍습 및 제도를 없앰)하여 軍의 통수(統帥)체계를 확립하였다.

---

33) '무인정권(武人政權)'은 '무신정권(武臣政權)'이라고도 불린다. 1170~1270년까지 무신 세력들이 주도한 정치기구로서 이를 통하여 국가의 주요 정책을 결정지었다. 무신들이 집권한 100여 년은 경제·사회·문화 측면에서 모두 퇴보한 시기로 중세 유럽의 암흑기와 같다고 이해하면 될 듯싶다. 오로지 정권을 잡은 일부 무인의 절대권력 유지를 위하여 존재하였기에 부패할 수밖에 없었다. 여기서는 군사 전략적 차원으로만 접근하기에 정치적 평가 및 공과(功過)는 제외하였다(국방부 군사편찬연구소의 『한국 군사역사의 재발견』(2015), pp. 229~232.).

2. 군사력 운용과 군사전략

2.1. 고려 전기(前期)의 국가운영과 전쟁 수행개념

고려는 918년 태종 왕건이 건국한 이래 936년 후삼국의 분열시대를 종식하면서 통일왕조를 이룩하였으며, 이때부터 제17대 인종까지는 전기(前期)로 볼 수 있다. 기존 문벌귀족 사회의 문제로 인하여 지배층 간의 갈등과 분열이 심화(深化)하면서 전성기가 무너지고 쇠퇴 일로를 밟게 된 시기였다. 제6대 성종 대에 들어서면서 중앙군(2군 6위 제도)과 지방군 제도를 확립하였다.34) <그림 4-4>는 중앙군의 2군 6위 제도와 지방군의 편성체계를 정리하였다.

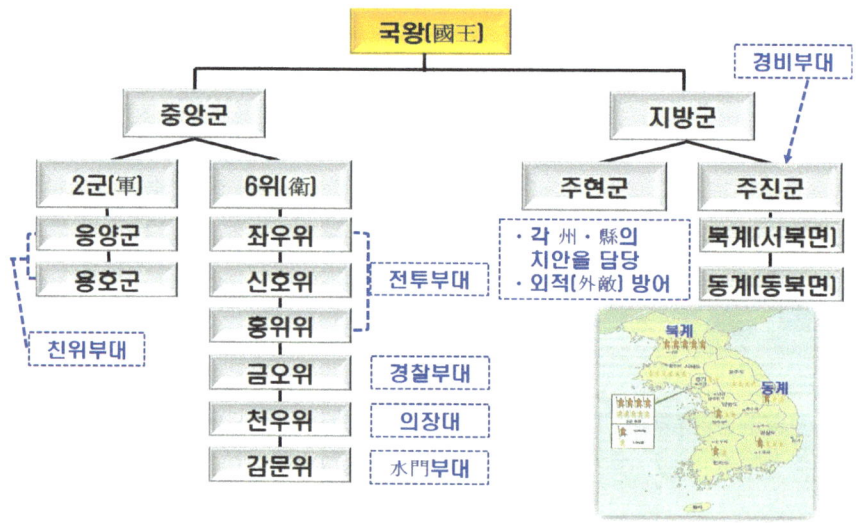

<그림 4-4> 고려 전기(前期)에 확립된 중앙·지방군의 편성체계

이때까지는 수많은 지방 호족들이 난립하였기에 포용정책을 쓸 수밖에 없는 여건이었다.

---

34) '중앙군(中央軍)'의 2군 6위는 모두 직업군인으로 군적(軍籍)을 자손에게 직접 세습할 수 있는 권한을 가진 중류계층의 신분이었다. 2012년 mbc 드라마 <무신武神>은 고려 후기의 내용을 그리고 있으나, 그때까지 이어진 고려 최고의 집정부가 '중방(重房)'이다. 이를 구성하는 계층이 바로 2군 6위의 책임자들로 구성되었다. 권력의 중심이라고 이해하면 될 듯싶다. '지방군(地方軍)' 중 '주현군(州縣軍)'은 치안 유지와 각종 노역(勞役-노동)에 동원되었고, '주진군(州鎭軍)'은 현대 군대와 같은 상비군으로서 국경 수비 임무를 수행하였다.

그러다 보니 중앙에서 지방으로 관리를 파견하지 못했고, 호족들에 의한 자치제는 그대로 방관하는 형편이었다. 성종 때 최초로 12개 도시에 수령을 파견하여 통제하는 지방 통치제도를 확립하였지만, 이마저도 한계가 있었다.

태조 왕건은 고구려의 옛땅을 회복하겠다는 구상을 구체화하여 강력한 군사력에 기반한 '북진정책(北進政策)'을 추진하였다. <표 4-7>은 북진정책을 추진할 수밖에 없었던 배경을 크게 두 가지로 정리하였다.

<표 4-7> 고려 태조가 북진정책을 추진할 수밖에 없는 두 가지 배경

① 대외적으로는 고려를 둘러싼 동아시아의 정세 변화가 깊은 영향을 끼쳤다.
② 대내적으로는 조정에 고구려, 신라, 백제, 발해 유민 등이 다양하게 분포하였다.

①에서 당시 거란은 강력한 기병(騎兵)을 앞세워 만주 동북지역으로 진출하였으며, 여진은 평안·함경 일대에서 세력을 확장하고 있었기에 큰 위기감으로 작용하였다. 즉, 북방에서 영향력을 확대하는 거란과 여진의 침략에 대비하기 위한 장기 포석(布石)에서 군사제도와 전략을 이해하여야 하지 않나 싶다.

②는 이들을 하나로 통합시킬 계기가 필요한 데다 고려 백성 중에 고구려 유민이 차지하는 비율이 상

제4장 한국의 역대 군사전략 이해

당히 높았다. 따라서 이들이 염원하는 고구려의 옛땅을 회복하는 목표를 세우지 않고는 민심의 결집이 불가능했다는 점에 주목할 필요가 있다. <그림 4-5>는 고려 전기(前期)의 왕실 계보를 정리하였다. 여기서는 제1대 태조-제6대 성종을 중심으로 탐구하였다.

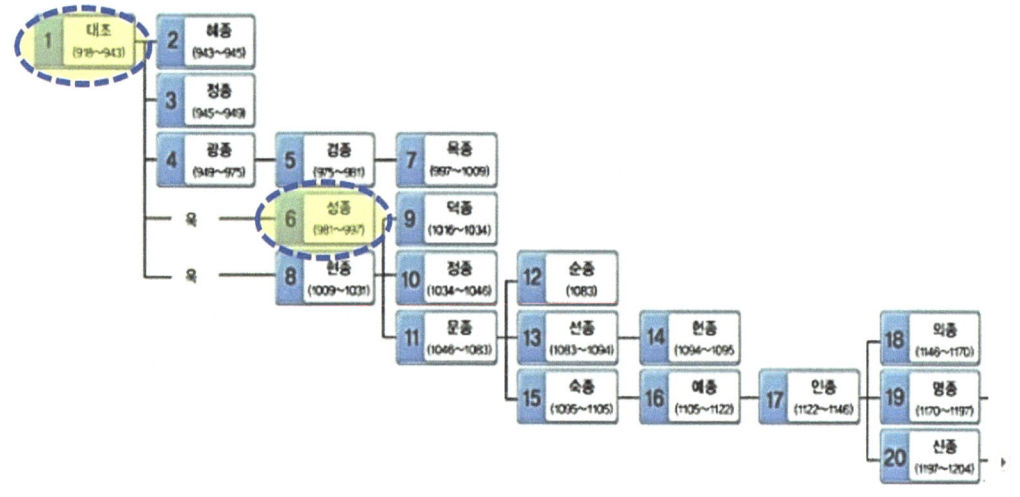

<그림 4-5> 고려 전기(前期)의 왕실 계보

2.2. 국가 통치제도와 군사전략의 특징

태조 왕건은 신라가 삼국을 통일한 방식과는 다르게 외세(外勢)의 의존하지 않는 자주 통일을 달성하는 데 두었다. 이를 위해 영토를 한반도 북부의 평안·함경도 일대로 북상시키고, 압록강과 만주 지역까지 확장하기 위해 국가의 정통성과 전쟁 명분을 확보하려는 다양한 정책을 구상하였다. 이를 통해 신라에 우호적인 포용정책을 추진함으로써 싸우지 않고 이기는 '부전승 사상(不戰勝 思想)'을 채택하였다. 이는 935년 경순왕이 스스로 고려에 복종케 함으로써 통일신라의 적통자라는 명분을 확보하였다. 후백제와의 전쟁이 불가피해지자 견훤을 망명시켜 후백제에 대한 토벌을 요청하도록 유도함으로써 후유증이 최소화되도록 노력하였다. 여기에 더하여 북쪽으로는 서경을 개척하고 발해 유민을 받아들이는 동시에 북진정책을 병행하는 양수겸장(兩手 兼將-double-check)의 형식을 취하였다. 이는 태조가 다양한 민족의 민심을 결집하기 위하여 채택한 '적극적인 수세(守勢) 전략'으로 이해하면 될 듯싶다. 지정학적 측면에서 북방의 거란과 여진족을 동시에 견제해야 하였기 때문이다.

만부교 사건(942)

특히 건국 초기 거란의 태종이 수교하자는 요청을 거부하는 과정에서 발생한 942년의 만부교 사건35)은 태조가 거란에 가지고 있던 인식을 극명하게 보여준 일화(逸話)다. 이후 송나라와 반(反) 거란동맹을 체결하고 북방으로 진출함으로써 영토 확장전략의 정당성과 명분을 획득하는 지혜까지 발휘한 점은 눈여겨 볼만한 대목이다. <표 4-8>은 고려 전기(前期)의 통치방식과 군사 조직이 변화하는 단계를 정리하였다.

<표 4-8> 고려 전기(前期)의 통치방식과 군사조직의 변화단계

구 분	건국초기(후삼국시대)
시 기	919~999년
통치방식	중앙집권적 통치(군현제도)
합의방식	2성 6부 체제
군사제도	2군 6위제

2.2.1. 태조의 대(對)거란 전략과 승리의 요인

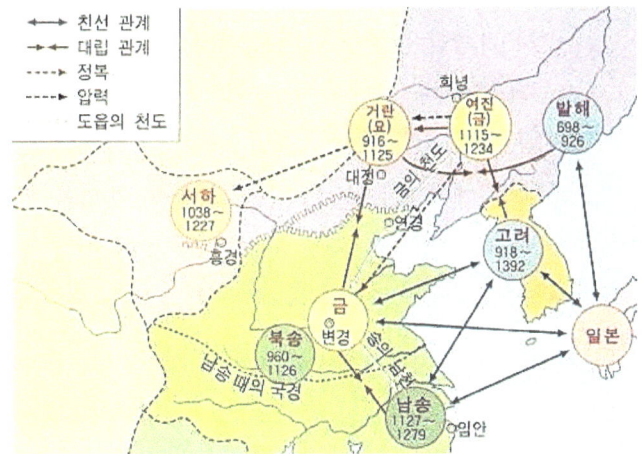

태조 왕건은 반(反)거란 동맹을 결성하고, 북방으로 진출함으로써 영토를 확장하는 데 필요한 정당성을 내세울 수 있었고, 고구려를 계승한다는 명분으로 고토(故土)의 수복과 북방으로 진출하는 전략도 무난하게 추진하였다. 이때 대륙 국가와의 동맹을 추진하였으나, 후진(後晉, 936~947)의 주저로 인해 무산된 점

---

35) '만부교(萬夫橋) 사건'은 거란의 태종이 예물로 보낸 낙타 50마리를 수도 개경에 있는 만부교 다리에 묶어 놓고 굶겨 죽인 장소로 그때 같이 온 사신 30명도 동시에 먼 섬으로 유배를 보낸 사건이다. 이로 인하여 거란에 선전 포고한 셈이 되었다.

은 상당히 아쉬운 부분이다.36) 그러나 평양(개성)을 재건하고 북진정책을 도모할 수 있는 기반을 구축하는 결단을 드러냈다. <표 4-9>는 전쟁 이전 단계에서 외교·군사전략을 정리하였다.

<표 4-9> 전쟁 이전 단계에서 고려의 외교·군사전략

구 분	송(宋)	고 려	거 란
외교전략	군사동맹 요구	유화(宥和-사이좋게)·수세(守勢) 전략	중립 요구
군사전략	-		제압전략
비 고	* 퇴로(退路) 차단 및 배면(背面-뒤쪽 또는 등쪽) 공격		

일반적으로는 거란이 3차례에 걸쳐 침략한 것으로 알려져 있으나, 실제로는 993년부터 1019년까지 총 14차례에 걸쳐 크고 작은 규모의 전쟁이 일어났다. 송나라에서도 '고려가 거란을 섬기고 있지만, 거란이 고려를 두려워한다.'고 할 정도로 당시 고려의 위세는 상당하였다. 993년 제1차 침공 시 서희 장군이 외교적 담판으로 강동 6주를 획득하였음은 일반적인 사실이다.37) 1010~1011년 제2차 침공은 거란이 개성을 조기 점령한 다음 항복을 유도하는 전략을 구사하였으나, 고려는 거점을 확보하여 '지구전 전략(以逸待勞-편안하게 있으면서 피로한 적을 기다리는 책략)'과 '초토화 전략(淸野入保)', '매복 및 습격'을 통해 저항하였다. 1018~1019년의 제3차 침공은 거란군이 소수 정예부대로 신속하게 기동하여 개성을 점령하고, 나머지 병력은 요지(要地)를 분산하여 공격하였다. 이때도 고려는 '초토화 전략'과 강감찬 장군의 귀주대첩으로 알려진 '섬멸전(殲滅戰-Annihilation War)'으로 승리를 쟁취하였다.38) <표 4-10>은 고려가 대(對) 거란전쟁에서 승리한 요인을 정리하였다.

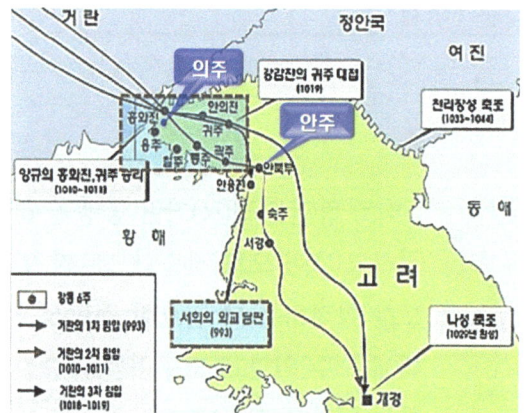

---

36) '후진(後晉)'은 거란의 병력을 지원받아 국가를 설립하였기에 거란(이하 요나라)의 군사적 압박에 시달리는 형국이었으며, 이후 요나라에 강경하게 대응하였으나, 대군(大軍)의 공격으로 인하여 멸망하였다.
37) 관련 내용은 김성진의 『군사협상론』 (2020), pp. 349~378.을 참고하기 바란다.
38) 관련 내용은 김성진의 『세계전쟁사』 (2021), pp. 87, 263, 318.을 참고하기 바란다.

<표 4-10> 고려가 대(對) 거란전쟁에서 승리한 요인

① 서희의 뛰어난 예지력(銳智力)과 냉철한 전략적 판단이 있었다.
② 전략적으로 유리한 강동 6주를 선점(先占)함으로써 의주~안주에 이르는 서북 연해와 내륙의 통로를 종횡으로 방어할 수 있었다.
③ 성곽 위주의 수세(守勢) 전략을 채택하여 지연 작전과 반격이 용이하였다.
④ 능동적으로 거란군을 유인하여 전략적 실패를 유도하였다.
⑤ 거란군이 고려군의 군사적 역량을 과소평가하였다.

①에 의해 압록강 하류 지역에 대한 지배권을 확립할 수 있었다.

③은 방어 위주의 대응이 타당했는지에 대해서는 의구심이 있지만, 성과 측면에서 평가할 때 일률적으로 판단하기는 모호한 부분이 있다.

④는 거란군이 우회 기동할 때 속도와 기동력 측면에서 뛰어났지만, 이들의 강점이 오히려 고려군에 후방(後方)을 위협당하는 현상으로 나타났다.

⑤는 거란군은 자신들의 군사적 역량이 훨씬 낫다는 우쭐한 심리에 빠져 진격하기 바빴고, 고려군은 청야입보(淸野入保) 전술을 펼쳐 적을 아군이 의도하는 대로 내부에 가둘 수 있었다. 이후 거란군은 계속 진격하는 과정을 되풀이하면서도 성과는 없는 데다 피로가 누적되어 군사역량마저 제대로 발휘할 수 없는 지경에 이르렀다.

2.2.2. 고려의 대(對)몽골 전략

<표 4-11>은 대(對)몽골 전쟁 간 채택한 수세(守勢) 전략을 크게 3단계로 정리하였다.

<표 4-11> 고려가 대(對)몽골 전쟁에서 수행한 수세전략 3단계

① 국경선에 방어할 수 있는 성(城)을 신축 및 보강하여 일차적으로 몽골군을 저지 및 격멸한다.
② 저지하는 데 실패하면, 각 도시와 주요 거점에 있는 성(城)으로 들어가 저항하면서 생존 거점으로 삼는다.
③ 유사시 각 지방 전체를 초토화하여 몽골군의 보급과 전투력을 떨어뜨릴 수 있도록 청야입보(淸野入保) 전술을 사용하여 장기간 농성(籠城)한다.

아울러 지역별로 유격대(별동대)를 조직하여 산발적인 게릴라전을 전개하였다. 대표적인 사례가 1232년 강화도로 천도한 다음 1270년까지 농성함으로써 수전(水戰-해전)에 약한 몽골군은 상당한 고초를 겪었다.39)

제1차 침공(1231~1232)은 고려의 선방(善防)으로 휴전협상으로 마무리되었다. 제2차 침공(1232)은 강화도로 천도하여 항전하는 과정에서 적장을 살해함으로써 종료되었다. 제3차 침공(1235~1239)은 강화도를 공략하지 못한 상태에서 지지부진하게 진행되다가 고려에서 강화를 제의하자 철수하였다. 제4~5차 침공(1247, 1253~1254)은 고려의 수세 전략에 의한 불멸전(不滅戰)을 과시한 전쟁이었다. 제6~7차 침공(1254~1255)은 고려 조정의 전투 의지가 결국 소진(消盡-없어짐)되었으나, 김수강(金守剛)이 사신(使臣)으로 몽골 황제를 설득하였고, 삼별초(三別抄)가 끝까지 항전하겠다는 의지를 고수하면서 일단락 지어졌다. 제8~9차 침공(1256, 1258)은 몽골군이 철군함과 동시에 강화도에서 육지로 나와 몽골로 입조(入朝)한다고 약속하였으나, 이행하지 않았다. 이 시기에 1196~1258년까지 최충헌부터 득세하기 시작했던 무신정권이 종말을 고하였다.40)

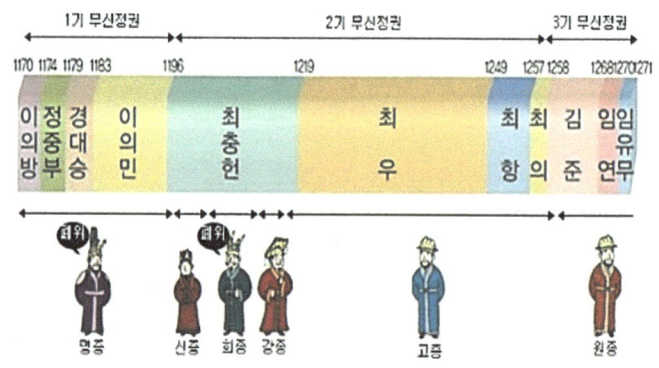

---

39) 관련 내용은 2012년 MBC 드라마로 방영된 <무신武神>을 시청하면 이해하기 쉬울 듯하다.
40) 고려의 군사력이 쇠약하게 된 계기는 1170년 이의방에 의해 무신정변이 일어난 이후 군대가 이들의 사병(私兵)으로 전락하면서 나타난 현상이다.

2.3. 고려 후기(後期)의 국가운영과 전쟁 수행개념

몽골과의 항전을 주도하던 무신정권이 붕괴한 이후 왕정은 복고(復古)되었지만, 원나라의 지배를 받았다. 그러나 무신정권의 폐해로 귀족(지배계층)이 타도된 사이에 신진사대부 관리들이 새로운 관료층으로 세력을 형성하였다. 이즈음 조정(朝廷-현재의 정부)도 두 차례에 걸친 일본 정벌로 재정에 막대한 피해를 본 시기였다. 조정에서도 최영 장군과 신진사대부와의 화합이 어려워진 상태에 명나라가 강압적인 태도(쌍성총관부 지역을 재점령할 의도)로 나오자 선제공격을 시도하고자 하였으나, 이성계 장군의 위화도 회군으로 인하여 실패하였다. 고려 시대의 중앙 통치제도는 제6대 성종 대에 완성하였다. <그림 4-6>은 고려의 2성 6부 제도를 정리하였다.[41]

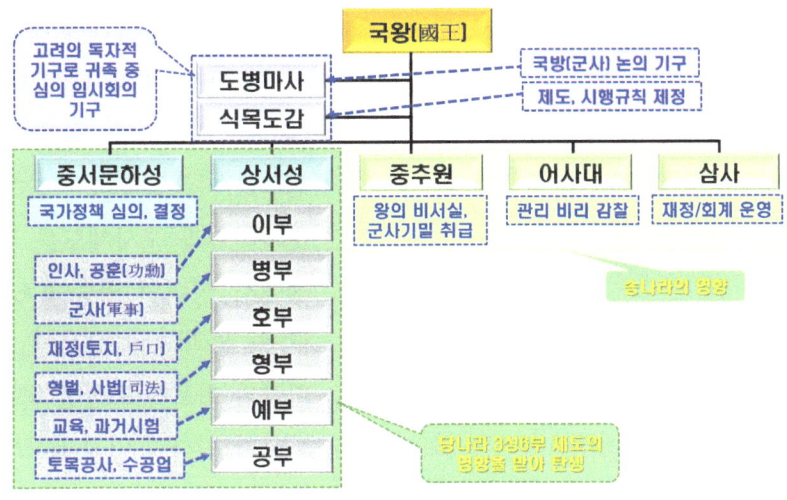

<그림 4-6> 고려 성종 대에 확립된 2성 6부 제도

지방행정 조직은 제6대 성종 대에 12목이었다가 제14대 현종 대에 5도 양계로 변하였다.[42] <그림 4-7>은 고려 후기(後期)의 왕실 계보다. 여기서 제25대 충렬왕-제31대 공민왕

---

41) '2성 6부 제도'는 고려가 건국 초기에 중앙직제를 당나라의 '3성(중서성, 문하성, 상서성) 6부제'를 모체로 하여 설치하였으나, 점차 '중서성'과 '문하성'이 합쳐지면서 '중서문하성'으로 통합하였기에 고려의 중앙제도를 2성 6부 제도로 이해하는 게 타당하다.

42) 천리장성 이남(以南) 지역을 중심으로 하는데, '12목(牧)'은 양주·광주·충주·청주·공주·진주·상주·전주·나주·승주·해주·황주이고, '5도'는 서해도(경기도 일대), 교주도(강원도 일대), 양광도(충청도 일대), 경상도, 전라도이고, '양계(兩界).는 북계(서북면)와 동계(동북면)를 지칭하고 있다.

을 중심으로 정리하였다.

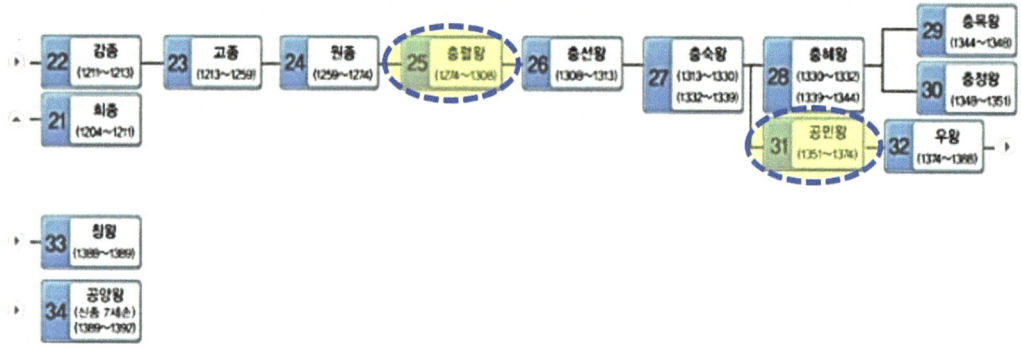

<그림 4-7> 고려 후기(後期)의 왕실 계보

제25대 충렬왕 대에 동녕부(서경)를 반환받았고,[43] 제31대 공민왕은 군사 분야를 개혁하며 '공세적 방어전략' 위주로 자주국방을 추진하였다. 특히 군사전략과 군사제도를 정비하는 과정에서 병력의 확충(擴充)과 군역(軍役)을 부과하는 방식이 개선되었고, 화약과 화포를 포함한 군수물자를 확보하기 위하여 역참제(驛站制)를 정비하고 둔전제(屯田制)를 시행하는 등 적극적으로 추진하였다.[44]

---

[43] 1231~1257년까지의 고려-몽골전쟁에서 원나라가 승리한 후 고려를 직접 지배하기 위하여 1258년에 쌍성총관부를 설치하고 함경도를, 1270년에 동녕부를 설치하여 평안도를 원나라의 영토로 만들었다. 이때 동녕부는 시대(연도)에 따라 두 개 지역에 있었다. 이로 인하여 역사를 탐구하는 과정에서 헷갈리는 현상들이 존재하기에 정확하게 이해할 필요가 있다. 제25대 충렬왕 때 수복했다는 동녕부는 1290년에 원나라 쿠빌라이가 돌려준 국내 북부지역의 서경에 있던 동녕부(이후 '서경 유수관'으로 명칭을 변경)를 뜻하고, 31대 공민왕 때 공격했다는 동녕부는 1290년에 요동 반도의 요양(遼阳-랴오양)으로 옮겨 간 동녕부를 뜻하기에 혼동하지 않기 바란다.

[44] '역참제(驛站制)'는 중국 원나라 때 가장 크게 발전한 제도로 문서를 보내거나, 관리나 사신의 행차, 운수(運輸-화물 운반)를 뒷받침하기 위해 설치된 교통 체계를 뜻하고 있다. '둔전제(屯田制)'는 고려 시대 초기에 영토를 확장하는 과정에서 군량을 확보하기 위하여 국경지대에 처음 설치하였다. 이후 폐지되었다가 공민왕이 반원(反元) 정책을 수행하면서 다시 시행한 제도로 군량과 직접적인 재원(財源)을 확보할 목적으로 새롭게 확보한 국경지대의

고려 후기의 왕들은 적극적인 방어 논리에 따라 북방에 빼앗겼던 영토를 되찾기 위하여 북진정책을 적극적으로 추진하였다. 1270년에 설치되어 1290년까지 서경에 있던 동녕부가 1290년 요동으로 이전(移轉)하자 바로 압록강 서안(西岸-서쪽 연안)의 점령을 시도하였다. 이를 확보하고 난 다음 1356년 쌍성총관부(지금의 영흥-원나라의 지방 행정구역이었으나, 고려인이 운영)를 수복하는 쾌거를 이룩하였다.

영토를 국가가 직접 경작하는 제도다. 당시 양계(동북·서북면)에 근무하는 군대가 집단으로 투입되어 토지를 경작하였다.

3. 전·후기 군사전략의 특징

고려는 동북아 지역에서 국가 위상이 꽤 높았다. 이 시기는 거란(요), 여진(금), 몽골(원), 홍건적, 왜구 등 이민족의 침략이 끊임없이 일어난 전쟁의 시대였기에 전쟁과 함께 성장하였다고 봄이 타당하다. 건국 이후 북방민족의 침략에 대응한 기본적인 방어형태는 북방 양계 지역에 배치된 주진군(州鎭軍)과 수도의 중앙군(中央軍)이 협력하는 형태로 주진군이  수세 전략을 펼치는 사이에 중앙군이 반격하는 형태였다. 이러한 '수세 위주의 방어(淸野入保) 전략'은 북방민족의 침략을 막는 데 매우 유용하였다. 외부의 침공이 예상되는 주요 지역에 성곽이나 요새를 구축하고 천연장애물인 산악과 하천 등을 이용하여 끊임없이 저지선(沮止線-police line)을 형성하는 노력을 추가했기 때문이다.

태조는 북진정책을 실현하기 위해 북방지역의 군사 거점을 단계적으로 북상(北上)하며 서경(이하 평양)을 전진기지로 삼았다. 아울러 서북면에 성곽을 구축한 다음 진(鎭)을 설치하여 군대를 주둔하였다.

후기(後期)가 되면서 전기(前期)와는 다르게 '적극적인 방어전략'을 채택하여 거란의 14회에 걸친 침략에도 주요 성곽과 요새를 중심으로 저항하며 반격을 가했다. 그러나 기동력이 뛰어난 거란군이 단순하게 내륙 깊숙이 진격하는 데만 집착하는 현상을 이용하여 보급로와 퇴로를 차단하는 데 성공하면서 오히려 거란군의 피해만 커졌다. 초기 이들로부터 반환받은 강동 6주는 영토 확장의 의미도 있지만, 북방민족의 침략을 방어하는 거점으로 활용되었다는 측면에서 시사하는 바가 크다.

1104~1107년의 여진 정벌은 북진정책의 한 축(軸)으로 시행하였으며, 현대의 '예방전쟁'과 같은 의미로 이해해도 좋을 듯싶다.[45]

---

45) '예방전쟁(豫防戰爭)'은 '해당 국가 또는 국가집단이 약화하는 현상을 사전에 방지할 목적으로 상대국에 도발하는 전쟁'이다. 대표적으로 1981년 이스라엘이 이라크의 '오시라크(Osiraq)' 원전을 선제타격한 사례를 들 수 있다.

1359~1360년 홍건적이 2회에 걸쳐 침략했을 때도 거의 궤멸시켰다. 초기는 이들의 목적이 영토 획득이 아니라 식량을 확보하는 데 있음을 간파하자 과감하게 평양을 적에게 넘겨주는 '전략적 철수'를 단행하였다. 식량을 확보한 적이 더는 남하하지 않는 틈새를 노려 대대적인 반격 준비를 마치고 곧바로 격퇴하였다. 2차 침략에서도 이들의 정예부대를 기습적으로 공격함으로써 허(虛)를 찔러 순식간에 전열(戰列)을 무너뜨리는 게릴라식 전술을 펼쳤다. 14세기 후반 40여 년에 걸친 왜구의 침략은 초기는 정치·외교 측면에서 해결하는 과정에서 이들의 침략 규모가 대담해지며 '등선육박전술(登船肉薄戰術-현대적 의미로 적의 배에 올라가서 각개전술 또는 육박전으로 전투하는 방식)'로 상당한 피해가 발생하였다. 막대한 피해가 반복되자 개량한 화기로 원거리 사격을 이용한 '공세 전략'으로 전환하였다.

소결론적으로 군사력을 최대한 결집하여 결정적인 시기와 장소에서 타격(打擊)을 가함으로써 승리를 쟁취하는 전략을 구사하였다. 강력한 군사력의 뒷받침 없이는 어떠한 분쟁이나 갈등도 해결할 수 없음을 느끼게 한다. 이는 『손자병법』 제3(謀攻)편의 '부전이굴인지병, 선지선자야(不戰而屈人之兵, 善之善者也)'라는 '부전승(不戰勝) 사상'과 중국 혁명전쟁 시 마오쩌둥의 '지구·유격전 전략사상'과 궤(軌)를 같이하고 있다.

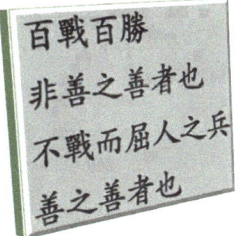

'오시라크'는 원전(原電)을 설계한 프랑스에서 만든 합성어로 이집트 신화에 나오는 '오시리스(Osiris, 죽음의 神)'와 '이라크(Iraq)'를 뜻하고 있다.

제 5 절

조선 시대(1392~1897)⁴⁶⁾의 군사전략

1. 개 요

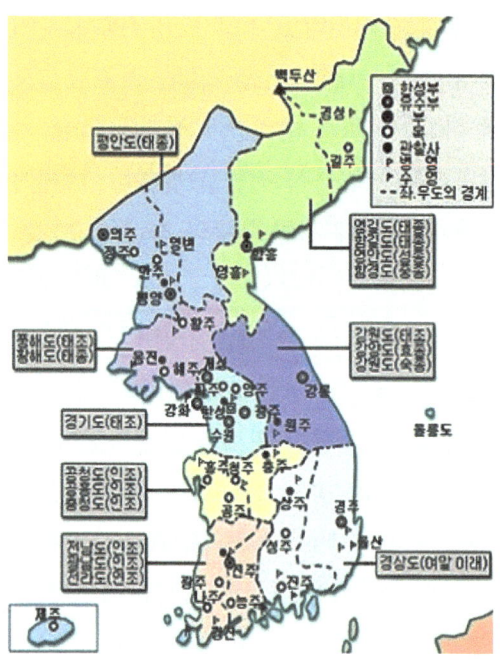

조선 시대는 한민족 역사에서 가장 수난과 시련의 상처가 많았던 시기라고 하여도 지나친 말이 아닐 것이다. 특히 이 시대의 끝자락이 일본에 강점(强占)을 당했던 35년을 포함하고 있기 때문이다. 조선은 초기부터 중앙집권화가 확립된 관료제 국가로서 '사대교린(事大交隣) 정책'을 기본으로 삼았다.⁴⁷⁾

조선 시대는 크게 임진왜란 이전(以前)과 이후

사대교린(事大交隣) 정책

(以後)로 구별할 수 있다.

7년여에 걸친 전쟁이 인·물적 피해뿐만 아니라 군사적 측면에서 새로운 전환기(轉換期-turning-point)를 맞이했기 때문이다. 이 과정에서 중국에는 사대(事大)하고 여진

---

46) 일반적으로 조선 시대는 1392년에 이성계 장군의 위화도 회군으로 개국한 이래 韓·日 합방을 완성한 1910년까지로 보고 있다. 그러나 세부적으로 살펴보면, 1897년 10월 12일 고종이 대한제국을 선포하면서 국호(國號)는 '조선'에서 '대한제국'으로 변경되었다. 따라서 1897년까지로 정리하였다.

47) '사대교린(事大交隣)'은 '세력이 강한 큰 나라는 받들어 섬기고 이웃 나라와는 대등한 입장에서 교류함으로써 국가 안정을 도모하기 위한 외교정책'으로 '사대(事大)'는 중국을, '교린(交隣)'은 왜국(倭國-일본), 여진을 뜻하고 있다.

과 왜국은 조선에 복속하게 만드는 교린(交隣)의 관계를 형성하였다.48) 당시 정신적 원동력은 '충효(忠孝) 정신'이었다. 이에 기반하여 국난(國難)이 닥쳤을 때 의병을 주도한 인물들 대다수가 문반(文班-문신)이나 유학자들(儒林)이었음이 눈에 띄는 대목이지 않을까 싶다.

조선 시대는 조총으로 대표되는 개인화기 전술의 등장이 돋보이는 시기다. 실제 임진왜란(1592~1598) 초기에 왜군(倭軍, 이하 일본군)에 연전연패한 요인이 조총에 대응할 수 있는 무기체계가 없었기 때문이며, 다른 관점에서 세종대에 발명한 신기전(神機箭)49)을 비롯하여 이순신 장군이 연전연승할 수 있었던 요인도 일본군이 갖지 못한 천자총통 등의 대형 화포체계50)를 갖추었기 때문임은 일반적인 사실이다. 이러한 과정을 거치면서 군사제도와 군사전략에 변화가 나타났다. 주목해야 할 사실(fact)은 조선 전기의 대상 적국은 유목민족인 여진족(일명 오랑캐)이었기에 각종 군사전략(전술)도 기병(騎兵)을 중심으로 대비하였지만, 임진왜란 때는 사전에 기회가 있었으나, 조총에 대비하지 못했기에 임진왜란을 일으킨 당시 일본군의 조총 보유율이 10~20%밖에 되지 않았음에도 속수무책으로 당할 수밖에 없었던 과거가 못내 아쉬울 뿐이다.51) 다만, 고려는 육지에만 집중하였으나, 조선은 육지와 바다를 동시에 대비하였다는 점에서 차이가 있다.52)

---

48) 조선 전기(前期)는 '기미(羈縻)정책'을 구사하였는데, '기(羈)'는 말의 굴레를, '미(縻)'는 소의 고삐를 매어둔다는 뜻으로 해석하면 된다. 중국의 역대 왕조에서 주변에 있는 후진(後進) 민족에 대하여 취한 통치정책으로서 '이이제이(以夷制夷-오랑캐로 오랑캐를 물리치는) 전략'과 같다고 이해하면 될 듯싶다.
49) 신기전은 1448년 세종대에 개발한 대형 화기체계를 뜻하며, 관련 내용은 2008년 상영된 영화 <신기전-神機箭>을 시청하면 이해하기가 쉬울 듯싶다.
50) 관련 내용은 김성진의『전쟁사와 무기체계론』(2020), pp. 170~178.을 참고하기 바란다.
51) 1589년 선조 대에 황윤길 등이 사신으로 일본에 갔다가 쓰시마(對馬島) 도주로부터 선물을 받아 왔으나, 조정에서는 별로 관심을 두지 않다가 임진왜란 때 일본군이 사용하는 위력을 보고 난 다음에야 중요성을 인식하는 우(愚)를 범하였다. 그러나 이후 조선군들도 조총과 화약제조법을 연구하여 1600년대에 들어서면서 일본 조총에 비교할 때 더욱 우수한 성능을 갖추었다. 이는 1657년 청나라가 조선 조총 100정을 요구한 사실을 통해 알 수 있다.
52) 고려말 명나라가 요동으로 진출하고, 북방의 여진족들이 침략하면서 위협을 느끼자 평안도에 북계(서북면), 함경도에 동계(동북면)를 설치하면서 수군을 육군에서 독립시켜 강화하였다.

2. 군사력 운용과 군사전략

2.1. 조선 전기(前期)의 국가운영과 전쟁 수행개념

조선은 1392년 태조 이성계가 위화도 회군을 통해 새롭게 국가를 건국한 이래 고종이 대한제국을 선포한 1897년까지 505년간 '강병(强兵) 정책'[53]을 통해 민본(民本)과 부국(富國) 정책을 안정적으로 추진하였기에 군사력을 보유함으로써 외침(外侵)을 막을 수 있는 강한 군사력을 추진하였다.

전기(前期)는 대마도와 여진을 정벌한 시기까지를, 후기(後期)는 임진왜란(1592~1598)을 포함하여 정묘·병자호란(1627·1636)까지로 구분하면 되지 않을까 싶다. 당시의 '진관(鎭管)체제'는 전국을 도(道) 단위로 나누어 군사를 배치하고 주진(主鎭)을 편성하였으며, 각 도의 주요 도시를 선정하여 지휘할 첨사(僉使)[54]를 배치하고 거진(巨鎭)으로 명칭을 붙이되, 주변에 있는 군(郡-고을)과 현(縣-행정구역)을 거진에 배속시켜 방어 임무를 담당하도록 하였다. 다만 당시의 조정(지금의 행정부) 분위기가 문반(文班) 우위론에 집착함으로써 전략적 사고를 보유한 인재를 양성하는 데 관심을 두지 않았다는 점은 짚고 넘어갈 필요가 있다.

<그림 4-8>은 조선 전기(前期)의 왕실 계보다. 제1대 태조-제3대 태종-제4대 세종을 중심으로 정리하였다.

---

53) '강병(强兵) 정책'은 크게 네 가지로 정리할 수 있다. ① 사대교린(事大交隣)정책, ② 병농(兵農) 일치제, ③ 진관(鎭管)체제, ④ 수군(水軍)을 육군에서 독립시켜 해양방위에 전담하는 체제를 의미하고 있다. 고려의 군사제도는 육군(보병)을 중심으로 편성하여 육지에 집중했다면, 조선은 육지는 기병과 보병을, 해상에는 수군을 배치하여 전담하는 제도였다.

54) '첨사(僉使)'의 정식 명칭은 '첨절제사(僉節制使)'로서 절도사 관하에서 진(鎭)을 담당하며 육군 또는 수군(水軍) 일만 호를 관장하는 종3품(준장급) 무관(武官-군인)이다.

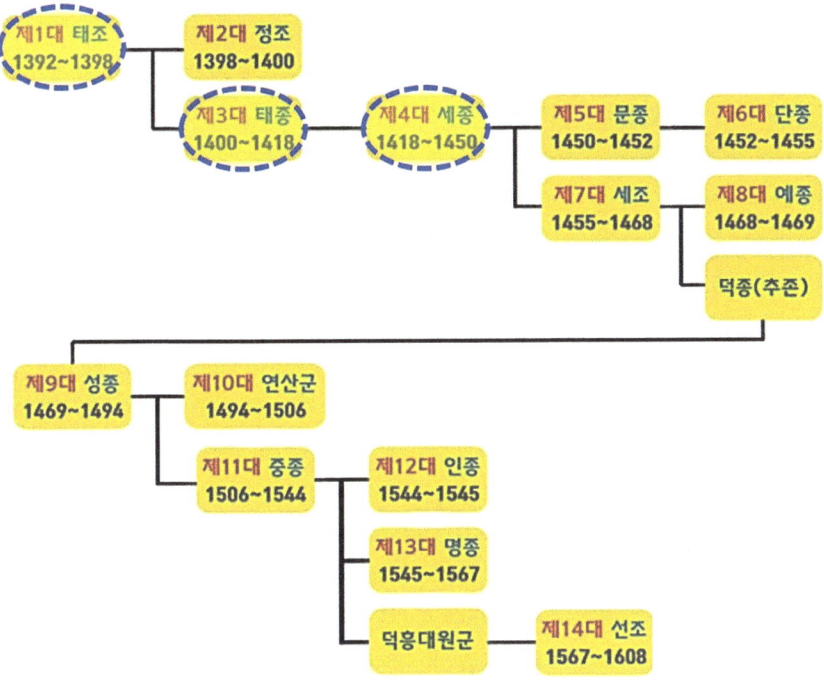

<그림 4-8> 조선 전기(前期)의 왕실 계보

제1대 태조는 의흥삼군부(義興三軍府)55)를 설치하여 병권(兵權-군사 권력)을 장악한 다음 농민이 군역(軍役-군 복무)의 의무를 지는 '병농(兵農) 일치제'를 확립하고 중앙군은 오위제(五衛制)로, 지방군은 영(營)·진(鎭)군으로 편성하였다.56) 실제 제7대 세조까지는 익군(翼軍)57) 체계와 병존하는 형태였다. <그림 4-9>는 조선 전기의 오위제(五衛制) 편성과 후기의 오군영제(五軍營制) 조직도를 정리하였다.

---

55) '의흥삼군부(義興三軍府)'는 일명 '삼군부(三軍府)'로 불리며, 조선 초기 군령(軍令-작전 통제 및 지휘)과 군정(軍政-인사와 군수 측면)을 총괄하는 관서라고는 실제로는 중앙군의 무반(武班) 군사들을 통할(統轄-전체를 다스리는)하는 역할이었다.

56) '영(營)'은 국방 차원에서 가장 중요하다고 생각하는 요충지를 뜻하며, '진(鎭)'은 지역별 자치 방어체제로 당시의 '진관체제'를 뜻하고 있다. 이 제도는 남쪽에서 지역마다 독립적으로 전투를 진행할 때 차질이 없도록 하기 위함이었으나, 대규모 외부 침략에는 불리하였기에 제13대 명종 때 '제승방략(制勝方略)' 체제로 발전시켰다. '제승방략체제'는 을묘왜변(1555)을 계기로 채택한 지역방위체제로서 '외부의 침략이 있을 때 각 지방의 군사들은 미리 정해놓은 방어 지역으로 집결하고, 중앙정부에서 파견된 군사지휘관들(중앙군)이 이들을 지휘하여 지역을 방어하는 체제'를 뜻한다. 이는 현대전쟁에서의 작전계획과도 일맥상통한다고 이해하면 될 듯싶다.

57) 영(營)·진(鎭)군이 남쪽의 강이나 도로 옆에 있는 요새를 중심으로 하는 군대였다면, '익군(翼軍)'은 북쪽 지역에서 둔전(屯田-군량을 스스로 구하기 위해 마련한 밭)을 경작할 수 있도록 지역별 토착병들로 조직한 군대를 뜻하고 있다.

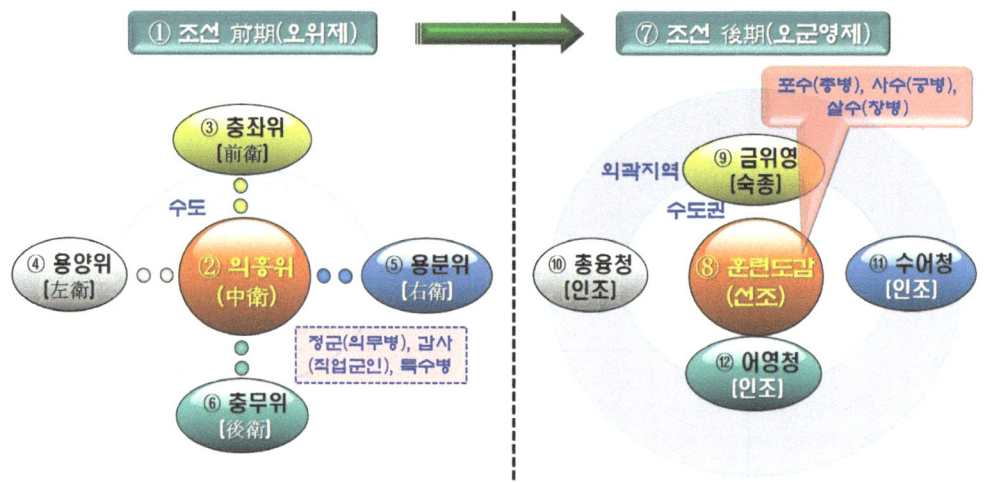

<그림 4-9> 조선 전기(前期)의 오위제(五衛制)와 후기(後期)의 오군영제(五軍營制) 조직도

①은 '농병(農兵) 일치제' 하에서 양인(良人-양반과 천민의 중간계층)만이 의무병, 갑사(직업군인), 특수병으로 의무복무를 하였다. 중앙군은 일종의 예비군인 잡색군(雜色軍)으로 편성하였으며, 구성은 양반에서 천민 모두가 해당하였다. 초기의 지방군은 영(營)·진(鎭) 군이었으나, 후기에 양반에서 노비에 이르기까지 모든 계층이 포함된 속오군(束伍軍-변방수비대 또는 국경수비대)으로 바뀌었다.

⑦은 후기에 변한 군사제도로 ⑧은 선조가 임진왜란을 겪는 중에 월급을 주는 상비군으로 삼수병(三手兵)을 육성하였다. ⑨은 한성수비를 위해 기병(騎兵) 중심으로, ⑩은 경기 일대의 수비를, ⑪은 남한산성 일대를, ⑫는 북벌계획을 담당시켰기에 기병(騎兵)으로 편성하였다.

2.1.1. 조선의 대마도 정벌(1419)[58]

조선과 명나라 해안 일대는 일본 왜구(倭寇)들의 약탈이 심하여 사회적으로 동요가 심한 상황이었다. 이때 명나라에서 정왜론(征倭論)이 대두하자 태종 이방원은 크게 두 가지 측면에서 곤혹스러웠다. 첫째, 왜구들이 명나라의 토벌을 피해 조선으로 도피해 오면, 영토가 유린(蹂躪)될 뿐만 아니라 왜구와의 교린(交隣-친선) 정책이 명나라에 노출될 수 있었다.

---

58) 대마도 정벌은 조선을 건국한 이후 최초의 해외 원정작전으로 주변국에 조선의 강한 군사력을 과시하는 기회이기도 하였다. 통상 1회로 알고 있지만, 실제로는 3회에 걸쳐 실시하였다. 제1차는 고려 말기인 제33대 창왕(1389) 때 박위 장군이, 제2차는 조선 태조(1396) 때 우정승 김사형이, 제3차는 우리가 알고 있는 대마도 정벌로써 1419년 이종무 장군이 정벌을 시작하여 복속(服屬)시키는 과정을 밟았다. 여기서는 제3차 정벌에 관하여 탐구하였다.

둘째, 명나라가 정벌군이 조선에 주둔한다면, 가장 먼저 국가 재정이 궁핍해지고, 국권(國權)마저 빼앗길 우려가 상당히 컸다. 따라서 대마도 정벌하는 여부를 신속하게 결단할 수밖에 없는 처지였다. <표 4-12>는 조선 태종의 대마도 정벌에 관한 지침과 군사전략 개념을 정리하였다.[59]

<표 4-12> 조선 태종의 대마도 정벌(1419) 전략지침과 군사전략 개념

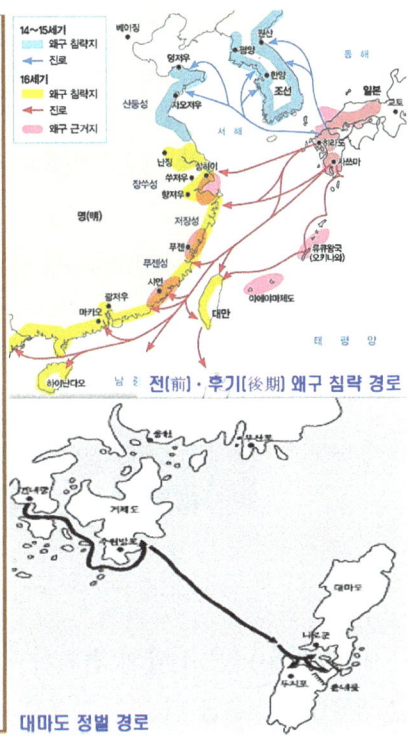

태종의 대마도 정벌은 명나라의 정왜론과 북벌론을 중단시킬 유일한 선택이었다. 이에 따라 공세적인 기습전략과 국지전(局地戰-국지전쟁)의 형태를 포함하여 능동적으로 외교력을 구사하였음은 상당한 성과로 볼 수 있다. 그러나 군사전략 측면으로 접근하면, 두 가지 측면에서 실패했음을 인정해야 한다.

첫째, 초기는 해상 작전에서 승리하였으나, 상륙작전을 진행하는 과정에서 다수의 사상자가 발생하였다.

---

59) 자료에 따라서는 태종 또는 세종으로 표기(標記)하고 있어 혼란스러울 수 있다. 그러나 그 이유를 알고 보면, 단순하다. 1419년에 태종이 아들 세종에게 왕위를 물려주었으나, 군사권은 본인이 갖고 있었기 때문이다. 따라서 이 장(章)에서는 태종으로 표기하였다.

둘째, 대마도에 대한 직접적인 지배체계를 구축하는 데 실패하였다. 대마도주의 항복을 받아낸다고 하였지만, 자치권을 인정함으로써 조선 영토에서 이탈할 수 있는 빌미(cause of evil)를 스스로 제공했기 때문이다. 이때 대마도를 직접 지배하는 강수(强手)를 두었더라면, 임진왜란의 사전 예방도 가능하지 않았을까 싶고, 쓰시마섬이 일본 영토가 되는 사례도 없지 않았을까 싶다.

2.1.2. 조선의 여진족 정벌(1419)⁶⁰⁾

북방의 변경지역을 편입하기 위하여 여진족에 대한 정벌을 단행하였다. 역사적으로 북방은 한민족의 생활 터전이었으나, 점차 한반도로 영역이 줄어들면서 여진족 등이 거주하였다. 이들 여진족은 산발적으로 침입하여 게릴라전 형태로 전투를 하다가 빠지고 하였기에 조선군으로서는 방비하기가 상당히 힘든 과정을 반복하고 있었다. <그림 4-10>은 북방 영토를 확장하기 위한 여진족 정벌 4단계를 정리하였다.

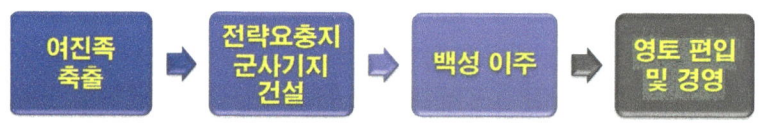

<그림 4-10> 조선 시대의 여진족 정벌 4단계

이 시기에 나온 전략의 변화가 바로 '제승방략(制勝方略)' 또는 '분군법(分軍法)'으로 불리는 전략이다. 조금 더 구체적으로 접근하면, 요격・추격할 지점(지역)을 미리 지정하여 군대를 운영하는 체계로서 지역별로 미리 지정한 병력 동원지점이나 집결지(信地-약속된 장소)를 편성하여 임진왜란 시에도 적용하였다. 즉, 도(道) 단위로 군(軍)이 주둔하고 행정을 책임지는 지역 수령(지휘관)이 통제 및 판단하여 독자적으로 전투하거나, 방어할 수 있는 통합방위체계를 구축하였다.⁶¹⁾ 고려 시대의 '진관체제(鎭管體制)'가 방어 중심의 전술체계

---

60) 일반적으로 대마도 정벌은 1회로만 있다고 알고 있지만, 실제로는 3회에 걸쳐 실시하였다. 제1차는 고려 말기인 1389년 제33대 창왕 때 박위 장군이, 제2차는 1396년 조선 태조 때 우정승 김사형(金士衡, 1341~1407)이, 제3차는 일반적으로 알고 있는 대마도 정벌로써 1419년 이종무(李從茂, 1306~1425) 장군이 정벌을 시작하여 기간은 조금 지체되었으나, 아예 복속(服屬)시켰다. 여기서는 이종무 장군이 지휘한 제3차 정벌에 집중하였다.

61) 『통합방위법』에 기반하고 있는 현재의 <통합방위체제>와도 유사하다고 이해하면 될 듯싶다. 관련 내용은 김성진의 "한국의 위기관리 체계와 군사 대응기구의 효율성 고찰: 법령체계와 구조, 운영 기능을 중심으로," 『군사논단』 제108호 (서울: 한국군사학회, 2021b), pp. 202~229.를 참고하기 바란다.

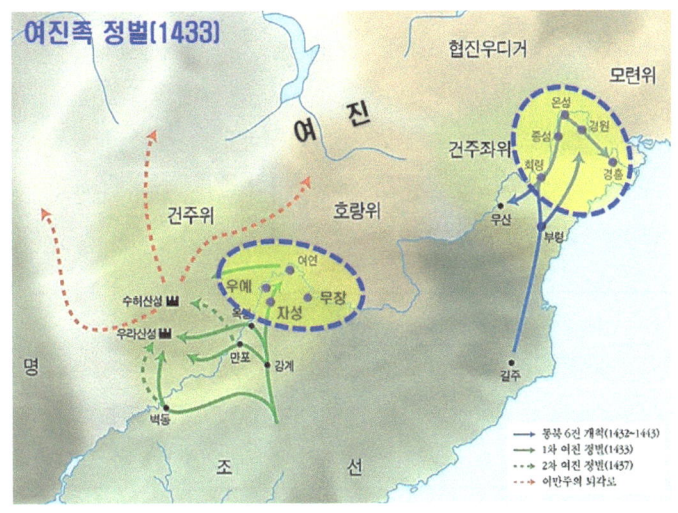

였다면, 조선의 '제승방략(制勝方略) 체제'는 방어와 공격을 아우르는 전투편성 체계였다고 이해하면 될 듯싶다. 실제 조선의 제승방략은 전장(戰場-battle-field)과 국경 구축, 수비(경계)를 진행하는 과정에서 체득한 경험을 바탕으로 하고 있다는 측면에서 효율성이 큰 전투방략으로 평가할 수 있다.

여진족을 정벌하면서 최윤덕(崔潤德, 1376~1445) 장군이 압록강 이남 지역에 4군을 개척하였고, 김종서 장군(金宗瑞, 1383~1453)은 함경도 지역의 여진족을 정벌하고 두만강 일대에 6진을 설치함으로써 북방으로 영토를 확장하는 데 성공하였다. 그러나 군사 전략적으로 크게 두 가지 측면에서 상당히 미흡하였다.

첫째, 여진족의 침입에 대비하다 보니 많은 병력을 동원하여 여러 요새에 분산하여 주둔하였다. 이는 결과적으로 방어적인 수세 전략으로 군사비용을 과다하게 지출할 수밖에 없도록 만들었고, 빈번하게 병력을 징발하는 과정에서 점차 목적이 사사로운 이익으로 변질하였다.

둘째, 문화적 우월감에 젖어 있었기에 여진족에 대한 경멸의식이 밑바탕에 존재하였다. 이러한 인식으로 정벌을 시행하다 보니 여진족을 포용 및 우호 관계를 유지하는 노력에 적극적이지 않았다. 특히 명나라가 조선의 교린(交隣-대외적인 우호 관계) 정책을 알게 될 경우, 불이익을 받을까 전전긍긍하는 상태에서 국권(國權)을 빼앗길까 봐 어쩔 수 없이 선택한 제한적인 정벌 전쟁이었다. 이로 인하여 전진 방어전략이면서도 게릴라전 방식으로 전쟁을 끌고 가다 보니 국력이 고갈되는 악순환을 거듭하였다.

소결론적으로 조선 전기는 국경을 넘어 정벌을 단행하거나, 외침을 받을 때 '수세 전략'으로 대응하다가 여건을 조성하는 등을 통해 '공세 전략'으로 전환하여 압록강과 두만강 유역까지 영토를 확대하였다.

2.2. 조선 후기(後期)의 국가운영과 전쟁 수행개념

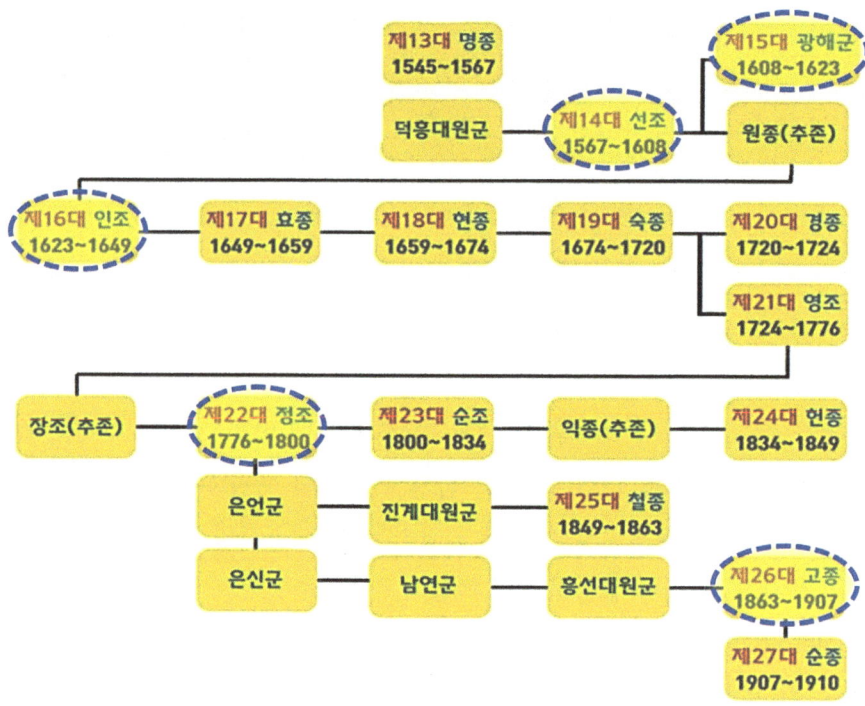

<그림 4-11> 조선 후기(後期)의 왕실 계보

　조선 전기(前期)의 세종대는 화약 무기의 발달이 완성단계에 이르렀으며, 을묘왜변(1555)을 거치면서 해상전력 측면에서는 '판옥선(板屋船)'[62] 함대를 완성하였고, '제승방략(制勝方略)' 체계를 도입하면서 병선(兵船), 전술이 함께 발전하였다. 그러나 후기로 가면서 점차 문치주의(文治主義)와 지주전호제(地主佃戶制)[63]로 흘렀다. 이러한 사회적 분위기에 따라 군역(軍役-군 복무)도 포(布-식물 섬유로 짠 베)로 대상자를 사서 대신 군 복무를 하도록 하는 대역납포제(代役納布制) 즉, 군적수포법(軍籍收布法)으로 세부적으로는 수포대립제(收布代立制)와 방군수포제(放軍收布制)[64]가 성행하면서 군사력은 오히려 약화하였다.

---

62) '판옥선(板屋船)'은 '평저선(平底船-바다 부분이 평평한 선박) 또는 전선(戰船), 병선(兵船)'으로 불렸으며, 조선 후기 수군(水軍)의 대표적인 주력함이다. 왜선(倭船-일본 배)은 첨저선(尖低船-바다 부분이 뾰족한 선박)이었다. 관련 내용은 김성진의 『전쟁사와 무기체계론』(2020), pp. 175~176.을 참고하기 바란다.

63) '문치주의(文治主義)'는 유교 이론을 숭상하는 문인(文人)들이 중심이 되는 정치체계로서 무신이 천대받는 결정적인 요인이었으며, '지주전호제(地主佃戶制)'는 '땅 주인(地主)이 소작인에게 토지를 나누어주고 소작료를 걷어 들이는 일종의 토지 경영방식'이다.

64) '군적수포법(軍籍收布法)'은 조선 중종(1541)~홍선대원군(1871)이 호포제를 바꿀 때까지 330년간 지속한 제도로

<그림 4-11>은 조선 후기(後期)의 왕실 계보다. 제14대 선조-제15대 광해군-제16대 인조-제22대 정조-제26대 고종을 중심으로 정리하였다.

여기서는 임진왜란-정묘·병자호란-구한 말(末)로 구분하여 핵심적인 내용 위주로 탐구하였다.

2.2.1. 임진왜란(1592~1598)·정유재란(1597)

<표 4-13>은 임진왜란이 발발하기 직전 국방태세의 문제점을 크게 네 가지로 정리하였다.

<표 4-13> 임진왜란이 발발하기 직전 국방태세의 네 가지 문제점

첫째, 방군수포(放軍收布)의 변질과 진관체제(鎭管體制)의 해이였다.
둘째, 장수들의 정실(情實)인사가 만연하였다.
셋째, 지상군 위주의 수세 전략에 집착하였다.
넷째, 명나라를 받들면서도 신뢰를 구축하는 데 실패하였다.

임진왜란이 발발한 초기부터 조선군은 일본군과의 전투에서 연전연패(連戰連敗)를 당하였으며, 고작 20일 만에 수도가 함락되면서 그 허실이 드러나고 말았다.[65] 일반 상식 수준에서 상정할 수 있는 당시의 군사전략 시나리오는 간략하게 요약할 수 있다. 첫째, 일본군은 바다를 건너올 수밖에 없기에 조선 수군(水軍)이 먼저 바다에서 일본군 함대를 공격한다. 둘째, 일본군이 상륙한다면, 산악지대로 형성된 경상도 남쪽 지역의 산성(山城)을 이용하여 적극적으로 방어한다. 셋째, 북방지역의 배치된 정예군과 농민들을 대규모로 징집한 다음 남쪽으로 내려보내어 방어 및 공격에 가담하게 한다. 그러나 일반적으로 상정한 항목

'현역복무를 면제해주는 대신 군포(軍布)를 내게 한 軍 복무제도'이다. 초기는 양반이 포함되지 않았으나, 흥선대원군 때는 양반(사대부)도 군포를 내도록 강제하였다. '수포대립제(收布代立制)'는 부경(赴京-수도권 일대) 지역에 복무하는 군인을 대상으로 하였고, '방군수포제(放軍收布制)'는 각 지방에서 복무하는 군인을 대상으로 하는 제도였다.

65) 당시 조선은 일본보다 우세한 전력(戰力)이 많았다. 판옥선으로 편성한 함대(艦隊), 징집자원은 충분하였고, 곡창지대가 있었으며, 일본과 비교할 때 우세한 화력의 총통(銃筒-대포), 여진족과의 전쟁을 통해 단련된 기병(騎兵)이 있었다. 그러나 한성(漢城-서울)이 함락되고 비축한 화약까지 빼앗기며 상황은 뒤바뀌었다.

중 한 가지도 정리하지 못하고 각개격파를 당하는 바람에 전략은 처음부터 존재할 수 없었다. 이러한 현상은 전쟁을 치르는 동안 반복되었다. <표 4-14>는 임진왜란이 발발한 이후의 군사전략의 문제점을 크게 세 가지로 정리하였다.

<표 4-14> 임진왜란이 발발한 이후 군사전략의 세 가지 문제점

첫째, 일본군의 북상(北上)이 예상보다 빠르자 경상도 순변사 이일(李鎰, 1538~1601) 장군과 삼도 순변사 신립(申砬, 1546~1592) 장군을 파견하여 차단 및 저지를 시도하는 임기응변 외에 구체적인 전략이 없었다.

둘째, 전투지역에 군사력을 집중하기보다 파천(播遷-왕이 도성을 떠나 피신)을 단행하고, 근왕군(勤王軍)을 소집하는 데만 집중하였다.

셋째, 수군(水軍)을 동원하여 병참선(兵站線-Line of Communication)을 차단함으로써 일본 지상군의 병력과 군량, 무기를 부족하게 만들었다.

7년 전쟁을 치르는 과정에서 임진왜란 초기는 선조의 조급한 파천(播遷)과 생뚱맞은 조치 등으로 인하여 조선군과 백성들의 사기(士氣)는 떨어질 대로 떨어졌으나, 그래도 나라를 지키고자 각 지방에서 수많은 의병장이 떨쳐 일어났다. 그러나 새로운 전쟁의 발발 가능성에 대비하려는 실천적 변화는 보이지 않았다. 조(趙)와 명(明), 일본(倭) 삼국이 전쟁에 얽매여 있는 동안 만주 지역의 여진족이 급성장하였으나, 관심을 두지 않았기 때문이다. 이제 조선은 일본이 다시 침략할 가능성에 더하여 여진족의 침략에 대비해야 하는 어려움에 직면하였다. <표 4-15>는 조선이 임진왜란을 통해 느낄 수 있는 세 가지 분야를 교훈으로 정리하였다.

<표 4-15> 임진왜란을 통해 느낄 수 있는 세 가지의 교훈

> 첫째, 국가안보의 최우선 전략은 먼저 자위(自衛) 능력을 갖추는 데 있다.
> 둘째, 군사동맹은 명분보다 국가이익 즉, 실리(實利)가 우선이며, 견고한 군사동맹을 맺기 위해서는 국가 간 신뢰(trust)가 전제되어야 한다.
> 셋째, 자위력(自衛力)을 갖추지 못한 국가는 작전 주도권을 다른 나라에 의존할 수밖에 없다. 이는 예상된 전쟁에 대비하지 않음으로써 조(朝)·명(明) 연합방위전략을 운영하는 데 있어서 끌려갈 수밖에 없었다.

조선은 임진왜란과 정유재란(1597)에서 패전(敗戰)하였으나, 북벌(北伐)운동과 조선 중화주의(中華主義)[66]를 통해 다시금 국방력을 증강하여 제22대 정조 때 고려 초기의 강한 국방력을 어느 정도 완성하였다고 평가할 수 있다.[67]

2.2.2. 정묘·병자호란(1627·1636)

임진왜란과 정유재란 이후 국방체계의 재건은 대일본(對日本) 방어를 중심으로 추진하였지만, 정묘·병자호란을 거치면서 청나라의 기병(騎兵) 전술에 대응하기 위한 무기체계와 전략을 보강하는 방식으로 진행하였다. 특히 왜란의 충격에 따라 조총병을 중심으로 하는 포수(砲手)체계를 구축하고 모병제(募兵制)를 도입하였다. 지방군도 지역별로 훈련을 담당하는 영장제(營將制)를 채택하였다.[68] 국가 단위의 전쟁에 대비하기 위하여 군사제도는 초기의 오위제(五衛制)를 오군영제(五軍營制)로 새롭게 전환하였다. 강화도와 남한·북한산성은 국가를 방위할 수 있는 최후의 보루(堡壘)로 판단하여 요새로 구축하였다. 특히 외적의 침입이 예상되는 중요 지역은 방어영(防禦營)과 산성진(山城鎭)을 구축하였으며, 수

---

66) '조선 중화주의'는 명나라를 하늘처럼 받들다가 오랑캐라고 멸시하던 청나라(여진족)가 중국을 지배하자 '조선이 명나라의 문화를 계승해야 한다는 주의'를 의미하고 있다.
67) 이는 정조가 읍성 형태의 성곽으로 축성한 수원 화성(水原 華城, 둘레 5.4km)을 통해 알 수 있다. 100m마다 방어시설을 구축하였고, 포를 쏠 수 있는 포루(砲樓-포대), 은·엄폐가 가능한 포루(鋪樓-몸을 숨길 수 있는 누각), 치성(雉城-성벽에 접근하는 적을 공격할 수 있게 앞으로 튀어나온 성곽), 포사(鋪舍-군사가 기거할 수 있는 숙소) 등을 갖추는 등 국방력 건설에 자신감이 충족되었음이 사료(史料)를 통해 알 수 있다.
68) '영장(營將)'은 '속오군(영(營)-사(司)-초(哨)-기(旗)-대(隊)) 편성에서 가장 상급부대인 영(營)의 최고 지휘관'을 의미하고 있다. 여기서 '영장제(營將制)'는 조선 후기에 지방군을 효율적으로 통제 및 운영하기 위해 설치한 제도로 삼남(충청·경상·전라) 지방은 '전임(專任-고정) 영장제'로, 이외의 지역은 각 고을의 수령이 영장을 겸임하는 겸영장제(兼營將制)로 운영하였다.

군(水軍)은 통어영(統禦營)69)을 설치하는 등 지휘체계를 강화하였다. 그러나 인조반정(1623)으로 광해군을 내쫓은 서인(西人) 정권의 친명(親明) 배금(排金) 정책은 후금(淸)이

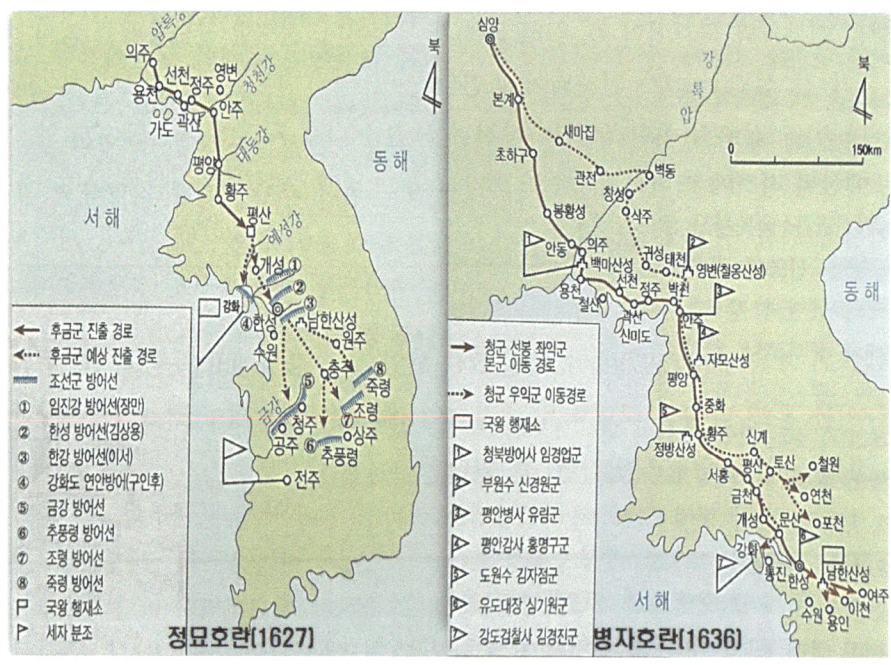

조선을 침략할 명분을 주었다. 이러한 와중에도 조선 조정은 권력다툼으로 수세적인 방어전략에 집착하다 정묘호란(1627)이 발생하였다. 결국, 인조는 강화도로 파천하고, 남한산성에 성을 쌓는 등 기각지세(掎角之勢－앞과 뒤쪽에서 적과 맞서는 형세)를 구축하고자 노력하였지만, 여의치 않았다. 관군은 수세에 몰렸지만, 각지의 의병들이 대소규모의 게릴라전을 전개함으로써 후금군을 괴롭혔다. 이때 1621년 광해군이 명나라 장수

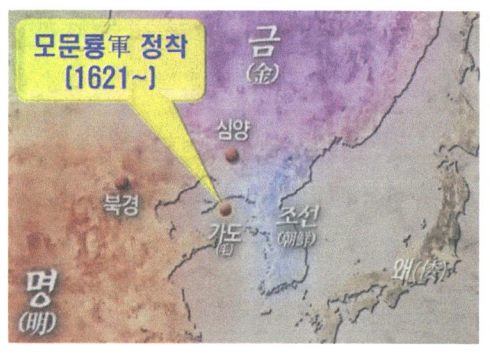

모문룡(毛文龍, 1576~1629)을 명나라군사 1만여 명과 같이 가도(椵島)70)에 정착하도록 허락하였다는 사실을 떠올려야 했다. 이들과 연합작전을 할 수 있는 여건이었지만, 이들을 활용하지 않고 고지식하게 전쟁을 치름으로써 있는 가용자원을 제 때에 써먹지 못하는 우둔함을 보인 측면을 지적하지 않을 수 없다.

병자호란(1636)은 청나라가 침략한 지 8일 만에 한성이 함락되었고, 인조는 날랜 후금 기병(300기)으로 인해 계획한 강화도로 가보지도 못한 채 남한산성에서 고립되었다. 지구

---

69) '통어영(統禦營)'은 1633년 '경기·충청·황해도 등에 배치된 수군을 통제하기 위하여 교동(喬桐-현재의 인천시 강화군 교동)에 설치한 최고사령부'로서 '방어영(防禦營)' 같은 뜻이다.
70) '가도(椵島)'는 평안도 철산 앞바다의 조그마한 섬이다.

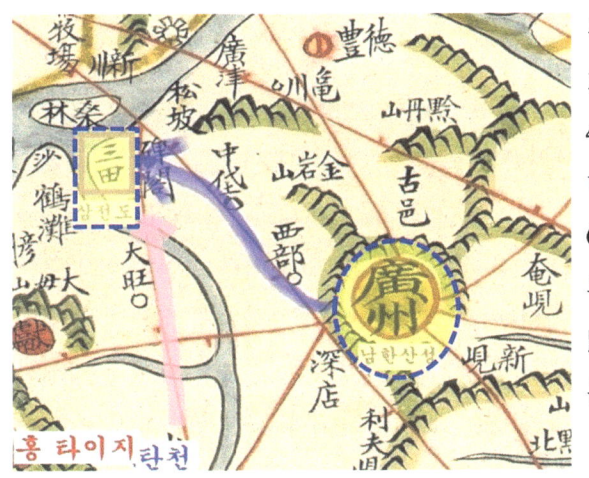

전(持久戰)을 계획한 전략 자체가 쓸모없게 되었다는 의미이다.[71] 결국, 인조는 45일간 버텼으나, 강화도(삼전도)에서 청나라 태종(숭덕제 또는 홍타이지-Aisin Gioro Hong Taiji)에 항복하며 '삼배구고두례(三拜九叩頭禮 또는 삼궤구고두례-三跪九叩頭禮)'를 당하는 굴욕을 스스로 만들었다.[72]

<표 4-16>은 정묘·병자호란 때 국가·군사전략 측면에서 정리한 평가 결과로 '실패'였다.

<표 4-16> 정묘·병자호란 때 국가·군사전략 측면을 평가한 결과

> 첫째, 국제정세의 변화를 무시하였고, 실리외교는 배제한 채, 명분외교에만 집착하였다.
> 둘째, 군사력은 강화하지 않고, 가도(椵島)에 주둔하고 있는 명나라의 모문룡(毛文龍, 1578~1629) 軍과 연합전선을 구축하지 않았다.
> 셋째, 국가안보를 고민하기보다 서인(西人) 정권을 유지하기 위한 당리당략(黨利黨略)을 우선시하였다. 즉, 숲을 보지 못하고 나무만 쳐다보는 격의 행위로 인하여 국가의 존립과 국익은 뒷전이었다.

국가·군사전략은 국제사회와 내·외부적 변화에 유연하게 대처할 수 있도록 평시부터 국민적 결속과 화합을 위한 노력이 필요하다고 보인다. 사사로운 이익보다 국익(國益)을 먼저 생각하는 사고방식과 전략적 사고의 유연성에서 이미 승패(勝敗)는 결정되어 있다고 인식할 필요가 있다. 즉, 끊임없이 냉정·침착하게 미래를 내다볼 줄 아는 안목과 과감한 결단력과 결기, 올바른 지혜를 습득할 필요가 있다.

---

71) 관련 내용은 2017년 상영한 영화 <남한산성>을 시청하면 이해하기가 쉬울 듯싶다.
72) '삼배구고두례(三拜九叩頭禮)'는 '무릎을 꿇고 양손을 땅에 댄 다음 머리가 땅에 닿을 때까지 세 번 절하는 의식을 3회 반복하여 총 아홉 번 머리를 조아리는 형식'으로 전쟁에서 패배한 왕의 굴욕적인 항복의식이다. 청 태종이 조선의 왕을 굴복시키기 위하여 계획하였다.

2.2.3. 구한 말(末)

국방력의 증강은 재정문제에 부딪히며 난맥상이 그대로 드러났다. 군영(軍營)은 문제가 생길 때마다 계획도 없이 땜질 처방으로 설치하기 바쁘다 보니 붕당(朋黨-이해집단 또는 끼리끼리 모인 무리)의 군사적 기반과 연계되면서 지휘체계와 병력의 징발(徵發-requisition)에 대한 영역도 통일된 체계를 갖추지 못하였다. 여기에 더하여 양반층의 군역(軍役-군 복무)을 제외한 데 이어서 양인과 상층민, 신향층(新鄕層)[73]까지도 군역에서 제외할 것을 요구하여 애꿎은 양민과 노비계층의 부담만 가중되는 모순 구조가 점점 더 심해졌다. 이후 수많은 개선책이 나왔지만, 신분제의 테두리는 벗어나지 못했기에 후기도 특정 가문이 권력을 독점하면서 국가적 역량은 아예 나락(奈落-절망적 상황)으로 떨어졌다.

당시의 시대정신은 개화(改化)사상과 의병 정신, 독립·광복군으로 면면히 이어져 오는 감투 정신임을 들 수 있다. 19세기 서세동점(西勢東漸)의 물결 속에서 서구의 식민주의 세력이 한반도를 자극하면서 위정척사론(衛正斥邪論)[74]이 나타났다. 일본의 무력위협과 강압적 행동으로 강화도 조약(1875)을 체결한 이후 신식 군대를 양성할 필요성을 절감하였다. <그림 4-12>는 구한 말의 국내·외 주요 정세와 사건을 정리하였다.

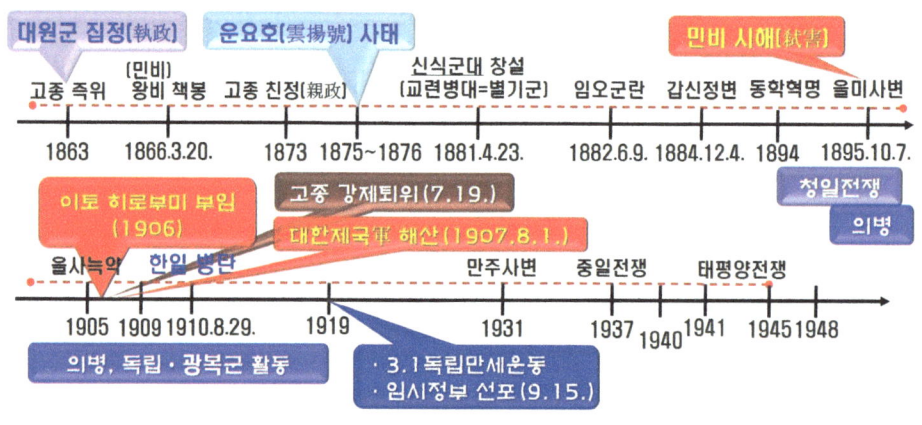

<그림 4-12> 구한 말(末)의 국내·외 주요 정세와 사건

---

[73] '신향층(新鄕層)'은 원래 향촌 사회의 영향력을 장악하고 있는 '구향층(舊鄕層)'보다 하위계층이었으나, 다양한 경로를 통해 신분을 상승시킨 비(非) 양반 계층을 뜻하며, 조선 후기사회에서 영향력을 행사하였다. 1789년 프랑스 혁명을 주도한 '자본 계층'과 같다고 이해하면 될 듯싶다.

[74] '위정척사론(衛正斥邪論)'은 18세기에 시작되어 20세기 초에 끝난 운동으로 외부 침략과 내부의 모순을 제거하기 위하여 유학자들이 벌인 운동이자 사조(思潮-사상의 경향)를 의미한다. '정(正)'은 '유학과 민족, 국가를 비롯한 전통적 유림(儒林, 유학자 집단)'을, '사(邪)'는 '천주교와 서양세력, 서구식 방식을 채택한 일본'을 모두 포함하여 바르지 못한 집단'을 뜻하고 있다.

청일전쟁(1894~1895) 이후는 노골화된 일본과 러시아의 내정간섭에서 벗어나기 위해 군사제도를 개혁하여 모든 부대는 군부(軍部)가 통제하게끔 군정(軍政)·군령(軍令)권을 일원화하였다. 이는 중앙군과 지방군의 질적 향상과 수적 증가를 가져왔다. 그러나 군사적 측면에서 평가할 때 구한 말(末)의 의병과 일제하에 광복·독립군의 투쟁 형태는 소부대 단위의 유격 전술이었다. 따라서 장비와 전력이 월등한 일본군과의 정면 대결은 최대한 회피하고 요새와 산성(山城) 등 지역·지형적 이점(利點) 등은 최대한 활용하였다. 그러나 열세한 무기체계와 정상적으로 군사훈련을 받지 못한 조직이다 보니 강한 전투력의 일본군과 벌이는 지구전(持久戰-Endurance War)을 감당해내기가 쉽지 않았다. 특히 국방체계를 개선하는 과정에서 이러한 취약점은 적나라하게 드러났고, 지도층의 잦은 권력 투쟁과 계층 내부의 갈등, 사상적 분열 등으로 전력(Military Power)을 효율적으로 통합 및 운영할 수 있는 지휘계통이 통일되지 않으면서 일본군에 각개격파를 당했다. 구한 말을 주도한 대원군과 고종도 의욕은 앞섰으나, 외세의 소용돌이를 감내(堪耐)하면서 역량을 발휘할 수 있는 수준 측면에서 상당 부분은 긍정적으로 평가하기 어렵다.

제 6 절

논의 및 시사점

시대별 군사전략의 상관관계를 비교하면, 이해하기가 수월하기에 <표 4-17>은 한반도의 시대별 군사전략과 특징을 간략하게 정리하였다.

<표 4-17> 한반도의 시대별 군사전략과 특징

구 분	고조선 및 한사군	삼국시대		
		고구려	백제	신라(통일신라)
시 기	BC 2333~BC 108	BC 37~AD 668	BC 18~AD 660	BC 57~AD 668
군사전략	선수후공 (先守後攻)	수세 이후 공세 (守勢 以後 攻勢)	선제기습 (先制奇襲)	내선작전 (內線作戰)
특 징	・청야(淸野)전술 ・수성전(守城戰)	・청야입보 이일대로(淸野入保 以逸待勞)	・해상 < 육상방위태세 집중	

구 분	고려시대		조선시대	
	전기(前期)	후기(後期)	전기(前期)	후기(後期)
시 기	918~999	999~1392	1392~1592	1592~1897
군사전략	유화(宥和)・ 수세(守勢)	적극 방어, 반격(反擊)	수세(守勢) → 공세(攻勢)	
특 징	・예방전쟁(豫防戰爭)		・영토 확장 → 기강 해이	

각 시대를 관통하고 있는 전략의 특징은 '청야입보(淸野入保)'를 활용하는 수세적 입장이 대부분이었다. 이는 한반도의 특성상 자연스러운 현상으로 볼 수 있지만, 해상과 육상을 동시에 대비하는 데 소홀함으로써 국가의 패망을 불러올 수밖에 없었던 현상, 공세적으로 영토를 확장하고서도 지도층의 권력 투쟁이 반복되면서 동력을 상실하였고, 내부 분열 등으로 인하여 국가・군사적 측면의 기강이 무너진 현상은 현대에도 시사하는 바가 크지 않을까 싶다.

"역사는 현재의 반면교사(半面敎師)이며 내면을 되돌아보게 한다."

강의_IV 주요 전쟁과 군사전략의 상관성에 대하여 이해합시다.

학습하기 이전(以前)에 요구되는 사항

1. 제2차 세계대전 당시의 국제정세와 환경, 국가 간의 관계, 발발(勃發) 원인을 이해하시오.
   * 제1차 세계대전이 남긴 후유증을 간략하게 정리한다면?
   * 독일의 국가·군사전략과 특징은?
   * 프랑스의 국가·군사전략과 특징은?
2. 6·25전쟁 당시의 국제정세와 환경, 국가 간의 관계, 발발원인을 이해하시오.
   * 중국과 소련의 국가·군사전략과 특징은?
   * 북한의 국가·군사전략과 특징은?
   * 미국의 대(對) 공산권 전략과 특징은?
3. 美-이라크 전쟁 당시의 국제정세와 환경, 국가 간의 관계, 발발(勃發)한 원인을 이해하시오.
   * 이라크 전쟁의 전반(全般)을 아우르는 주요 특징은?
   * 미국의 국가·군사전략과 특징은?
   * 이라크의 국가·군사전략과 특징은?
4. 영화 《쉰들러 리스트(1993)》, 《다운폴-몰락(2004)》, 《고지전(2004)》, 《늑대들의 계곡, 이라크(2006)》, 《블랙호크다운(2002)》, 《고지전(2011)》, 《인천상륙작전(2016)》을 시청하시오.

제5장

주요 전쟁과 군사전략의 상관성

제1절 개요

제2절 제2차 세계대전과 독·프 군사전략

제3절 6·25전쟁과 관련 국가의 군사전략

제4절 美-이라크 전쟁과 관련 국가의 군사전략

제5절 논의 및 시사점

제 1 절

개 요

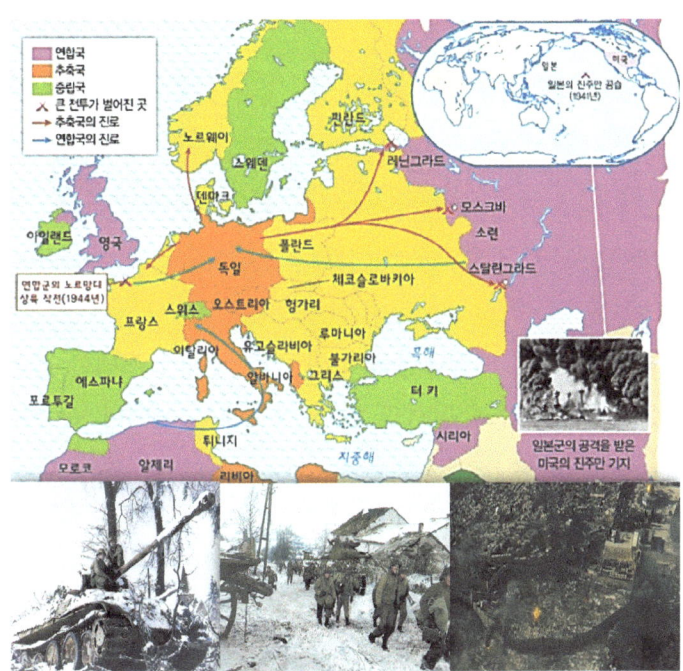

　제2차 세계대전은 처음부터 독일과 이탈리아, 일본이 한 편이 되어 연합국을 상대로 승부를 거는 전쟁이 아니었다. 1939년 독일의 아돌프 히틀러(Adolf Hitler, 1889~1945)가 한스 폰 젝트(Hans von Seeckt, 1866~1936) 국방군 참모총장이 완성해 놓은 비밀 재군비작업 결과를 활용하여 국제사회의 분위기를 치밀하고 교묘하게 이용한 영활(靈活)한 책략이었다. 시발점은 1939년 9월 1일 폴란드를 침공한 지역전쟁이다. 이는 1919년 6월 28일 체결된 베르사유 조약의 굴욕에 따른 복수심과 아돌프 히틀러의 욕망이 더해지면서 양면 전쟁(兩面 戰爭–Two Frontal War)[1] 양상으로 확대되었다. 일본은 패권 국가로 도약하기 위하여 이익선(利益線)인 대한제국(한반도)을 강점(强占)한 상황에서 1937년 중·일전쟁을 벌였다. 그러나 이들이 미처 생각하지 못한 부정적 여파가 나타났다. 자신들의 '사무라이 정신'과는 다르게 중국인들이 굴복하지 않고 옮겨 다니며, 끈질기게 저항하는 과정에서였다.

　초기의 판단과는 다르게 중국이라는 생명선(生命線)을 장악하지 못해 지지부진한 상태가 계속되자 마음이 조급해진 대본영은 태평양 전쟁으로 전선을 확대하는 과정에서 미국에

---

[1] '양면전쟁(兩面戰爭)'의 대표적인 사례로 1914년 8월 제1차 세계대전에서 프랑스와 벨기에를 침공한 슐리펜계획(Schlieffen-Plan), 1941~1945년까지 일본 제국과 미국이 중심이 되어 태평양과 동남아시아 지역을 무대로 하여 벌어진 중앙 태평양 전선(戰線), 중국의 장제스(蔣介石, 1887~1975)와 마오쩌둥(毛澤東, 1893~1976)의 국공(國共)합작으로 탄생한 국민혁명군(또는 국부군)이 주도한 중국 전선, 영국군이 주도한 버마(지금의 미얀마) 전선, 오스트레일리아군이 주공(主攻)을 맡은 남서 태평양 전역(戰域-battlefield)을 들 수 있다.

직접 불을 지르는 패착을 저질렀다. 세계의 패권이 자신들의 계획과 다르게 바뀌고 있었기 때문이다.2)

<그림 5-1>은 1930년대부터 최근에 이르기까지 일본이 주도적으로 진행한 주요 침공 사건과 전쟁의 연대표를 간략하게 정리하였다.

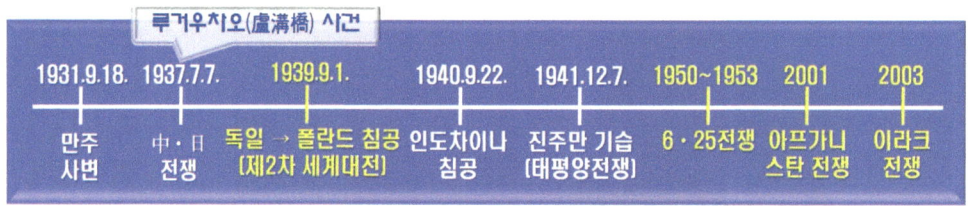

<그림 5-1> 1930년대~최근까지 주요 전쟁이 발생한 연대표

이 장(Chapter)에서는 주요 전쟁 중에서 제2차 세계대전을 통해 관련 국가가 채택한 전략 -6·25전쟁과 관련 국가에서 채택한 전략-이라크 전쟁과 관련 국가에서 채택한 전략을 중심으로 탐구하였다.

---

2) 일본의 '이익선(利益線)'과 '생명선(生命線)'이란 개념은 일본군대의 창시자인 야마가타 아리토모(山縣有朋, 1838~1922)가 주창한 개념이다. 일본의 이익선은 '조선'이었고, 생명선은 '만주'였다. 최근 중국의 팽창정책은 이를 거꾸로 대입했다고 이해하면 될 듯싶다. 중국에서 볼 때 이익선은 '한반도'이고, 생명선은 '동해'로 이해하면 될 듯싶다.

제 2 절

제2차 세계대전과 독·프 군사전략

1. 개 요

연합국의 시각에서 볼 때 제2차 세계대전은 2개로 분리된 전쟁이라는 시각에서 접근할 필요가 있다.

첫째, 독일이 주도적으로 개시한 유럽지역의 전쟁이다. 1939년 9월 1일 독일이 폴란드에 침공을 개시한 이후 1945년 5월 7일 항복에 이르기까지 제1차 세계대전의 연속선 상에 있었다고 볼 수 있다. 실제 제1·2차 세계대전 모두 독일의 국가목표는 유럽의 주도권을 쟁취하여 어느 국가도 넘볼 수 없는 절대 강국으로 군림하는 데 있었다.

둘째, 일본이 주도적으로 감행한 태평양 전쟁이다. 1941년 12월 7일 진주만의 오아후(Oahu)에 기습적으로 침공한 이래 1945년 8월 15일 항복에 이르기까지 일본의 국가목표는 오로지 동아시아(極東) 지역에서 주도권을 쟁취하고 패권 국가로 군림하는 데 있었다.

당시 유럽지역은 러시아3)가 패망(敗亡)하여 소련으로 재탄생하는 과정에서 탄생한 여러 신생국이 민족 자결권을 주창하였다. 특히 공산주의 수준은 이오시프 스탈린(Joseph Vissarionovich Stalin, 1878~1953)이 등장하면서 아돌프 히틀러(Adolf Hitler, 1889~1945)의 나치즘(Nazism)이나, 무솔리니(Benito Mussolini, 1883~1945)의 파시즘(Fascism)보다 더 발전하였다고 평가할 수 있다.4)

---

3) 1922년 12월 30일 러시아의 이오시프 스탈린이 주도한 볼셰비키 정권은 우크라이나(Ukraine)·벨라루스(Belarus)·자카프카지예(Zakavkazye) 3개국을 가입시켜 총 15개 공화국의 연합체인 '소비에트 사회주의 공화국 연방(소련-USSR)'을 수립하였다. 1991년 12월 8일 러시아 연방과 우크라이나, 벨라루스가 새롭게 독립국가연합(CIS)을 결성하면서 소비에트 연방은 해체되었고, 명칭은 '러시아'로 변경되었다.
4) '나치즘(Nazism)'은 국가사회주의를 일컫는 전체주의의 분파로서 아돌프 히틀러를 대표적으로 들 수 있으며, '파시즘과 인종주의를 조합한 사상'이다. '파시즘(Fascism)'은 이탈리아의 베니토 무솔리니(Benito Mussolini, 1883~1945)가 1914년 말 "제1차 세계대전 참전을 위해서는 파쇼(Fascio)가 필요하다."라고 하면서 생긴 사상으로 계급 투쟁의 격화를 차단하고 내부 관심을 영토 확장과 국가를 번영시키는 방향으로 돌리고자 하는 '국가자본주의와 조합주의가 합쳐진 경제사상'이다.

제1차 세계대전이 종전된 이후 20여 년간은 다양한 사상과 민족주의가 대두되었으며, 국가 간 이해관계에 따라 미묘한 눈치작전과 국제관계가 형성되었다. 유럽 각국의 내부 사정도 비슷하였다. 특히 이념 및 정책 대결 분위기가 고조되면서 군사적 측면에서 의도하지 않은 우발적 사태가 발생할 가능성 또한 커졌다. 예를 들면, 영국은 유화주의(宥和主義)로, 프랑스는 패배주의(敗北主義)로, 미국은 고립주의(孤立主義)가 원인이었음이 분명한 사실이다.5) 독일의 후유증도 만만치 않았다. 영토의 13%를 연합국에 점령당함으로써 국민 중 700만 명이 연합국의 국민으로 넘어갔기 때문이다. <그림 5-2>는 베르사유 조약(1919.6.28.)에 의해 축소된 독일영토를 정리하였다.

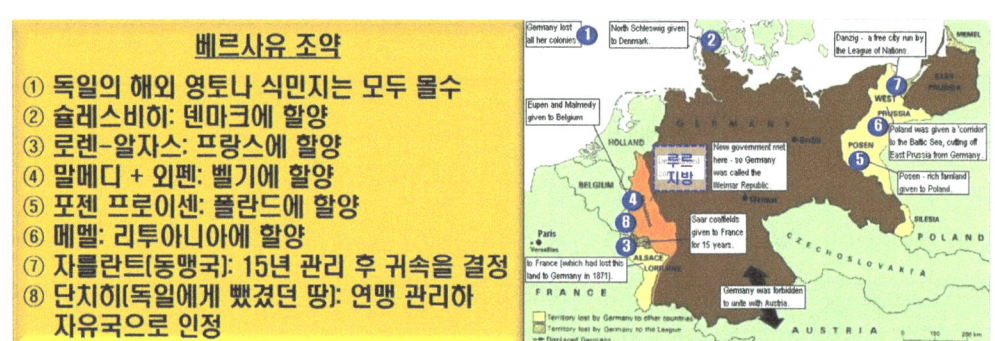

<그림 5-2> 베르사유 조약(1919.6.28.)에 의해 축소된 독일영토

결과적으로 이러한 국제 환경은 아돌프 히틀러의 집권을 불렀고, 제2차 세계대전을 앞당겼다. <그림 5-3>은 1933년 아돌프 히틀러가 국제관계를 이용하여 전쟁을 감행할 수 있게 여건을 조성하는 주요 사태를 정리하였다.

---

5) 연합국이 독일에 막대한 배상을 강요하였지만, 영국은 이미 아프리카(독일의 식민지)를 점령한 상태였고, 독일 해군까지 장악하고 있었기에 이들을 막다른 골목으로 몰아갈 필요가 없었다. 다만, 대영제국(패권국)의 입장에서는 볼세비키즘(소련식 공산주의) 확산을 우려하는 분위기였다. 프랑스는 역사적으로 독일에 대한 원한이 깊었기에 가장 강력한 응징과 배상을 요구하였다. 배상금 지급이 지체되자 1923~1924년 벨기에와 함께 독일 서부의 루르(Ruhr) 공업지대를 강제로 점령하는 등의 실력행사를 하였으나, 국내적으로 군사비의 추가 지출과 물가 상승 현상이 맞물려 재정 상태가 악화하면서 국민의 불만이 증폭되는 상황이었다. 미국은 제1차 세계대전을 거치며 가장 막강한 경제 대국으로 급성장하였고, 연합국에서 받을 부채도 100억$ 규모였기에 굳이 독일에 원한을 살 필요가 없었다. 따라서 독일에 부과하는 막대한 배상과 영토 분할에 반대하였다.

<그림 5-3> 아돌프 히틀러의 잠식(蠶食) 전술(Peace Meal Tactics)

이러한 히틀러의 '잠식 전술'[6]은 1920년부터 국방군 참모총장(Hans von Seeckt, 1920~1926)의 비밀 재군비 작업[7]이 완료된 상황과 맞물려 연합국이 자신들의 사고방식에 취해 있는 사이에 그가 원하는 대로 제2차 세계대전의 분위기는 무르익었다.

<그림 5-4>는 제2차 세계대전 당시 연합국과 추축국(樞軸國)[8]의 상황을 정리하였다.

---

6) '잠식(蠶食) 전술'은 일명 'Peace Meal Tactics'로 불리며, '상대방에 표시가 나지 않게 야금야금 먹어치우는 전술'을 뜻하고 있다.

7) 한스 폰 젝트는 1920년부터 7년간 국방군 참모총장으로 재직하는 동안 크게 세 가지를 집중적으로 육성하였다. 첫째, 이중 목적을 가진 간부화된 정예군 즉, 병사는 부사관으로, 부사관은 초급장교로, 초급장교는 고급장교의 역할이 가능하도록 육성하였다. 둘째, 차량화 부대와 항공기의 협동작전, 전차부대의 전술적 운용에 관한 연구를 진행하는 등을 통해 새로운 전략이론을 개발하였다. 셋째, 민간기관과 요원으로 위장하여 진행하였으며, 이 시기에 독일-소련 간 비밀 군사협정의 체결, 군의 보급 및 국가 경제력을 동원하는 체제를 완벽하게 갖추었다. 관련 내용은 김성진의 『세계전쟁사』 (2021), pp. 303~307.을 참고하기 바란다.

8) '추축국(樞軸國-Axis powers)'은 제2차 세계대전 당시 독일과 이탈리아, 일본이 연합국에 대항하기 위해 형성한 동맹으로 1936년 10월 25일 아돌프 히틀러와 베니토 무솔리니가 비밀동맹을 체결하고 11월 1일 베니토 무솔리니가 독일과 이탈리아와의 관계를 '추축(axis-정치와 권력의 중심)'으로 표현하면서 등장한 용어다.

<그림 5-4> 제2차 세계대전 당시 연합국과 추축국(樞軸國)의 상황

2. 독일의 군사전략

2.1. 연합국의 독일에 대한 오판(誤判)

아돌프 히틀러는 제1차 세계대전 시 프리드리히 빌헬름 2세(Friedrich Wilhelm Viktor Albert, 1859~1941)의 양면작전(兩面作戰)이 독일을 패배하게 만든 결정적인 과오(過誤)로 판단하였다. 따라서 자신이 복수의 칼날을 세우되, 새로운 돌파구를 찾고자 노력하였다. 이는 1934년 파울 폰 힌덴부르크(Paul von Hindenburg, 1847~1934) 대통령이 사망하자 총통이자 수상, 국방군 최고 사령관직을 겸직하면서 현실로 나타났다.[9]

이를 추진하는 단계에서 영국과 프랑스 등 국제사회의 상황과 여건이 변화함에 따라 전격적으로 화의(和議)를 요청하면 호응할 것이 분명해 보였다. 이를 토대로 하여 유럽의 동남부지역까지는 계획한 대로 자유롭게 석권할 수 있다고 결론지었다. 이때쯤이면, 영국과 프랑스가 결론을 내지 못하고 우물쭈물하는 사이에 소련을 공격하여 우랄산맥(Ural Mountains)을 점령하고 다시금 영국과 프랑스에 정치적 타협을 시도해도 당연히 동조할 것으로 판단하였

다. 이는 프랑스 정계(政界)의 패배주의와 영국 조야(朝野-정부와 민간)의 실정(實情-실제의 사정이나 정세)을 정확히 꿰뚫은 결론이었다. 고립주의를 주창하는 미국은 국가 위상을

---

9) 관련 내용은 김성진의 『세계전쟁사』(2021), pp. 307~309.를 참고하기 바란다.

증대하기 위해 조정(adjustment)을 시도할 것이 명백하였지만, 확인 과정이 필요하였다. <표 5-1>은 아돌프 히틀러가 권력을 장악한 다음 연합국과 주변 국가들을 시기별로 시험한 대상국을 정리하였다.

<표 5-1> 아돌프 히틀러가 연합국을 시험한 대상 국가와 주요 사건

구 분	연 도	주요 사건 및 사태
제1차	1933.10.14.	국제연맹 탈퇴
제2차	1935.1.13.	자르(Saar) 영유권 회복
제3차	1936.3.7.	라인란트(Rhineland) 지역 재무장
제4차	1938.4.10.	오스트리아 합병
제5차	1938.9.30.	뮌헨 협정(Munchen agreement)
제6차	1939.3.16.	체코슬로바키아 주데텐란트(Sudetenland) 강제 점령
제7차	1939.3.23.	리투아니아 메멜(Memel) 강제 점령
제8차	1939.9.1.	폴란드 침공

영국과 프랑스의 뼈아픈 실책은 제1차 세계대전을 통해 독일의 비무장화에 성공하고서도 1939년 독일이 폴란드를 침공할 때까지 이들의 재무장 및 도발야욕 행위들은 무수히 식별되었지만, 좌고우면하며 제2차 세계대전을 불러들였다는 데 있다. 군사적 제재(制裁)를 회피함으로써 오히려 인류가 최대의 피해를 보는 결과로 나타났기 때문이다. 이는 호미로 막을 일을 가래로도 막지 못했다는 의미다.

2.2. 아돌프 히틀러의 오판(誤判)

아돌프 히틀러는 권력의 정상에 취임하자 바로 육군사령부에 '서부 공격계획(일명 황색 작전계획-Fall Gelb)'을 작성하도록 지시하였다.[10] 지체할 경우 중립국이 연합국에 가담하게 되면, 독일의 한정된 자원이 조기에 고갈(枯渴)될 것을 우려하였다. 특히 프랑스를 공격할 때 소련이 배후에서 공격해 올 수 있다는 두려움이 컸다. 이에 따라 신속하게 프랑스를

---

10) '황색 작전계획'은 육군참모총장 프란츠 R. 할더가 수립한 작전으로 제1차 세계대전 시의 전쟁계획인 슐리펜계획을 개량한 대(對)프랑스 침공계획'이다. '주공이 저지대 국가(벨기에)를 통과하여 솜강(Somme River) 일대에서 프랑스군을 섬멸하는 작전'이다. 관련 내용은 김성진의 『세계전쟁사』 (2021), pp. 309~314.를 참고하기 바란다.

점령한 다음 영국과의 화의(和議)를 시도하는 전략을 수립하였다. 이 계획은 1939년 11월 둘째 주에 바로 침공하게 계획하였으나, 기후와 철도 수송문제로 지체되어 6개월이 지난 1940년 5월이 되어서야 개시하였다.

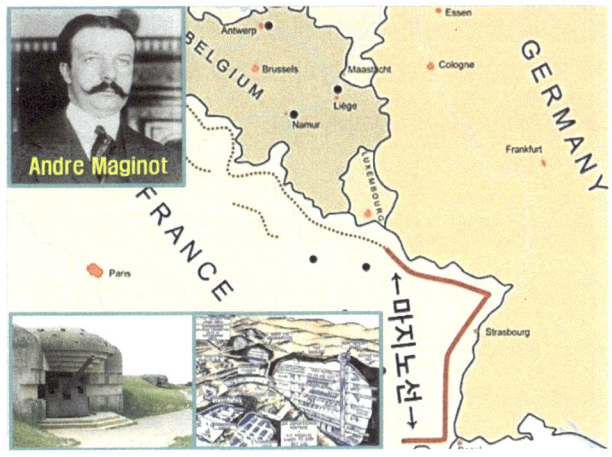

여기서 영국과 프랑스의 착각도 한몫하였다. 두 나라가 1939년 9월 3일 독일을 상대로 선전포고한 이후에도 국가 내부의 정신·경제적 문제로 소홀하게 인식하였다. 물론 이는 마지노선(Maginot Line, 1927~1936 완성)에 대한 믿음과 계속 진행하던 경제봉쇄 효과를 과신하였기에 방비를 소홀히 한 측면이 컸다. 이러한 잘못된 인식과 처신은 제1차 세계대전 간 나타났던 진지·참호전 사상을 벗어날 필요성을 느끼지 못하게 만들었다. 결과적으로 독일이 준비하고 있는 총력전(Total War)과 기동전(Maneuver Warfare)을 예측하지 못하는 어리석음을 범했다.[11]

2.3. 프란츠 R. 할더의 계획(초기)

참모총장 프란츠 R. 할더(Franz Ritter Halder, 1884~1972)가 처음 작성한 황색 작전계획은 목표를 벨기에와 네덜란드를 탈취한 다음 대(對) 영국작전을 수행하는 데 문제가 없도록 해·공군기지를 확보하는 데 두었다. 따라서 페더 폰 보크(Fedor von Bock, 1880~1945) 장군의 주공(主攻-B 집단군, 22개 기갑사단)은 집결하였다가 벨기에(중앙)로 진격하고, 게르트 폰 룬트슈테트(Karl Rudolf Gerd von Rundstedt, 1875~1953) 장군의 조공(助攻-A 집

---

11) 관련 내용은 김성진의 『전쟁사와 무기체계론』(2020), pp. 191~194.를 참고하기 바란다.

단군, 43개 사단과 8개 기갑사단)은 주공을 엄호하며, 후방에서 리터 폰 레에프(Liter von Leeb) 장군의 C 집단군은 마지노선 전방에 집결하여 긴장감을 높임으로써 아르덴느 삼림지대를 통과하는 하인츠 구데리안 장군의 기갑부대에 전투력을 전환하지 못하도록 견제, 저지 및 억제하는 역할이었다. <그림 5-5>는 프란츠 할더 참모총장이 세 차례에 걸쳐 수정한 황색 작전계획을 정리하였다.

<그림 5-5> 프란츠 할더 참모총장의 황색 작전계획

1940년 1월 9일 연락장교(헬무트 소령)가 탑승한 독일군 연락기가 벨기에 영토에 불시착하면서 포로로 붙잡히게 되었다. 문제의 핵심은 이로 인하여 '황색 작전계획' 문서가 연합군에 노출되었다는 점이다. 그러나 1월 15일 프란츠 할더는 이를 무시한 채 내용의 일부만 수정하여 3차 계획을 보고하였다.[12]

2.4. 에리히 폰 만슈타인의 계획(수정)

에리히 폰 만슈타인(작전 담당)과 프란츠 R. 할더(보급과 교육 훈련 담당)는 진급 경쟁자였다. 후임 참모총장으로 유력시되었으나, 참모총장이 갑작스럽게 사임하면서 프란츠 R. 할더가 참모총장으로 임명되었다. 프란츠 할더는 경쟁자인 그를 보병사단장으로 좌천시켰고 이때부터 수난이 시작되었다. 이후 황색 작전계획을 수립하면서 또다시 경쟁의식이 증대되었다

---

12) 관련 내용은 김성진의 『세계전쟁사』 (2021), pp. 309~311.을 참고하기 바란다.

고 평가함이 타당하다. 그러나 군 내부의 인식이 작전적 판단과 수준은 에리히 폰 만슈타인(Erich von Manstein, 1887~1973)이 한 수 위였다.

당시 A 집단군 참모장으로 있던 에리히 폰 만슈타인은 참모본부에 일곱 차례나 서신을 보내며 프란츠 R. 할더가 수립한 계획의 문제점을 반박하였다. 일명 '낫질 작전(Sickle Stroke)'이다. 이를 보고받은 프란츠 할더는 그를 후방 예비부대 군단장으로 전출케 하는 악수(惡手)를 둘 수밖에 없었다. 그러자 이러한 현실을 접하게 된 A 집단군 참모가 직접 총통 부관에게 관련 사실을 알리면서 작전계획의 문제점이 수면 위로 급부상하는 계기가 마련되었다.[13] 이때부터 상황은 급변하게 된다. <그림 5-6>은 에리히 폰 만슈타인의 '낫질 작전(Sickle Stroke)' 계획이다.

<그림 5-6> 에리히 폰 만슈타인의 '낫질 작전(Sickle Stroke)' 계획

그의 요점은 하인츠 빌헬름 구데리안(Heinz Wilhelm Guderian, 1888~1954)이 이끄는 기갑부대를 독립적으로 편성 및 운영하되, 누구도 예측하지 못한 아르덴느 삼림지대고 기동하는 복안이었다. 이를 통해 벨기에 남부와 룩셈부르크를 신속하게 통과하고 스당(Sedan) 축선까지 곧바로 돌파할 수 있다는 점이 핵심이었다. <표 5-2>는 에리히 폰 만슈타인의 계획이 가져올 이점(利點)을 크게 네 가지로 정리하였다.

---

13) 관련 내용은 김성진의 『세계전쟁사』 (2021), pp. 311~314.를 참고하기 바란다.

<표 5-2> 에리히 폰 만슈타인 계획의 네 가지 이점(利點)

첫째, 기갑부대 극복이 가능한 지형으로 삼림에 의해 기동 및 은폐가 가능하다.
둘째, 아르덴느 삼림지대와 뮤즈강을 돌파시 해안까지 신속한 진격이 가능하다.
셋째, 연합군은 제1차 세계대전과 같은 경로로 진격할 것으로 예상하고 배치하고 있다. 따라서 예상하지 못한 곳으로 진격 시 기습 달성이 가능하다.
넷째, 돌파에 성공한 이후 솜(Somme) 강 방향으로 돌파 함으로써 영국과 프랑스군의 전략에 혼란을 초래할 수 있다.

<그림 5-7>은 하인츠 구데리안 장군의 아르덴느 삼림지대 통과에 관한 기동작전 요도이다.

<그림 5-7> 하인츠 구데리안 장군의 기동작전 요도

①은 마지노선 일대에 10만여 명의 병력을 집결함으로써 긴장을 조성하고, ②는 벨기에의 에방(Eben)-에말(Emael)을 거치면서 양동작전을 수행하였다. ③은 하인츠 구데리안의 7기갑사단이 아르덴느 숲-뮤즈강 축선을 돌파하며, ③번에서 분리된 기갑부대가 ④의 덩케르크 축선으로 연합군을 몰아넣어 도버 해협을 통해 영국으로 철수하게 하였다. 이때 ⑤의 마지노 후방 축선으로 전환한 기갑부대가 포위개념으로 몰아침으로써 프랑스군을 공황(Panic)에 빠지게 하여 개전한 지 불과 5주 만에 무릎을 꿇었다.

3. 프랑스의 군사전략

3.1. 국제사회를 바라보는 프랑스의 착각

제1차 세계대전을 진행하는 과정에서 진지전(陣地戰)과 참호전(塹壕戰)이 최선이라는 '방어우위 사상'에 빠진 상태에서 금기시해야 할 영역을 스스로 범하고도 깨닫지 못했다. <표 5-3>은 프랑스의 잘못된 가정(假定)과 착각을 정리하였다.

<표 5-3> 프랑스의 잘못된 가정(假定)과 착각

첫째, 1930년부터 1939년까지 라인강을 따라 동부국경에 이르는 750km에 구축한 마지노 요새(Maginot Line)는 누구도 돌파할 수 없다.
둘째, 아르덴느 삼림지대는 기계화(기갑) 부대가 기동할 수 없다.
셋째, 독일군은 제1차 세계대전과 같이 슐리펜식 기동을 고집할 것이다.

아르덴느 삼림지대 돌파(1940.5.21.)

프랑스는 가정(假定)이 자신들에 유리하게만 판단하였음을 깨닫고 후회하는 데 많은 시간이 필요하지 않았다. 이들의 자기-만족(self-contentment)에 취한 방심과 전략적 오판의 결과로 마지노 요새(Maginot Line)는 1940년 6월 14일 헤르만 빌헬름 괴링(Hermann Wilhelm Göring, 1893~1946) 장군이 지휘하는 독일 공군의 폭격을 받아 격파되었고, 요새 내부에 안주하고 있던 50만여 명은 이후 하인츠 구데리안 장군의 제7기갑사단이 아르덴느 삼림지대를 돌파하며 전환한 일부 부대가 마지노 요새 후방을 압박하자 제대로 한 번 싸워보지도 못한 채 항복하고 말았다.

Hermann Wilhelm Göring
(공군 총사령관)

3.2. 방어전략이 변화되어 온 과정

제1차 세계대전에서 방어우위 사상에 젖은 프랑스의 방어전략과 개념은 수세적 인식이 덧대어져 총 다섯 차례에 걸쳐 변경하였다. <표 5-4>는 프랑스 방어전략이 변경된 과정을 정리하였다.

<표 5-4> 프랑스 방어전략의 다섯 차례 변경 과정

구 분	① 제1기	② 제2기	③ 제3기	④ 제4기	⑤ 제5기
시 기	1936~1937	1938	1939~		
방어구간	독일 국경선	프랑스 국경선	에스코 강 일대	딜강 일대	네덜란드의 브레다 일대
명 칭	-	-	E계획 (Plan Escaut)	D계획 (Plan Dyle)	B계획 (Plan Breda)
방 식	프랑스+벨기에+네덜란드 연합		영국 원정군(BEF)[14]이 지원 시 프랑스+영국 원정군 연합		

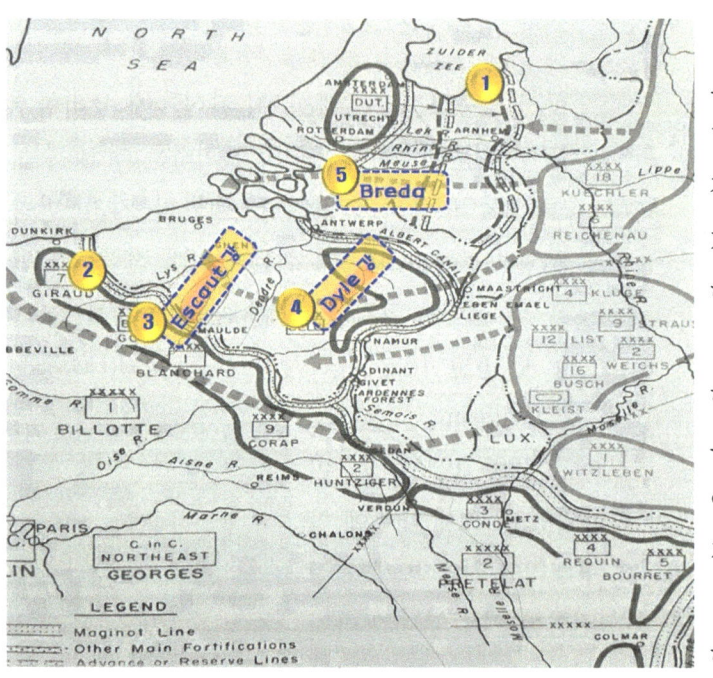

①은 최초부터 마지노선을 포함하여 독일 국경선에서부터 벨기에, 네덜란드와 연합작전으로 방어선을 추진하다가 네덜란드가 중립국을 선언하면서 없었던 일이 되었다.

②는 독일이 폴란드를 침공하면, 남부는 마지노선에서, 북부는 벨기에군이 1차로 방어하다가 밀리면, 프랑스 국경선에서 방어하는 계획이다.

③은 독일이 폴란드를 점령하고 서부지역으로 병력을 이

---

14) '영국 원정군(BEF)'은 'British Expeditionary Force'의 약자다.

동할 것이 예상되자 1939년 10월 영국이 원정군(30만 명)을 파견하였다. 벨기에가 침공당할 때 병참선을 확대하기 위하여 에스코 강 일대까지 지원군(BEF)을 추진하는 계획이다.

④는 영국 원정군의 규모가 증강되자 한층 대담해진 프랑스가 11월 17일 딜강(Dyle River) 선에서 방어하겠다고 변경한 계획이다. 독일군이 침공하더라도 벨기에군이 최소 5일은 저지할 수 있다는 자신감에서 시작되었으며, 영국 원정군과 프랑스군이 딜 강 일대로 이동할 시간적 여유가 충분하다고 판단하였다.

⑤는 독일군의 연락기가 불시착하면서 '황색 작전계획'을 입수하게 되자 다시 예비대(제7 기동군)를 네덜란드의 브레다(Breda)까지 진출하는 계획을 수립하였다. 프랑스가 독일군의 황색 작전계획을 입수하고도 결심하지 못한 채 우왕좌왕하는 사이에 독일군이 폴란드를 무력으로 침공하였다.

3.3. 제2차 세계대전의 종전 과정

1944년 6월 6일 거친 풍랑이 몰아치는 속에서 연합군은 노르망디 상륙작전(Normandy Invasion)을 감행하여 파리를 수복하고 라인강으로 진출하였다. 1945년 4월 엘베강에서 소련군과 합류한 연합군은 독일로 진격을 개시하였다. <그림 5-8>은 노르망디 상륙작전 요도이다.

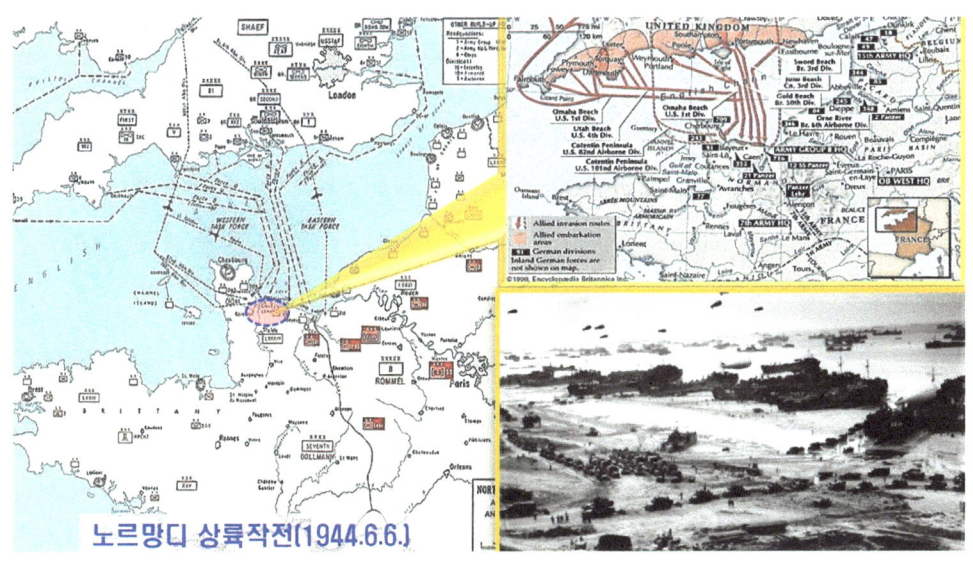

<그림 5-8> 노르망디 상륙작전 요도

1945년 4월 24일 저녁 베를린 일대를 완전히 포위한 소련군은 '무조건 항복'을 요구하였다. 광적인 저항을 계속하던 독일군은 4월 30일 아돌프 히틀러가 자살하고, 5월 2일 베를린 수비대가 투항하자 저항을 포기하고 5월 7일 항복문서에 서명하였다.

<표 5-5>는 초기 독일군의 승리 요인과 연합군의 패배요인을 정리하였다.

<표 5-5> 초기 독일군의 승리와 연합군의 패배요인

구 분	독일군의 승리 요인	연합군의 패배 요인
주요 내용	• 기습 달성이 가능하도록 작전계획을 수립 • 유능한 지휘관들의 과감한 작전 수행 • 전격전(電擊戰)에 부합된 기갑부대의 보유와 집중 운용	• 방어제일주의 사상이 만연 • 마지노선에 대한 지나친 믿음(過信) • 전격전과 기갑부대의 운영에 대한 이해 수준이 저조

4. 제2차 세계대전에 관한 군사전략의 특징

　제2차 세계대전이 초기에 진행된 형태는 유럽지역에 한정된 전쟁이었다. 일본이 동남아의 패권을 장악하기 위해 팽창정책에 따라 대본영(大本營)[15]은 중·일전쟁을 일으키며 생명선인 만주와 중국 지역을 석권(席卷)하고자 시도하였다. 그러나 이들의 사무라이 정신과는 다르게 중국의 지도부가 굴복하지 않고 저항을 계속하면서 대본영의 초기 판단과 다르게 진행이 되었다. 조바심을 느끼자 전선(戰線)을 태평양지역으로 확대하면서 미국을 불러들였다. 이때부터 전(全) 세계가 연합국이 아니면, 추축국의 편에서 싸우는 가장 처절한 전쟁이 되었으며, 미국과 소련이라는 초강대국을 탄생시키는 결정적인 계기가 되었다. 산업혁명(Industrial Revolution)의 여파가 전쟁에 휩쓸려 들어왔기 때문이다.

　아돌프 히틀러는 '잠식 전술'을 여건에 따라 최대한 활용하는 등을 통해 제1차 세계대전의 실패에 따른 복수심과 야망을 실현하는 노회한 전략을 채택하였다. 그러나 당시 프랑스와 영국, 미국은 효과적으로 대응하지 못함으로써 제2차 세계대전을 초래케 하였고, 국가적 손실과 동시에 국제사회가 엄청난 손실을 당했다. 이러한 현상은 오히려 미국과 소련의 패권과 팽창정책을 도와주는 역할을 했음이 역사적 사실이다. 이를 통해 한 국가가 국가안보전략과 군사전략을 수립하는 데 있어서 정치·군사 지도자의 안목과 판단 능력이 국가발전에 얼마나 영향을 미치는지 여실하게 느낄 수 있다.[16]

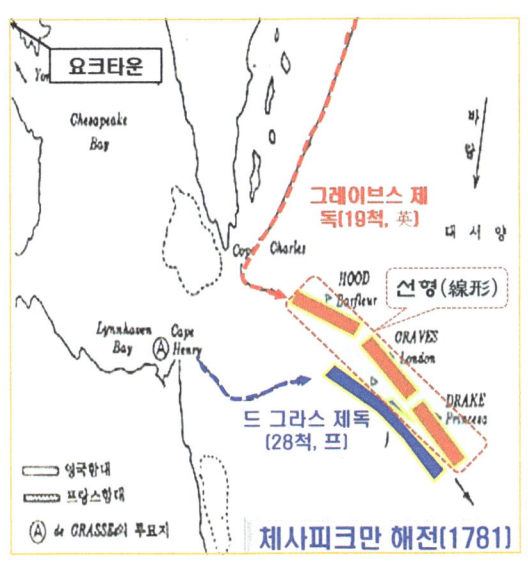

　특징적인 점은 제1차 세계대전 말기에 항공기가 전장에 투입되었으나, 폭격과 공중정찰 임무에 국한되었다. 이후 제2차 세계대전

---

15) '대본영(大本營)'은 '일본이 전시나 사변 중에 설치한 일본 제국의 육·해군의 최고통수기관'이다. 청·일 전쟁(1894~1895)과 러·일 전쟁(1904~1905) 시에 설치하여 종전과 동시에 해산하였다. 그러나 중·일 전쟁(1937~1945) 간 전시 이외에도 설치할 수 있게 제도를 개정하여 태평양 전쟁이 끝날 때까지 활동하였다.

16) 관련 내용은 김성진의 『전쟁사와 무기체계론』(2020), pp. 214~219.; 『세계전쟁사』(2021), pp. 341~343.을 참고하기 바란다.

에서는 승패를 가름하는 결정적인 무기로 자리매김하면서 지상과 해양, 공중에서 입체적인 전술·전략폭격을 담당하는 수준으로 발전하였다. 지상은 기계화부대를 통한 '전격전(Blitzkrieg)'을 선보이면서 기계화부대와 항공기의 개발을 신호로 해양에서는 항모 대형을 선형(線形)에서 전함(戰艦) 중심으로 하되, 함포가 아닌 함재기 중심으로 변화하였다. 항공기는 공중임무의 형태에 따라 다양하게 개발되는 등 급속한 군사과학기술의 발전과 전략은 전장 환경을 완전히 바꾸어놓았다. 특히 제해·제공권의 장악이 중요함을 인식하게 되면서 지정학(地政學) 이론의 영향을 받아 강대국들은 처한 환경(여건)에 따라 경쟁을 치열하게 전개하였다.

제2차 세계대전은 일종의 공간(영토)을 중심으로 경쟁하는 형태였으며, 국가의 존립과 국익을 위해 강력한 군사력의 운용 및 공세적인 군사전략이 필요함을 자연스레 인식하는 분위기가 형성되었다. 영국은 독일을 견제하기 위해 양차 세계대전에 적극적으로 개입할 수밖에 없었기에 공세적인 군사전략을 채택하였다. 미국은 전후(戰後)에 소련을 봉쇄해야 했기에 해군 중심으로 공세적인 군사전략을 채택하였고, 최근까지도 유사한 형태를 유지하고 있다. 소련은 해상세력을 방어적 측면으로만 운용하고 지상에서 기계화부대를 중심으로 하는 공세적 군사전략을 채택하고 있음을 이해할 필요가 있다.

제 3 절

6·25전쟁[17]과 관련 국가의 군사전략

1. 개요

1945년 8월 15일 일본이 연합군에 "무조건 항복"을 선언하면서 한반도는 해방되었다. 9월 17일 UN 연합군 최고사령관(Douglas MacArthur, 1945~1951 재임)은 38도선 경계와 관련된 일반명령 제1호를 선포하였다.[18] <그림 5-9>는 UN 연합군 최고사령관이 선포한 일반명령 제1호를 정리하였다.

> 1. (만주를 제외한)중국, 대만과 북위16도 이북 프랑스령 인도차이나의 모든 일본軍 선임지휘관은 장개석 장군에게 항복한다.
> 2. 만주와 북위 38도 이북의 한국, 그리고 남부사할린의 모든 일본軍 선임지휘관은 소련 극동軍사령관에게 항복한다.
> 3. 안다만 제도, 니코바르 제도, 미얀마, 타이, 북위16도 이남 프랑스령 인도차이나, 말레이, 보르네오, 네덜란드령 동인도제도, 뉴기니, 비스마르크 제도와 솔로몬 제도의 모든 일본軍 선임지휘관은 동남아시아 연합軍 최고사령관에게 항복한다.
> 4. 일본의 보호령 섬과 오키나와 제도, 오가사와라 제도 및 태평양 섬의 모든 일본軍 선임지휘관은 美 태평양함대 사령관에게 항복한다.
> 5. 대본영과 선임지휘관들, 그리고 일본 본토와 부속 도서, 북위 38도 이남의 한국과 필리핀의 모든 일본軍은 美 태평양 육군사령관에 항복한다.

<그림 5-9> UN 연합군 최고사령관이 선포한 일반명령 제1호

1950년 6월 25일 북한군이 기습남침을 감행하면서 3년여에 걸친 전쟁이 진행되었다.

---

17) '6·25 전쟁'은 1973년 제정한 〈각종 기념일에 관한 규정〉에 근거하여 '6·25사변일(六·二五 事變日)'을 공식명 칭으로 하다가 2014년 3월 24일 '6·25전쟁일'로 개정하였다. 국정 국사 교과서는 국립국어원 표준국어대사전에 근거하여 '6·25 전쟁'으로 표기하고 있다. 학술적으로는 '한국전쟁(Korean War)'이라는 용어를 많이 사용한다. 이는 '6·25 전쟁'이라는 용어로 전쟁의 국제관계와 발발 배경·과정·결과 등의 전반전인 내용을 다루기가 제한되기 때문이다.

18) '일반명령 제1호'는 미국이 소련의 영토와 이념적 확장을 시도하는 행위를 예방하고 극동(極東-Far East 또는 동아시아) 전체의 권력 지형을 재정립하기 위해 만든 문서다. 일본군 항복에 대한 세부 지침과 형식을 정확히 규정하는 등 정치적 함의가 명백하였다. 이는 한반도와 필리핀, 동인도 제도, 인도차이나에 대한 미국의 지배권을 확고히 하려는 방안으로 이해하면 될 듯싶다.

2. 소련과 중국, 북한의 군사전략

2.1. 소련과 중국의 최종상태(End-state) 및 방향성(directivity)

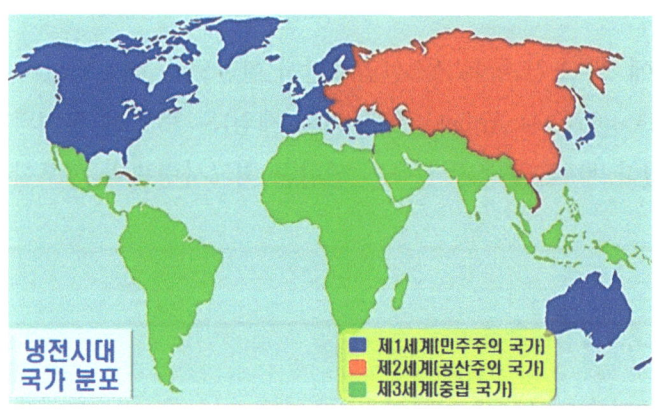

소련은 제2차 세계대전을 진행하면서 어쩔 수 없이 미국 등 연합국과 손을 잡았지만, 이념 대립이 고조되면서 멤버십을 그대로 유지하기가 어려웠다. 따라서 이제 막 공산정권을 수립한 중국과의 유대를 강화하며 북한을 위성국가로 만드는 데 주력하였다. 이들이 원하는 최종상태(End-state)가 극동(동아시아)의 '적화(赤化)'였기 때문이다. 이를 위해 한반도 북쪽 지역의 권력은 젊은 김일성(avatar)을 내세우며 소비에트의 하수인으로 장악하기 위해 두 가지의 전략이 필요하였다.

첫째, 미-소의 냉전 대결이 심화(深化)하는 단계였기에 한반도에 자신들이 주도하는 공산체제의 완성이 필요하다, 이를 위해 김일성에게 우선 한반도의 적화통일을 주문하였고, 여건이 제한된다면 북쪽 지역만이라도 적화통일이 필요하다.

둘째, 유럽지역에서 가중되고 있는 미국의 군사적 압력을 동아시아 지역으로 분산시켜 그 사이에 동유럽의 공산주의 세력을 강화할 수 있는 시간을 벌어야 했다.[19]

따라서 내부 목적을 북한을 동남아지역의 공산화 전략의 전초기지로 활용하는 데 두었다. <표 5-6>은 소련이 극동(極東) 적화를 위한 조치를 다섯 가지로 정리하였다.

---

19) 관련 내용은 김성진의 『군사협상론』(2020), pp. 398~399.를 참고하기 바란다.

<표 5-6> 소련이 극동(極東) 적화를 위한 다섯 가지의 조치

첫째, 만주 지역을 중공군(中共軍, 이하 중국군)의 성역으로 보호하며 구(舊) 일본 조병창을 중국에 인계하였다.
둘째, 만주 일대에 자원 동원을 쉽게 하도록 전투장비 및 물자를 지원하여 중국군 전력을 강화하였다.
셋째, 북한의 군사력이 강화되도록 중국의 마오쩌둥을 압박하여 조선인 3개 사단을 북한 인민군에 편입시켰다.
넷째, 남한 내에서 활동하는 각종 게릴라 조직(단체)을 지원하였다.
다섯째, 김일성 정권과 군사력을 조직하고 소련군이 철수하기 직전에 전쟁계획을 논의하였다.

중국과 소련은 조선인으로 편성된 동북인민해방군 예하의 조선인 3개 사단(28,000명)과 전차 500여 대를 지원하여 북한군을 22개 정규사단으로 증편하면서 중국-소련-북한 간 각종 협정 및 조약을 체결하는 등을 통해 3각 협력체제를 완성하였다.

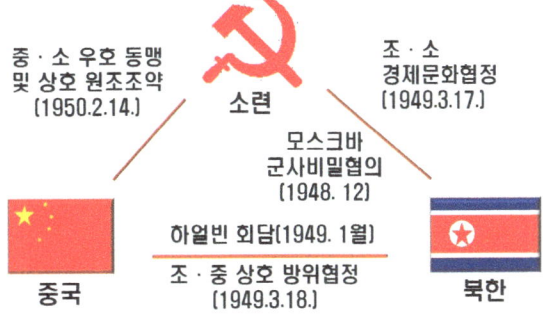

중국의 마오쩌둥(Mao Tsetung)은 미국의 침략에 대한 두려움을 가지고 있었다. 이를 완화하려면, 북한을 지원해야 했기에 남침을 적극적으로 지원하였다. 이는 일본과 북한, 중국으로 이어지는 지정학적 특성과 중요성을 깊이 인식한 결과로 볼 수 있다.[20] 이는 중국과 소련의 여건에서 미국이 동아시아를 지배할 목표를 가지고 있다고 오판(誤判)한 결과가 아닐까 싶다.[21]

---

20) 일본의 '이익선'은 '한반도'이고, '생명선'은 '만주'에 두는 방식과 같다. 이를 중국의 시각에 대입하면, '이익선'은 '한반도'를, '생명선'은 '동해'로 이해하면 될 듯싶다.

21) 당시 소련은 동·서독을 점령하기 위해 대규모 병력을 투입하는 등 무력시위를 행사하였다. 미국은 유럽지역(특히 서독)에 공산주의의 팽창을 저지하기 위하여 올인(all-in)한 상태였기에 동남아에 군사력을 투입할 여유가 없었으며, 전략적 중요성에 대한 인식도 저조하였다. 이러한 인식에서 6·25전쟁이 발발하기 직전인 1950년 1월 12일 '애치슨 라인(Acheson Line)'을 공개적으로 선언하였음을 기억할 필요가 있다.

2.2. 소련의 대(對)한반도 정책

팽창정책(膨脹政策)으로 재래식 군비를 증강하고 동유럽 위성국가를 공산화하는 데 성공하였다.[22] 이에 기반하여 1948년부터는 '아시아 우선 정책(동진-東進 정책)'으로 전환하였다. 즉, 베트남, 버마(지금의 미얀마), 필리핀, 한국 등이 적화 대상이었다. 한반도를 완전히 적화할 수 있다면, 미국의 교두보를 사전에 제거할 수 있다고 확신하였기 때문이다. 즉, 미국이 한반도에 반공 보루를 구축하기 이전에 전진기지(북한)를 확보하려는 의도였다. 이러한 결과가 되면, 일본에 영향력을 행사할 수 있게 되고, 미국에 효과적으로 대항할 수 있는 전략이었다.[23]

2.3. 중국의 대(對)한반도 정책

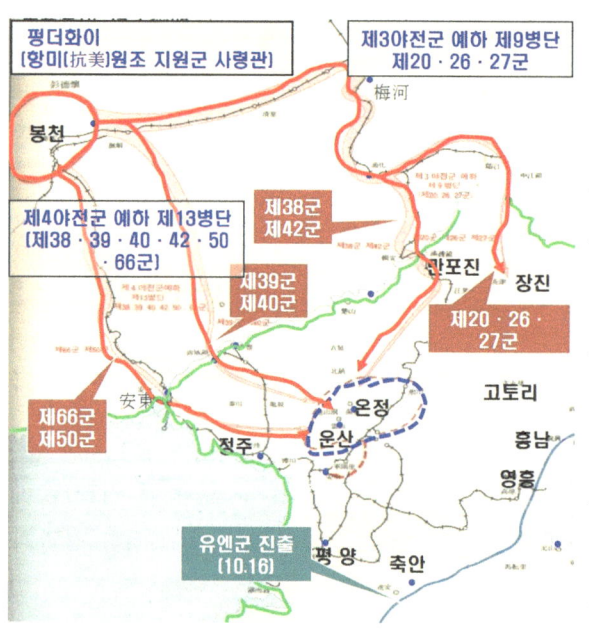

중국은 전통적으로 미국(자유민주주의)에 대한 부정적인 인식이 강하여 태평양의 주도권을 사이에 두고 적대관계를 형성하였다. 따라서 '보거상의(輔車相依) 순망치한(脣亡齒寒)'[24]이라는 의미에 덧대어 중국과 국경을 접하고 있는 한반도에 적대국이 존재하는 현실을 원하지 않았다.[25]

특히 중국의 안보를 위해 소련의 원조를 획득하면, 한반도의 공산화가 완성되어야 한다고 믿었다. 이는 國·共 내전 이후 정치·경제·사회적 혼란을 극복

---

22) '팽창정책(膨脹政策)'은 '대외적으로 다른 나라의 정치·경제 분야를 지배하여 영토의 확장이나 세력 확장, 경제적 측면에서 상품 시장을 넓히려는 운동이나 정책'을 뜻한다. 대다수 전쟁이 영토 확장을 위해 벌였다면, 아돌프 히틀러의 제2차 세계대전, 소련의 팽창정책, 최근 시진핑의 팽창정책은 패권 국가를 지향하는 산물로 볼 수 있다.
23) 김성진의 『군사협상론』 (2020), pp. 398~399.를 참고하기 바란다.
24) '보거상의(輔車相依)'는 '서로 돕고 의지해야 한다.'라는 뜻이며, '순망치한(脣亡齒寒)'은 '서로 돕는 가까운 사이에서 하나가 망하면, 다른 하나도 온전하기 어렵다.'라는 뜻이다.
25) 마오쩌둥은 國·共 내전 간 장제스(국민당) 정부를 지원했던 미국이 또다시 대한민국을 지원하는 현실을 탐탁지 않게 여겼다.

하고 타이완을 통합하기 위해서는 소련 해·공군의 지원이 절실했기 때문이기도 하다. 이에 따라 항미 원조 지원군 사령관(P'eng Tehuai, 1898~1974)과 30만여 명의 중국군을 만주 일대로 전개하였다.26) 당시 이승만 대통령이 공산주의자들이 중국 내에서 기반을 다지기 이전에 한반도 분단 상태를 종결지어야 한다고 주장하였지만, 미국은 그들의 패권전략 추진에 별다른 도움이 안 된다고 판단하였기에 이러한 인식 자체를 하지 않았다.

2.4. 북한의 군사전략

2.4.1. 한반도 정세 분석

<표 5-7>은 당시 북한이 네 가지로 한반도 정세에 관하여 인식한 결과를 정리하였다.

<표 5-7> 북한이 분석한 한반도 관련 정세(1945~1950년대 초)

① 미국 정부의 내부 보고서와 한반도에 대한 인식을 평가할 때 이들의 직접적인 개입은 없을 것이다.
② 소련이 UN 기구를 무력화할 수 있고, 이오시프 스탈린의 지원을 받기에 실패하고 싶어도 실패할 수 없는 여건이다.
③ 남한의 방어능력과 내부의 혼란상을 고려할 때 남한 전역(全域)을 조기에 점령할 수 있다.
④ 극동의 군사정세가 북한에 유리하게 변화하였다.

① 제2차 세계대전 이후 미국의 세계정책은 변화하였다. 유럽 우선주의로 선회하였고, 서독에 대한 대규모 병력 투입으로 인하여 극동 군사력은 감축하기 위해 해·공군 지원 전략으로 전환하였다. 이는 주한미군의 완전 철수 카드와 '애치슨 라인' 선언을 통해 드러났다.
② UN 안보리가 개최되더라도 소련이 거부권을 행사할 수 있기에 미국의 영향력을 충

---

26) 관련 내용은 김성진의 『군사협상론』 (2020), pp. 385~388, 396~400.을 참고하기 바란다.

분히 통제 및 저지할 수 있다.

③ 한국군은 방어능력과 훈련 수준이 떨어지기에 단기간에 점령할 수 있다고 낙관(樂觀)하였다.

④ 1949년 말 중국 본토를 공산당이 석권하면서 소련의 극동 진출 정책에 동참하여 북한을 적극적으로 지원하고 있다. 미국은 일본을 점령한 상태이기에 주일미군의 전투력이 미약하다.

여기에 1905년 7월 29일 미-일 간 비밀리에 체결한 가쓰라-태프트 협정(Katsura-Taft agreement)도 한몫을 단단히 하였다.27)

2.4.2. 남침 기본전략

북한은 정규전 기본전략과 소련으로부터 지원받은 고도의 기동력과 강력한 화력지원을 집중한다면, 최단기간 내에 섬멸전이 가능하다고 확신하며 '단기 속결전'을 채택하였다. 서울을 불시에 기습하여 주도권을 장악한 다음 한강 이남(以南) 지역으로 전과(戰果)를 확대할 수 있다고 판단하였기 때문이다. 특히 철원과 서울 축선에 주력(主力-main power)을 집중하되, 주공(主攻-main attack)이 부산까지 신속하게 돌진하도록 계획하였다. 이때 화천-춘천-가평-서울 축선은 우회 기동(迂廻 機動)하고 동·서해안선과 남해안 지역 일대를 조기에 제압하는 작전계획을 수립하였다. 이때 전략이 성공하기 위해서는 서울을 점령함과 동시에 빨치산들의 무장봉기가 일어나 남한 스스로 자멸(自滅)하는 전제가 필요하였다.28) 그러나 무장봉기가 일어나지 않으면서 의도한 계획은 초기부터 어그러지기 시작했다.

<표 5-8>은 북한의 남침 전략 4단계를 도표로 정리하였다.

---

27) 이 비밀협정은 미국의 필리핀 지배와 일본의 조선 지배를 서로 보장해 주는 역할을 하고 있다. 이에 근거하여 일본은 11월 17일 대한제국과 을사늑약을 강압하여 체결하였고, 미국은 적극 지지하였다. 협정 내용은 양국이 극비(極祕)로 관리하여 1924년이 되어서야 알려졌다.

28) 이러한 판단은 남한 내부의 남로당(빨치산)을 지휘하던 박헌영의 몫이었기에 6·25전쟁이 끝난 다음 김일성에 의해 박헌영이 숙청당하였다.

<표 5-8> 북한의 남침 전략 4단계

작전 요도(개략)	완료 시기
제1단계 · 작전지속일: 5일 / 작전종심: 90Km	~7월 3일 한(限) * 강릉~춘천지구 점령, * 빨치산 봉기
제2단계 · 작전지속일: 4일 / 작전종심: 40~90Km	~7월 15일 한 * 교통·경제 요충지인 평택~제천 선 점령, * 전과확대+추격전
제3단계 · 작전지속일: 10일 / 작전종심: 90Km	~7월 29일 한 * 호남평야-동·서해안선-남해안 일대 확보
제4단계 · 작전종심: 40~90Km	~8월 15일 한 * 목포-여수-부산선 점령

라주바예프 장군[蘇]

 **잠깐! 여기서 북한이 오판(誤判-misjudgment)하게 된 근본적인 이유가 무엇인지 짚고 넘어가자.**

- 당시 국군(8개 사단)보다 북한군(22개 사단)의 전력이 우세하였다.
- 사전에 군사고문단장(라주바예프 장군)이 주도하여 남침계획을 수립하며 수많은 훈련을 숙달시키는 과정에서, 작전단계를 구체화하였다.
- 국군의 주력(主力-main power)을 한강 이북에서 포위 섬멸하는 작전 중점을 구체화하였으나, 한강 이남으로 진출하는 계획 및 준비는 소홀했다.

* key-word
  - 단계별 종결 시점:

  - 이오시프 스탈린과 김일성은 서울을 점령하면, 남로당(빨치산)이 주도적으로 전국 각지에서 봉기할 것으로 예측하였으나, 끝내 이러한 현상은 발생하지 않았다.

3. 미국의 군사전략

3.1. 미국의 극동정책과 한반도에 대한 시각

미국은 냉전기가 격화되자 소련의 적화전략에 대응하기 위하여 아시아에서 유럽으로 안보전략의 중심을 옮겨 간 상태였다. 당시 미국의 군사력은 막강하였지만, 아시아와 유럽에 동시 대비하기는 어려웠다. 여기에 마땅한 기본전략이 없어 중국이 공산화되는 현실을 마주한 다음이었다. 한반도의 전략·지정학적 가치는 불확실하고 불안정한 상황이었기에 굳이 부담을 떠안을 이유가 없었다. 따라서 1947년 8월 26일부터 9월 3일까지 美 대통령 특사로 방한한 앨버트 C. 웨드마이어(Albert C. Wedemeyer, 1897~1989) 중장의 보고서(Wedemeyer-Peport)에 따라 주한미군 철수와 경제원조를 거부하는 방향으로 정책을 결정하였다.29) <표 5-9>는 미국이 주한미군의 철수를 결정한 이유를 네 가지로 정리하였다.

<표 5-9> 미국이 주한미군 철수를 결정한 네 가지 이유

① 한반도는 미국의 방위에 절대적 영향을 미치는 중요한 지역이 아니다.
② 한반도에 미군이 주둔하면, 분쟁이 발발했을 때 자동으로 군사적 개입을 한다는 구실로 인식할 수 있다.
③ 전면전(全面戰)이 발발하더라도 한반도에 미군 병력을 유지하는 방식은 부담이 가중될 수 있으며, 해·공군력으로도 저지력은 충분하다.
④ 전면전(全面戰)이 발발했을 때 아시아 전쟁에 개입하더라도 한반도는 미국의 이익에 중요한 지역이 아니기에 큰 손해는 없다.

---

29) '앨버트 C. 웨드마이어'는 1944년 10월부터 2년여간 주중(駐中) 미군 사령관을 지냈다. 1947년 10월 17일 미국이 한반도 통일 정부 수립 안건을 UN에 제출하였고, UN 총회는 미국의 안대로 통과시킨 다음 'UN 한국 임시위원단'을 구성하였다. 소련과 북한이 즉각 반발하면서 11월 18일 남한에 보내는 전기를 90분간 중단하는 등 맹렬하게 위협하면서 위기의 강도를 고조시켰다.

그의 보고서에는 "소련은 북한군의 전력을 강화하고 철수하면서 미군도 남한에서 철수하도록 요구할 것이다. 따라서 남한의 군사력을 필리핀 경찰군 수준으로 육성한 다음 미·소 점령군이 동시에 철수함이 바람직하다."는 내용을 담고 있다. 이에 따라 미군은 1949년 6월 29일 군사고문단 500명만 남기고 철수하였다. 이후 1950년 1월 12일 딘 애치슨(Dean Acheson, 1949~1951까지 재임) 국무장관이 워싱턴에서 전국 신문기자 협회 초청으로 내셔널 프레스 클럽(National Press Club)에서  연설하면서 "미국의 태평양방어선은 알류샨 열도(Aleutian Islands)에서부터 일본-류큐 열도, 필리핀까지 이어진다."라고 발표했다. 이는 소련과 북한에 무력사용이 가능하다는 착각을 불러왔다.[30]

3.2. 미국의 대응전략

북한의 남침 가능성에 대한 다양한 첩보를 입수하고서도 실제 북한이 남침하지 못할 것으로 판단했다. 그러나 기습남침을 감행한 이후에 신속하게 UN 안보리를 소집하여 논의하며 두 가지를 결론지었다. 첫째, 이 전쟁은 소련 공산주의자들의 세계 적화전략이다. 둘째, 소련의 팽창 야욕에 한계가 있음을 인식시켜야 한다는 분위기가 조성되었다. UN 안보리는 북한군의 공격 중지를 요구하며 8·15해방 이후 미국이 획정한 38도선을 회복하기로 결의하였다. 이에 따라 미국은 한국군에 무기를 공급하였고, 극동에 있는 소련 공군기지에 대한 무력화(無力化) 계획을 수립하였다.

미국은 지상군을 투입하여 북한군 주력(main-power)을 수원 일대에서 고착(固着)하려고 제1기병사단을 인천에 상륙시키는 병참선 차단 공격을 구상하였으나, 방어선이 빨리 무너지는 바람에 실행하지는 못했다. 이후 더글러스 맥아더 장군의 지략과 고집으로 9월 15일 인천상륙작전(Operation Chromite)에 성공하면서 반격의 기회를 포착하였다.

---

30) 남시욱, 『6·25전쟁과 미국』 (서울: 청미디어, 2015), pp. 397~406.

4. 6·25전쟁에 관한 군사전략의 특징

<표 5-10>은 6·25전쟁 이후 집계한 피해 현황이다.

<표 5-10> 6·25전쟁의 결과 피해 현황[31]

구 분	계	국군	UN군	중국군	북한군	민간인	미망인/고아	이재민	이산가족
인 원 (만명)	545	62	16	97	80	250	40	370	1,000

남한과 북한 양측(兩側) 군대와 민간인, 미망인과 고아를 합쳐 545만여 명의 사상자가 발생하였다. 특히 생활에 필요한 시설은 40% 이상이 파괴되었으며, 전쟁을 치르면서 남북 간 뿌리 깊어진 적대적 대립과 불신감을 현재도 진행되는 등 국가와 민족의 불행이라고 하여도 과언이 아닐 것이다.

제2차 세계대전 말기에 전개된 소련이 동·서베를린 점령을 위해 각축을 벌이는 과정에서 형성된 첨예한 국제 경쟁 구도와 이념 갈등으로 미국은 유럽 우선의 국가안보전략(또는 패권전략)에 집착하였다. 물론 유럽을 주도하기 위해 불가피하게 선택할 수밖에 없는 처지였음은 역사적 사실로 인정해야 하지 않나 싶다. 이로 인하여 소련의 대규모 병력이 배치된 독일 전선에 지상군을 투입했기에 한반도에 추가로 지상군을 지원할 형편이 되지 못했다. 이에 따라 한반도는 해·공군에 의한 간접적인 지원전략을 구사하는 데 그쳤다는 점을 인식할 필요가 있다. 이러한 인식의 결과는 결과적으로 한반도가 남북으로 분단되는 형국에 이르게 하지 않았나 싶다.

미국은 아메리카 식민지 혁명(1775~1783)과 남북전쟁(American Civil War, 1861~1865), 제2차 세계대전을 거치며 패권전략을 일관되게 추진하여 'Pax Americana'의 강력한 패권 국가가 되었음을 깨달아야 한다.

---

31) 육군 군사연구소, 『1129일간의 전쟁 6·25』 (대전: 육군본부, 2014), pp. 688~693.

제 4 절

美-이라크 전쟁과 관련 국가의 군사전략

1. 개 요

이라크(Iraq)는 중동지역에서 여섯 번째로 큰 국가로 티그리스(Tgris)강과 유프라테스(Euphrates)강을 중심으로 번창한 메소포타미아 문명의 발상지다.[32] 2003년 3월 20일 '이라크 자유 작전(Operation lraq Freedom)'[33]이라는 명칭의 전쟁이 발발하였다. 미국이 9·11테러의 연장선에서 벌인 아프가니스탄과의 전쟁(2001)을 마무리 짓지 않은 상태에 대량살상무기(WMD)'가 의심된다는 의혹을 제기하였다. 이라크 사담 후세인(Saddam Hussein, 1937~2006) 정권의 무장해제와 국민을 압제(壓制)에서 해방한다는 명분으로 예방전쟁 차원에서 일으킨 선제공격이다.[34]

이 전쟁은 걸프전(1991) 때 투입한 다국적군 전력의 절반 수준을 투입하고도 개전 21일 만에 승리하였다. 그러나 결과적으로 볼 때 전투는 승리하였으나, 전쟁은 승리하지 못했다는 평가를 받고 있다. 이는 1960년대 초 미국이 베트남전쟁(1955~1975)에 개입하기로 하였으나, 1973년 1월 27일 패배를 인정하고 철수한 사례와 데자 뷰(deja vu-기시감) 된다는 시각이 많다.[35] <표 5-11>은 미국이 주도한 이라크 전쟁의 특징을 크게 세 가지로 정리하였다.

---

[32] '이라크(Iraq)'는 '혈관'이라는 뜻으로 티그리스강과 유프라테스강이 엇갈리며 분리되는 형상을 비유하고 있다. 관련 내용은 김성진의 『세계전쟁사』 (2021), pp. 414-416.을 참고하기 바란다.
[33] '이라크 전쟁'은 다른 명칭으로는 '제2차 걸프전쟁' 또는 '이라크 자유작전'으로 불린다.
[34] 외형적으로는 테러집단을 지원하고, 대량살상무기를 보유하고 있다고 하지만, 실제는 2001년 9·11테러의 여파를 볼모로 하여 경제적 측면(석유 통제권)의 이유가 상당하였다고 알려져 있다.
[35] 관련 내용은 김성진의 『세계전쟁사』 (2021), pp. 413-434.를 참고하기 바란다.

<표 5-11> 미국이 주도한 이라크 전쟁의 세 가지 특징

① 복합정밀감시체계(C4ISR)와 정밀유도무기(PGMs)에 디지털화된 네트워크체계를 결합하였다.36)
② 이전(以前)에 대량의 인명 살상이나, 파괴하는 등의 소모적 방식에서 탈피하여 디지털화된 정보화 기법으로 전쟁의 효율성을 증대하였다.
③ 다양한 심리 활동 방법과 수단, 적시 적절한 전투근무 지원, 탄력적인 예비군 운영을 통해 충격과 공포 효과가 극대화하였다.

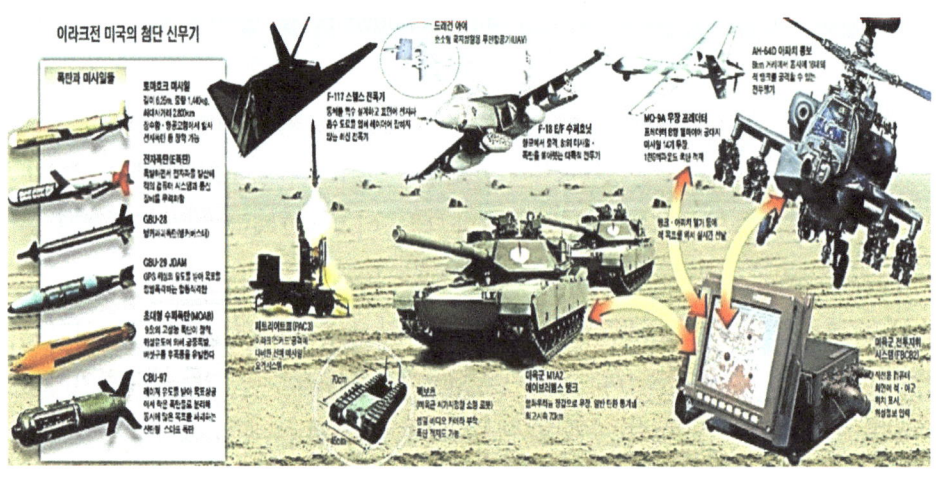

특히 ①은 실시간 대 표적을 획득-결심-정밀 타격하는 등 새로운 패러다임(paradigm)을 형성하는 데 이바지하였다.

이는 첫째, 전장의 가시화로 장거리 정밀 교전 활동을 보편화하였고, 둘째, 효율성 측면에서 전투 간 의사결정 사이클(cycle)을 가속하였으며, 셋째, 전장 공간의 확장과 통합, 전자·사이버전 위력을 증대하였고, 넷째, 비선형(非線型), 분산된 상태에서도 '신속 결정적 작전(Rapid Decisive Operations)'이 가능하였다는 점에서다.

②·③은 생략하기로 한다.

---

36) '복합 정밀 감시체계(C4ISR)'는 'Command, Control, Communications, Computers, Intelligence, Surveillance And Reconnaissance'의 약자로 '군사작전의 효율성을 달성하기 위하여 지휘, 통제, 통신, 컴퓨터에 감시와 정찰 기능까지 유기적으로 결합'한 용어다. '정밀유도무기(precision guided Munitions)' 등의 관련 내용은 김성진의 『전쟁사와 무기체계론』(2020), pp. 350~373.을 참고하기 바란다.

2. 미국의 군사전략

2.1. 전략 목표의 수립

<표 5-12>는 미국의 전략 목표를 두 가지로 정리하였다.

<표 5-12> 미국의 두 가지 전략 목표

① 이라크의 정치·군사조직을 제거하기 위하여 단계별 목표를 설정한다.
② 이라크에서 석유의 안정적인 수입을 보장받기 위해서는 친미(親美) 정부가 수립되어야 한다.

①을 달성하기 위해 ①-1 후세인과 그의 정치기반(바트당)을 제거하여야 한다. ①-2 공화국 수비대와 후세인의 친위부대를 격멸하여야 한다. ①-3 대량살상무기[37]를 포함하여 완전한 무장해제가 필요하였기에 수립하였다.

②를 달성하기 위해 전략 개념을 구체적으로 수립하였다. ②-1 압도적인 군사력으로 이라크군의 마비를 달성함으로써 항전(抗戰-싸우려는) 의지 자체를 말살(抹殺)한다. ②-2 후세인 정권의 붕괴와 동시에 대량살상무기가 있다는 증거를 획득하여 전쟁 명분을 확보한다. ②-3 이라크 내부에 안전한 안보환경을 확립하여 민간의 행정기능이 향상되었다고 평가된 이후에 미군(다국적군)은 철수한다.

2.2. 작전부대의 운영

지상군이 적진 깊숙이 기동하여 동시에 또는 순차적으로 이라크군을 공격하되, 적의 수도인 바그다드는 단기간 내에 점령하여 전쟁을 조기에 종결할 수 있도록 하였다.

특수작전부대는 내부의 종심(縱深-depth)으로 길게 늘어진 지역의 이라크군 진지를 공

---

37) 관련 내용은 김성진의 『전쟁사와 무기체계론』 (2020), p. 352.를 참고하기 바란다.

격하되, 세 가지의 작전 지침을 구체화하였다.

① 주요 교량 및 도하가 필요한 지역과 유전(油田)·관련 시설을 확보하여야 한다.

② 지상부대를 지원하고 이들이 항공기를 유도함으로써 공군을 지원하여야 한다.

③ 시리아의 국경 지역과 인접한 서부지역 비행장은 확보하여야 하며, 국경은 통제하여야 한다.

공군은 이라크의 전쟁 지도본부와 지휘 통제 시설 및 체계 등에 정밀유도무기로 타격을 진행하되, 지상군부대와 특수작전부대는 이를 지원하고 전자전 수행과 정보 수집이 필요하였다.

해군은 전투기와 크루즈 미사일을 사용하여 공격하되, 세 가지의 작전 지침을 구체화하였다.

① 해상 작전과 기뢰 제거 작전을 수행하여 해상교통로를 확보함으로써 해상세력이 접근할 수 있도록 여건을 보장하여야 한다.

② 합동성에 근거하여 각 군의 능력을 실시간대 작전이 가능하도록 통합하여야 한다.

③ 타격 목표를 사전에 구체적으로 선정하여 요망하는 시간과 장소에 공격을 진행하여야 한다.

3. 이라크의 군사전략

3.1. 전략 목표의 수립

이라크는 처음부터 국가전략 목표를 '사담 후세인 정권의 유지'에만 두었다. 현실적으로 세계 최강의 패권 국가인 미국을 상대로 하는 전쟁에서 근본적으로 달성할 수 없는 군사적 승리에 노력하기보다는 국제·정치적 차원에서 우세를 점하는 쪽으로 방향을 정했다는 의미다. 그러다 보니 군사전략의 목표도 국가전략 목표를 달성하기 위해 '바그다드를 사수해야 한다.'라는 의미 이외에 별다른 방안을 수립할 수 있는 여건 자체가 마련되지 않았다.

3.2. 전략 개념

<표 5-13>은 이라크의 전략 개념을 크게 세 가지로 정리하였다.

<표 5-13> 이라크의 세 가지 전략 개념

① 연합군의 인명피해를 최대한 강요하면서 지구전(持久戰-Endurance War)을 수행하여 초전 생존성을 보장받는다.
② 인간방패 전술을 전개하여 연합군이 인명을 중시하는 점을 최대한 역이용한다.
③ 범세계적으로 반미(反美)·반전(反戰) 여론의 확산을 유도한다.

①을 위해 게릴라전과 시가전 위주로 결전을 감행하도록 작전계획을 수립하였다.
②를 위해 연합군의 공습이 예상되는 표적(지역)에 민간인을 배치하고 민간인 지역을

중심으로 주(主) 방어선을 구축하였다.

③에 따라 대규모 유전(油田)의 방화와 민간인이 피해당하도록 꾸몄지만, 이들의 바람과는 달리 국제 여론이 부정적으로 기우는 역풍(逆風-blowback)을 맞았다.

3.3. 이라크군의 전력 배치와 전투력 수준

<그림 5-10>은 이라크군 전력이 배치된 지역과 전투력 수준을 정리하였다.

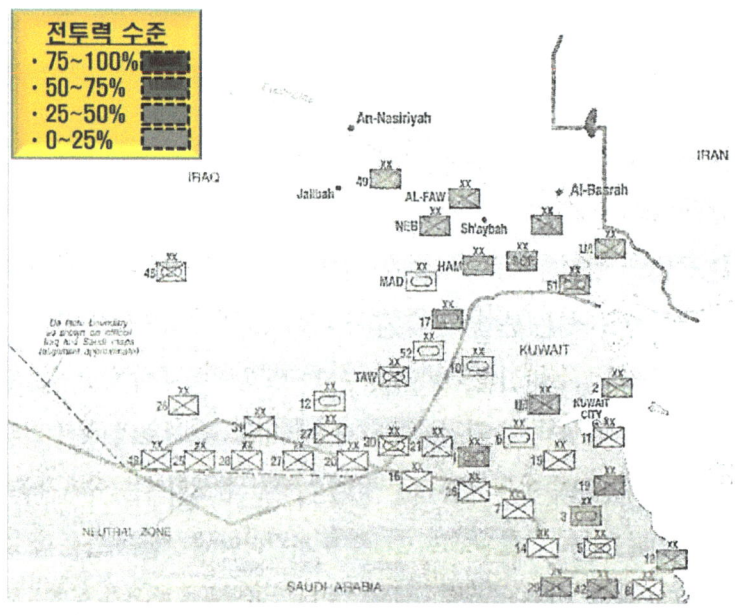

<그림 5-10> 이라크군의 전력(戰力) 배치와 전투력 수준

이라크군은 사우디아라비아-쿠웨이트 국경선 일대에 43개 사단 규모로 방어진지를 구축하였다. 전방지역에 50만여 개의 지뢰지대를 설치하고, 직후방 진지에는 원격조정(remote control)을 할 수 있는 화염 공격도 준비하는 등 나름대로는 철저하게 대비하였다. 제3선 방어지대 개념에서 보병-기계화부대와 전차부대-공화국 수비대 순으로 배치하면서 야포(field artillery)는 은폐했다가 다국적군이 제1 방어선을 통과할 때 집중 사격으로 격퇴하는 계획이었다. 또한, 정치적 상황을 고려하여 이란 국경의 병력을 쿠웨이트로 전환하여 보강하였고, 유전·정유시설은 폭파장치도 설치하였다. 그러나 전투력은 50%이하로 최악이었다.

4. 美-이라크 전쟁에 관한 군사전략의 특징

이라크의 사담 후세인 대통령은 100만여 명의 정예 군대를 보유하였다고 큰소리를 쳤으나, 막상 전쟁이 개시되자마자 수적우세에도 불구하고 연합군에게 일방적으로 패배당했다. <표 5-14>는 미국이 진행한 세 가지의 대(對)이라크 전략이 성과를 보였기 때문이다.

<표 5-14> 미국이 진행한 대(對)이라크 전략의 세 가지 성과

① 전쟁을 개시하기 이전부터 전쟁지역에 대한 국제 환경을 유리하도록 전환하였다.
② 전쟁 수행 체계에 대한 면밀한 검증과정이 있었고, 최대한 실전에 그대로 적용하였다.
③ 신속결정적 작전과 특수작전부대의 투입 등으로 이라크군의 마비(마지)를 달성하였다.

① 걸프전 때 사전 이라크에 대한 구속력과 통제력을 확보 유지하기 위하여 UN으로부터 권한을 위임받았으며, 무기와 장비 그리고 무기화 품목 및 물자는 금수(禁輸-수출입을 금지)하도록 조치하였다. 이러한 제재의 수준은 이라크의 경제성장에 침체를 불러왔고, 군병력 수준도 걸프전과 대비하면, 23% 수준밖에 되지 않았다.

② 개전하기 8개월 이전부터 3회에 걸쳐 모의 전쟁연습과 현지 적응훈련을 하는 등 숙달에 노력하였으나, 실제 시행착오가 여전히 발생했음은 전쟁의 어려움을 보여주고 있다.[38]

③ 심리전과 전자전을 수행하였다. 여기에 각계 지도자들에게 전단(傳單-삐라)과 소형 라디오를 투하하고 방송 등을 통한 회유 작전을 시도하며, 사담 후세인과 그의 추종 세력을 제거하여 핍박에서 해방하겠다는 명분을 광고하였다. CIA와 특수부대 요원들을 투입하여 정보를 수집하고 북부 쿠르드족과는 민병대를 조직하여 활동하였다. 이를 통해 해상교두보를 확보하고 유전지대를 선점할 수 있었으며, 주요 항구의 진·출입로에 기뢰가 설치되는지를 확인 및 거부하는 등 세심하게 실천하였다. 이를 통해 제1·2단계 작전은 성공적으로 끝났다.

유념할 점은 제1·2단계 작전을 통해 사담 후세인 정권과 이라크군을 조기에 제거할

---

[38] 미군 12,000여 명이 쿠웨이트 북부의 사막 지역에서 '사막의 봄 작전(Desert Spring Exercise)'를 진행하였다(연합뉴스, "미군 군 장비 쿠웨이트로 이동배치," 『연합뉴스』 2002.9.5. (검색일: 2022년 1월 6일).

수는 있었으나, 군사작전 이후 시행한 제3단계 작전 즉, 안정화 작전(Stabilization Operation)[39]에 실패하면서 인명 손실이 증대되었고 끝 모를 전쟁의 수렁으로 변하였다는 점이다. <표 5-15>는 안정화 작전 간 미군-이라크군의 인명 손실 현황을 정리하였다.

<표 5-15> 안정화 작전 간 발생한 미군-이라크군의 인명 손실 현황

구 분	미군 (2003.3.29.~2011.12.15.)	이라크(~2010.10.31.)	
		정규군 및 경찰	민간인
인원(명)	4,486	9,650	114,212
소요비용	500~600억$ → 6조$	-	-

미군의 대(對)이라크 작전 특징은 세 가지로 정리할 수 있다.

첫째, 첨단 인공위성 판독 기술을 활용하여 공화국 수비대와 국경 지역에 배치된 정규군의 활동을 명확하게 확인하였다. 이에 따라 전쟁을 개시할 때 공중작전보다 지상 작전을 먼저 개시하였다.

둘째, 걸프전(제1차 이라크 전쟁, 1991) 이후 12년에 걸쳐 비행 금지구역을 설정 및 감시 임무를 수행하여 공군의 훈련을 제한하고, 지속적인 공습을 통해 이라크 공군과 방공전력을 무력화시키는 데 성공하였다. 이는 압도적인 제공·제해권의 확보에서 출발하고 있다.

셋째, 공격 기세의 유지와 전투력 집중에 성공하였다. 신속하게 소수 정예 부대를 투입하여 기동·순발력을 중요시하는 과감한 전쟁 방식, 즉, '럼스펠드 독트린'을 채택하였다. 이는 '충격과 공포(Shock &

---

39) 관련 내용은 김성진의 "급변사태 시 자유화 지역 민군작전의 실효성 증대방안 고찰," 『군사논단』 제92호 (서울: 한국군사학회, 2017), pp. 65~69.를 참고하기 바란다.

Awe)'를 주는 작전방식으로 발전하면서 토마호크 미사일(Tomahawk Land Attack missile), 록히드 F-117 나이트 호크(Lockheed F-117 Nighthawk, 스텔스 전폭기)를 이용하여 후세인 참수 공격(Decapitation Strike)을 진행함으로써 바그다드를 함락시키는 등 전격전을 방불케 하는 성과로 나타났다.[40]

美-이라크 전쟁은 우선 복잡한 국제관계와 여건에도 불구하고 이를 통합하고 효율적으로 지휘 통제한 노먼 슈워츠코프 다국적군 사령관을 비롯한 지휘관들의 노력이 돋보였다. 이와 관련한 수송 및 병참 능력의 확보, 심리전(Psychological Warfare), 끊임없는 정보(Intelligence)의 수집, 전략폭격, 기만 작전(Deception Operation), 우회기동(Turning Movement) 등을 포함하는 첨단 정밀 과학무기의 위력이 전장(battle-field)을 지배한 전쟁이었다.[41]

소결론적으로 美-이라크 전쟁은 긍정적이지 않은 국제 여론을 무시하면서까지 반미(反美)로 돌아선 사담 후세인 정권을 제거하기 위해 노력하였다. 그러나 의도했던 바와는 다르게 미국을 적대시하는 이란의 위성국가로 변질하였다. 초기 군사작전에서 승리한 이후 수렁으로 빠져 헤어나지 못하는 형국이 되었고, 결국, 제2의 베트남 철수와 유사한 실패를 반복하였다. 이는 군사작전 이후에 필요한 섬세한 안정화 작전에 소홀했기 때문이다. 더욱이 대량살상무기(Weapons of Mass Destruction)가 있다는 증거를 확보하지 못한 데다 이라크군 포로에 대한 고문과 모욕적인 행위가 외부로 표출되면서 더욱 심대한 타격을 입었음을 인식할 필요가 있다.

---

40) 관련 내용은 김성진의 『전쟁사와 무기체계론』 (2020), p.314; 『세계전쟁사』 (2021), pp.427~428을 참고하기 바란다.
41) 관련 내용은 김성진의 『세계전쟁사』 (2021), pp.405~407을 참고하기 바란다.

제 5 절

논의 및 시사점

<표 5-16>은 주요 전쟁의 군사전략과 특징을 정리하였다.

<표 5-16> 주요 전쟁 시 채택한 군사전략과 특징

구 분	제2차 세계대전	6·25전쟁	美-이라크 전쟁
시 기	1939~1945	1950~1953	2003~2021
군사전략	· 독일: 황색 작전계획 (낫질 작전-전격전) · 프랑스: 수세적 방어전략	· 소련과 중국: 구체적인 전략지침 하달 · 북한: 단기 속결전 · 미국: 해·공군 등의 간접 지원	· 미국: 마비전, C4ISR+ PGMs 체계 · 이라크: 지구전(持久戰), 인간방패 전술)
특 징	· 과감·신속한 작전 진행 · 기갑부대 집중 운용 · 방어제일주의	· 이념 대결, 대리전쟁 · 한반도 적화통일 · 전투병력과 장비, 물자의 지원	· 국제 여론 형성 · 첨단 위성판독기술 · 충격과 공포

제2차 세계대전은 전격전과 수세적 방어전략의 충돌이었고, 6·25전쟁은 팽창정책에 따른 전략을 채택하였다. 9·11테러 이후 이라크 전쟁까지는 재래식 전쟁 중심이었으나, 점차 정밀 복합전(複合戰-Composite Warfare) 양상으로 발전하였다.[42] 이제 미래 전쟁은 국가 간 첨예한 경쟁 구도를 지속하면서 제한전(Limited War)과 대 분란전(對紛亂戰-counter-insurgency 또는 대 반란전) 양상을 계속 유지할 것이다.[43]

"생각은 변화를 불러오고, 행동은 국가(집단, 개인)의 운명을 바꾼다."

---

42) '복합전(複合戰)'은 '다차원 전투공간에서 동시다발적인 적의 위협에 대처하기 위하여 지휘 통제를 분권화시킨 조직으로 전투를 수행하는 개념'이다. 이때 유념해야 할 사항은 단순히 서로 다른 유형의 전술이나 무기가 혼재된다는 의미가 아니다. 정치·군사적 목적을 달성하기 위하여 정규·비정규전 전략 및 전술, 군사기술, 무기를 선택적으로 동원 및 활용한다는 다양한 의미임을 이해하여야 한다(합동군사대학교 합동전투발전부, 앞의 사전 (2014), p. 204.).

43) 세력이 약한 분란 분자들이 정부를 전복하거나, 특정 지역의 정치 권력을 장악하고자 할 때 주로 사용하는 전법으로 대중의 지지가 상당히 중요하다. '대분란전(對紛亂戰)'은 유격대나 테러리스트 등으로 조직된 분란 세력을 진압하는 데 사용하는 전법이다. 대테러작전이나, 대(對) 유격대 작전보다 상위 개념이다(합동군사대학교 합동전투발전부, 앞의 사전(2014), p. 128.).

강의_V 군사전략기획의 수립에 관하여 이해합시다.

학습하기 이전(以前)에 요구되는 사항

1. 기획과 계획의 개념을 구분하고 관계를 이해하시오.
   * 기획(企劃-Planning)과 국가기획의 차이점은?
   * 계획(計劃-Plan 또는 Program)이란?
   * 기획과 계획의 공통점과 차이점은?
2. 기획의 7대 본질이 무엇인지를 이해하시오.
   * 기획의 7대 유형은?
   * 중·장기와 단기로 선정할 때 고려할 네 가지 요소는?
3. 기획체계의 개념과 종류, 특징을 이해하시오.
   * 국가기획과 국방기획의 차이점은?
   * 합동전략기획과 군사전략기획의 차이점은?
4. 기획체계의 개념과 종류, 특징을 이해하시오.
   * 기획체계의 일반 개념 세 가지는?
   * 국가기획체계 도표에서 상·하위 개념은?
   * 국방기획체계 도표에서 상·하위 개념은?
5. 군사전략기획의 절차 및 구비요건을 이해하시오.
   * 합동전략기획과 합동작전 기획이란?
   * 군사전략기획의 구비요건과 타당성 검토요건은?
   * 중·장기 군사전략기획을 수립 간 적용하는 절차는?
   * 단기 군사전략기획을 수립 간 적용하는 절차는?

제6장

군사전략기획 수립에 대한 이해

제1절 개요

제2절 기획과 계획의 특성과 차이점

제3절 기획체계의 일반적 개념과 분류

제4절 군사전략기획의 전반(全般)에 관한 이해

제5절 논의 및 시사점

제 1 절
개 요

일반적 측면에서 '기획(企劃-Planning)'은 '미래를 예측하거나, 구상하여 목표를 설정하는 등을 통해 최선의 방안을 마련함으로써 가장 경제·효율적으로 자원을 배분하기 위한 과정'이라고 할 수 있다. 다른 말로 하면, 기획은 계획(計劃-Plan 또는 Program)의 수립을 의미하는 명사로 대~소부대의 작전계획을 수립하는 과정에서 군사 기획이나, 이를 넘어서는 국가 차원(수준)에 이르기까지 적용한다고 이해하면 좋을 듯싶다.

기업체는 각기 다른 목적과 수준(차원)이기에 일률적일 수 없지만, 공통으로 적용할 수 있다. 즉, '정부(공공단체)와 기업체가 사업을 성공적으로 추진하기 위하여 구성원이 가지고 있는 지혜를 체계·지속적이며, 합리·장기적인 안목으로 해결 방안을 고안하는 작업 과정'이라고 할 수 있다. 유념할 점은 기획과 계획을 구분하지 않고 있어 혼란스럽다. 'Planning 또는 Plan', 'Programming 또는 Program, Project' 등을 들 수 있다. 엄격하게 따지면, 'Planning'은 '기획을 수립'한다는 의미이고, 'Plan'은 결과적 산물인 '완성된 기획서'를 뜻한다. 'Programming'은 '계획을 수립'한다는 의미이고, 'Program'은 결과적 산물인 '완성된 계획서'라고 이해하면 좋지 않을까 싶다.

전략기획은 정치적 목적과 전장에서의 승리가 필요하기에 효율적인 개념적 원리(What)와 실천적 원리(How)를 찾는 과정으로 이해하면 된다.

 **잠깐! 여기서 기획과 계획의 관계 설정은 어떠한 등식인지에 대하여 이해하고 넘어가자.**

① 기획+계획 　　② 기획<계획 　　③ 기획>계획 　　④ 기획≥계획

제 2 절

기획과 계획의 특성과 차이점

1. 기획과 계획의 정의 및 관계

일반적으로 기획(企劃-Planning)의 사전적 의미는 '일을 꾀하여 계획한다.'는 뜻으로 두 가지의 기능이 있다. 첫째, 정책의 집행적 기능으로 궁극적인 목적(directivity)과 목표(Objective)를 설정하고 자원을 배분하기 위해 우선순위를 선정하게 된다. 둘째, 관리적 기능으로 정책에서 분리하여 임무를 달성하기 위해 목표-방침-수단을 결정하게 된다.

대표적 학자인 존 D. 밀렛(John D. Millet)은 '행정적 노력의 목표를 결정하고 성취하기 위하여 수단을 짜내는 과정'으로 관리의 5대 기능[1] 중에서 임무를 달성하기 위하여 목표와 방침 및 수단을 결정하는 기능으로 인식하고 있다. 존 M. 피트너(John M. Pfiffner)는 '보다 나은 방향으로 결정하려는 방법으로서의 행동에 있는 선행 요건'이라고 주장하면서 조직의 목표가 무엇인지?, 이를 달성하기 위한 제일 나은 방법이 무엇인지? 라는 문제의 해답을 찾는 과정으로 인식하고 있다. <그림 6-1>은 기획의 일반적인 Feed-back 과정을 정리하였다.

<그림 6-1> 기획(Planning)의 일반적인 Feed-back 과정

'계획(計劃-Plan 또는 Program)'은 '앞으로 할 일의 절차와 방법, 규모 따위를 미리 헤아려 작성하거나, 그와 관련된 내용'을 뜻하고 있다. <표 6-1>은 '기획'과 '계획'의 특징을 구분하여 정리하였다.

---

[1] 관리의 5대 기능은 ① 기획, ② 조직, ③ 지식, ④ 통제, ⑤ 조정이다.

<표 6-1> '기획'과 '계획' 업무를 진행할 때의 특징

구 분	'기획(企劃-Planning)'	'계획(計劃-Plan 또는 Program)'
중 점	목표를 구상(What)	경로를 선택(How)
개 념	미래 예측 및 구상-목표 설정-최선의 방안을 강구	확정된 목표를 달성하기 위하여 구체적으로 단계화하여 실천하는 활동
기 간	추상·장기적	구체·단기적
단 계	계획보다 선행(先行)	기획(企劃)에 포함(하위 개념)
방 책	목표 또는 수행전략의 선택	효율적인 수단의 사용

<그림 6-2>는 기획의 본질적 단계와 특성을 정리하였다.

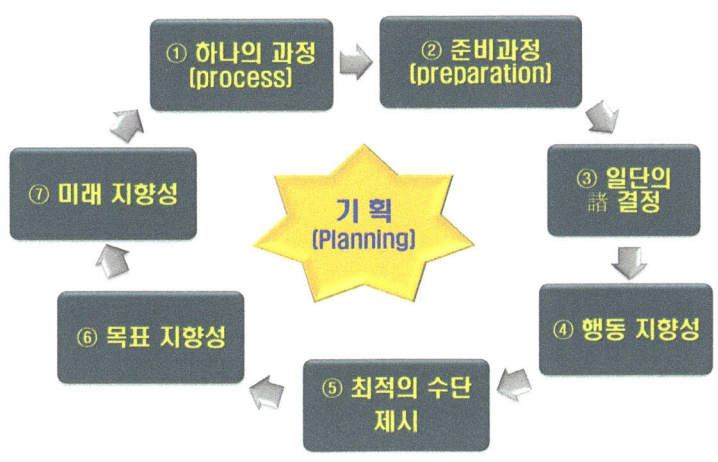

<그림 6-2> 기획(企劃-Planning)의 본질적 단계와 특성

① 기획은 '하나의 과정(Planing is a Process)'이다. 의사결정의 과정이기에 복수의 대안이 존재할 경우 제기되는 단계로 계획은 이러한 과정을 거치면서 확정된 최종 산물이다.
② '준비과정(preparation)'으로서 구체적인 계획이 가능하도록 준비하는 과정이다.
③ 일반적인 의사결정 과정과는 크게 다르다. 기획은 일종의 결정 과정이지만, 하나의 집단 또는 조(組)를 형성하게 되기에 상호의존적이며 시간·절차적 순서가 필요하다. 아울러 체계적 측면의 관련성을 지니고 제반 결정을 다루기에 중요한 핵심 과정임을 이해하여야 한다.
④ 기획은 반드시 행동(실천)을 전제로 하고 있다. 그러나 행동 그 자체는 아니며, 행동

또는 집행을 하기 위한 실천이 가능한 계획을 작성하는 과정이다.

⑤ 예측된 미래 상황을 기반으로 하여 의도적인 행동(실천) 계획을 작성하는 과정이다.

⑥ 인간의 이성적인 결정을 전제로 하고 있지만, 상황과 여건이 매번 다르기에 모호할 수 있음을 항시 기억해야 한다.

⑦ 설정된 목표를 달성하기 위해서는 바람직한 미래상과 결부되어야 하기에 합목적적이어야 한다.

2. 기획의 유형(類型)

<그림 6-3>은 기획의 일곱 가지 유형을 정리하였다.

구분	대상 기간별	지역 수준별	대상 분야별	종합성 정도별	강제성 정도별	고정성 정도별	계층별
유형	· 단기계획 · 중기계획 · 장기계획	· 지방계획 · 지역계획 · 국가계획 · 국제계획	· 경제계획 · 사회계획 · 물적계획 · 방위계획	· 사업별 계획 · 통합적 공공투자 계획 · 종합계획	· 중앙집권적 기획 · 경쟁적 사회주의 기획 · 민주적 경쟁 기획 · 유도기획 · 예측기획	· 고정계획 · 연동계획	· 정책기획 · 전략기획 · 운영기획

<그림 6-3> 기획(企劃-Planning)의 일곱 가지 유형

어떠한 요소를 고려하여 기간을 선정하는지에 따라 계획을 구분할 수 있다. <표 6-2>는 계획 기간을 선정할 때 고려해야 할 네 가지 요소를 정리하였다.

<표 6-2> 계획 기간을 선정할 때 고려해야 할 네 가지 요소

① 국내·외적 상황과 여건 중 정치·경제적 상황을 우선적으로 고려하여야 한다.
② 계획하는 대상의 투자 회임 기간(懷妊期間-Gestation Period)을 고려하여야 한다.[2]
③ 구성원들의 기획 능력과 역량을 고려하여야 한다.
④ 계획을 수립하는 목적이 무엇인지, 어디에 사용할 용도인지를 고려하여야 한다.

① 정치적 측면에서는 쿠데타가 빈발하여 정정(政情-정치 상황 또는 정세)이 불안하고 정권 불신임이 반복되는 상황, 경제적 측면에서는 대외의존도와 경제 구조가 취약할 때 주로 적용하고 있다.
② 투자 회임 기간은 소비재 공장의 경우는 1~2년이 소요되고, 중공업은 그 이상의 기간이 소요됨을 이해하여야 한다. 군사적 측면에서는 주로 합동참모본부(이하 합참)에서 군사

---

[2] '회임기간(懷妊期間)'은 경제학 용어로서 '기업이 설비 투자를 하고 나면, 주문한 설비가 생산되어 주문자에게 인도될 때까지 걸리는 기간'을 뜻한다.

자원을 판단하는 데 소요되는 대상 기간으로 이해하면 된다.

이러한 복합적인 상황과 여건을 고려하여 계획을 수립하고 단기-중기-장기계획으로 선정할 수 있다.

첫째, 단기계획은 1~2년 단위로 작성하는 계획으로 중·장기계획을 작성하기는 상대적으로 기간이 짧은 과도기적 계획으로 이해하면 된다. 여기는 연차계획(Annual Plan)과 과도계획이 있다.3)

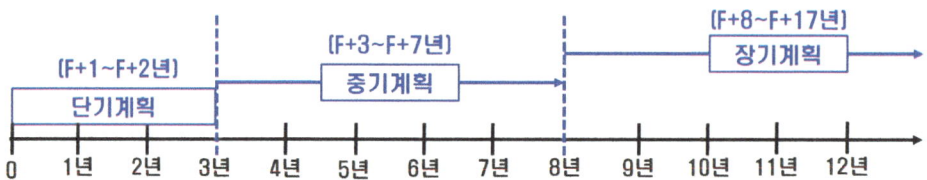

둘째, 중기계획은 3~7년을 대상으로 하는 계획으로 기간의 변동은 가능하다. 통상 경제개발 5개년 계획이나, 6개년 계획 등을 떠올리면 이해가 쉬울 듯하다.

셋째, 장기계획은 10~20년이 소요되기에 구체적인 의미의 계획보다 전망(perspective)하려는 성격이 짙다. 따라서 기본 방향이나 지침을 제시하는 것으로 이해하면 된다.

③·④는 생략하기로 한다.

---

3) '연차계획(Annual Plan)'은 '월-분기-계절별로 작성하는 계획'이고, '과도계획'은 '비상시나 중·장기계획을 새로 수립해야 하는 과도기(過渡期)에 작성하는 계획'을 뜻하고 있다.

제 3 절

기획체계의 일반적 개념과 분류

<그림 6-4>는 기획체계를 크게 세 가지로 분류하는 방법을 정리하였다.

<그림 6-4> 기획체계의 분류

①은 '국가목표를 달성하기 위해 국가의 생존과 번영을 위해 최선의 국가정책과 국가전략을 수립하는 전반(全般)'을 의미하며, 두 가지로 분류할 수 있다. <그림 6-4-1>은 국가기획체계를 도표로 정리하였다.

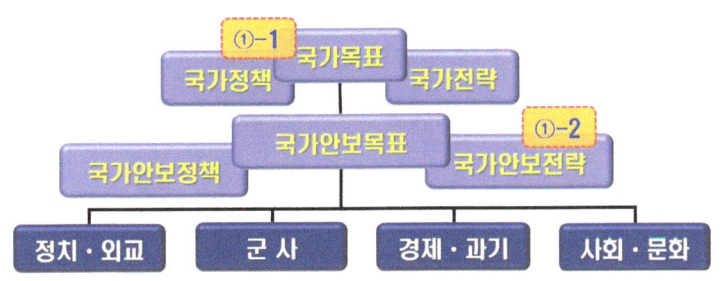

<그림 6-4-1> 국가기획체계 도표

①-1은 '국가목표'를 달성하기 위하여 최선의 국가정책과 국가전략을 수립하는 일련의 과정이다.

①-2의 '국가안보목표'에서 '국가안보전략'은 대통령 지침으로서 국가의 가장 기본이 되는 지침이다.

②는 '국가목표·정책을 달성하기 위하여 국방목표를 설정하고 최선의 국방정책과 군사전략을 선택하여 자원을 효율적으로 배분하는 과정'을 의미하여, 두 가지로 범위를 정리할 수 있다. <그림 6-4-2>는 국방기획체계를 도표로 정리하였다.

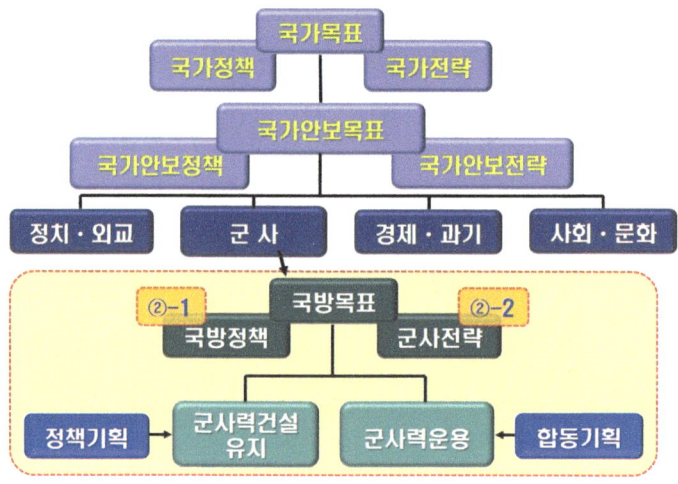

<그림 6-4-2> 국방기획체계 도표

②-1은 평시 군사력의 건설·운용·유지-위기관리단계-전쟁 종결단계까지 포함하는 군사·비군사 분야를 망라한다. ②-2는 정치·외교·경제·군사·정보·과학기술·문화 분야 등의 국가안보수단과 연계하게 된다.

③은 '국가안보와 국방목표를 달성하기 위하여 군사전략 목표를 설정하고 이를 위해 최선의 군사전략 수립과 군사력을 운용하는 일련의 과정'을 의미하며, 두 가지로 분류할 수 있다. <그림 6-4-3>은 합동 기획체계를 도표로 정리하였다.

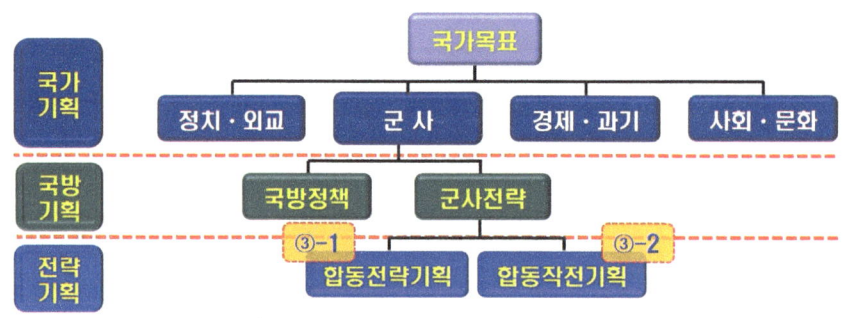

<그림 6-4-3> 합동 기획체계 도표

③-1은 군사력의 건설과 소요를 제기하게 된다.

③-2는 군사력을 운용하는 방책의 발전과 합동작전 계획, 명령을 발전시키는 데 있다. 이 두 가지는 통합하여 '군사전략기획'이라고 불린다.

제 4 절

군사전략기획의 전반(全般)에 관한 이해

1. 군사전략기획 절차와 7단계

군사전략기획을 도표화 하면, <그림 6-5>와 같이 크게 두 가지로 구분할 수 있다.[4]

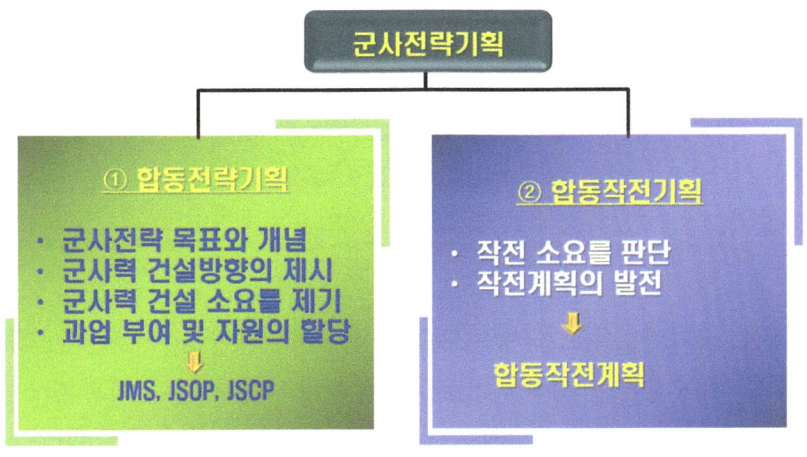

<그림 6-5> 군사전략기획을 두 가지로 구분하는 방법

'군사전략기획 절차'는 '국가목표를 달성하기 위하여 합동 기획 및 시행기구 내부에서 지휘관과 참모들이 관련 문서를 작성하며 논리를 찾는 과정'이다. 전략환경을 평가한 결과를 토대로 하여 군사전략 목표를 설정한 다음 군사전략 개념을 수립하게 되는데, 이때 군사력 소요를 제기하여 확정된 군사 능력을 과업과 함께 합동작전 기획에서 담당하고 있다.

---

4) 'JMS'는 'Joint Military Strategy'의 약자로 '합동 군사전략서'이며, 국가·국방목표의 달성을 위해 군사전략과 군사력의 건설 방향을 제시하고 있다. 'JSOP'는 'Joint Strategic Objective Plan'의 약자로 '합동 군사전략목표 기획서'이며, 국방목표 달성과 군사전략을 수행하기 위한 중장기 군사력 건설과 부대 기획 등의 소요에 대한 우선순위를 제시하고 있다. 'JSCP'는 'Joint Strategic Capabilities Plan'의 약자로 '합동 군사전략 능력기획서'이며, 목표연도(F+1) 초기의 군사 능력에 맞춰 부여된 전략적 과업을 달성하는 데 필요한 군사력 운용지침과 자료를 제공하고 있다. '합동 작전계획(Joint Operation Plan)'은 '예상되는 위협에 대비하거나 예기치 못한 위기에 대처하기 위한 군사력 운용계획'이다.

<그림 6-6>은 군사전략기획을 수행하는 7단계 핵심 절차를 도표로 정리하였다.

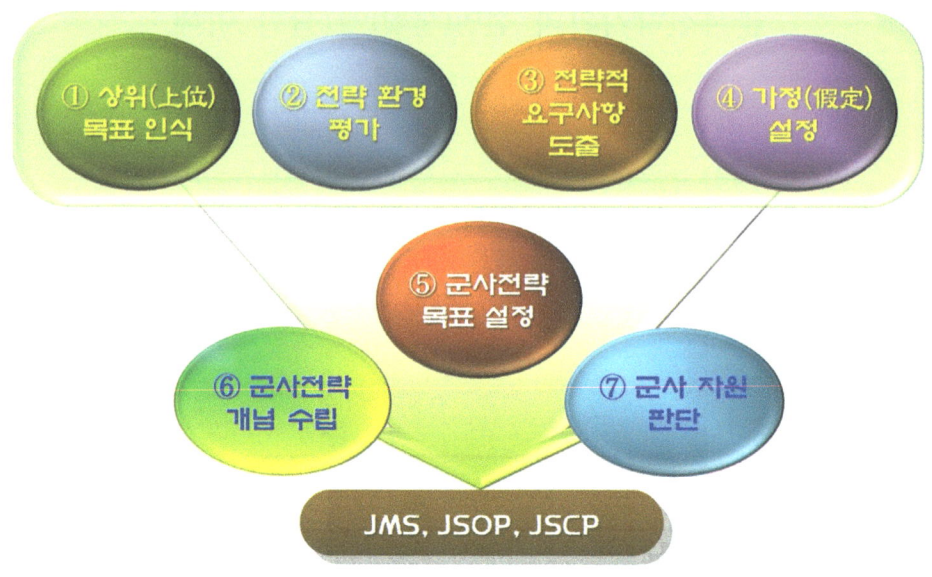

<그림 6-6> 군사전략기획을 진행하는 7대 절차

①은 국가목표, 국가안보목표, 국방목표를 달성하기 위하여 군사 부문의 역할을 도출하는 단계로 군사전략 목표를 설정하는 기초를 제공하게 된다. 이때 국가목표는 ⑤ 군사전략 목표의 설정과 ⑦ 군사자원을 판단하는 데 결정적인 영향을 미치게 된다.

②는 현재의 위협을 분석 및 평가하되, 장차 예상되는 양상을 도출한다. 이때 ⑤ 군사전략 목표의 설정과 ⑦ 군사자원을 판단하는 데 영향을 미치게 되는 전략기획 절차에서 실질적인 첫 단계다. 도출된 위협에 실제 대응하는 방안을 도출하는 단계로서 상당히 중요하다. 전략환경의 평가 수준(차원)에 따라 ⑤~⑦이 완전히 달라지기 때문이다.

③은 국가적 차원에서 필요한 군사전략을 요구하는 수준과 범위(영역)를 결정하게 된다.

④는 ②의 전략환경을 평가한 이후에도 확인되지 않는 불확실성에 대비하여 가정을 설정하는 단계로 ⑤~⑥을 결정하는 데 영향을 미치게 된다.

⑤는 ①~④의 결과를 고려하여 목표를 설정한다. 이는 도출된 군사 과업을 성공적으로 완수하는 최종상태(End-state)를 의미함을 잊어버리면 안 된다.

⑥은 ⑤를 달성하기 위하여 마련한 구체적인 군사행동 방안이다.

⑦은 ⑤~⑥을 구현하기 위해 군사력의 건설 방향과 군사력 건설을 위한 소요를 제기하는 단계다. 이때는 과업을 부여하고 필요한 자원을 할당하지만, 자원의 제한으로 인해 전

략을 수립하는 데 차질이 생길 수 있기에 항시 상호 작용을 고려하여야 한다. 이러한 단계를 거쳐 군사전략을 완성하게 된다.

유념해야 할 사항은 기획 수립을 완료한 이후에도 타당성이 없다거나, 오류(error)가 발생하면, 바로 되돌아가 새롭게 절차를 수행하여야 한다. 이러한 환류(還流)와 반복을 당연시하는 분위기와 여건이 되었을 때 군사전략기획이 성공할 수 있음을 명심해야 한다.

2. 군사전략의 구비조건과 타당성

<표 6-3>은 군사전략의 구비조건과 타당성을 네 가지로 정리하였다.

<표 6-3> 군사전략의 네 가지 구비조건과 타당성

① 수립된 군사전략을 시행할 때 국가목표와 국가보안목표, 국방목표 달성에 기여할 수 있는지?
② 목표 달성을 위해 최상의 방법을 사용하였는지?
③ 가용자원만으로 달성할 수 있는지?
④ 군사전략이 국내·외의 도덕적 측면을 포함하되, 비용 대 효과 측면에서 용납될 수 있는지?

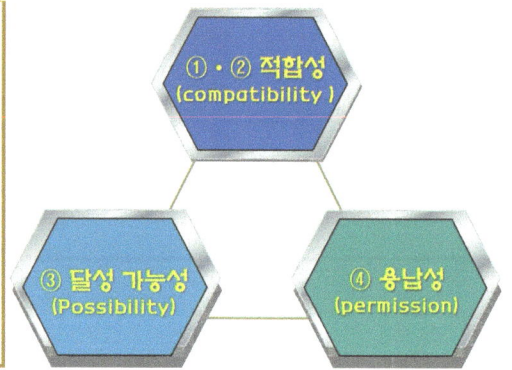

①과 ②는 합목적적이어야 한다는 전제가 필요하다. 군사적으로는 최선의 전략일지라도 국가목표나 국방목표에 기여하지 못한다면, 긍정적인 의미를 부여하기 어렵기 때문이다.

③은 전략 목표의 달성에 기여할 수 있는지와 가용자원과 능력5)으로 가능한지가 관건이다.

④는 국내와 국제적 여론이 긍정·부정적인 정도와 허용되는 수준을 고려해야 한다. 대표적으로 화생방 무기의 사용이나, 무차별 학살 등의 군사적 행동은 금지되어야 함을 들 수 있다. 또한, 최소 비용으로 설정한 목표를 달성할 수 있는지 등이다.

---

5) '가용자원'은 현존(現存) 및 잠재적 군사력을 기초로 하되, 가용할 경우는 동맹국의 군사력도 포함할 수 있다. 다만, 동원전력이나 연합전략은 동원과 증원에 필요한 소요시간을 고려해야 하고, 군사 능력은 유·무형 전력(간부의 능력과 리더십 등을 포함)을 모두 고려할 필요가 있다.

3. 중·장기 군사전략기획 수립 절차

3.1. 중·장기 군사전략기획 수립 시 7단계 절차

군사전략기획의 수립 절차는 중·장기와 단기 두 가지로 진행하고 있다. <그림 6-7>은 중·장기 군사전략기획을 수립하는 7단계 절차를 개괄적인 도표로 정리하였다.

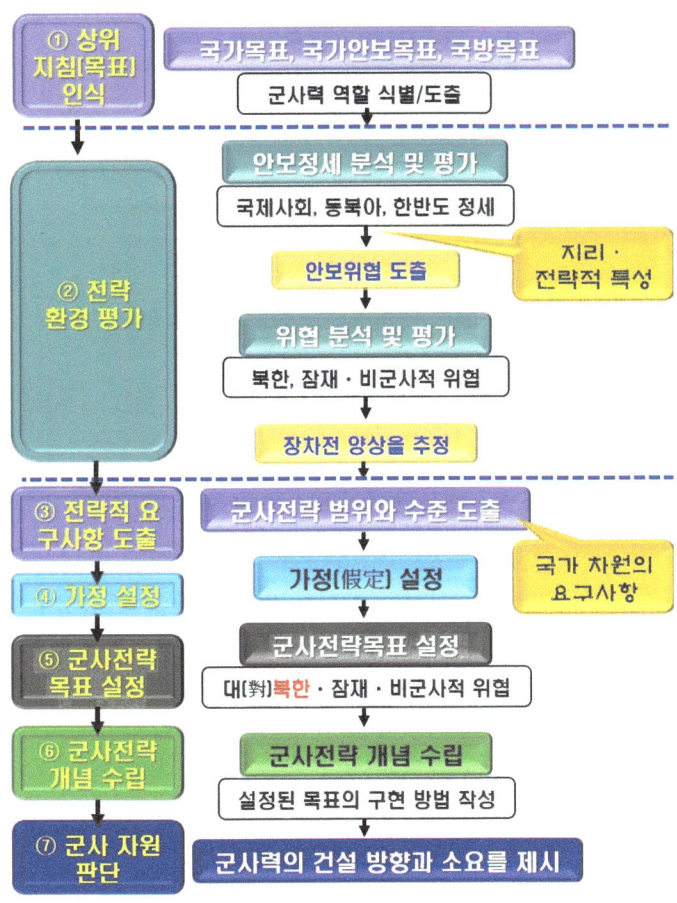

<그림 6-7> 중·장기 군사전략기획의 7단계 수립 절차

3.1.1. ①단계: 상위지침(목표) 인식

①번 단계는 상위목표에서 군사력이 담당할 영역이 무엇인지? 식별하는 단계로 '임무분석'을 진행한다. 군사전략 목표를 설정하는 기초로 사용해야 하기 때문으로 국가가 추구하는 목표에 군이 어떠한 역할을 해야 하는지를 식별하는 게 우선이다. <그림 6-7-1>은 상위지침(목표)을 이해하기 쉽게 정리하였다.

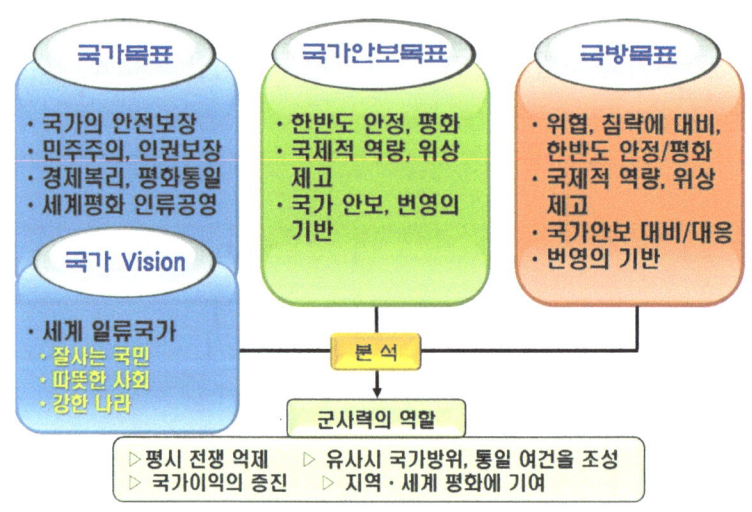

<그림 6-7-1> 상위지침(목표)을 인식하는 데 필요한 항목

상위목표(지침) 중 국가목표와 국가안보목표는 NSC에서 발간한 <국가안보전략서>에, 국방목표는 국방부에서 발간한 <국방 기본정책서>에 명시되어 있다. 상위목표에서 제시한 군사적 역할(범위)이 타당하지 않으면, 합참의장이 의견을 제시하고 조언하여야 한다. 이 단계에서 군사전략을 수립하고 구비요건을 검토할 때도 적합성 측면을 검토하여야 한다. 국가목표인 '국가의 안전보장'을 위해 평시는 전쟁이 일어나지 않도록 '억제'하고, 억제가 실패하여 전쟁이 발발하면 '성공적으로 방위 또는 승리'할 수 있는 역할을 도출하게 됨을 기억하여야 한다.

3.1.2. ②단계: 전략환경 평가

②번 단계는 국내·외의 안보정세를 분석 및 평가-위협 분석 및 평가-장차전 양상이 어떻게 전개된 것인지? 추정하는 단계로 군사전략에서 가장 중요한 부분이라고 하여도

지나치지 않다. 도출한 안보위협에 대응하는 방안을 어떻게 평가하느냐에 따라 군사전략이 크게 달라짐을 이해하여야 한다. 이때 전략기획부서(또는 전문가)나 합참의 임의적 판단 및 평가는 금물이며, 반드시 국가 차원에서 군(軍)에게 요구하는 분야로 한정되어야 한다. <그림 6-7-2>는 전략환경 평가를 진행하는 데 필요한 항목을 이해하기 쉽게 정리하였다.

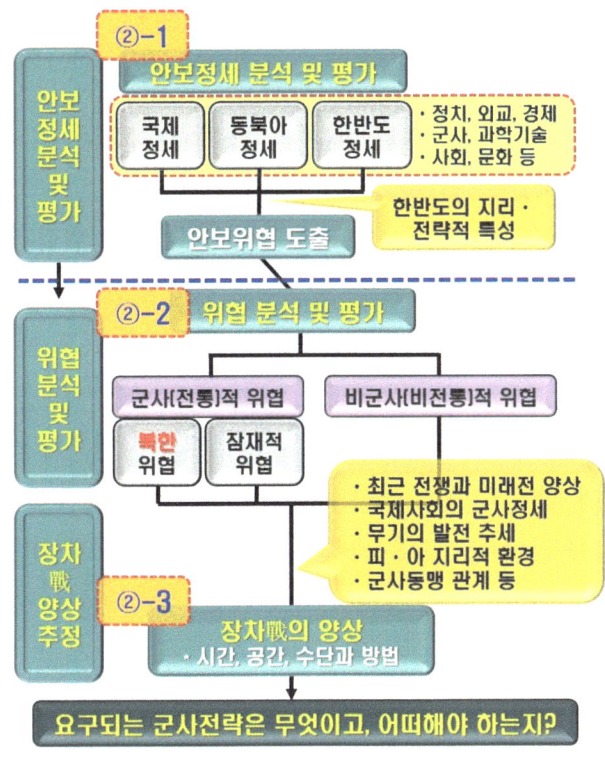

<그림 6-7-2> 전략환경 평가를 진행하는 데 필요한 항목

②-1의 '안보정세 분석 및 평가'는 국제사회와 국가의 내부를 포함하는 전체를 분석하되, 분야별로 평가하고 종합한 결과에 근거하여 안보위협을 도출하여야 한다. 이때 군사적 위협과 비군사적 위협을 같이 포함하여야 한다.6) <표 6-4>는 '안보정세를 분석 및 평가'할 때 필요한 예문이다.

---

6) 2000년대 들어서면서 대규모 자연재해·사회적 재난이 비전통적 안보위협으로 등장하면서 전통적 안보위협으로만 국한하기가 어렵다. 따라서 환경적 측면을 고려하여 군사적 위협과 비군사적 위협으로만 한정하기보다 전통·비전통적 안보위협으로 확대하여야 하지 않나 싶다. 관련 내용은 김성진의 "비전통적 안보위협과 테러 대응체계의 실효성 고찰: 법령과 제도, 대응기능을 중심으로," (2021a), pp. 249~250을 참고하기 바란다.

<표 6-4> '안보정세를 분석 및 평가'할 때 필요한 예문

> 예1) '국제정세' 중 '정치·외교 분야'에서 도출할 수 있는 안보위협
>   * 테러 위협
> 예2) '동북아 정세' 중 일본과의 '정치·외교 분야'에서 도출할 수 있는 안보위협
>   * 독도 분쟁, 강제징용, 위안부 할머니 사태, 한·일 군사정보보호협정 등
> 예3) '한반도 정세' 중 '정치·외교·군사 분야'에서 도출할 수 있는 안보위협
>   * 테러 위협, 기습남침(전면전), 국지도발, 사이버 침해
> 예4) 한국의 정세 중 '경제·사회 분야'에서 도출할 수 있는 안보위협
>   * 원유 가격 급등, 대형 지진 또는 사회적 재난

'국제정세와 동북아 정세'는 정치·외교적 측면에서 '테러 위협'을 예로 들 수 있다. 또한, 미국과 일본, 중국, 러시아가 한국의 안보에 위협이 될만한 분야를 세부적으로 도출하는 과정에서 이들의 역학 관계도 고려하여야 한다. 일본은 독도 분쟁과 강제징용 등이다.

'한반도 정세'는 북한의 남침 위협이나, 특수작전부대의 자연재해·사회적 재난에 편승한 국지 도발, 사이버 침해 등을 고려할 수 있다.

'한국'은 경제·사회 분야 중 '원유 가격 급등', '대형 지진과 재난' 등도 안보위협이 될 수 있음을 이해하여야 한다. 이를 통해 군사적 대응 분야를 선정하면, 다음 단계인 위협 분석 및 평가와 연계하게 된다.

②-2의 '위협 분석 및 평가'는 군사(전통)적 대응은 '북한 위협'과 '잠재적 위협'으로 구분하고 위협의 유형과 양상을 추정하게 된다. 또한, 비군사(비전통)적 위협에 대하여도 군사 차원에서 지원해야 하기에 해당하는 분야 등을 판단해 놓을 필요가 있음을 기억할 필요가 있다.[7] <표 6-5>는 '위협 분석 및 평가'할 때 필요한 예문이다.

---

[7] '비군사적 위협(non-military threat)'은 '국가 및 비국가 행위자가 군사력 이외의 수단으로 위협을 가하거나, 자연적 요인에 의해 국가안보를 위태롭게 하는 위협'을, '초국가적 위협(transnational threat)'은 '국가 또는 비국가 행위자가 군사력 이외의 수단을 가지고 국가를 초월하여 야기(惹起)되는 비군사적 위협의 한 형태'로 정의하고 있다. '비전통적 위협(non-traditional threat)'은 '군사적 위협을 중심으로 하는 전통적 위협과 대비되는 의미로 사용하고 있으며, 대체로 비군사·초국가적 위협을 포괄하고 있다. 관련 내용은 김성진의 "비전통적 안보위협과 테러 대응체계의 실효성 고찰: 법령과 제도, 대응기능을 중심으로," (2021a), p. 249를 참고하기 바란다.

<표 6-5> '위협 분석 및 평가'할 때 필요한 예문

예1) 주변국에서 도출할 수 있는 군사적 위협
　　　* 일본: 독도 분쟁　　* 러시아: KADIZ 침범
　　　* 중국: 이어도(EEZ) 등 서남해상에서의 분쟁, KADIZ 침범
예2) 북한에서 도출할 수 있는 군사(전통)·비군사(비전통)적 위협
　　　* 내부 위기 고조에 따른 기습남침(전면전)
　　　* 사이버 테러, 특수작전부대에 의한 테러 및 국지도발
　　　* 북한 주민의 대량 탈북사태

②-3의 '장차전 양상의 추정'은 도출한 위협을 국가·도발 유형별로 앞으로 어떻게 전개될 것인지? 를 추정하는 단계이다. 이때는 고정된 관점으로 접근하기보다 앞의 ②-1의 '안보정세 분석 및 평가'와 ②-2의 '위협 분석 및 평가'에서 종합한 결과를 진행하기에 2개 이상의 양상으로 추정될 수 있음을 이해할 필요가 있다. 이때 시간과 공간, 수단, 방법 등 다양하고 구체적으로 도출하여야 실제 요구되는 군사전략의 밑그림을 완성할 수 있다. <표 6-6>은 '장차전 양상을 추정'할 때 필요한 예문이다.

<표 6-6> '장차전 양상을 추정'할 때 필요한 예문

예1) 북한이 미래(F+3~F+17)에 전면전을 감행한다면, 어떠한 양상일는지?
예2) 북한이 국지 도발을 감행한다면, 어떠한 양상일는지?
예3) 사이버 테러를 감행한다면, 어떤 대상을 어떠한 방식으로 접근할는지?
예4) 특수작전부대가 대규모 자연재해·사회적 재난으로 혼란스러운 틈새를 비집고 도발한다면, 어느 정도의 규모가 어떠한 형태로 진행할는지?

3.1.3. ③단계: 전략적 요구사항 도출

③번 단계는 군사전략을 수립하기 이전에 국가 차원에서 요구하는 군사전략의 범위와 수준을 의미한다. 정부에서 처음부터 제시하면 그대로 수용해도 되지만, 그렇지 않을 경우가 많기에 군(軍) 스스로 판단 및 도출하여 국가통수기구에 건의 및 승인이 필요한 현실이다. 정부에서 전략적 요구사항을 제시할 때도 군사 분야를 구체적으로 통제하여 군(軍)의

융통성을 제한하지 않아야 한다. 아울러 타당하지 않다고 판단될 때는 언제라도 합참의장이 국가통수기구에 건의할 수 있는 시스템이 작동하여야 한다. <표 6-7>은 '전략적 요구사항을 도출'할 때 필요한 예문이다.

<표 6-7> '전략적 요구사항을 도출'할 때 필요한 예문

예1) 군사전략 목표와 관련된 '전략적 요구사항'은?
　　* 북한 남침 시 원상회복의 수준이 아니라 한반도 통일을 지향해야 한다.
예2) 군사자원과 관련된 '전략적 요구사항'은?
　　* 주변국과 북한의 도발을 억제하고 방위에 필요한 방위 충분성 전력을 확보해야 한다.

3.1.4. ④단계: 가정(假定)의 설정

④번 단계는 군사전략을 수립할 때 전제 조건인 불확실성을 가능한 줄이기 위해 가정(假定)을 설정하게 된다. 전략환경 평가에도 불구하고 확인되지 않는 분야(사항)가 있기 마련이기에 이와 관련한 전제(前提)가 필요하다. 많으면 많을수록 실효성이 떨어지기에 실제 발생이 가능한 경우를 도출하여 군사적 대응 범위를 한정하기 위함임을 이해하여야 한다.

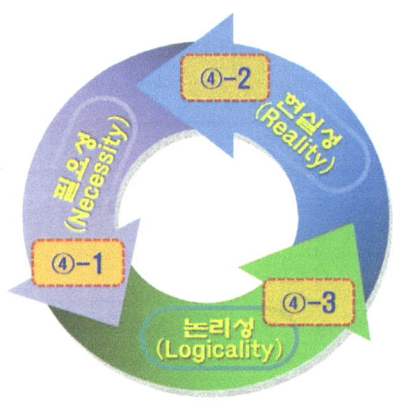

필요한 구비요건은 세 가지로서 ④-1 '필요성은' 군사전략을 기획하는 데 필요하여야 하고, ④-2 '현실성'은 실제 일어날 수 있는 사실에 기초하여 근거가 있어야 한다는 뜻이며, ④-3 '논리성'은 현실에 기반하여야 하며, 논리적이어야 한다는 의미이다. 이때 포함하여야 할 사항은 네 가지로 정리할 수 있다. 첫째, 상대국가와 해당 국가가 진행하는 전쟁 및 분쟁이어야 한다. 둘째, 평시 국가 간 관계에 영향을 미치는 의도 및 반응에 해당하여야 한다. 셋째, 쌍방 간 행위를 하는 도중에 해당 국가가 통제할 수 없는 분야가 있어야 한다. 넷째, 적이 능력 측면에서 아군의 전략적 제대가 지휘할 수 있는 능력 및 범위를 초과하는 능력을 보유하고 있어야 한다. <표 6-8>은 '가정(假定)을 설정'할 때 필요한 예문이다.

<표 6-8> '가정(假定)을 설정'할 때 필요한 예문

예1) 북한의 기습남침(전면전)
* 북한은 전쟁 시 마지막 수단으로 핵 및 화생방 무기를 사용할 것이다.
* 중국은 직접적인 군사 개입보다 전쟁 장비 및 물자를 지원할 것이다.
* 국가 동원체제와 통합방위체계는 차질없이 진행될 것이다.
* UN과 미국은 국제사회를 통해 북한의 침략 규탄과 한국에 대한 적극적인 지원을 시도할 것이다.

3.1.5. ⑤단계: 군사전략 목표 설정

⑤번 단계는 상위목표를 달성하기 위하여 군사 능력 및 자원을 투입하여야 할 특정 임무 또는 과업(task)으로 군사 분야가 완성된 상태를 의미한다. 군사전략목표는 현실적이어야 하지만, 간단명료하여야 하며, 단일목표로 설정하여 노력이 하나로 집중될 수 있게끔 해야 한다. <표 6-9>는 '군사전략 목표를 설정'할 때 필요한 예문이다.

<표 6-9> '군사전략 목표를 설정'할 때 필요한 예문

예1) 남북대치기
* 북한 위협: 남침(전면전), 국지도발, 사이버 테러
* 중국 위협: 북한이 남침 시 병력 증원 또는 전쟁 장비 및 물자 지원
* 러시아 위협: 북한이 남침 시 병력 증원 또는 전쟁 장비 및 물자 지원
* 일본 위협: 독도 분쟁, 경제적 압박
예2) 평화 공존기
* 북한 위협: 남침(전면전), 국지도발, 사이버 테러 등
* 중국 위협: 이어도(EEZ) 침범, 서해 우발적인 충돌 등
* 러시아 위협: KADIZ 침범
* 일본 위협: 독도 분쟁, 경제 압박 등
* 비군사(비전통)적 위협: 국제범죄, 테러, 마약, 환경 문제 등

군사전략 목표는 시기·대상별로 구분하여야 한다. 시기와 대상에 따라 군사전략이 필요하기 때문이다. 남북대치기는 북한의 위협이 증대하는 데 비해 주변 국가의 위협은 적

다. 평화 공존기(共存期)에 북한의 위협은 줄어드는 데 비해 주변 국가의 위협은 상대적으로 증가할 수 있기에 고려하는 게 효과적이다. 대상별로 구분할 경우는 북한의 위협과 주변국을 구체적으로 선정하는 게 타당하지만, 위협이 없는 경우는 생략하여도 무방하다. 이때는 시기별로, 대상국은 대상국별로 각각의 군사전략 목표를 설정해야 함을 이해할 필요가 있다.

3.1.5.1. 군사전략 목표를 설정할 때 고려할 사항

군사전략 목표는 염두로 판단하지만, 이후에 반드시 고려할 사항을 대입하여 확인하는 과정이 필요한 여섯 가지로 정리할 수 있다. 첫째, 상위목표에 부합하거나, 기여하여야 한다. 둘째, 전략환경을 평가한 결과 가능성이 있는 적의 위협을 예측하되, 대처가 가능해야 한다. 셋째, 적 위협을 분석한 결과에 따라 약점은 최대한 이용하고, 강점은 대응책을 마련할 수 있도록 목표를 수립하여야 한다. 넷째, 전략적 요구사항이 충족될 수 있어야 한다. 다섯째, 가정이 최대한 현실에 가까워야 한다. 여섯째, 가용능력(자원)[8] 범위 내에서 설정하여야 한다. 모두 앞의 ①~④단계에서 도출되었기 때문이다. 다만, 여섯 가지의 고려 사항은 개별적인 사항이 아니라 동시에 고려하여야 한다는 점을 잊지 말아야 한다. 특히 어느 수준으로, 어느 정도까지 허용될 수 있어야 할지는 ③단계(전략적 요구사항)를 기준으로 하여 검토하면 된다.

3.1.5.2. 군사전략 목표를 기술(記述)하는 방법

군사전략 목표는 군사자원을 투입하여 달성하기 위한 특정한 과업(task)과 임무(mission)[9] 또는 전략적 수준에서 나타나는 최종상태(End-state)[10]이다. 기술하는 방법은 상대(적)의 상태, 나(아군)의 상태, 피·아가 공동으로 처한 상황(모습)을 기록하는 순서와 방식이다. 예를 들면, '~한다.'는 문장의 구성 형태 즉, 행위적 개념으로 문장을 작성하여 군사전략 목표와 군사전략의 개념을 구분할 수 있다. <표 6-10>은 '군사전략 목표를 기술'할 때 필요한 예문이다.

---

8) '가용능력(자원)'이라 함은 '현재의 전력, 동원할 수 있는 전력, 연합전력'을 포함하고 있다.
9) '과업(task)'은 예하 부대에 할당된 기능이나 직무 또는 상급부대(기관)에 의한 지시를 뜻하며, '임무를 달성하기 위하여 수행해야 할 일이나 업무'를, '임무(mission)'는 '개인 또는 부대에 부여된 과업'을 뜻하고 있다.
10) '최종상태(End-state)'는 '군사작전을 통하여 달성해야 할 피·아 군사적 상황을 의미하며, 임무와 작전 목적을 기초로 군사력이 지향해야 할 방향'이다.

<표 6-10> '군사전략 목표를 기술'할 때 필요한 예문

예1) 남북대치기 시 북한 위협
* "평시 자주적인 전력으로 북한 도발을 억제하여 평화통일을 뒷받침하고 국제평화 유지 활동에 적극적으로 참여한다. 억제가 실패 시에는 전쟁 피해를 최소화하며 조기에 공세 이전하여 전승(戰勝)을 달성함으로써 국토통일을 뒷받침한다."

3.1.6. ⑥단계: 군사전략 개념 수립

⑥번 단계는 ⑤번의 군사전략 목표를 달성하려는 행동방안이기에 군사전략 목표를 설정하면서 구분한 목표에 따라 각각의 목표를 달성하는 방법으로 수립하여야 한다. 목표가 각각 설정되어 있다면, 행동방안도 다르게 수립할 수밖에 없다.

3.1.6.1. 군사전략 개념을 수립할 때 고려할 사항

군사전략 개념을 수립할 때 고려할 사항은 네 가지로 정리할 수 있다. 첫째, 군사전략 목표를 현실에서 구현할 수 있는지?, 둘째, ②단계의 결과인 적 위협과 한반도의 지리적 여건, 대내·외적 환경 및 여건 등, 셋째, 가용자원, 넷째, ③단계 결과인 군사전략 범위와 수준을 달성할 수 있는지? 등으로 개념을 수립할 때 반드시 고려할 사항을 염두에 두고 진행하여야 한다. 고려 사항은 ③번과 ⑤번 단계 등에서 이미 도출된 사항이므로 수립할 때도 필요하지만, 각각의 요소를 거꾸로 확인할 때도 활용할 수 있는 장점을 갖고 있다. 군사전략 개념은 군사전략 목표를 달성하기 위한 행동 방법으로 국가 차원에서 군(軍)에 허용 및 용인할 수 있는 범위와 수준인지를 세밀하게 검토할 필요가 있다.

3.1.6.2. 군사전략 개념을 기술(記述)하는 방법

달성해야 하는 최종상태 즉, 군사전략 목표를 결정하면, 전략적 수준에서 이러한 상태가 되게 하려고 표현하는 게 바로 군사전략 개념이다. <표 6-11>은 '군사전략 개념을 기술(記述)'할 때 필요한 예문이다.

<표 6-11> '군사전략 개념을 기술(記述)'할 때 필요한 예문

▷군사전략 목표: "○○국의 도발 행위를 억제한다."
▷군사전략 개념
　예1) "군사력을 전진 배치(무력시위)하고, 즉각 대응태세를 유지한다."
　예2) "○○국 이외의 주변국(또는 주변 0개국)과 군사외교 활동을 강화한다."

군사전략 목표가 목적어로 기술한다면, 군사전략 개념은 '동사형'으로 작성한다고 이해하면 될 듯싶다. 다시 말해 군사전략 목표를 달성하기 위한 군사적 행동방안으로 기술하면 된다.

3.1.7. ⑦단계: 군사자원의 판단

⑦번 단계는 ⑤·⑥번이 수립되고 나면, 이를 실행에 옮기기 위한 단계이다. 장기적 차원에서는 군사력을 건설하는 방향을 제시하는 것이고, 중기적 차원에서는 군사력의 건설 소요를 제기하게 된다.

3.1.7.1. 군사력을 건설하는 방향과 고려할 사항

⑤·⑥을 완성하기 위한 과정이기에 미래 군사력의 최종 모습을 제시해야 하며, 군사력의 건설 방향은 능력을 포함한 개략적이고 개념적인 부대구조도 포함하여야 한다.

고려할 사항은 ③번(전략적 요구사항 도출)에서 나타난 내용에 따라 크게 두 가지 방향으로 구분할 수 있다.

첫째, '능력에 기초한 전력을 기획'하는 것으로 도출하였다면, ⑦번(군사력 건설의 방향)을 예상할 수 있는 모든 위협에 대비하도록 북한, 잠재적 위협, 비군사(비전통)적 위협 등 모두에 대응할 수 있도록 건설 방향을 잡아야 한다.

둘째, '위협에 기초한 전력을 기획'하는 것으로 도출하였다면, 우선순위가 가장 높은 위협에 우선 대응하도록 건설 방향을 설정하여야 한다.

두 가지 방향으로 군사력 건설 방향이 제시되면, 합참의 '합동 군사전략목표기획서(JSOP)'를 작성할 때 군사력 건설 방향에 대한 지침이 된다. 이처럼 ①~⑦번까지의 절차를 거쳐 군사전략을 수립하는 과정을 중·장기 군사전략기획이라고 하며, 이는 합참의 '합동

군사전략서(JMS)'가 최종 산물이다. <표 6-12>는 '군사자원을 판단'할 때 필요한 예문이다.

<표 6-12> '군사자원을 판단'할 때 필요한 예문

> 예1) 남북대치기: 북한의 전면전 위협
>   * 군 구조: 야전군 해체, 지상작전사령부(지작사) 창설, 군단 중심의 구조로 개편, 후방지역작전사령부(후작사) 창설 또는 후방지역의 군단사령부 해체 또는 통합, 사이버 사령부 창설, 드론부대 창설 등
>   * 전력증강 방향: 영상·신호정보를 수집하기 위한 군사위성, 전략정보 수집기, 고고도 무인 항공기(UAV), 사이버·드론 전문요원 확보 등

'군 구조'는 전시작전권이 전환될 때를 대비하여 야전군을 해체하면서 지상 작전 사령부를 창설하여야 한다. 전장(battle-field)은 군단 중심으로 개편하되, 후방지역은 후방지역 작전사령부가 사단을 직접 통제하도록 부대구조를 개편 및 통합하는 방향으로 제시하여야 한다.

'전력의 증강 방향'은 ⑥번(군사전략 개념 수립)에서 '북한의 도발을 억제'하기 위한 감시 수단을 확보하기 위하여 영상·신호정보를 확보하기 위한 군사위성 확보와 각종 전문요원 등의 확보할 수 있는 개략적인 방향을 제시하여야 한다.

3.1.7.2. 군사력을 건설하는 소요의 제기

군사력 건설 소요의 제기는 ⑤·⑥번을 구현하는 데 필요한 자원을 판단하여 국방정책에 소요를 제기함으로써 '합동 군사전략목표기획서(JSOP)'에 반영하는 '군사력의 건설 및 유지 과정'을 의미하고 있다. 이때는 ⑤·⑥번과 ⑦번의 군사력 건설 방향을 기초로 부대구조와 무기체계, 장비 및 물자, 인력 등을 포함한 '전력 소요서'를 작성한다. 국방부가 이를 승인하면, '합동 군사전략목표기획서(JSOP)'에 반영하게 된다.

군사력 건설 소요를 판단할 때는 일곱 가지 요건을 고려하여야 한다. 첫째, 장차전 양상, 둘째, 적의 능력, 셋째, 적의 군사력 건설 추세, 넷째, 국가자원의 배분, 다섯째, 군사력 폐기 및 증강계획, 여섯째, 전시에 동원할 수 있는 능력, 일곱째, 군사동맹 및 협력 관계 등이다. <그림 6-8>은 군사력 건설 소요의 종류를 정리하였다.

<그림 6-8> 군사력 건설 소요의 종류

①은 군사전략 개념을 구현하기 위해 전력 구조와 전장 기능별로 필요한 요망 소요를 처음으로 판단하는 작업이다.

②는 ①을 기초로 하여 가용한 재원(財源), 상비전력을 운영하는 수준, 작전 운용성 등을 고려하는 실제 군사력 소요다. 중기계획을 수립하는 근거로 이해하면 된다.

③은 ②에 기초하여 소요전력의 우선순위에 따라 먼저 중기소요(F+3~F+7년도)에 반영할 군사력 건설 소요다. 이러한 항목들은 국방부에 제기되어 국방중기계획 수립의 근거로 활용하고 있다. <표 6-13>은 '군사력 건설 소요를 작성'할 때 필요한 예문이다.

<표 6-13> '군사력 건설 소요를 작성'할 때 필요한 예문

예1) 남북대치기: 감시 수단의 확보-공중조기경보통제기(AWACS)
　　① 기획 소요: 4대(운용 3대, 교육훈련 및 정비 1대)
　　② 증강목표: 3대(운용 2대, 예비 1대)
　　③ 목표 소요: 2대(내년도에 1대)

4. 단기 군사전략기획 수립 절차에 관한 이해

4.1. 단기 군사전략기획 수립 시 7단계 절차

단기 군사전략기획 절차는 F+1년도가 기준이며, <그림 6-9>는 단기 군사전략기획을 수립하는 7단계 절차를 개괄적인 도표로 정리하였다.

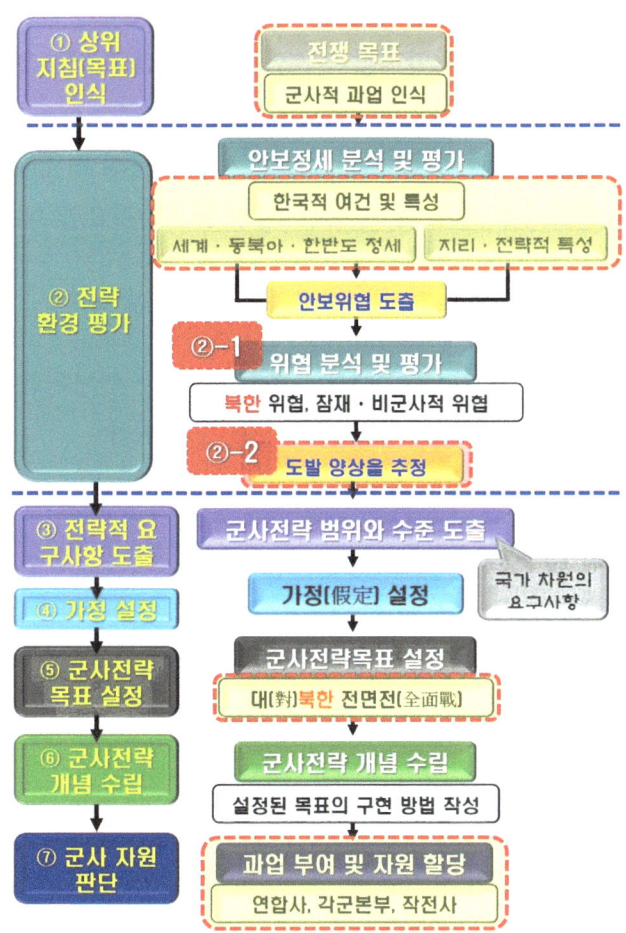

<그림 6-9> 단기 군사전략기획의 7단계 수립 절차

중·장기 군사전략기획 절차와 차이나는 부분은 빨간 점선( )으로 표식하였다.

4.1.1. ①단계: 상위지침(목표) 인식

전쟁이 발발 시 군사 분야에서 구체적으로 무엇을 해야 할 것인지? '군사적 과업을 인식' 하는 과정이다. 국가가 설정한 전쟁 목표에서 제시한 사항이 군사적 수준(차원)에서 타당하지 않다고 판단될 때는 합참의장(군사전략기획의 주체)이 의견을 제시 및 조언할 수 있다.

4.1.2. ②단계: 전략환경 평가

미래를 예측하는 게 아니라 현재를 분석 및 평가하여야 한다. 따라서 전체적인 절차는 중·장기 군사전략기획과 같지만, 마지막 단계에서 '장차전(將次戰) 양상'을 추정하는 게 아니라 현실에서 필요한 '도발 양상을 추정'하는 것이다.

'안보정세 분석 및 평가'는 F+1년을 기준으로 하기에 최근의 정세를 '현재형'으로 기술한다. <표 6-14>는 '안보정세 분석 및 평가를 작성'할 때 필요한 예문이다.

<표 6-14> '안보정세 분석 및 평가를 작성'할 때 필요한 예문

> 예1) 세계와 한국의 '정치·외교 분야'에서 도출할 수 있는 안보위협: 테러
> 예2) 북한의 '정치·외교 분야'에서 도출할 수 있는 안보위협
>   * 내부 위기를 무마하기 위한 의도적인 기습남침
>   * 서해 5도, 군사분계선 이남(以南) 지역을 불법 침범 후 협상 제의 등

②-1의 '위협 분석 및 평가'는 전쟁이 발발했을 때 세계·주변국, 한반도에 미치는 영향을 고려하여 상대국의 의도와 능력, 예측되는 공격 양상을 파악하여야 한다. 아울러 상대국의 의도와 능력, 공격 양상과 한국의 능력을 비교 평가함으로써 상대국의 강점과 취약성까지 분석할 필요가 있다. 이때 상대국의 강점과 취약성을 분석하는 방법은 두 가지이며, 첫째, 상대국가의 체제나 구조적 측면, 둘째, 공격 양상을 통해서이다.

중·장기 군사전략기획에서는 장차전 양상을 도출하지만, 단기 군사전략기획은 이미 확정된 능력을 기초로 판단하기에 '공격 양상'이라는 용어를 구체적으로 사용한다고 이해하면 될 듯싶다. 중·장기에서는 강점과 취약성을 분석하지 않았지만, 단기에서 분석하는

이유는 중·장기는 먼 미래를 예측하는 판단이기에 기간이 지나면서 변화될 수 있지만, 단기는 현재 시점을 판단하는 과정으로 짧은 기간 내에 변화할 가능성은 그다지 크지 않기 때문이다. 이는 군사전략을 수립할 때 활용할 수 있는 대응방안을 마련하려는 노력임을 이해할 필요가 있다. <표 6-15>는 '위협 분석 및 평가를 작성'할 때 필요한 예문이다.

<표 6-15> '위협 분석 및 평가를 작성'할 때 필요한 예문

예1) 전면전 위협
* 북한이 내부 위기를 외부로 돌리기 위하여 기습남침을 감행
* 북한의 핵이 해결되지 않은 상황에서 국제적 고립을 탈피하기 위해 기습적으로 남침을 감행

예2) 국지도발 위협
* 서해 NLL의 무력화를 시도, 서해 5도에 대한 기습 점령을 시도
* 군사분계선 이남 지역을 기습 점령하고 협상을 제의
* 특수작전부대가 대규모 자연재해·사회적 재난에 편승하여 침투하여 사회적 혼란을 조성

②-2의 '도발 양상 추정'은 ②번에서 도출된 위협을 국가·유형별로 추정하는 단계이다. <표 6-16>은 '도발 양상을 추정하여 작성'할 때 필요한 예문이다.

<표 6-16> '도발 양상을 추정하여 작성'할 때 필요한 예문

예1) 전면전 위협
* 제1단계: 전면적인 기습남침
* 제2단계: 미군이 증원하기 이전 남한 전 지역을 석권(席卷-sweep)
* 제3단계: 제한될 때 일정한 지역을 확보
* 제4단계: 국제사회 또는 한국에 정치적 협상을 제의 및 시도

예2) 국지도발 위협(서해 5도로 상정했을 경우)
* 제1단계: 서해 5도를 기습적으로 점령
* 제2단계: 한반도에서 미군의 철수를 주장
* 제3단계: 국제사회 또는 한국에 정치적 협상을 제의 및 시도

이러한 산물은 위협의 형태가 장차 어떻게 전개될지에 관한 결론이다. 올바른 추정을 뒷받침하기 위해서는 시간과 공간, 수단, 방법적인 측면을 폭넓게 고려하여야 하며, 반드시 '현재형'으로 기술하여야 한다는 점을 다시금 강조하고 싶다.

4.1.3. ③단계: 전략적 요구사항 도출

군사전략을 수립하기 이전에 국가 차원에서 요구하는 군사전략의 범위와 수준이다. 즉, 군사전략 목표, 군사전략 개념, 군사자원과 관련된다. 국가 차원에서 요구한다는 의미는 국가통수기구와 상위지침(목표) 등에서 의도를 추정하여 반영함으로써 군사전략의 범위와 수준을 결정하고 군사전략을 수립한다는 뜻이다. <표 6-17>은 '전략적 요구사항을 도출'할 때 필요한 예문이다.

<표 6-17> '전략적 요구사항을 도출'할 때 필요한 예문

예1) 군사전략 목표와 관련한 '전략적 요구사항'
  * 북한이 남침 시 원상을 회복하는 수준이 아니라 한반도의 통일을 지향해야 한다.
예2) 군사자원과 관련한 '전략적 요구사항'
  * 북한이 남침 시 가용전력과 미국의 증원전력까지 고려하여 군사가용자원으로 판단해야 한다.

이러한 산물은 다음의 ⑤·⑥번 단계에서 군사전략을 수립하는 방향을 제시하게 된다.

4.1.4. ④단계: 가정(假定)의 설정

시기적으로 목표연도가 미래가 아니라 현실로 임박한 기간이기에 ②번과 정보 수집 활동 등을 통해 설정할 내용은 최소화되도록 노력하여야 한다. 이때 계속 확인 및 최신화하여야 하고 변화되는 내용은 즉각 군사전략기획에 반영하는 게 중요하다. <표 6-18>은 '가정(假定)을 설정'할 때 필요한 예문이다.

<표 6-18> '가정(假定)을 설정'할 때 필요한 예문

예1) 북한의 기습남침(전면전)
  * 북한은 전쟁 말기에 최후 수단으로 핵무기를 사용할 것이다.
  * 한만(韓滿) 국경까지 한국군(미군 또는 UN군)이 진출 시 중국은 직접적인 군사 개입을 시도할 것이다.
  * UN은 국제사회와 함께 북한의 침략을 규탄하며 한국에 대하여 지지(支持)하는 입장을 발표할 것이다.

4.1.5. ⑤단계: 군사전략 목표의 설정

중·장기와 차이점은 시기와 대상, 상황을 모두 한정한다. 참고로 시기는 현재 시점의 국가 상황을, 대상은 전쟁상대국이 한정되기에 북한으로, 상황은 기습남침이기에 전면전으로 한정한다. 이외의 고려 사항을 적용하거나, 기술하는 요령은 같다고 이해하면 될 듯싶다. <표 6-19>는 '군사전략 목표를 설정'할 때 필요한 예문이다.

<표 6-19> '군사전략 목표를 설정'할 때 필요한 예문

예1) 북한의 기습남침(전면전)
  * 평시 자주국방으로 보유하고 있는 전력으로 북한의 도발을 억제하되, 실패할 때는 피해를 최소화하고 빠른 기간 내에 공세 이전을 할 수 있도록 전승(戰勝)함으로써 국토를 통일하는 데 기여한다.

4.1.6. ⑥단계: 군사전략 개념의 수립

⑥번 단계는 ⑤번 단계를 달성하려는 행동방안이다. 따라서 ③번 단계에서 결정된 군사 행동이 허용하는 범위에 포함되어야 하며, 충족되는지도 검토하여야 한다. <표 6-20>은 '군사전략 개념을 수립'할 때 필요한 예문이다.

<표 6-20> '군사전략 개념을 수립'할 때 필요한 예문

예1) 북한의 기습남침(전면전)
　　* 평시 자주 전력에 의하여 북한의 도발을 억제
　　　- 한국군 주도의 감시체계로 감시 및 정보공유체계를 구축하여 지속적인 작전계획의 연습과 훈련을 지속하여 실시
　　* 전쟁의 피해를 최소화하고 조기에 전승(戰勝)을 달성하여 국토통일을 뒷받침한다.
　　　- 수도권 북방에서 북한군을 저지 및 격퇴함으로써 피해를 최소화하며, 주력(主力)을 섬멸한 다음 조기에 공세 이전을 통해 독자적으로 한만(韓滿) 국경선을 확보하여 국토를 통일할 수 있는 여건을 조성한다.

이렇게 작성한 군사전략개념은 더욱 발전시켜 전쟁을 수행하는 단계별로 구체화하되, '전략지시'[11])에 포함하여 하달하게 된다.

4.1.7. ⑦단계: 군사자원의 판단

4.1.7.1. 과업 부여 및 자원 할당

⑤·⑥번에서 결정된 사항을 달성하기 위하여 실행이 가능한 군사자원을 편성 및 운용하는 단계이다. 목표연도에 확보될 전략 능력을 기초로 하여 작전사와 각 군 본부, 합동부대, 연합사에 과업을 부여하고 군사자원을 할당하며, 합동계획의 발전을 위해 보완 및 지도하는 단계로 이해하면 될 듯싶다. '합동 군사전략 능력기획서(JSCP)'를 작성하는 절차다. <표 6-21>은 '과업 부여 및 군사자원을 할당'할 때 필요한 예문이다.

<표 6-21> '과업 부여 및 군사자원을 할당'할 때 필요한 예문

예1) 지상작전사령부
　　* 과업: 최초 피해를 최소화하고 ～ 한다.
　　* 군사자원: 편제 부대, 제00 기동군단, 제00 기계화 보병사단 등

---

11) '전략지시(Strategic Directive)'는 '합참의장의 군령권 행사 및 국가 전쟁 지도의 주요 기능을 수행하기 위하여 전략 상황평가 및 판단결과를 기초로 하여 전략지침을 지시문 형식으로 작성한 문서'로 연합사로 보내게 되어있다. 현재까지 전략지시는 제1호와 제2호를 작성하였다(합동군사대학교 합동전투발전부, 앞의 사전(2014), p.407.).

과업을 부여받고 군사자원을 할당받은 예하 부대장(지휘관)은 할당된 내용을 기초로 하여 정밀기획 절차를 통해 '합동 작전계획'을 세부적으로 준비하게 된다.

한국군의 군사전략은 중·장기 군사전략기획 절차를 통해 작성된 산물인 '합동 군사전략서(JMS)'[12]에 제시되어 있다.

---

12) '합동 군사전략서(JMS)'는 'Joint Military Strategy'의 약자로서 '국가 및 국방목표를 달성하기 위해 군사전략과 군사력 건설 방향을 제시한 문서'이다. 국가안보전략서, 국방정보판단서, 국방 기본정책서, 합동 군사전략서(JMS)와 합동 전장 운영개념 등을 기초로 하여 매 3년 주기로 작성하게 되며, 군사전략 목표와 개념, 군사력 건설 방향 등을 제시하는 기획문서이다.

제 5 절

논의 및 시사점

<그림 6-10>은 중·장기 군사전략기획과 단기 군사전략기획 절차의 진행 과정에서 나타나는 차이점과 특징을 도표로 정리하였다.

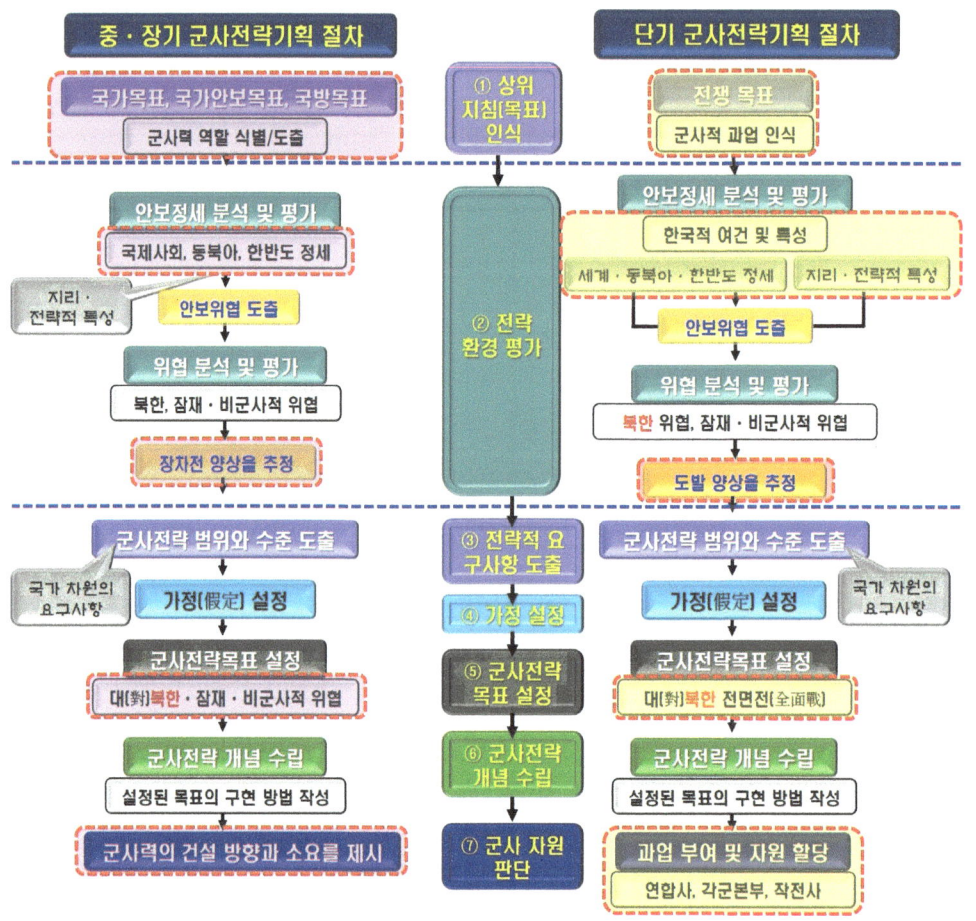

<그림 6-10> 중·장기 군사전략기획과 단기 군사전략 기획 절차의 차이점과 특징 비교

중·장기와 단기 군사전략기획 절차의 차이점은 빨간 점선( )으로 표식하였다.
군사전략기획을 수립하는 7대 절차가 어렵고 복잡하게 느껴지는 것은 중·장기와 단기

절차의 수립 과정을 설명하는 과정에서 일관된 주제와 내용으로 예시(例示)하지 않아 나타나는 현상이다. 학습자가 처음 접하는 용어이고, 개념과 절차에 대한 이해도가 낮은 상태에서 예문(例文)의 내용이 중복되거나 절차마다 다른 내용을 사례로 들다 보니 헷갈릴 수밖에 없지 않을까 싶다.

<표 6-22>는 중·장기와 단기군사전략기획 절차의 특징적 차이점을 비교하여 정리하였다.

<표 6-22> 중·장기와 단기군사전략기획 절차의 차이점을 비교

구 분	중·장기	단기
① 상위지침 (목표) 인식	국가목표, 국가안보목표, 국방목표 * 군사력 역할 식별/도출	전쟁 목표 * 군사적 과업 인식
② 전략환경 평가	국제사회·동북아·한반도 정세	한국적 여건 및 특성 * 세계·동북아·한반도 정세 * 지리·전략적 특성
③ 전략적 요구사항 도출	-	-
④ 가정 설정	-	-
⑤ 군사전략 목표 설정	대(對)북한·잠재·비군사적 위협	대(對)북한 전면전(全面戰)
⑥ 군사전략 개념 수립	-	-
⑦ 군시지원 판단	군사력의 건설 방향과 소요를 제시	과업 부여 및 자원의 할당 * 연합사, 각군본부, 작전사

"승리의 여신은 전쟁 양상의 변화를 능동적으로 예측하고 대비하는 사람에게 미소지을 뿐, 변화가 발생하여도 머뭇거리는 사람의 손은 들어주지 않는다."

강의_VI 지정학(地政學)과 군사전략에 관하여 이해합시다.

학습하기 이전(以前)에 요구되는 사항

1. 지정학(Geopolitics)의 기원과 기본 개념을 이해하시오.
   * 지리적 요인이 국가의 정치행위에 미치는 의미는?
2. 각 지정학자의 이론에 관하여 이해하시오.
   * 프리드리히 라첼(Friedrich Ratzel)의 주장은?
     - 2대 중심 개념과 의미는?
   * 루돌프 헬렌의 주장은?
     - 국가를 '지정학적 유기체'로 인식한다는 의미는?
     - 강대국이 되기 위한 3대 요건은?
   * 할포드 J. 매킨더(Halford J. Mackinder)의 주장은?
     - 추축지대(Pivot area)의 개념과 의미는?
     - 하트랜드(Heart Land)의 개념과 의미는?
     - 추축국과 추축지대의 차이점은?
   * 카를 E. 하우스호퍼(Karl E. Haushofer)의 핵심 주장은?
   * 니콜라스 N. J. 스파이크먼(Nicholas N. J. Spykman)의 주장은?
     - 결정지역(Area Decision)의 개념과 의미는?
   * 조지 T. 레너(George T. Penner)의 주장은?
   * 알렉산더 P. 드 세버스키(Alexander Seversky)의 주장은?
3. '하트랜드'와 '림랜드' 이론의 차이점을 이해하시오.
4. 지정학은 군사전략에 어떠한 영향을 주는지 이해하시오.
   * 직·간접적인 영향을 받은 사례가 있다면?

제7장

지정학(地政學)과 군사전략에 대한 이해

제1절 개요

제2절 대륙-해양-항공 중심의 지정학

제3절 논의 및 시사점

제 1 절

개 요

인간은 사회적 동물이기에 자기가 서 있는 위치와 공간에서 나 홀로 자유롭기는 어렵다. 인류의 역사도 위치와 공간에 대응한 결과에 따라 국가의 흥망성쇠(興亡盛衰)는 갈렸다. 이때 영토를 확보 및 세력을 확장하려는 국가 간의 치열한 경쟁은 모두 위치와 공간에서 출발하고 있다.

국제관계를 결정짓는 모든 사태가 위치와 공간의 개연성을 가질 수밖에 없기에 지정학적 관점에서 접근하지 않거나, 배제하는 순간 본질은 흐려지기 쉽다. 인간이 거주하는 공간의 지리적 요소와 자연환경이 사고(思考)와 행동 방식에 미치는 정도는 각기 다르고 의지(Will)와 창의력(creativity)을 자극하는 수준 또한 확연히 다르기 때문이다.

'지정학(地政學-Geopolitics)'은 '지리적 요인이 국가의 행위에 어떠한 영향을 미치는지 연구하는 학문'이다. 이 학문은 과거의 이론임에도 불구하고 변함없이 정치·지리적 조건의 유용성(usefulness)을 제공하고 있다. 이를 통해 국가의 지리와 기후 조건, 자연자원, 인구의 대소 그리고 지형과 여건에 따라 국가의 외교정책을 결정하고 있으며, 국가 간의 위계(位階-지위나 등급)가 어떻게 결정되는지도 알 수 있다.

17세기 말까지 서양 문화에 영향을 끼친 마케도니아의 아리스토텔레스(Aristoteles, BC 384~322)는 "국토의 이질성은 국민의 이질성을 형성하게 하여 국가를 통일하는 데 장애가

된다."면서 "어떠한 생활 양식은 사람들을 특정한 자연환경에 적합하게끔 만들기에 정부의 형태도 각기 다르게 적용되어야 한다."고 강조하였다.

이 용어는 1899년 스웨덴의 루돌프 헬렌(Rudolf Kjellen)이 『유기체로서의 국가』에서 '지정학이란 국가를 지리적 유기체로 보고 고찰하는 국가론'이라고 하는 과정에서 '지정학'을 처음 사용하였다. 1930년대 독일의 카를 E. 하우스호퍼(Karl E. Haushofer)와 독일의 정치지리학자들이 널리 사용하기 시작하였다.[1] 19세기에 지리(地理) 또는 정치와 지리, 국가정책의 관계를 연구하는 지정학이 태동(胎動)하게 된 계기는 프리드리히 라첼(Friedrich Ratzel)과 루돌프 헬렌(Rudolf Kjellén)이 선구자 역할을 하였기에 가능하였다.

이번 장(Chapter)은 대륙과 해양, 항공을 중심으로 하는 지정학 이론에 관하여 탐구하고자 한다.

---

1) Martin Griffiths et al., *International Relations: The Key Concepts* (New York: Routledge, 2008), pp. 122~123.

제 2 절

대륙·해양·항공 중심의 지정학 이론

1. 지정학 이론 연구의 선구자

1.1. 프리드리히 라첼(Friedrich Ratzel)

독일의 지리학자인 프리드리히 라첼(Friedrich Ratzel, 1844~1904)은 정치지리학을 발전시켜 학문적 토양을 개척한 인물이다.

당시 독일은 빌헬름 1세(Wilhelm I, 1797~1888)와 오토 폰 비스마르크(Otto von Bismarck, 1815~1898) 재상이 원팀(One-Team)으로 국력을 급속히 증대시켰다. 보불전쟁(1870~1871)에서 승리하며 통일제국을 선포하고 유럽의 최강자로 부상(浮上)했기 때문이다. 여기에 산업혁명의 여파로 석탄과 철광석, 제철 및 화학 분야가 급속히 발전하면서 해외시장을 개척할 필요성이 추가로 제기되었다. 즉, 식민지 건설 경쟁과 패권 국가로 유럽지역을 석권하겠다는 욕망이 절묘하게 맞아떨어진 시기다. 그러나 영국과 프랑스, 러시아 등이 이미 중요한 지역 대다수를 식민지로 분할 및 점령한 상황이었기에 마음이 급했다. 그의 이론은 이러한 사회·시대적 상황을 반영하였다고 이해하면 될 듯싶다. <그림 7-1>은 프리드리히 라첼의 2대 중심 개념이다.

<그림 7-1> 프리드리히 라첼의 2대 중심 개념

①은 영토라는 형상화된 유형적인 공간을 의미하는 게 아니라 국가 권력의 상징인 '정치적 권력(Political Power)'으로서의 공간을 의미하고 있다. 국가가 단순히 국민과 영토가 기계적으로 결합한 결과물이 아니라 살아있는 유기체와 같기에 정치적 공간을 기반으로 하여 생성되고, 성장하며, 발전한다고 판단하였다.

②는 국가가 차지하고 있는 공간에 특별한 유일성을 부여하는 요소로 보았다. 예를 들어 같은 공간을 차지하더라도 그 공간의 위치가 대륙에 있는지, 바다 한가운데 떠 있는 커다란 섬으로 존재하는지에 따라 지정학적 성격이 부여된다고 인식하였다. 즉, 해당 국가의 정치적 요인이 지리적인 요소에 의해 결정된다고 믿었기 때문이다. <표 7-1>은 프리드리히 라첼의 지리적 요소가 정치를 결정하는 네 가지 특징을 정리하였다.

<표 7-1> 프리드리히 라첼의 지리적 요소가 정치를 결정하는 네 가지 특징

첫째, 국가의 정치적 힘은 영역(領域)의 정도에 따라 결정된다.
둘째, 국경은 국가의 팽창 정도에 따라 변화하며, 저지하려는 경계선에 도달하게 되면서 이를 타파하기 위해 전쟁이 발발(勃發)한다.
셋째, 국가는 생명을 가진 조직체이기에 성장을 위해 폭력을 사용해서라도 저해되는 요인은 근절하여야 한다.
넷째, 에너지 제공이 필요한 유기체이므로 에너지를 공급받지 않으면, 패망한다. 따라서 성장에 필요한 주변의 필요한 요소들과 작은 국가들은 흡수되어야 한다.

소결론적으로 그는 국가의 공간적 성장 법칙을 통해 영토를 침략하거나, 정복을 시도할 수밖에 없다는 불가피성을 주장한 인물이다.

1.2. 루돌프 헬렌(Rudolf Kjellén)

스웨덴의 정치학자인 루돌프 헬렌(Rudolf Kjellén, 1864~1922)은 1916년 지정학의 효시로 인정받고 있는 인물이다. 『유기체로서의 국가-Statten som Lifsform』에서 처음으로 '지정학(geopolitics)'이라는 용어를 사용하였다.

프리드리히 라첼이 국가를 유기체로 보는 인식과 크게 차이가 없다 보니 일부는 새로울 것이 없다며 비판하고 있다. 그러함에도 '지정학'이란 용어를 그가 처음 사용했다는 점과 프리드리히 라첼의 사상을 발전시킨 주체라는 사실은 변함이 없다.

국가의 생명은 영토와 정부, 국민, 경제, 문화에 달려 있지만, 가장 중요한 속성은 '권력'으로 보았다. 살아있는 유기체인 국가가 법이나 도덕, 이성보다 권력을 우선시하고 본능적으로 생존하기 위해서는 공간적 팽창을 추구하기에 권력을 통해서만 영토 확장이 가능하다고 보았다. 이 과정에서 폭력을 사용하더라도 성장 및 발전에 필요한 물자는 반드시 국가가 스스로 지배하는 게 기본 권리라고 강조하였다.

프리드리히 라첼이 주장하는 공간의 크기나 확대할 필요성에 공감하며, 강대국이 되기 위한 조건은 국가영역이 얼마나 넓으냐에 달려있다고 판단하였다. <표 7-2>는 루돌프 헬렌의 강대국이 되기 위한 세 가지 요건을 정리하였다.

<표 7-2> 루돌프 헬렌의 강대국이 되기 위한 세 가지 요건

> 첫째, 영역이 넓어야 한다.
> 둘째, 이동의 자유가 확보되어야 한다.
> 셋째, 내부 결속이 확고하여야 한다.

그의 논리에 따르자면, 불충분한 공간을 가진 국가는 식민지를 확보하거나, 합병 또는 정복을 통해 자신이 지배하는 공간을 계속 확장하여야 한다.[2] 이때 인간의 지리적 조직체인 국가의 공간(영토) 확대가 생존과 연계되기에 '생존권' 차원에서 어떠한 수단을 써도 공간을 넓혀야 한다는 사실은 불가피하다고 인식하였다. 따라서 필요한 에너지와 자원은 반드시 국가의 지배하에 두어야 한다며 '자급자족'을 강조한 것이다. 이러한 이론은 독일 카를 E. 하우스호퍼의 이론에도 상당한 영향을 미쳤다.

범게르만주의자[3]였던 그는 당시 유럽의 정세가 강대국의 협력체계가 약화한 결과에

---

[2] 이영형, 『지정학』 (서울: 앰-애드, 2006), p. 43.
[3] '범게르만주의(Pan-Germanism)'는 19세기 영어권과 프랑스어권에서 형성된 용어로 '독일어나 게르만어를 사용하는 모든 사람은 정치적으로 통일해야 한다며 벌인 운동'이다. 제1차 세계대전 이전 독일제국을 중심으

따라 전쟁의 혼란이 나타났다고 진단하였다. 이에 따라 스웨덴이 독일의 영향권으로 편입되어야만 국가의 생존을 담보할 수 있다는 인식에서 독일이 팽창되어야 한다는 논리를 적극적으로 옹호하였다.4)

로 모든 게르만 민족이 단결하여 생활권을 확대함으로써 세계 제패를 달성하려는 민족주의 운동이다. 1894년 라이프치히대학교 교수이자 제국의회 의원인 에른스트 하세(Ernst Hasse)에 의해 처음으로 조직되었다.
4) Saul B. Cohen, *Geopolitics of the World System*(Oxford: Rowman & Littlefield Publishers, 2003), p. 20.

2. 대륙 중심의 지정학 이론

2.1. 할포드 J. 매킨더(Halford J. Mackinder)

영국의 지리학자이자 정치가인 할포드 J. 매킨더(Halford J. Mackinder, 1861~1947)는 대영제국 전성기인 빅토리아시대 (1837~1901)[5]의 인물이다. 그는 1904년 발표한 논문 "역사의 지리적 축-The Geographical Pivot of History"를 통해 해양세력이 접근하기 어려운 대륙 내의 추축 지대 확보가 국제정치와 역사에 중대한 영향을 끼친다고 주장하였다. 이에 근거하여 유라시아 내륙을 세계 정치의 중심으로 보고 '추축 지대(Pivot Area)'[6]를 도입하였다. 이후 루돌프 헬렌의 '지정학'을 학문적 틀로 정립하였고,[7] 유라시아(Eurasia)[8]를 가정(假定)에 설정하였다. <표 7-3>은 할포드 J. 매킨더의 세 가지 가정(假定)을 정리하였다.

---

[5] '빅토리아시대(Victorian Era)'는 63.7년간 빅토리아 여왕이 등극하여 치세한 기간을 의미한다. 1837년 즉위하여 사망한 1901년까지의 기간으로 영국의 역사상 가장 번영한 시대로서 강력한 경제력과 군사력으로 세계를 지배하였다. 1860년경 '팍스 브리타니카(Pax Britannica)'를 통해 최고의 절정기를 구가하면서 세계에서 가장 강력한 패권 국가로 자리매김하였다. 그러나 제1차 세계대전을 거치면서 서서히 움츠러들었다. 제2차 세계대전 말기 전쟁 장비 및 물자를 수출하면서 강력한 채권국으로 자리를 잡은 미국이 등장하면서다. 막강한 군사력을 갖춘 미국이 말기(末期)에 일본의 히로시마(廣度-Hiroshima)와 나가사키(長崎-Nagasaki)에 원자폭탄을 투하하면서 이제 여느 국가도 감히 범접하지 못할 정도임을 국제사회에 과시하였기 때문이다. 사정이 이렇게 흘러가다 보니 국제질서를 재편하는 과정에서도 유럽국가들과 패권 국가인 영국마저 미국에 양보할 수밖에 없었다. 이후 미국이 주창하는 '팍스 아메리카나(Pax Americana)'로의 체제 전환이 불가피해졌다. 최근 국제사회에서 미국의 입김이 다소 떨어졌다고는 하지만, 아직까지 미국을 압도할 경제·군사력을 갖춘 국가는 없다고 할 수 있다.
[6] '추축 지대(Pivot Area)'는 일명 '심장 지대(Heart Land)'로 불리며, 영국을 중심으로 하는 해양세력이 접근하기 어려운 대륙의 추축 지역을 확보하는 여부가 국제정치와 역사에 중대한 영향을 미친다는 인식에서 등장하였다. '해양세력이 접근할 수 없는 유라시아 내부의 광활한 지역'을 뜻하며, 러시아·캅카스, 이란·아프가니스탄 산악지대, 톈산(天山)산맥-샤얀(Shaan) 산맥, 아나디르(Anadyr) 산맥의 서부를 잇는 선 안쪽 지역을 통칭(統稱)하고 있다.
[7] 할포드 J. 매킨더의 지정학은 당시 해양력을 중심으로 세계 패권을 장악한 영국이 러시아에 대한 우려와 견제 의식에 더하여 제국주의적 시각에서 만든 이론으로 평가할 수 있다.
[8] '유라시아(Eurasia)'는 '유럽과 아시아를 하나의 대륙으로 묶어 부르는 명칭'이다.

<표 7-3> 할포드 J. 매킨더의 세 가지 가정(假定)

첫째, 정치에 대한 지리학의 영향으로 자연지리학이 정치학에 직접적인 영향을 미치기에 모든 국가의 정치적 지배력은 결국 지리적 위치에 의해 결정된다.
둘째, 정치에 관한 기술이 발전하면, 자연환경의 제약을 극복할 수 있기에 정치 권력을 변화시킬 수 있다.
셋째, 대륙 우세론에 따라 육지 공간을 대륙의 중심으로 지배할 경우 세계의 정치과정에 큰 영향을 미칠 수 있다.

영국은 현실적으로 해양 지배세력이 분명하지만, 역사의 주인공은 해양세력보다 대륙세력이 될 것으로 보았다. 이에 따라 "20세기의 세계 패권은 대륙세력에 있다."고 주장하였다. <표 7-4>는 할포드 J. 매킨더의 세 가지 핵심 주장을 정리하였다.

<표 7-4> 할포드 J. 매킨더의 핵심 주장 세 가지

첫째, 인류의 역사는 대륙세력과 해상세력 간 투쟁의 역사다.
둘째, 미래는 대륙세력의 시대가 될 것이다.
셋째, 동유럽을 지배하는 국가가 세계를 지배한다.

권력의 3요소

세계 중심부 지역을 적절하게 개발하면, 세계지배가 가능하다고 인식한 배경에는 육상에서의 수송 수단 발전과 인구의 증가, 산업화가 진행되는 등에 주목했기 때문이다. 과학기술은 대륙 국가가 유리하다는 인식이 강했던 당시의 분위기가 영향을 미쳤다. 여기에 '권력(power)'을 구성하는 위치와 인력, 자원을 적절하게 개발하여 전쟁에 활용한다면, 세계의 패권과 지배도 가능하다고 보았다.

대표적으로 내연기관의 발명과 철도, 근대적 도로망 확충 등의 육상 교통수단이 발달하게 되면, 해양국가가 대륙 국가에 우월성을 내줄 수밖에 없는 불가피한 현실에 접할 수 있다는 인식이었다.

알프레드 세이어 마한이 과학기술 자체가 해양보다 대륙에서 이동성이 향상된다는 시각에서 해양에서의 이동성에 관한 해양전략사상을 주장했지만, 할포드 J. 매킨더는 육상 교통수단의 발달로 대륙에서의 이동성이 더 우세하다고 판단하였다. 따라서 해양국가(영국)가 대륙 국가인 러시아·독일 등에 이점을 양보할 수밖에 없는 상황이 될 것으로 경고하였다.

1904년 처음으로 세계를 구분할 때 '축(軸-Pivot)'의 개념을 도입하였으나, 15년 후 '하트 랜드(Heart Land)9) 또는 심장부'로 수정하였다. 하트 랜드가 세계의 심장부로서 극동(極東)과 남아시아, 유럽의 주변 지역을 아우르며 지배할 수 있는 거대한 힘의 원천이 될 수 있다고 인식했기 때문이다. 1919년 출간한 『민주주의의 이상과 현실-Democratic Ideals and Reality』은 '추축(Pivot)' 개념을 '하트(Heart)'10)로 발전시켰다. <그림 7-2>는 할포드 J. 매킨더의 세계구분 개념이 발전 및 변화된 경과를 도표로 정리하였다.

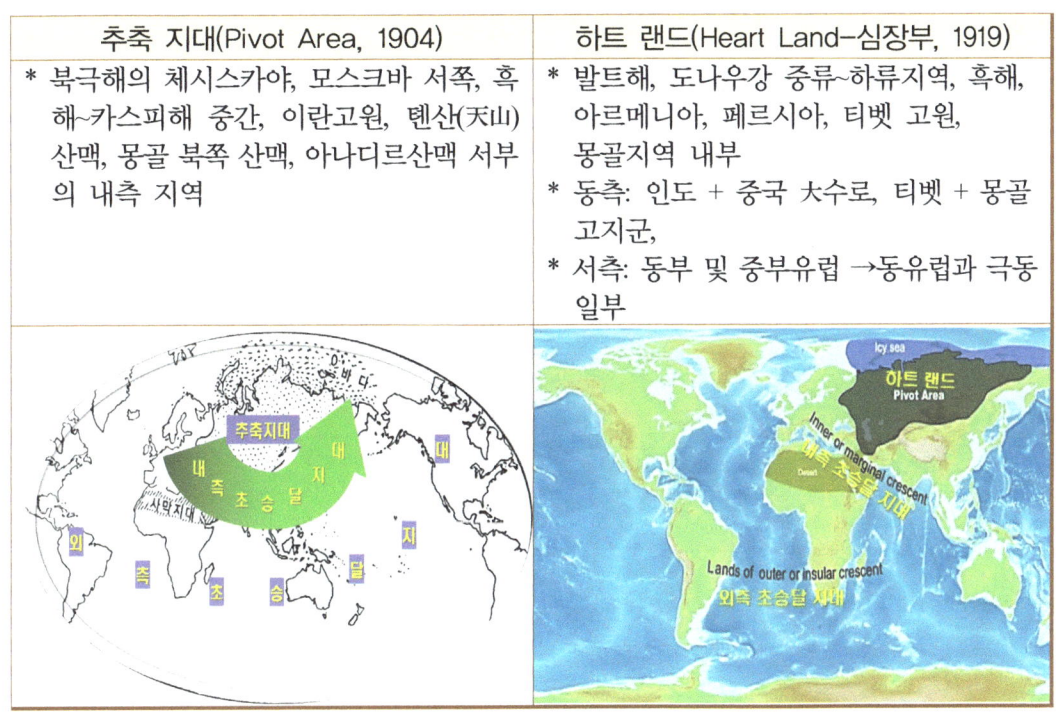

<그림 7-2> 할포드 J. 매킨더의 세계구분 개념 발전 및 변화 경과

'내측 초승달 지대(inner or marginal crescent)'는 중·서부 유럽과 중동지역, 동남아시아, 중국을 포함하며, 바다로 접근할 수 있고 대륙이나 해양에 대한 무력(武力)의 행사가 가능

---

9) '하트 랜드(Heart Land)'는 '해양세력이 접근할 수 없도록 해상교통로에서 완전히 차단된 유라시아의 외부지역'을 의미하고 있다.
10) '하트(Heart)'는 '기존의 추축 지역에 더하여 일부 영역을 추가하면서 대하천 유역의 비옥한 저지대와 풍부한 지하자원을 갖춘 세계의 중심지대'라는 뜻이다.

하다.

'외측 초승달 지대(outer or insular crescent)'는 영국과 일본을 비롯하여 남북아메리카 대륙, 오스트레일리아, 남아프리카를 포함하며, 해양을 통한 무역에 치중하기에 국가의 해양력에 기대어 내륙으로 진출하려는 강한 충동성을 가지고 있다.

유라시아(심장부) 지역은 사방으로 진출이 쉬울 뿐만 아니라 풍부한 자원과 옥토(沃土)로 이루어져 있다. 따라서 심장부를 지배하는 데 성공할 경우 세계지배의 현실이 가능하다는 시각에서 접근하였다. 그는 하트 랜드 이론을 정립하면서 하트 랜드 파워가 바다의 시대를 변화시킬 것이며, 바다의 시대는 육지의 시대로 대전환을 할 것으로 인식하고 "육지에서 위험이 다가오기에 주의하라!"고까지 경고하였다.11) <그림 7-3>은 1943년 다시 변화시킨 하트 랜드의 영역을 도표로 정리하였다.

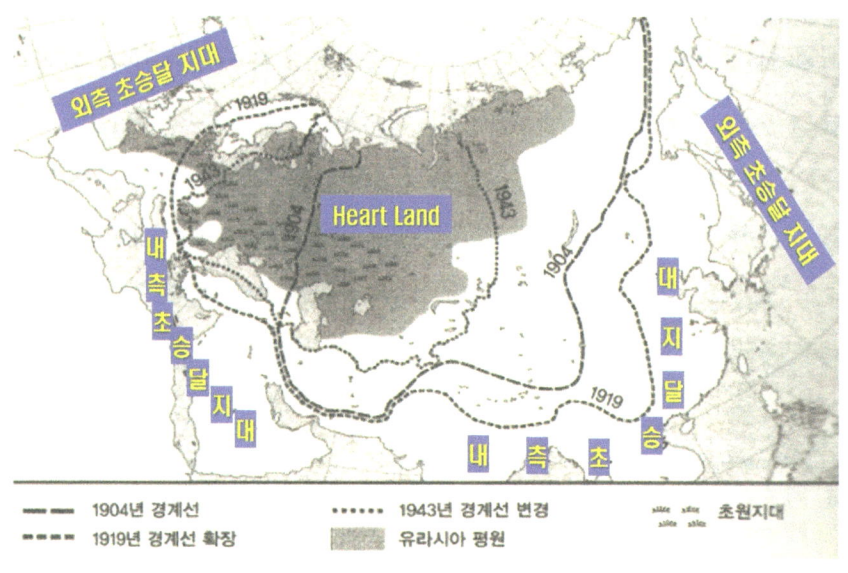

<그림 7-3> 하트 랜드(Heart Land)의 변화된 영역(1904~1943)

1919년이 지나면서 하트 랜드를 통제한다고 주장하였다. 유럽 지역과 다른 해양국가들이 자동으로 통제되지 않는 결과가 나오자 이론을 과감하게 수정하였다. 그러나 결과적으로 볼 때 소련이 강대국으로 부상하고 냉전 시대에 대서양과 유럽지역이 중심이 된다는

---

11) 할포드 J. 매킨더가 1904년에 발표한 논문 "역사의 지리적 축", 1919년 출간한 『민주주의의 이상과 현실』, 말년에 쓴 마지막 논문에서 사용한 '기본전략-그랜드 전략-grand strategy'이라는 단어는 현재 사용하고 있는 '대(大)전략과 같으며, 가장 큰 업적이 아닐까 싶다. 대전략은 미국에 의해 현재도 진행형으로 이어지고 있다.

예측은 정확하였다. 이러한 주장은 미국의 정치학자 니콜라스 N. J. 스파이크먼(Nicholas N. J. Spykman)의 '림 랜드(Rim land)'에 포함되었다.

동유럽을 지배하는 자가 동유럽과 러시아로 구축된 심장부를 지배하게 되면, 이러한 국가가 세계를 지배한다는 논리다. 다만, 여기서 심장부를 지배하는 국가가 전제주의 국가일 경우, 영국의 자유민주주의가 위협받을 것으로 보았다. 따라서 자유민주주의를 지켜내려면, 영국이 심장부를 지켜야 한다는 결론이다. 이를 토대로 영국은 제1차 세계대전 이전까지 독일을 이용하여 소련을 견제하는 정책을 추진하였고, 제2차 세계대전 시는 소련을 통해 독일을 견제하는 정책을 펼쳤음을 인식할 필요가 있다.

2.2. 카를 E. 하우스호퍼(Karl E. Haushofer)

독일의 지정학자인 카를 E. 하우스호퍼(Karl E. Haushofer, 1869~1946)는 1924년 월간지를 발행하는 <지정학보-*Zeitschrift für Geopolitik*>를 창간하였다. 지정학을 '영토와 정치과정의 관계를 연구하는 학문'으로 인식하고 국가의 행동과 지리적 한계의 관계, 공간적 요구에 관심을 가졌다. 프리드리히 라첼과 루돌프 헬렌의 '국가는 성장 및 자연권을 가진 유기체', 할포드 J. 매킨더의 '하트 랜드(Heart Land)' 이론을 수용하였다.

1924년 출간한 『태평양의 지정학-*Geopolitik des Pazifischen Ozeans*』은 일본의 팽창주의와 역할에 관하여 다루고 있다. 전쟁과 전략, 전면전(Total War)의 필요성과 제2차 세계대전 시 독일과 소련의 동맹군 창설을 적극적으로 역설(力說)하고 있다. 그러나 1941년 독일이 소련을 침공하자 침묵으로 일관하였고, 갑작스럽게 독일과 일본이 추진하는 팽창정책의 정당성을 주장하였다.

1933년 아돌프 히틀러가 권력을 거머쥐면서 지정학은 현실 정치를 위한 도구로 자리매김하였다. 그는 제1차 세계대전에서 패전한 독일인들에게 보복 정신을 부추기고 사회주의를 대변하는 자세를 취했고, 아돌프 히틀러가 그의 이론을 선전(Propaganda)·선동(Agitation)에 적극적으로 활용하였다. <표 7-5>는 카를 E. 하우스호퍼의 다섯 가지 핵심 주장을 정리하였다.

<표 7-5> 카를 E. 하우스호퍼의 다섯 가지 핵심 주장

① 살아있는 유기체(국가)에 생존 공간이 필요하다는 '생활권 이론'이다.
② 생존과 발전에 필요한 물자는 지배할 권리가 있다는 '자급자족론'이다.
③ 생존권 확보와 자급자족에 필요한 자원 및 산업을 지배해야 하기에 '범지역주의'라는 개념을 도입하여야 한다.
④ 해양세력보다 '대륙 지역의 국가가 우세'하다.
⑤ 정치적 국경(political frontier)과는 대비되는 '자연 국경론'이다.

① '생활권 이론'은 국가가 생존해야 하기에 더 많은 생활공간을 확보하기 위한 경쟁으로 인식하였다. 국가가 발전함에 따라 적합한 영역을 소유하는 것은 권리이며, 그래야 경제적으로 자급자족 체제를 구축하면서 주변 국가로부터 정치적 독립을 확보할 수 있다. 즉, 강대국이 약소국을 흡수하고 여기에 실패한 국가는 자연히 소멸(消滅-extinction)하는 과정을 반복하면서 역사가 발전한다고 보았다. 이는 독일의 과밀한 인구와 정치적 공간의 협소, 경제적 불안정을 침략정책을 통해 해소하려는 인식에서 나왔다.

② '자급자족론'은 한 국가가 국경 안에서 외부의 도움 없이 독자적으로 생존할 수 있는 모든 자원을 갖추어야 하므로 자국에 필요한 자원과 산업 지역은 영토로 편입하여야 한다는 논리다. 무기를 사용해서라도 필요한 것을 차지(次知-occupy)해야 한다는 주장으로 아돌프 히틀러가 국민에 전쟁 참여를 종용하는 근거로 사용되었다.

③ '범지역주의론'은 1823년 미국이 '먼로 독트린(Monore Doctrine)'을 통해 주창한 고립주의 외교정책 선언으로 남북아메리카 전역(全域)을 외부로부터 간섭받지 않는 미국의 생활권으로 만들었다고 보고 세계를 4대 블록으로 분류하였다.[12] <표 7-6>은 카를 E. 하우

먼로 독트린(고립주의 외교정책, 1823)

스호퍼의 세계 4대 블록이다.

<표 7-6> 카를 E. 하우스 호퍼의 개념에 의한 세계 4대 블록

구 분	범아메리카	범유라프리카	범러시아	범아시아
지배국	미 국	독 일	소 련	일 본
권 역	남북아메리카	유럽+아프리카	러시아+인도	대동아공영권

4대 블록은 각기 자원과 생산을 자급자족하는 게 가능하다고 보았다.

④ '대륙 국가 우세론'은 할포드 J. 매킨더와 같은 의견으로 강대국 간 제국주의적 팽창정책을 추구할 수밖에 없기에 군사적 충돌이 심화(深化)된다고 보았다. 따라서 우선 아시아 강대국(소련)과의 동맹이 필요하다고 판단하였다. 독일과 소련이 동맹을 맺어 유럽을 통제할 때 독일이 소련을 제압한다면, 결국, 대륙 국가로서 세계를 통제하게 된다는 것이다.13) 이를 위해 동유럽(슬라브 민족) 영토를 포함한 유럽을 먼저 통일하고, 일본이 주도하는 태평양 세력과 연합하게 되면, 미국과 영국이 주도하는 대서양 세력에 대항할 수 있다고 전망하였다.

⑤ '자연국경론'은 정치적 국경이 일시적인 조치에 불과하기에 국가 간 경계는 항시 자연적인 국경으로 설정해야 한다고 보았다. 가령 모든 국가가 자연 국경에 대한 권리를 갖고 있기에 침략하더라도 자연적 국경을 추구할 수 있다는 논리를 폈다.

그의 이론은 아돌프 히틀러가 추진한 팽창정책의 논리적 기반이 되었다. 아돌

---

12) '먼로 독트린(Monroe Doctrine)'은 1823년 미국의 제5대 대통령인 제임스 먼로(James Monroe, 1758~1831)에 의해 발표된 '고립주의 외교정책 선언'이다.
13) 이는 공산주의자들의 '통일전선 전술'과 맥락을 같이한다. 마르크스 레닌의 규정에 '너에게 3개의 적(敵)이 있으면, 그중 둘과 동맹을 맺고 하나를 타도한다. 나머지 둘 중의 하나와 동맹을 맺어 또 다른 하나를 타도한다. 마지막 하나는 1 대 1로 대결하여 타도한다.'라고 적시하고 있으며, 공산주의 운동에 그대로 적용하고 있다. 북한은 '노동계급이 당의 영도(領導) 밑에 일정한 혁명단계에서 해당하는 혁명의 승리에 이해관계를 하는 여러 정당과 사회단체 및 개별 인사들이 공통의 원쑤(怨讐)들을 반대하기 위하여 묶은 정치적 연합'이라고 기술하고 있다.

프 히틀러는 생존 공간을 확보하기 위하여 동유럽에 진출하였다. 하트 랜드에 다가서려는 그의 욕망과 무한한 천연자원은 지정학 전략을 현실화시킨 귀중한 자원이었다. 물론 카를 E. 하우스호퍼가 주장한 소련과의 제휴가 아니라 전격적인 침공이었지만 말이다.

　소결론적으로 그는 소련과의 동맹을 강화하자고 주장하는 과정에서 아돌프 히틀러와 충돌하며 관계가 틀어졌고, 독일이 패전한 이후 자살로 삶을 마감하였다. '생활권 이론'은 나치즘(Nazism)의 세계지배론과 연계되면서 독일의 침략정책을 정당화하는 제국주의 학문이라는 오명(汚名)을 쓰게 되었다. 결국, 제2차 세계대전이 끝나고는 학문 영역에서 설 자리를 잃어버렸다.

3. 해양 중심의 지정학 이론

3.1. 알프레드 세이어 마한(Alfred Thayer Mahan)

알프레드 세이어 마한은 이 책의 제2장(주요 전략이론가와 군사전략 사상)에서 탐구하였다. 여기서는 지정학과 관련된 '해양우세론'을 중심으로 제시하고자 한다.

'해양우세론'은 다른 말로는 '도서국가 지배론'으로 불린다. '국제정치가 결국 바다를 통제하기 위한 끝없는 투쟁의 연속'이라는 가설(假說)을 기초로 하고 있다. 강대국이 되려면, 해양이라는 지리적 공간과 이를 연결하는 상업적 통로를 장악하는 데 있다는 인식에서였다. 그리스와 로마 등의 지중해 연안 국가가 고대 권력의 중심지로 자리매김한 역사가 해양 공간을 잘 활용하였기에 가능했음이 일반적인 사실이다. 해양국가만이 세계를 지배하는 강대국이 될 수 있다는 의미다. 해양세력이 대륙세력보다 우세한 이유는 두 가지로 첫째, 기동성이 가능하고, 둘째, 교통이 편리하다는 점이다. 대표적으로 지브롤터-수에즈-싱가포르-홍콩 수로를 장악하면 세계의 무역을 장악할 수 있음은 지도를 봐도 느낄 수 있다. 강대국들의 가장 중요한 대외정책이 이 지역을 중심으로 추진되고 있음은 일반적인 현실이다.[14]

대륙 국가이지만, 육상으로 불안한 국경을 유지(관리)하고 있다면, 바다로의 접근은 어려울 수밖에 없다. 육상의 국경선을 방어하기 위해 많은 자원이 투입되어야 하기 때문이다. 미국은 대륙 국가이기에 해양으로 진출이 쉽고, 영국도 도서 국가이기에 해양으

---

14) 이기택, 『현대국제정치이론』 (서울: 박영사, 1997), pp. 104~105.

로의 진출은 더욱 쉽다. 따라서 어지간한 대륙 국가는 영국이란 도서 국가에 쉽게 도전할 수 없다. 이는 대표적으로 1804년 나폴레옹 보나파르트가 대영제국을 정복하기 위하여 도버 해협(Strait of Dover)의 볼로뉴(Boulogne) 일대에 대규모 병력을 집결시키면서 대영제국에 대한 점령계획을 준비하다 감행하지 못한 전쟁사를 통해서도 알 수 있다.15)

'해양우세론'은 영국과 미국, 일본이 국력을 팽창하는 데 정치·철학적 기초를 제공하였으며, 이들 국가가 적극적으로 해양으로 진출할 수 있는 계기를 제공하였다.

3.2. 니콜라스 N. J. 스파이크먼(Nicholas Spykman)

네덜란드 언론인인 니콜라스N. J. 스파이크먼(Nicholas N. J. Spykman, 1893~1943, 일명 스파이크맨)은 미국으로 이주하여 사회학을 전공한 지정학자다. 사망한 다음 해인 1944년에 『평화의 지리학-The Geography of the Peace』이 출간되었다.16) 여기서 제시한 '주변지역 이론'을 통해 대외정책은 공간이 펼쳐져 있는 위치와 상황에서 벗어날 수 없기에 지리적 속성을 감안(勘案)할 수밖에 없다. 따라서 국제정치 분석의 가장 효율적인 기제가 지정학이라고 주장했다. 그러나 지리를 모르면서 지정학을 이해하기는 불가능하므로 할포드 J. 매킨더의 하트 랜드에 대응하는 '림 랜드(Rimland)' 개념을 제시하였다. <그림 7-4>는 니콜라스 N. J. 스파이크먼이 지구 공간을 분류한 세 가지 형태를 정리하였다.

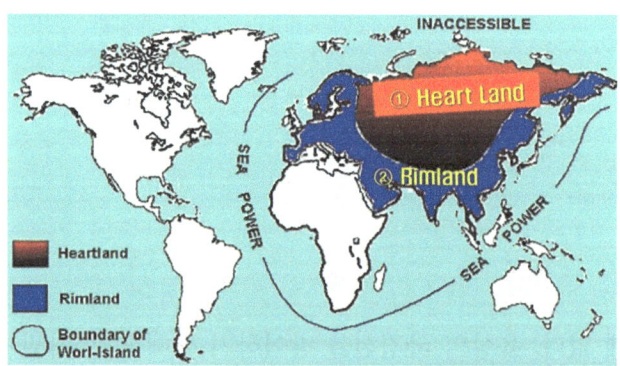

<그림 7-4> 니콜라스 N. J. 스파이크먼이 지구 공간을 분류한 세 가지 형태

---
15) 관련 내용은 김성진의 『세계전쟁사』 (2021), pp. 107~109.를 참고하기 바란다.
16) Nicholas N. J. Spykman, *The Geography of Peace*(New York: Harcourt, Brace, 1944).

①은 할포드 J. 매킨더의 '내측 초승달 지대'를 일컫는다. 다만, 유럽 해안, 아라비아와 중동 사막, 인도~중국 남부에 이르는 아시아 몬순기후 지역의 가장자리 땅까지 포함하고 있다.17) <표 7-7>은 림 랜드의 세 가지 특징을 정리하면서 역사의 객체가 아닌 능동적인 주체로 보았다.

<표 7-7> 림 랜드(Rimland)의 세 가지 특징

> 첫째, 하트랜드 북부가 북극해에 근접되어 농경에 적합하지 않은 데 비해 강우량이 많아 농경에 적합하다.
> 둘째, 고대 문명과 종교가 발원한 지역답게 인구가 조밀하여 생산활동이 활발하다.
> 셋째, 가장 붐비고 문명화된 지역이기에 잠재적으로 해양세력 또는 육지세력 일부가 될 가능성이 크다.

②는 소련의 영토 대부분이 해당하는 지역으로 교통과 기동성, 산업 잠재력 측면에서 세계의 중심지역이 될 가능성이 희박한 지역으로 보았다.

림 랜드는 대규모의 인구와 풍부한 자연자원, 해안선을 활용하는 측면에서 세계를 통제할 지렛대가 될 수 있다고 판단하여 '림 랜드를 통제하는 자가 유라시아를 지배하고, 유라시아를 지배하는 자가 세계의 운명을 손아귀에 넣을 수 있다.'고 강조하였다. 즉, 유라시아의 심장부(추축지대)가 아닌 주변 지역을 장악하면, 세계를 지배할 수 있다고 인식하였다.

제2차 세계대전이 끝난 다음부터 냉전(Cold War)이 종식될 때까지 서구의 대표적인 지정학 전략으로 자리 잡았고, 미국의 대(對)소련 봉쇄정책에 개념적인 틀을 제공하였다. 이를 토대로 해상세력이 중심이 되어 소련의 팽창정책을 봉쇄하려고 림 랜드 지역의 국가들과 군사동맹을 체결하였다. 미국에서도 이를 통해 일본의 전략적 중요성이 부각되면서 미·일 동맹을 강화하는 계기가 되었음을 인식할 필요가 있다.18) 이는 최근의 상황에도 유효함을 인식할 필요가 있다.

---

17) 실제 부(富)를 축적한 100만 명 규모의 대도시 중 90%가 바다에서 200km 이내의 지역 즉, 림 랜드에 있다. 사람이 살지 않는 '하트 랜드'보다 인구가 밀집된 '림 랜드'가 국제정치에 큰 영향력을 미침은 일반 상식이 되었다.
18) 이영형, 『지정학』(2006), p. 242.

4. 항공 중심의 지정학 이론

4.1. 조지 T. 레너(George T. Renner)

1903년 미국의 윌버(Wilbur), 오빌 라이트(Orville Wright) 형제가 세계 최초로 동력 비행기의 비행에 성공한 이래 제1차 세계대전 말기부터 항공기가 전장(battle-field)에 투입되었다. 그러나 초기는 한정적인 임무를 수행하다가 항공 기술이 발전하며 제2차 세계대전에서는 강력한 전략·전술 무기가 되었다.[19] 항공 중심의 지정학은 과학기술의 발달에 따라 공군력이 전쟁의 승패를 좌우할 수 있는 핵심적 역할이 가능하다는 논리를 지정학적 차원에서 제기하였다.

조지 T. 레너(George T. Renner)는 항공 기술이 발전하면서 이전의 지·해상 이동 간 통제 및 제한되는 현상이 바뀌었다고 주장한 인물이다. 즉, 할포드 J. 매킨더의 '하트 랜드'와 북반구 내에 새롭게 형성된 영미권(英美圈)의 하트 랜드(또는 제2 하트 랜드) 간에 이동이 용이하게 되었다고 인식하였다. 이로 인해 유라시아에 있는 소련과 제2 하트 랜드에 있는 미국과 영국이 모두 북극 비행경로를 이용하는 항공기의 공격으로부터 취약할 수밖에 없다고 판단하였다.

4.2. 알렉산더 P. 드 세버스키(Alexander P. de seversky)

소련에서 미국으로 귀화한 조종사로 엔지니어인 알렉산더 P. 드 세버스키(Alexander P. de seversky 1894~1974)[20]는 '장거리 전략폭격'과 '결정지역 이론(Theory of Area Decision)'[21]

---

19) 관련 내용은 김성진의 『전쟁사와 무기체계론』 (2020) , pp. 214~219, 305~314.;『세계전쟁사』 (2021), pp. 324~326. 을 참고하기 바란다.
20) 알렉산더 P. 드 세버스키는 소련 해군의 에이스 조종사로서 1917년 발틱 함대사령관으로 복무하다가, 美 러시아 대사관 해군 무관으로 근무하던 중 망명하였다. 1921년 공중급유를 세계 최초로 제안하였으며, 특허권을 획득하였다. 1928년 美 육군 소령으로 임관하였다.
21) '결정지역(Area Decision)'은 '한 국가의 공군력이 타 국가의 공군력을 물리치고 지배할 수 있는 지역적인 범위'

Alexander P. de seversky

을 주장한 인물이다. 윌리엄 미첼의 전략사상을 발전시켜 '대량 보복 전략의 기초'를 확립하였고, 1921년 "미래의 전쟁은 육·해군을 동원하지 않고 공군력만으로 적국의 전쟁 능력을 파괴하여 승리할 수 있다."라는 줄리오 두헤의 '전략폭격'[22] 개념에 동의하였다.

1942년 출간한 『항공력을 통한 승리-Victory Through Air Power』는 월트 디즈니사의 애니메이션 영화로도 제작되었으며, 1950년 출간한 『항공력: 생존의 열쇠-Air Power: Key to Survival』 등을 통해 항공력이 결정적인 공간을 장악한다면, 전쟁에서 승리할 수 있다는 새로운 전략과 논리적 근거를 제시하였다. 제2차 세계대전에서 강력한 파괴력을 가진 공군력이 '하늘의 패권'을 장악하는 데 따라 세계의 운명을 지배할 수 있다고 믿었다. 이에 기초하여 美·蘇의 제공권(Air Supremacy)이 중첩되는 북반구를 '결정지역'으로 인식하였다. <그림 7-5>는 알렉산더 P. 드 세버스키의 '결정지역'을 정리하였다.

<그림 7-5> 알렉산더 P. 드 세버스키의 결정지역(Area Decision)

①은 북극을 중심으로 하는 남북아메리카, 유라시아, 아프리카 지역으로 인식하며, 미국

를 의미한다. 제1차 세계대전 이후 발전한 공군력이 해양과 대륙으로 한정된 2차원 공간이었다면, 하늘이라는 3차원 공간의 중요성을 강조하는 계기가 되었다.
22) '전략폭격'은 '전략적 중요성을 보유한 적 지휘부, 군수공장, 비행기지, 주요 항만 또는 전략적 병참선 등 유무형 전투력의 근원이 되는 곳에 대한 폭격'을 의미하고 있다.

의 산업 중심지를 중심으로 美 공군이 통제할 수 있는 범위를 따라 원으로 도식한 영역이다.

②는 소련을 중심으로 하여 산업 중심지를 중심으로 소련 공군이 통제할 수 있는 범위를 따라 원으로 도식한 영역이다.

①·②영역이 중첩되는 지역을 '결정지역'으로 판단하였다. 북아메리카, 유라시아 하트랜드, 유럽 해안지역, 북아프리카와 중동 등을 포함하여 美·蘇 양국 공군 모두 작전이 가능하기에 이 지역에서 제공권이 충돌할 수밖에 없다고 인식하였다. 이때 누가 먼저 결정지역을 장악하는지에 따라 제공권의 향배와 나아가 세계 공간에 대한 지배가 결정된다고 보았다. <표 7-8>은 알렉산더 P. 드 세버스키의 주장에 대한 세 가지 논란을 정리하였다.

<표 7-8> 알렉산더 P. 드 세버스키의 주장에 대한 세 가지 논란

> 첫째, 공중전을 통해 제공권을 장악할 수 있으나, 전쟁 기간 내내 전 지역에 대한 제공권의 장악은 불가능하다.
> 둘째, 전쟁은 육·해·공군이 각기 주어진 제반 역할을 담당할 때 승리할 수 있기에 공군만으로 승리 및 세계를 지배할 수 있다는 논리는 비약이다.
> 셋째, 공군력 간의 전면전은 불가능하며, 핵무기가 있기에 세계 패권을 장악하기는 불가능하다.

소결론적으로 윌리엄 미첼의 전략사상을 대량보복전략의 기초로 발전시켰고, 전략폭격 교리를 개발한 점은 상당히 고무적인 산물로 볼 수 있다. 또한, 공중우세 확보와 전략폭격의 중요성을 통해 미사일의 시대를 예측하고, 전략적 공세 능력을 갖춘 항공력 가치의 강조 및 대규모 항공력 건설이 필요함은 시대적 소명이 아니었나 싶다.

제 3 절

논의 및 시사점

<표 7-9>는 지정학이 강대국들의 군사전략에 직·간접으로 끼친 영향을 정리하였다.

<표 7-9> 지정학이 강대국들의 군사전략에 직·간접으로 끼친 영향

① 국가들을 대륙 또는 해양 중심 전략을 추구하도록 하였고, 각 국가에서 군사전략의 성격과 내용을 규정하도록 만들었다.
② 핵심 공간을 차지하기 위한 경쟁을 부추김으로써 정치·군사적 영향력을 확대하고자 욕구에 젖은 강대국이 군사전략 발전에 상당한 영향을 끼쳤다.

① 독일은 1930년대 카를 E. 하우스호퍼의 이론에 따라 팽창전략을 추진했으며, 전격전(電擊戰-Blitzkrieg)이라는 공세적 군사전략을 채택하였다. 영국은 할포드 J. 매킨더의 영향으로 독일을 견제하기 위해 양차(兩次) 세계대전에 적극적으로 개입하는 군사전략을 채택하였고, 미국은 니콜라스 N. J. 스파이크먼의 영향으로 전후 소련을 봉쇄하는 전략을 수립하면서 해군 중심의 군사전략을 채택하고 있다.

② 강대국의 경쟁을 부추겨 정치·군사적 영향력을 발휘하려는 욕망을 최대한 고조시켰으며, 군사전략의 발전에 지대한 영향을 끼쳤다. 미국과 소련은 영향력을 확대하기 위하여 항모(航母) 전력을 포함한 해상세력과 전략수송 및 전략폭격 등의 무력을 투사(投射)하는 능력을 강화하였다. 물론 소련은 아직도 대륙 중심의 지정학 영향으로 항모를 포함한 해상세력을 방어적으로 운용하며, 지상의 기계화부대를 이용한 돌파 위주의 공세적 군사전략을 채택하고 있다.[23] 지정학은 일종의 공간(지역)을 중심으로 하는 강대국 간의 경쟁이나, 강대국 또는 제3국들이 생존을 위해 벌이는 경쟁이라면, 해당 국가의 존립과 국익을 위해 군사력을 투입할 수밖에 없음이 상식이다. 강대국들이 가진 지정학에 대한 인식 정도

---

[23] 이들 국가는 핵심지역(공간)에서의 전쟁 즉, 6·25전쟁, 베트남전쟁, 중동전쟁에 직·간접적으로 개입하여 지역분쟁을 승리로 이끄는 군사전략을 발전시켰다. 대표적으로 제2차 세계대전 직후 전략폭격에 비중을 두고 전략공군 중심으로 하는 전략을 채택하였으나, 6·25전쟁에서 별다른 성과가 없자 공중전과 지상전을 지원하는 역할로 전환하여 전술공군에 대한 비중을 늘렸음이 일반적인 사실이다. 이러한 결과는 6·25전쟁 직전 대(對) 한반도 전략에서 지상군 투입은 배제하고 일본에 기지를 두는 해·공군 지원전략을 채택하였다.

에 따라 국가안보전략과 군사전략은 달라질 수밖에 없다. 이때 승리를 위해 가장 중요하게 선택해야 할 변수가 군사전략이기 마련이다.

냉전기는 '자본주의와 사회주의' 간 정치 이데올로기와 맞물려 별로 두드러지지 않은 측면이 많았던 현실은 미국과 소련의 세력 균형이 이루어지면서 공간을 확보하기 위해 노력하지 않았기 때문이다. UN의 주권존중 원칙이 이전과 같은 침략전쟁이나, 타국에 대한 간섭을 배제한 결과를 불러왔기에 생존권을 위한 침략 또는 강제병합마저 국제사회에 먹히지 않은 때문으로 볼 수 있다. 냉전 이후 지정학은 과거처럼 '형상화된 공간(영토)의 확대'가 아니라 국가의 '영향력을 행사하는 공간 즉, 정치·경제·사회·문화를 앞세운 영향력'이라는 개념으로 전환되었다. <표 7-10>은 지정학이 추구하는 기본 개념과 변화 과정을 정리하였다.

<표 7-10> 지정학이 추구하는 기본 개념과 변화 과정

구 분	20세기 지정학	21세기 지정학
공간의 의미	영토(territory)	영향력(influence)
사상적 토대	제국주의	자유주의
영 역	군사력	군사력+정치·경제·사회·문화
핵심 가치	권력	경제협력+통합 등의 공동체적 질서

미국이 1990년대 빌 클린턴 정부의 '개입과 확산 전략(Engagement & Expansion Strategy)'[24]을 유지해 오고 있는 것도 이러한 맥락임을 이해하여야 한다. 그러나 예상치 못한 중국의 부상(浮上)으로 인해 美·中이 군사력을 증강하며, 긴장이 가시화되고 있는 현실이다. 이러한 여건이지만, 국제사회의 현실에서 영토의 팽창전략보다는 공동체적 질서 유지를 위한 영향력 확대로 진전되지 않을까 싶다.

> "지정학(地政學)은 국가의 정체성(identity)과 특성, 역사를 형성하며,
> 정치·경제·사회적 측면에서 발전·저해하는 역할을 담당한다."

---

24) 미국이 세계 유일한 패권국이라는 자부심으로 진행하고 있는 '개입과 확산 전략(Engagement & Expansion Strategy)'은 '양차(兩次) 세계대전 이후부터 국제 문제에 적극적으로 관여하겠다는 인식에서 지속하는 전략'이다. 이들의 목적은 세 가지로서 첫째, 강한 군사력으로 미국의 안보를 유지하는 것, 둘째, 자유무역주의 활성화로 미국경제를 발전시키는 것, 셋째, 자유민주주의를 전(全) 세계로 확대하는 것이다. 그러나 부시 대통령이 당선되면서 '선택적 개입전략'으로 변화하였다는 점을 이해할 필요가 있다.

에필로그

『전략론』은 일반적으로 『군사전략론』과 『현대전략론』으로 구분하여 학습용 교재로 쓰고 있다. 『군사전략론』은 고대 군사전략 사상에서부터 근대에 이르는 전략사상가들의 주장과 변천 과정을 비롯하여 관련된 사례와 원칙(원리) 등을 고찰(考察)한다. 『현대전략론』은 근대에서 현대에 이르는 시기에 등장한 최근의 전략사상과 관련한 내용을 위주로 한다고 이해하면 될 듯싶다.

필자가 고민했던 부분은 대다수 자료가 전략사상의 의미를 현학적인 문장으로 나열하거나, 단순히 직역(直譯) 및 소개하는 데 그치고 있다는 점이다. 더욱이 각 전략사상의 특징을 상호 비교하는 과정이 없으며, 각 전략사상에만 접근하고 있다. 그러나 막상 그 내용을 보면 논리적으로 애매하거나, 연결고리는 어색하다. 이는 강의를 준비할 때도 상당한 어려움으로 다가왔다. 이후 다양한 자료와 관련 사료(史料) 등을 통해 "교재의 저자(著者)도 잘 모를 것 같다."는 결론에 다다랐다. 작전(530J) 직능에서 다양한 경험과 관련 연구에 종사하는 필자도 이해하기 어려워서다. 즉, 군사(안보)학을 접하는 연구자들에게 너무 어려운 내용이지 않나 싶었다. 전문·현학적인 용어로 점철된 교재는 학습자(연구자)들의 지적 욕망을 떨어뜨린다는 관점에서 네 가지를 당부드리고 싶다.

첫째, 『군사전략론』이나, 『현대전략론』을 강의하는 교수님(전문가)들이 전문용어 위주로만 진행하지 않았으면 싶다. 기초 지식의 기반을 갖추어야 할 학습자들이 쉽게 이해할 수 있는 맞춤식 텍스트로 꾸며야 학습 성과도 기대할 수 있지 않을까 싶어서다. 책은 저자가 전문가로 평가받는 게 핵심이 아니라 학습자가 전문가로 발전할 기초 소양을 갖추게 하는 데 초점을 맞추어야 하지 않나 싶다.

둘째, 학습자들도 '자칭 전문가'라는 겉멋이 들지 않았으면 좋겠다. 일부 정치·군사 분야와 관련한 포럼(토론)을 진행할 때도 느끼는 게 참여한 패널분들이 전문용어를 많이 사용하기에 일반 시청자분들이 듣기에 이해하기는 "난감하네~"다. 일반인들도 알아들을 정도의 논리로 해석할 수 있어야 '찐 전문가'가 아닐까 싶다.

셋째, 직업군인들의 고착된 인식을 개선하여야 한다. 높은 계급은 당연히 전문가라는 착시(錯視)에서 빠져나와야 한다는 얘기다. 이들은 대다수 "내가~할 때는~"이라는 경험적 측면을 많이 제시한다. 물론 군인이라는 직업은 '경력직(經歷織)'이기에 경험이 중요하다. 그러나 논리·이론적 기반이 뒷받침되지 않는 경험은 경험에 불과할 뿐 그 이상도, 이하도 아니다. 전문가라면, 계급(직급)과 경험을 주장하기보다 오랜 세월 '현장에서 경험한 지식', 자연스레 형성된 '준거적 힘(roll-model)', 학문적 깊이가 있는 '논리적 기반(reasonable argument)'이 갖추어졌을 때 비로소 지적 수준과 전문성(expertise)을 느끼게 됨을 유념할 필요가 있다.

마지막으로, 인간이 삶을 영위(營爲, manage)하는 과정에서 개인-집단(조직)-국가 간 경쟁 관계에 있음은 일반적인 사실이다. 이때 조금 더 먼저 예견(豫見)하고 유리(우세)한 위치를 확보하기 위한 토대의 하나가 『군사전략론』이다. 이 책은 형식적인 주제(Agenda)를 『군사전략론』이라는 제목으로 잡았을 뿐 실제 내용은 사회생활을 영위하면서 직면할 수 있는 각종 상황과 여건을 극복하고 목표를 달성하는 데 필요한 기본 개념이자 행동철학이라고 할 수 있다. 단지 직업군인들에게만 필요한 게 아니라는 얘기다. 인간이 살아가는 데 필요한 기본 지식이기에 부담 갖지 말고 접근하면 도움이 될 것이다. 모든 학습의 기본은 냉정·침착한 태도와 탄력·유기적으로 대처할 수 있는 인식(자세)이 필요하다. 이 자료가 학습자 개인과 집단(기업)·국가(軍)의 발전과 변화에 조금이나마 도움이 되었으면 한다.

"전략(Strategy)의 수준은 스스로에 대한 척도(barometer)이자
개인·집단(기업)·국가(軍)의 존립과 이익을 가름하는 요체(要諦)다."

약어정리

Absolute War	절대전쟁
Acheson Line	애치슨 라인 또는 극동방위선
Air Strategy	공중전략
Attacker	공격기
	* 대(對)지상 전투용 군용기
Acceptability	용납성
Adaptability	적합성
Air-Land Battle	공지전투
alteration	변조(變造)
Annihilation War	섬멸전
Annual Plan	월·분기·계절별로 작성하는 계획(연차계획)
armed hostility	무력전(武力戰)
Art of Wars	병법 또는 전쟁술
auxiliary air force	비전략 공군(보조 공군)
Axis powers	추축국(樞軸國)
AWACS(Air Warning & Control System)	공중조기경보통제기
azimuth circle	방위권(防衛圈)
base of operation	작전기지
BEF(British Expeditionary Force)	영국원정군
Butterfly Effect	나비효과
Conduct of Naval War	해전 수행
C4ISR+PGMs(Command, Control, Communications, Computers, Intelligence, Surveillance & Reconnaissance+Precision Guided Munitions)	복합정밀타격체계
Collective Security System	집단안보체제
Combat Service Support	전투근무지원
Combat Support	전투 지원
Command of the Air 또는 Air Supremacy	제공권(制空權)
Command of the Sea	제해권(制海權)
counter-insurgency	대(對)분란전 또는 대(對)반란전
Crisis Management	위기관리
culmination point	극한점(極限點)

Cumulative Strategy	누진전략
deception	기만(欺瞞)
decisive point	결정적 지점
Defense Power	방위력
Defense Sufficiency	방위선(防衛線)
Defense Sufficiency	방위 충분성
Delaying Action	지연전(遲延戰)
Desert Spring Exercise	사막의 봄 작전
Deterrent Power	억제력 또는 억지력
Deterrence theory	억지이론
diffusivity	확산성
distortion	왜곡(歪曲)
EEZ(Exclusive Economic Zone)	배타적 경제수역
Endurance War	지구전
Engagement & Expansion Strategy	개입과 확산전략
Exhaustion Strategy	고갈전략
EW(Electronic Warfare)	전자전
Feasibility	달성 가능성
FLN(Front de Liberation Nationale)	알제리 민족해방전선
From the Sea	바다에서 부터
General War	전면전
geopolitics	지정학(地政學)
Grand Strategy 또는 Higher Strategy	대전략
guerilla warfare	게릴라전
Hit & Run	용병작전
Hutier Tactics	후티어 전술
ICBM(Intercontinental Ballistic Missile)	대륙간탄도미사일
Indirect Approach Strategy	간접접근전략
Indirect Strategy	간접전략
inner or marginal crescent	내측 초승달 지대
Interallied Tactical Studies Group	연합전술연구단
interceptor aircraft	요격기(邀擊機)
	* 적의 폭격기를 상대하기 위한 공대공(空對空) 전투기
intersecting point	교차점(交叉點)
JMS(Joint Military Strategy)	합동 군사전략서
Joint Operation Plan	합동 작전계획
JSCP(Joint Strategic Capabilities Plan)	합동 군사전략 능력기획서
JSOP(Joint Strategic Objective Plan)	합동 군사전략목표기획서

JMS(Joint Military Strategy)	합동 군사전략서
KADIZ(Korea Air Defense Identification Zone)	한국방공식별구역
Katsura-Taft agreement	가쓰라-태프트 협정(밀약)
lamellar armour	찰갑(札甲)
Land Strategy	지상전략
line of movement	행동선
line of operation	작전선
line of retreat	후퇴선
MAD(mutual assured destruction)	상호확증파괴
major interest	중요이익
Maginot Line	마지노 요새(마지노 라인)
manipulation	조작(造作)
Maneuver warfare	기동전(機動戰)
Maritime Strategy	해양전략
MDL(Military Demarcation Line)	군사분계선
militaristic spirit	상무정신(尙武精神)
Military Doctrine	군사교리
Military Object	군사목표
Military Resource	군사자원
Military Strategy	군사전략
Military Strategy Concept	군사전략 개념
military technique	군사기술
Minimum Line of Expect	최소 예상선
Minimum Resistance Line	최소 저항선
National Defense Policy	국방정책
National Interest	국가이익
National Objective	국가목표
National Policy	국가정책
National Security Strategy	국가안보전략
National Military Strategy	국가군사전략
National Strategy	국가전략
Naval Strategy	해군전략
Naval Warfare	해군전
NCND(Neither Confirm Nor Deny)	긍정도 부정도 하지 않는 모호한 상태로 전략적 모호성의 대표적인 사례
Negotiation	협상
Neutralization	무력화
non-military threat	비군사적 위협
non-traditional threat	비전통적 위협

On the Sea	함대 결전
Operation on Exterior Lines	외선작전(外線作戰)
Operation on Interior Lines	내선작전(內線作戰)
Operation Sustainment	작전 지속지원
operation technique	작전기술
Operational Strategy	작전전략
outer or insular crescent	외측 초승달 지대
partisan warfare	빨치산 전(戰)
Peace Meal Tactics	잠식(蠶食)전술
	* 상대가 눈치채지 않도록 야금야금 먹어치우는 전술
peripheral interest	부차적 이익
Pivot Area	추축지대(일명 심장지대-Heart Land)
Plan 또는 Program 계획(計劃)	
Planning	기획(企劃)-완성된 기획서
Political 또는 Political Tactics	정략(政略)
pre-emptive	선제(先制)
Preperation of War	전쟁 준비전략
Program	완성되 계획서
Programming	계획을 수립
Propaganda & Agitation	선전선동전략
	* 아돌프 히틀러의 대표적인 기법으로 둘 다 일방적인 주장이지만, 선전(Propaganda)은 논리와 상식적인 이해의 범위에 포함될 수 있지만, 선동(Agitation)은 특정한 장・단점만을 강조하는 등 감정・감성적으로 접근하는 활동이다.
Rapid Decisive Operations	신속 결정적 작전
requisition	징발
Revolution in Military Affairs	군사변혁
roundabout way	우회로
RUSI(Royal United Services Institution)	영국 왕립합동군사연구소
Sea Power	해양력
Sequential Strategy	연속전략
Sichelschnitt	황색 작전계획(낫질작전)
	* 육군참모총장(프란츠 할더)이 제1차 세계대전에 사용하였던 슐리펜계획을 일부 수정한 작전계획을 경쟁자인 에리히 폰 만슈타인이 수정하여 '낫질 작전'으로 불리고 있으며, 제16 기갑군단장(하인츠 W. 구데리안)에 의해 기동교리인 전격전(電擊戰)을 등장시켰음.
Simulataneous Strategy	동시전략
SLOC(Sea line of communication)	해상교통로

Stabilization Operation	안정화 작전
Stabilization Strategy	안정화 전략
Stoßtruppen	경보병대
Strategic Ambiguity	전략적 모호성
Strategic Concentration	전략적 집중
Strategic Directive	전략지시
Strategic Guidance	전략지침
strategic lines	전략선 또는 전략적 통로
Strategy of Annihilation	섬멸전략
Strategy of Attrition	소모전략
survival interest	생존이익
the right of passage	통항권(通航權)
threats capability	위협능력
Tactics Troops	전술 부대
Theory of Area Decision	결정지역 이론
Theory of Naval War	해전 이론
Total War	총력전
Total War Thought	총력전 사상
transnational threat	초국가적 위협
Unlimited War	무제한전쟁
vital interest	핵심이익
VUCA(Volatility, Uncertainty, Complexity, Ambiguity)	변동성, 불확실성, 복잡성, 모호성의 약자로 현재의 불확실한 상황과 리스크를 의미함.
War Fighting	전쟁 수행전략
war-weariness	반전사상(反戰思想)
WMD(Weapon of Mass Destruction)	대량살상무기
zone of operation	작전지대

참고문헌

국방부 군사편찬연구소, 『한국 군사역사의 재발견』, 서울: 국방부 군사편찬연구소, 2015.
김상범, 『21세기 항공우주군으로의 도약』, 서울: 한국국방연구원, 2003.
김성진, 『한국 육군의 장교단 충원제도와 직업 안정성』, 서울: 백산서당, 2016.
_____, 『군사협상론』, 서울: 백산서당, 2020.
_____, 『전쟁사와 무기체계론』, 서울: 백산서당, 2020.
_____, 『세계전쟁사』, 서울: 백산서당, 2021.
_____, 『국가위기관리론』, 서울: 백산서당, 2021.
김정계 외, 『모택동의 군사전략』, 대구: 중문출판, 1993.
남시욱, 『6·25전쟁과 미국』, 서울: 청미디어, 2015.
박용환, 『김정은 체제의 북한 전쟁 전략』, 서울: 선인, 2012.
박창희, 『군사전략론: 국가 대전략과 작전술의 원천』, 서울: 플래닛미디어, 2013.
배리 파커 著, 김은영 譯, 『전쟁의 물리학: 화살에서 핵폭탄까지, 무기와 과학의 역사』, 서울: 북로드, 2015.
육군 교육사 교리발전부, 『한국 군사사상』, 서울: 육군본부, 1992.
육군 군사연구소, 『한국군사사: 개설』, 계룡: 육군본부, 2012.
육군 군사연구실, 『東洋古代戰略思想』, 서울: 육군본부, 1987.
윤석준, 『해양전략과 국가발전』, 서울: 한국해양전략연구소, 2010.
이기택, 『현대국제정치이론』, 서울: 박영사, 1997.
이내주, 『전쟁과 무기의 세계사』, 서울: 채륜서, 2017.
이영형, 『지정학』, 서울: 앰-애드, 2006.
이종학 외, 『현대전략론』, 대전: 충남대학교출판문화원, 2013.
일본 육군전사연구보급회 편저(編著), 육군본부 군사연구실 역저(譯著), 『한국전쟁』 ④ 인천상륙작전, 서울: 명성출판사, 1986.
정호수, 『세상을 바꾼 협상 이야기』, 서울: 발해그후, 2008.
존 프레드릭 C. 풀러 著, 최완규 譯, 『기계화전』, 서울: 책세상, 1999.
조셉 커민스 著, 김지원·김후 譯, 『전쟁 연대기Ⅱ』, 고양: 니케북스, 2013.
하정열, 『대한민국 국가안보론』, 서울: 황금알, 2012.
허남성, 『전쟁과 문명』, 서울: 플래닛미디어, 2015.
Nicholas N. J. Spykman, 『The Geography of Peace』, New York: Harcourt, Brace, 1944.

칼럼 및 기타 자료

강의 연구와 탐구 과정에서 축적한 자료
언론 뉴스 및 각종 매체와 인터넷 자료
국방대학교, 『안보관계 용어집』, 서울: 국방대학교, 1991.
김광석 編著, 『用兵 術語 硏究』, 고양: 병학사, 1993.
김성진, "급변 사태 시 자유화 지역 민군작전의 실효성 증대방안 고찰," 『군사논단』 제92호, 서울: 한국군사학회, 2017.
_____, "한국 국가위기관리체계의 효율성 제고방안 고찰: 통합방위체계와의 연계를 중심으로," 『군사논단』 제99호, 서울: 한국군사학회, 2019.
_____, "한국군 軍事위기관리체계의 효율성 제고방안 고찰: 통합방위체계를 주축(主軸)으로 하는 군사위기대응기구를 중심으로," 『군사논단』 제101호, 서울: 한국군사학회, 2020.
_____, "비전통적 안보위협과 테러 대응 체계의 실효성 고찰: 법령과 제도, 대응기능을 중심으로," 『군사논단』, 서울: 한국군사학회, 2021a.
_____, "한국의 위기관리 체계와 군사 대응기구의 효율성 고찰: 법령체계와 구조, 운영 기능을 중심으로," 『군사논단』 제108호, 서울: 한국군사학회, 2021b.
_____, "아직 끝나지 않은 전쟁(휴전협상)'의 소회(one's impression)," 『경제포커스』 안보칼럼, 2020.7.1.
_____, "한반도 주변 5대 변수와 한국군의 방향성(Army's Directivity)," 『경제포커스』 안보칼럼, 2020.7.5.
_____, "비전통적 안보위협과 한국군의 자아 정체성(self-identity)," 『경제포커스』 안보칼럼, 2020.8.3.
_____, "'창끝 전투력'의 핵심, 軍 장학생 양성의 허(虛)와 실(實)," 『경제포커스』 안보칼럼, 2020.9.1.
_____, "뷰카(VUCA)시대, '대화'와 '소통'의 패착(敗着)," 『경제포커스』 안보칼럼, 2021.8.2.
_____, "당신은 전쟁에 관심이 없을지 모르지만, 전쟁은 당신에 관심이 있다!," 『경제포커스』 안보칼럼, 2021.9.1.
_____, "위기의 극복은 투명성(Transparancy)만이 답이다!," 『경제포커스』 안보칼럼, 2019.11.18.
_____, "국군의 날에 즈음한 전문직업 군인의 역할과 정체성(identity)," 『경제포커스』 안보칼럼, 2021.10.1.
_____, "ROTC의 인재(人才) 확보 현실과 '전략적 집중(Strategic Concentration)'의 딜레마," 『대한민국 ROTC 중앙회보』 제283호, 서울: 대한민국ROTC중앙회, 2021.10.25.
_____, "고유의 정체성(identity), 존재 의미와 가치관의 확립이 필요한 군대," 『경제포커스』 안보칼럼, 2021.11.30.
육군본부, 『연합·합동연습 실무편람』, 계룡: 육군본부, 2018.
통합방위본부, 『통합방위법』, 서울: 통합방위본부, 2012.
합동군사대학교 합동전투발전부, 『합동·연합작전 군사용어사전』, 대전: 합동군사대학교, 2014.
Alexsander L. George & Richard Smoke, *Deterrence in American Foreign Policy: Theory and Practice*, New York: Columbia University Press, 1974,
Douglas J. Murray & Viotti, *The Defense Policies of Nations: A Comparative study*, Baltimore: Johns Hopkins

University Press, 1982.

Gartner, Scott Sigmund, *Strategic Assessment in War*, Yale University Press, 1999.

Introduction by Louis M. Hacker, *The Influence of Sea Power Upon History 1660~1783*, By Caption Alfred Thayer Mahan, United States Navy, First American Century Series Edition, Preface.

Jiulio Douhet, *Diano Ferrari, tran., The Command of the Air, Washington*, D.C.: Office the Air Force History, 1983.

Liddell Hart, 『The Tank: The History of the Royal Tank Regiment its Predecessors』 Vol. 1, New York: Prederick, 1959.

Liddel Hart, *Strategy: The Indirect Approach, faber, London, England, Praeger*, New York, 1954/1967.

Martin Griffiths et al., *International Relations: The Key Concepts*, New York: Routledge, 2008.

Philip A. Crowl, "Alfred Thayer Mahan, "Peter Paret, ed., *Makers of Modern Strategy: from Machiavelli to the Nuclear Age*, Princeton: Prinston University Press, 1986.

Saul B. Cohen, *Geopolitics of the World System*, Oxford: Rowman & Littlefield Publishers, 2003.

찾아보기

(ㄱ)

가용능력(자원) 338
가용자원 330
간접전략(Indirect Strategy) 39, 44, 131, 202
간접전략사상 121
간접접근전략(Indirect Approach Strategy) 39, 76, 80, 110, 111, 112, 117
감시권(監視圈) 44
강압전략 192
개입과 확산 전략(Engagement & Expansion Strategy) 378
거부적 억제전략 41
게릴라전 114, 125, 222, 309
결전 전쟁(決戰 戰爭) 165
결전권(決戰權) 44
결전지구(決戰地區) 97
결전추구 사상 88, 111
결정적 지점(decisive point) 34
결정지역 375
경제전략 36
계획(計劃-Plan 또는 Program) 320, 321
계획성(計劃性) 168
공군력(Air Force Power) 150
공세 작전(OCA-Offensive Counter Air) 150
공세적 군사전략 377
과업(task) 338
국가 군사전략(National Military Strategy) 37
국가 안보(National security) 34
국가도 억제전략(Deterrence Strategy) 210
국가목적 35
국가목표(National Objective) 35, 48, 183, 332
국가발전전략 57, 185
국가안보목표 46
국가안보전략(National Security Strategy) 46, 49, 57, 185
국가이성(國家理性) 184
국가이익(National Interest) 48, 183, 185
국가전략(National Strategy) 23, 26, 35, 48, 52, 56, 182, 183
국가정책(National Policy) 48
국방목표(National Defense Objective) 56
국방정책(National Defense Policy) 55
국중대회(國中大會) 219

군사교리(軍事敎理-Military Doctrine) 58
군사기술(military technique) 208
군사력(Military Power) 58, 187, 201
군사목표(Military Objective) 47
군사변혁(Revolution in Military Affairs) 212
군사자원(Military Resource) 47
군사적 천재 89
군사전략 목표 338
군사전략(Military Strategy) 23, 26, 36, 37, 38, 46, 49, 61, 63, 182, 187, 337
군사전략개념(Military Strategy Concept) 47
군사전략기획 절차 327
군사정책(military policy) 55
기계화전(機械化戰) 115
기동전(機動戰-Maneuver Warfare) 105, 285
기만 작전(Deception Operation) 313
기만(欺瞞-deception) 36, 79
기만전술 162
기획(企劃-Planning) 320, 321

(ㄴ)

나비효과(Butterfly Effect) 121
내부책략 123
내선작전(internal operation-內線作戰) 95, 96, 136, 238
내전(內戰-Civil War 또는 Internal War) 191
농병(農兵) 일치제 260
능력(能力-ability) 58

(ㄷ)

단기 속전속결 사상 115
단편적 방법 128
달성 가능성(Feasibility 또는 타당성) 51
대내적 기능 58
대륙 국가 우세론 369
대분란전(對紛亂戰-counter-insurgency 또는 대반란전) 314
대양해군 전략 91
대외적 기능 58
대전략(Grand Strategy 또는 Higher Strategy) 23, 91
대전략(Great Strategy) 119, 145
도서국가 지배론 371
돌파 99

등선육박전술   255

(ㄹ)

림 랜드   373

(ㅁ)

마비전 사상   100
마비전(痲痹戰-Paralysis War)   105, 106, 117
마지노 라인(Maginot Line)   97
마찰(摩擦-friction)   88
만전주의(萬全主義) 사상   76
먼로 독트린(Monore Doctrine)   368
모순전화사상(矛盾轉化思想)   162
목적(purpose=Why)   37
목표연도   346
무경칠서(武經七書)   27
무제한전쟁(Unlimited War)   91, 142
문민통제(文民統制-civilian supremacy)   91

(ㅂ)

반전사상(反戰思想-war-weariness)   129
방법(range=What)   37
방어우위 사상   290
방위 충분성(防衛 充分性)   41
방위(Defense)   59
방위전략   43
배합전(配合戰-Combined Warfare)   171, 173
범게르만주의자   361
범지역주의론   368
벼랑 끝 전술   120
변조(變造-alteration)   36
병법(Art of Wars)   57
보상적 억제   41
복선 작전   95
부전승 사상(不戰勝 思想)   76, 88, 115, 246, 255
북수남진(北守南進) 전략   227
북진(北進) 전략   226
분군법(分軍法)   262
뷰카(VUCA)   40
비(非) 대의 명분적 억제   42
비적대적 억제   41

(ㅅ)

사이버권(Cyber圈)   44
산병 전술(散兵戰術-흩어져 싸우는 전술)   85
삼령오신(三令五申-세 번 명령하고 다섯 번 되풀이하다)   72
삼위일체(三位一體)   84, 92
상무정신(militaristic spirit)   222
상호의존적 억제   41

상호확증파괴(MAD-mutual assured destruction) 전략   39
상황적 억제   41
생명선(生命線)   278, 297
생활권 이론   368
선수후공(先守後攻) 전략   221, 239
선전 선동 전술(Propaganda & Agitation)   195
선전(Propaganda)・선동(Agitation)   367
선전선동전략(Propaganda & Agitation)   62
선제공격   43
선제기습전략   232
섬멸전(殲滅戰-Annihilation War)   29, 70, 105, 248
섬멸전략(Strategy of Annihilation) 사상   26, 85
소모전(消耗戰-Attrition War)   105, 106
소모전략(Strategy of Attrition) 사상   85
속결전   164
수단(means=How)   37
수성전(守城戰)   221, 222, 239, 272
수세 이후 공세-守勢 以後 攻勢 전략   228
수세적 방위전략   227
시가전   309
신중성(愼重性)   169
심리 전술(Psychological Tactics)   126
심리적 마비(paralysis)   195
심리전(Psychological Warfare)   313
심리전략   36
십자군 원정   69

(ㅇ)

안정화 전략(Stabilization Strategy)   32
양동(陽動)작전   113
양면 전쟁(兩面戰爭-Two Frontal War)   277
억제(抑制-deterrence)   122
억제전략   40, 192, 193
억지 이론(抑止理論-Deterrence theory)   39
역량(力量-capability)   58
연안해군 전략   91, 142
연차계획(Annual Plan)   324
예방전쟁(豫防戰爭)   43, 272
완충지대(Buffer Zone)   226
왜곡(歪曲-distortion)   36
외부 책략   127, 131
외선작전(外線作戰-Operation on Exterior Lines)   95
용납성(Acceptability)   51
용병(傭兵)   31
용병(用兵-manipulation of troops)   77
용병작전(Hit & Run)   167
우주권(宇宙圈)   44
운동전(運動戰)   168, 170
위기관리(Crisis Management)   59

유격전 사상   173
유격전(遊擊戰)   166, 168, 171
유격전(遊擊戰) 전략   191
유구주의(流寇主義)   168
유용성(usefulness)   357
유형(pattern)   211
육진병법   238
이익선(利益線)   278, 297
인내성(忍耐性)   169
인민 전쟁 전략   81
인민전쟁   172
인천상륙작전(Operation Chromite)   303

(ㅈ)

자급자족론   368
자연국경론   369
작전 지속 지원(Operation Sustainment)   103
작전(Operation)   49
작전기술(operation technique)   208
작전기지(base of operation)   34
작전선(line of operation)   34, 138
작전선(作戰線)   96
작전술(Operational Art)   49, 60, 61, 63
작전전략(Operational Strategy)   203
작전지대(zone of operation)   34
작전축선(作戰軸線)   95
잠식 전술(蠶食戰術)   281
장기전(長期戰) 전략   222
적합성(Adaptability)   50
전·후방 동시 전투   197
전격전(電擊戰-Blitzkrieg)   76, 101, 115, 117, 195, 207, 294, 377
전략(Military Strategy)   181
전략(戰略-Strategy)   23, 25, 33, 54
전략선(戰略線-strategic lines)   137
전략의 유형(type)   203
전략의 차원(dimension)   203, 211
전략지침(Strategic Guidance)   57
전면전(全面戰-General War)   120
전복전(顚覆戰) 전략   191
전술(Tactics)   49, 53, 61, 86, 99
전술(작전)   63
전쟁기술(Art of War 또는 Operation & Tactics)   57
전투 지원(Combat Support)   103
절대전쟁(Absolute War)   87, 88, 90, 142
점령(occupation)   103
정략(Political 또는 Political Tactics)   54
정밀 복합전(複合戰-Composite Warfare)   314
정보 중시 사상   76
정책(Policy)   54

정치심리전(政治心理戰)   170
정치전략   36
제16字 전법   159
제2 하트 랜드   374
제공권   153
제공권(Air Supremacy)   148, 150, 199, 375
제승방략(制勝方略)   262
제재적 억제전략   41
제천제(祭天祭)   219
제한전(Limited War)   314
제한전쟁 사상   95
제한전쟁(Limited War)   91, 95, 142, 208
제해권(制海權-Command Of The Sea)   134, 136, 142
조작(造作-manipulation)   36
종심돌파 전술   101
종심돌파(deep penetration)   110
주공(主攻-main attack)   300
주도권(主導權) 사상   76
주동성(主動性)   168
주력(主力-main power)   300
지구·유격전 전략사상   255
지구전(持久戰-Endurance War)   33, 76, 162, 166
지구전과 유격전 사상   160
지구전략 사상   164
지구전쟁(持久戰爭)   165
지정학(地政學-Geopolitics)   294, 357
직접전략   44, 202
집단안보체제(Collective Security System)   32

(ㅊ)

청야입보(淸野入保) 전략   228, 239
청야전술(淸野戰術)   221, 222, 272
총력전(Total War)   38, 88, 208, 285
총력전쟁(Total War)   89, 131
총합적 억제전략   41
최종상태(End-state)   338
추축 지대(Pivot Area)   363
치밀성(綿密性)   169
침식방법   128, 129

(ㅌ)

탄력성(彈力性)   168
테러전(Terror Warfare) 전략   191
통일전선 전술   369
통항권(the right of passage)   143

(ㅍ)

팽창정책(膨脹政策)   298
포위(包圍-encirclement)   77
폭력(violence)   24, 84

(ㅎ)

하트 랜드(Heart Land)　365
함대 결전(On the Sea) 사상　145
합동 군사전략 능력기획서　327
합동 군사전략목표기획서(JSOP)　327, 340
합동 군사전략서(JMS)　327, 341, 349
합동 작전계획(Joint Operation Plan)　327
합동작전　105
합동 정밀타격체계(C4ISR+PGMs)　31
합종연횡(合從連橫)　27
항공력　147, 154
해군전(Naval War)　143
해군전(Naval Warfare)　135
해군전략(Naval Strategy)　135, 136
해상교통로(SLOC-Sea Line of Communication)　134, 199
해상군사력　141
해양력　132, 134, 135, 139, 141
해양우세론　371
해양전략 사상　140, 145
해전(海戰)　141
혁명전쟁(Revolutionary War)　162
현실전쟁(real war)　87, 142
회임기간(懷妊期間)　323

저자소개

김성진(金成珍)

"길이 아니면 가지 않고, 알지 못하면 말하지 않는다."라는 통관(洞觀)적 인식을 추구하는 저자는 경북 김천에서 태어나 초·중·고등학교를 마쳤다. 이후 동국대학교 무역학과를 졸업하고 육군 대령(ROTC #21)으로 예편하였다. 국립 경상대학교 경영행정대학원에서 '정치학석사(국가안보전공)'를, 국민대학교 일반대학원 정치외교학과에서 '정치학박사(안보전략전공)' 학위를 취득하였다.

〈주요 경력〉
'2021~2022년, 대한민국을 이끄는 오피니언 혁신리더상(안보부문)' 수상
- 현) 사) 글로벌전략협력연구원 국방전략연구센터장
- 현) 사) 한국유권자총연맹 국방정책포럼위원장 / 이사
- 현) 한국외대 글로벌안보협력연구센터 선임연구위원
- 현) 재) 한국군사문제연구원 객원연구위원
- 현) 사) 사회안전진흥원 상임고문, 국민정책평가신문 고정 칼럼니스트
- 현) 사) 대한민국ROTC 통일정신문화원 논설위원
- 현) 안보 칼럼니스트, 대전지방보훈청 교수·교육분야 멘토 등
- 극동대 군사학과 외래교수, 한국융합안보연구원 위기관리연구센터장
- 충남대학교 국가안보융합학부 국토안보학전공 초빙교수
    * 3년 연속 군장학생 전국 최우수/최다 합격률 달성
- 국민대학교 정치대학원 강사, 육군교육사 경력 군무원 외부면접위원
- 행정안전부 비상대비조사심의 외부평가위원
- 대한민국 ROTC 중앙회 후보생제도발전위원회 위원장 외
    ※ '2014 국방부 최우수대학교/학군단', '2012~2014 종합우수 학군단',

'2008 합참지 최우수 원고상' 수상

〈주요 저서 및 연구 논문〉
- 『국가위기관리론』, 서울: 백산서당, 2021.
- 군사학과에서 배우는『초급장교 선발 면접 특강: ROTC 후보생, 학사·예비장교, 군장학생(共著)』, 서울: 백산서당, 2021.
- 『세계전쟁사』, 서울: 백산서당, 2021.
- 『전쟁사와 무기체계론』, 서울: 백산서당, 2020.
- 『군사협상론』, 서울: 백산서당, 2020.
- 『한국 육군의 장교단 충원제도와 직업 안정성』, 서울: 백산서당, 2016.
- "한국의 위기관리 체계와 군사 대응기구의 효율성 고찰: 법령체계와 구조, 운영 기능을 중심으로"
- "비전통적 안보위협과 테러 대응체계의 실효성 고찰: 법령과 제도, 대응기능을 중심으로"
- "한국군 군사위기관리체계의 효율성 제고 방안 고찰: 통합방위체계를 주축(主軸)으로 하는 군사위기대응기구를 중심으로"
- "한국 국가위기관리체계의 효율성 제고 방안 고찰: 국가위기관리체계와 통합방위체계와의 연계를 중심으로"
- "테러 발생 시 軍 테러 대응체계의 실효성 증대방안 고찰: 軍의 합동조사반(팀) 활동을 중심으로"
- "급조폭발물(IED) 테러와 한국군 대응체계의 효율성 증대방안 고찰"
- "급변사태 시 자유화 지역 민군작전의 실효성 증대방안 고찰: 보병사단급 이하 부대를 중심으로" 외 다수

〈보유 자격증〉
- 중등 정교사(2급), 재난관리사, 인성지도사, 심리상담사, 리더십 강사, CS 강사, CSLeaders, 한자 1급, 문서실무사 1급 등 16종(種).

군사학 총서 제5권

군사전략론

초판 제1쇄 펴낸날 : 2022. 3. 20.

지은이 : 김 성 진
펴낸이 : 김 철 미
표지디자인 : 권 은 경
펴낸곳 : 백산서당

등록 : 제10-42(1979.12.29.)
주소 : 서울 은평구 통일로 885(갈현동, 준빌딩 3층)
전화 : 02)2268-0012(代)
팩스 : 02)2268-0048
이메일 : bshj@chol.com

ⓒ 2022 김성진

값 36,000원

ISBN 978-89-7327-940-4 93390